建设工程

全过程风险管控实务

易斌　著

中国建筑工业出版社

自 序

作者是一位从建设工程施工领域走出来的律师，以十余年建设工程施工企业的工作经验与二十年的建设工程领域律师工作实践，走出了一条特有的律师专业化道路。理工科的专业背景跨越到文科的律师行业，理工科严密的逻辑思维能力在法律的理解与适用上形成了独到的见解，在为客户的服务中，取得了良好的社会效益与经济效益。

过去三十年，建设工程领域一直是我们国家经济建设的主战场。建设工程领域商业模式的变化，也一直伴随着经济的发展而变化。从建设工程施工、承包、总承包、EPC、BT、BOT，到 PPP、特色小镇、新型城镇化、城乡融合、城市更新等，无一不是以工程建设为核心展开的。工程建设的核心就是管理好工程，管理好工程的切入点则是对建设过程中可能出现的风险进行管控。这里所说的风险，不是建设工程施工过程中某一点、某个面的风险，而是指建设工程全过程之风险，是一条线的风险。

建设工程全过程风险包含着不同阶段之风险，如招标阶段、投标阶段、签约阶段、施工阶段、竣工验收阶段、工程结算阶段等风险；每一个阶段的每一个时间包含不同的风险，如施工阶段每一时间点都包含工程质量风险、工期风险、安全风险、签证风险等等。不同阶段的风险，需要本阶段的专业人士化解，同一时间点不同方向之风险，同样需要相应的专业人士化解。由于我们国家计划经济形成的专业划分过于狭窄，使得现有专业人士在处理本专业之事务时，难以有效顾及其他专业的诉求，时常造成"头痛医头、脚痛医脚"，乃至出现"摁下葫芦浮起瓢"的局面，缺乏从根子上化解建设工程风险管控之策。

本书提出化解建设工程风险的根本之策在于保障建设工程实施的商业性与合规性。商业性是使经济活动得以继续的前提，是市场经济规律在建设工程领域的显现；合规性是在中国特色社会主义市场经济中合法合规经营的底线。为了实现建设工程商业性与合规性的统一，本书运用工程管理学、运筹学、控制学、数学、法学、经济学、哲学、国学、心理学、社会学等学科，通过对 261 个问题的解答，以期帮助读者解建设工程风险管控之惑。

本书共分 12 章 261 个问题，各章、各问题既彼此独立，又存有内在联系。读者可以将工作中遇到的具体问题直接按照书中的问题对号入座，寻找解决办法；也可以从头阅读，以感受解决全过程风险管控的思想与脉搏。

过去五年，作者在全国各大培训平台为各地的学员讲授"建设工程全过程风险管控实务"课程数百场，深受学员的欢迎，追课者无数。本书的内容是依据最新的授课大纲梳理、编辑、集结、整理而成，是作者从事建设工程法律服务二十年经验之结晶。本书适宜于建设工程领域的项目经理，以及成本、法务、合同、经营、造价咨询、招标投标咨询等专业人员学习，也适用于市、县主管建设工程的主官，政府发展改革、财政、建设、审计、城投公司、各类开发园区管委会相关领导学习，对于具有十年以上建设领域工作经历的人员学习尤佳，对于新入行的人员无疑是其了解、进入行业的路标。

本书也是作者律师执业二十年向社会呈交的一份答卷。是以为序。

易斌

2022.2.22

凡　例

1. 为简化说明，本书中涉及的法律文件名称在行文表述时一般将"中华人民共和国"省略，其他部分保留。例如，《中华人民共和国民法典》简称为《民法典》。

2. 原 2005 年 1 月 1 日起施行的《最高人民法院关于审理建设工程施工合同纠纷案件适用法律问题的解释》简称为《司法解释》。

3. 原 2019 年 2 月 1 日起施行的《最高人民法院关于审理建设工程施工合同纠纷案件适用法律问题的解释（二）》简称为《司法解释（二）》。

4. 2021 年 1 月 1 日起施行的《最高人民法院关于审理建设工程施工合同纠纷案件适用法律问题的解释（一）》简称为《司法解释（一）》。

目　录

第 3 章 建设工程参与主体风险管控

第 4 章　建设工程招标投标阶段风险管控

第 5 章　建设工程合同风险管控

第6章 建设工程范围风险管控

第7章 建设工程项目工期风险管控

第8章 建设工程质量风险管控

第 9 章　建设工程计价风险管控

第 10 章　索赔风险管控

第 11 章　建设工程结算风险管控

第12章 工程款回笼风险管控

第 1 章

建设工程
风险分析与应对办法

如何认识风险？

实施全过程风险管控应当具备哪些基本要素？

风险承受能力如何评估？

如何认识职业的敏感性？

如何有效评估项目风险？

应对风险的基本方法是什么？

如何评估风险管控的可靠性？

如何理解市场？

专业对市场风险化解作用有多大？

如何应对建设工程中出现的道德风险？

不可抗力出现了哪些新变化？

如何识别法律风险？

如何区别建设工程全过程风险管控与全过程工程咨询？

1. 如何认识风险?

风险这一词,在我们的生活中,似乎既陌生又熟悉。所谓陌生,我们生活在和平年代,改革开放极大地提高了国民的生活水平,到处莺歌燕舞,祥和太平。风险离我们确实很远,我们根本就感受不到,所以陌生。所谓熟悉,在我们的日常生活中,又实实在在地会遭遇一道一道坎,给我们和谐幸福的生活带来威胁,令我们烦不胜烦,此为熟悉。

更多时候的感受是风险与我们若即若离,相伴相生。

职场上的反映也很典型。名牌大学的高材生进入职场,不用说,大受欢迎。新人,因为是高材生,在大学里就是备受欢迎者,因此在新单位受欢迎,倍感亲切,全身心地投入新的环境中。这本不是坏事。但是这其中就存在一部分人,过于在乎外界的评价,或者说更希望从外界的好评中获得回报,而忽视了自己核心竞争力的培养与提高。三年、五年、十年过去,一旦周边环境发生变化,自己又缺乏核心竞争力,则会面临职场的灭顶之灾。这便是职场上常听说的"温水煮青蛙"。等到他感受到风险,想奋起一搏的时候,已经无能为力了。

建设工程领域也不例外。所有的建设单位都希望所建项目能够实现利益最大化,因此,纷纷强调狠抓项目管理,提高投资效益。有一些房地产开发商为了降低成本,选择投标价格最低的施工单位,选择价格最低的施工材料,选择工资最低的岗位员工……这一系列的最低必然导致工程质量最低、工期保障最低,进而引发小业主与开发商纠纷,销售款不能按时回笼,工程款则不能按约定支付,又引发施工单位与开发商的纠纷。开发商满腹怨言,为什么我"狠抓项目管理"反而"鸡飞狗跳"。殊不知,开发商在"狠抓项目管理"之时,就给项目埋下了未来的风险隐患。

通过上面观察我们发现,风险对我们个人的成长、职业的发展、项目的管理都会产生巨大的影响,是我们不可回避的现实。对于什么是风险,不同的学术流派、专家所给出的定义不尽相同。我们从实战出发,也没有必要对各种定义进行梳理、诠释。为了最大程度地取得对"风险"定义的一致性,我们选用《现代汉语词典》中对风险的定义,风险是未来损失发生的不确定性。

对建设工程项目,风险意味着损失的发生,这是每一个参建单位所不愿意看到的;好在这种损失的发生具有不确定性,并不是必然发生。这就给了避免损失发生提供了运作的可能性。将损失化解掉,或者经化解后的损失能够为承担主体接受,这便是风险管控的价值。

2. 实施全过程风险管控应当具备哪些基本要素?

前面我们解析了风险管控,在此基础上,我们进一步深入探究全过程风险管控。

如果说风险管控针对的是一个点，那么全过程风险管控针对的就是一条线，由各个点的集合形成的线。那么，这条线的起点在哪里？是从双方开始谈判的时点？还是工程开工之时？我们说，全过程风险管控的始点，是从施工单位第一眼看上这项工程开始。终点在把工程款全额收回。

风险管控的目的是化解风险，即在未来损失尚未形成、发生之前，将其消灭、排除、化解，使其最终的危害性不足以对项目产生实质性影响。所以，风险管控讲究的是事前预防。我们时常会遇到一些缺乏工作经验的年轻人，在工作中遇到风险，自以为能够处置妥当，当意识到自己确实把控不住的时候，才急忙向上报告，待领导带人前来处置之时，事态已经发生了。这种损失发生后再向上报告的情况，不是风险管控，我们称之为"死后验尸"。风险管控者要具有强烈的事前风险管控意识。因此，全过程风险管控必须从第一眼看上项目开始至最后一笔款项回笼为止。

有人不禁会疑虑，一个建设工程项目一般工期 2 ～ 3 年，从第一眼看上项目起至所有款项回笼为止，进行全过程风险管控，岂不是要预见未来？当然，对风险管控者而言，就是要预见未来。说到预见未来，不乏有人认为，烧香拜佛不失为一种选择。问题是烧香拜佛就一定能得到保佑吗？

指望烧两炷香，祈祷几回来保佑我们的工程全过程风险管控得以有效实现，是没有可靠性的。我们对建设工程全过程风险管控依靠的是智慧和努力。智慧何来？"三更灯火五更鸡，正是男儿读书时"便是获取智慧的方式。如何努力？"只要功夫深，铁杵磨成针"便是努力的模样。

读本书，当然不够。本书试图构建建设工程全过程风险管控体系，涉及工程管理学、运筹学、控制学、数学、经济学、法学、哲学、国学、心理学、社会学等学科甚至更广。尽管本书将建设工程全过程风险管控分解为各个控制点进行探究，但是离构建严密的建设工程全过程风险管控体系还是有较大的差距，有待致力于全过程建设工程风险管控的同仁们从更广泛的学科、更深入的研究去编织、完善建设工程全过程风险管控网。

本书将建设工程全过程风险管控分为前期项目谈判阶段、主体、招标投标阶段、合同订立阶段、范围、工期、质量、计价、结算、索赔、回款等 11 个阶段，对每一阶段的风险易发点进行警示、探究，以其为建设工程全过程风险管控提供基础性参考坐标体系。

3. 风险承受能力如何评估？

建设工程全过程风险管控的区间是从看到项目的第一眼起至款项全部回笼。要对这一全过程的风险进行管控，识别风险是一切工作的前提。如果不能对风险进行有效识别，对风险管控都是枉谈。

　　但风险对不同的个体，表现出不同的危害性。甲认为是有风险的，乙认为根本不是问题；丙领导认为此风险应当聘请外部专家解决，丁领导认为内部力量可以化解此风险。诸如此类的问题，在我们的日常工作中屡见不鲜。如何对风险的危害性形成共识？确实难以有一个统一的标准。

　　在"仁者见仁，智者见智"各方难以形成一致意见的情形下，为了便于统一认识，我们换一种表述方式，通过数学的语言来表述，或许更容易表述清楚。图1-1是我们非常熟悉的正态分布图。数学告诉我们，随机事件的出现，符合正态分布。建设工程风险的出现，就属于随机事件，因此满足正态分布条件。

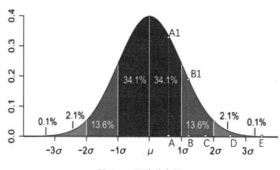

图1-1　风险分布图

　　数学告诉我们，横轴代表着个体随机事件出现的可能性，竖轴代表事件发生集中度。μ代表正态分布的位置参数，表示正态分布的集中趋势位置，靠近μ位置的概率大，越偏离μ的位置概率越小。在我们的现实生活中，远离风险属于大众心理，我们称之为厌恶风险，在建设工程风险管控中，大多数人愿意选择厌恶风险即风险较小的区间，如图中的（$\mu-\sigma$，$\mu+\sigma$）区间。我们假定图形中A点代表甲的位置，B点代表乙的位置。A较B更接近μ，表明甲相对于乙更加厌恶风险，或者说只愿意承担更小的风险。

　　在市场经济条件下，企业是最求利益最大化的组织，每一个企业，每一个人都希望实现利润最大化，但是怎么做才能实现利润最大化，利润究竟在哪里呢？这里，我们要引出一个命题：在市场经济条件下，利润都在风险里面，风险越大，利润越高。图中乙尽管要承担比甲更大的风险压力，但是能够获得比甲更大的回报。这是支撑乙愿意承担更大风险的经济原动力。

　　由于每个人对风险的感知程度与管控能力具有先天的差异性，这种随机的差异性同样也满足正态分布。甲处在A点、B点、C点、E点，所承受的风险以及可能获得的回报完全是不一样的。对于甲而言，其位于B点或许可以获得乙一样的回报，位于C点就可以获得超过乙的回报，位于E点所获得的回报是乙不可想象的。这便是为什么甲与乙、丙领导与丁领导对风险判断不能形成一致的根本原因所在。因此，对于企业而言，在市场经济中必须勇敢地面对风险。

在市场经济条件下，我们每一个人手中都有两张票，一张钞票，一张选票。市场经济下要实现盈利，必须对资源进行有效配置，所有的资源都可以用钞票表示。所以，市场的问题只能通过钞票解决。选票代表着公平、公正，所以社会的公平、公正只能通过选票来解决。钞票解决不了市场经济的公平、公正问题，选票解决不了市场资源有效配置的问题。

由此我们可知，当一个企业面临风险决策时，对风险进行决策并承担责任者，只能是企业家，这便是企业家的价值。通过领导班子举手的方式选择风险决策方案有悖市场经济规律。当企业家也无力决策的时候，则必须按照市场经济规律通过钞票解决，即企业必须支出钞票聘请专家对风险决策提出应对方案，才是化解风险的市场之道。

4. 如何认识职业的敏感性？

我们知道风险与利润同在，自然就会关心下一个问题。作为一个个体，我如何能够知道自身能承受多大风险？我要知道自身能承受多大风险，便也能知道我所预期的利润空间。要知道自己能承受多大风险，首先要能够感受到风险。我们再来观察一下，如何感受风险？

所谓感受，是人对外界事物的一种心理过程的反应。心理学告诉我们，心理过程包括三个阶段：感觉、认知和意志。

感觉是个体在社会活动中对信息的接受、归类、储存的过程。对信息的接受度，反映着感觉的灵敏性。这里我们引入一个概念，职业的敏感性。我们说建设工程全过程风险管控，并不是我们要全力管控好建设工程风险这一项。建设工程风险由诸多风险构成，对于建设单位来说有筹资风险、投资风险、融资风险、成本风险、管理风险、法律风险等等。建设单位要对建设工程全过程风险进行有效管控，不可能招聘一个具有高度敏感性的人士对以上诸风险进行管控，"一夫当关，万夫莫开"不具有现实性。因此，我们说建设工程全过程风险管控，是建设单位集聚筹资、投资、融资、成本、管理、法律各路专业人士，才能实现对建设工程进行全过程风险管控。

就具体的个体而言，如何判断自己是否具有职业敏感性？我们通过观察一个例子加以说明。

为人父母，在这个例子中就比较容易找到共鸣。在月子里，年轻的爸爸妈妈都很辛苦，白天要上班，回家要做饭，晚上还要喂奶，倒在床上就睡着了。这是艰辛月子的真实写照。在这里我们很容易发现一个共性，深更半夜，窗外电闪雷鸣，年轻的爸爸妈妈一点反映都没有，但是，只要小宝宝翻个身，或是蹬一蹬腿，父母就会一跃而起，看看时间，正是该喂奶的时候。这一场景，在不同的地域，一代一代，不停地上演。能够一跃而起，就是做父母的敏感性，与宝宝心灵相通。当然，在有的家庭中是爸爸，有的家庭中是妈妈。那感觉不到宝宝动静的一方，可以说缺乏做父/母的敏感性。等孩子慢慢长大就会发现，孩子或许跟爸爸亲一点，或许跟妈妈亲一点。那亲一点的一定是一跃而起的人，不是因为半夜喂奶的恩情，而是因为心灵感应。当然，不一跃而起的，也不影响为人父母。

职业的敏感性与为人父母的敏感性本质上一样。这种敏感性更多地来源于先天性。在职场中，具有职业敏感性的人，其专业提升速度快，比较容易达到举一反三、融会贯通的境地。对目前的职业缺乏职业敏感性的人，或许换个职业很快就能找到感觉、找到职业的敏感性。企业的风险管控本质上还是找到人，找到重要岗位上具有职业敏感性的人，这类人能够敏锐发觉工作中潜在的风险，将其扼杀在萌芽状态，从而保障企业健康发展。放眼望去，各大企业的中高层管理人员，都是对岗位风险具有高度灵敏性的人士。而对风险不敏感的人，则只能放在非核心的岗位上。

认知是对感觉到的事物的好恶态度。感觉到了风险，有的人偏爱一些风险，就喜欢具有挑战性的工作；有的人则偏向于厌恶风险，愿意选择平稳一些的工作。在职场上，选择自己喜欢的工作，是职业生涯获得良好发展的前提。

意志指的是个体对所认知事物选择的坚定性。对风险有所偏好，则选择风险性较大的行业、岗位不断历练自己，提升自己风险识别、管控的能力。对风险厌恶者，则守护内心的平静，不为外面精彩世界所动。

感受风险从更高的层面上说是认识自我。我应该选择什么职业，什么职业适合我？我究竟对什么风险具有职业敏感性？这些问题没解决之前，将处在人生的探索阶段。这些问题得以解决，便是人生的赢家。

5. 如何有效评估项目风险？

建设工程项目风险评估从时间上区分，可以分为两类：项目前期的风险评估和项目实施中的风险评估。前期主要是对项目的基础条件风险进行评估，实施阶段主要是通过企业内部管理风险进行评估。

对项目前期进行风险评估常用的主要有三种手段：尽职调查、可行性研究和实施方案。

对于建设工程项目，并不是所有的项目都需要做尽职调查。建设工程项目可以分为两类：存量项目和新建项目。所谓存量项目就是建设方的建设行为是对已经存在的建筑物、构筑物进行改扩建；新建项目就是平地起高楼，无中生有。因此，对于新建项目一般不需要尽职调查。

对于存量项目，尽职调查是不可或缺的必要环节，尤其是存量项目会存在老业主与施工单位施工界面的确认，债权债务的清理；对于运营中的项目，存在着人财物的清理，净资产的核定。据此，我们说尽职调查是建设单位投资存量项目的前置程序，其目的是要对目标项目的真实性与净资产的合法性进行核查，从而降低交易风险，保障交易顺利进行。

我们在工作中也遇到过这样的案例，对一个总价几个亿的在建烂尾项目，企业领导独自拍板收购，自诩为企业家的战略眼光。这么大一笔交易，事前尽职调查也不做，美其名曰：保证交易的机密性。企业家的战略眼光施展了，项目的机密性也保证了，几年后风险未评估的恶果也显现了。一系列的纠纷、诉讼接踵而来，令企业大伤元气，从此一蹶不振。再有眼光的企业家，也不能违背交易的基本规律。

可行性研究顾名思义，自然是对建设单位所投资的项目在现有的生产技术条件下能否达到投资所期待的目标进行研究。通常人们都是这样理解的。问题在于这句话里的"目标"有着不同的含义。一层含义是投资方投资所建设的建筑物通过竣工验收可以投入使用；还有一层含义是投资方对该项目的投资回报如期实现。看看，对"目标"的不同理解，使可行性研究的功能出现了天壤之别。我们国家现在施行的社会主义市场经济是从计划经济转制而来，可行性研究开始施行的时候，建设项目还是以政府投资为主导，政府的价值取向是社会利益优先，其更关注的是项目建成之后所取得的社会价值，至于建成的项目产生的经济效益能否收回成本？何时收回成本？不在其实质性研究之内。随着改革开放的深入，民营企业逐渐成为建设工程项目投资的主力军，但是建设工程项目立项程序没有实质性变化，可行性研究报告编制没有实质性变化，建设方的"目标"发生了变化。因此，对于新进入建设工程领域的民营企业家们就很容易产生认识上的混乱。

如果说对"新手"产生"混乱"是新手进入建设工程领域应付的成本的话，那么对"老司机"也产生混乱，则是新事物的出现。前几年大行其道的PPP就是典型案例。PPP是政府与社会资本合作模式，这种模式特殊目的公司的资产在政府名下，所有的商业风险由特殊目的公司承担，政府在特殊目的公司名下通常持有股份。这么复杂的关系，"老司机"也看不清。根据过往经验，政府在公司中持股的项目即为政府项目，PPP项目资产又在政府名下，可行性研究报告走的就是政府项目审批程序，故可以判断PPP项目为政府项目。既然是政府项目，缺资金的时候，就拿着政府批准的可行性研究报告向政府、银行求救。"老司机"们信心百倍，跑马圈地。当他们真拿着经批准的可行性研究报告到银行去融资的时候，发现银行系统不认，银行有自己的一套融资可行性研究体系。结果，"老司机"也驾驭不住了。

因此，建设单位对可行性研究报告一定要搞明白它研究的是什么？可行的是什么？在研读一份可行性研究报告的时候，一定要识别出这是一份用于办理立项手续的可研，还是未来真正指导我们实施的可研？一份用于办理立项手续的可研，对于建设工程风险管控没有实际价值。一份可以指导未来实施的可研，我们就要对它指导的可靠性进行风险评估。

建设单位所编制的实施方案是要实现投资人的投资目标，承建单位所编制的实施方案则是满足建设单位完成工程项目建设的任务。

对于万达、万科、碧桂园这样的房地产大鳄，他们有着丰富的项目开发经验与专业技术，因此，开出一长串"业主需求"，再通过公开的招标投标程序，选择最优的竞标者。施工单位编制的实施方案，都是按照"业主需求"被动响应，几乎没有什么空间，从而实现对建设项目的风险管控。

对新进入建设工程领域的建设单位，所面临的完全是另外一种景象。他们开不出一长串"业主需求"，或者说他们都不知道何为"业主需求"？他们与建设工程领域专业的距离，使他们对建设工程施工实施方案优劣没有识别能力，只能通过价格来选择竞争者。这种状态下的建设单位，实施方案的重要性就尤为凸显。实施方案在招标投标阶段就作为投标人的商务标，作为投标文件提交给建设单位，合同签订之后，一般中标单位应当在合同约定的期间内，向建设方提交一份更加详细的、更有针对性的实施方案，作为其施工组织的依据。该实施方案一旦经过建设单位批准，即作为合同的一部分。如果建设单位对施工方案缺乏认知，判断不出优劣，则中标单位在编制施工方案时，就会给自己留出更大的空间、更大的主动性。建设单位就会发现工程在实施过程中，中标单位越来越难以管理，自己越来越被动，伴随着的是索赔的大量发生，工程风险显现。建设单位要改变这一被动局面的有效作为就是配置专业人员，对实施方案中的风险点进行化解，使中标单位没有动歪脑筋的空间，从而实现对项目风险的有效管控。

以上观察的是对项目整体性风险评估的方式。在项目实施过程中，更多的是对每一个风险点进行评估。项目公司所设的诸如经营部、成本部、合约部、工程部、财务部、法务部等各部门就是为了对工程进展过程中出现的风险从各专业角度进行风险识别、风险评估。我们时常能看到有一些企业，打着降低成本的旗号，削减管理部门。部门可以合并，职能不能减少。这是企业管理的基本原则。职能缺失，从企业管理角度上讲，本身就是风险，也就谈不上对该方向的风险进行评估。

企业科学高效的结构是对项目风险进行有效评估的组织保证，并非有了这一个科学高效的组织结构，就能保证风险能够得到有效评估。我们也遇到过有的企业，确实也认识到风险管控的重要性，也认识到要从各个方面去管控风险。于是建立了冗长的企业事务审批流程，似乎审批的人越多，风险管控力度就越大。承担责任的人越多，最终越没有人承担责任。这是企业管理中颠扑不破的真理。企业的审批流程，确实是对风险进行识别、评估的有效方式，但不能流于形式。设置切合自身企业实际的审批流程，体现了企业的核心竞争力。

我们还碰到过一些企业组织结构健全，内部审批流程也合理，可就是合同还是常出问题。进入企业调研，请来法务部负责人，居然只是一个大学刚毕业不满两年的新人。建设单位每日合同标的额几十万、几百万，乃至几千万的合同从他手上过，他自己看着心里都打抖。在合同会签单上签署的意见字体还没有绿豆大，他感到了巨大的风险压力，但他没有风险评估能力。这种人摆在那，形同虚设。我们说对于一个期望健康发展的企业来讲，其合同会签单上签名的人员，除了经办人以外，都必须是具有职业敏感性的专业人士。这是企业要走得更远、变得更强所必须付出的成本。

6. 应对风险的基本方法是什么？

风险应对的方法无外乎两种：自我消化和对外转移。自我消化是以风险承担者为责任主体，开展风险处置活动，风险处置的后果，由风险承担者自担。对外转移是把风险转移给更具有风险处置能力的主体，并向其支付对价，形成风险交易的风险化解方式。风险转移之后，再行发生风险，则由风险承接主体承担风险责任。

风险自我消化又分为两种处置方式，一是企业利用其自身储备的人才和经验，处置风险。我们也会戏称为"养兵千日，用兵一时"。但是，无论企业如何养兵，都会出现依靠其自身专业能力难以应对的风险，此时，企业的眼光就会移向外部，聘请外部的专业人员进行处置。这种处理方式我们称之为"外聘"。

外聘与转移尽管都是由风险责任主体之外的主体处理风险，但是他们的法律性质是不同的。

责任主体聘请外部专家提供咨询服务，为其化解风险，责任主体与外聘专家单位形成的是一种委托代理关系，即外聘专家单位受责任主体的委托对风险应对提供专业服务，外聘专家单位指派专家从事具体服务工作。诸如聘请律师处理法律事务、聘请造价咨询机构处理造价事务，聘请招标代理机构办理工程招标投标等等。依据法律规定，受托人在委托人授权范围之内所从事的民事法律行为的后果，由委托人承担。故专家在风险处置过程中形成的后果，由责任主体承担。这是外聘的法律关系。

转移则不同，转移是责任主体的风险由承接单位依据风险转移合同承担，责任主体支付对价。譬如，建设单位要建一座大楼，考虑到自己没有专业水准与施工能力，故将建造大楼的风险转移给施工单位，同时给施工单位支付工程款。这样，建造大楼的风险就由建设单位转移至施工单位。大楼在建造过程中发生的风险，由施工单位承担。保险也是这样，建设单位通过签订合同将风险转移给施工单位还认为不保险，又到保险公司投保。一旦所投保的险种出险，建设单位不需要承担风险，由保险公司承担。这些都属于风险转移。

我们看看周围的建设单位，很容易观察到，有的建设单位对风险的外聘与转移处置认识还有待于进一步提高。对中介机构的意见，言听计从，缺乏基本的判断力、选择力。似乎更倾向于外聘方是自己请来的高人，值得信赖，却忘了外聘方的专业水准也是参差不齐的，最终的风险还是要由自己承担。对风险已经转移出去的施工单位，却热衷于吆五喝六、越俎代庖，引发风险还要自己承担。

建设单位对施工单位最好的管理方式就是不要过度地干预施工单位的正常工作。只有施工单位的工作偏离了实施方案，可能存在风险隐患，建设单位才进行干预。建设单位对工程的管控原理及流程见图1-2。

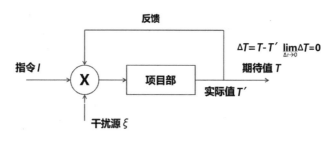

图 1-2　闭环管控

在理想状态下，项目部接受指令 I，通过项目部的工作，出来的成果是 T，我们称之为期待值 T。但现实并不是这样，现实中一条指令发送给项目部，在指令的传输过程中，往往会存在干扰，我们用 ξ 表示。如此，项目部接收到的指令就是（$I+\xi$），项目部忠实地执行（$I+\xi$）所得到的工作成果为 T'，项目部发现所得到的成果与所期待的成果不同，立刻将信息反馈到比较器 $\otimes$，$\otimes$ 的功能就是比较实际值与期待值的差异。通过比较发现，之所以会出现差异是因为指令在传输给项目部的过程中受到了 ξ 的干扰。很明显，只要将 ξ 消除，就能得到理想结果。故项目部就会采取措施消除 ξ。由于现实与理想状态的差异性，项目部不可能完全消除 ξ，也就是说 T 与 T' 之间的 ΔT 永恒存在（$\Delta T = T - T'$）。项目部只能退而求其次，尽量使 ΔT 趋于零，或者把 T' 控制在能够接受的范围内。需要说明的是，图中的反馈是适时反馈，它是一个连续的不间断的反馈，是一个动态的管控体系，时时刻刻都在纠正 T' 之值，使 T' 不断地逼近 T。

这套理论来自控制学的经典控制论，在经典控制论中称之为闭环控制。我们的飞机上天、飞船登月就是建立在这套控制理论基础之上。这套控制理论运用到建设工程管理上，称之为闭环管控。近两年，国务院涉及投资建设的文件中提到的"闭环管控"指的就是这个意思。

通过上面的观察我们可以发现，风险管控并不是事先消除所有的干扰 ξ，使执行者能够得到一个纯净的输入信号，它更关注的是执行结果与期待结果的差异 ΔT。当 ΔT 出现后，及时分析产生 ΔT 的原因，消除导致 ΔT 产生的 ξ，从而实现对项目的控制。所以，风险管控所应关注的焦点就是 ΔT。

7. 如何评估风险管控的可靠性？

　　闭环管控可以对项目实施进行有效的纠偏，使项目朝着我们期待的目标推进。这给我们提供了坚实的项目风险管控的理论基础。我们在运用这一理论对具体的建设工程进行风险管控的时候，就会感到困惑。闭环管控图中方框里的项目部，是建设单位的项目部还是总包单位的项目部，抑或是分包单位的项目部？这个项目部指的是一个组织还是组织中的某一个人？譬如，总包单位项目部是按照这一反馈系统进行风险管控。我们进一步观察会发现，项目部里的工程部、成本部、财务部、法务部等部门也是遵循这一反馈系统进行风险管控的，更进一步，每一部门的每一工位上的员工，也是按照这一反馈系统处理日常工作事务。我们可以得出一个结论，建设工程中的风险管控系统不是一个单一的、孤立的反馈系统，它是由诸多的子系统、孙系统综合而成的一个庞大的风险管控体系。这一综合体系，借助于物理学中的电阻线路有益于我们理解，见图 1-3。

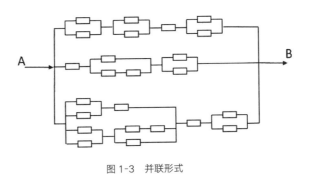

图 1-3　并联形式

　　图中的小方块，用物理学的眼光观察，它就是电阻，图 1-3 构成一个电阻线路图。用风险管控眼光观察，每一个小方块就是一个风险管控"项目部"，可以细化到人，构成风险管控网络图。沿袭物理学的名称，在管理学中我们也称图 1-3 为并联形式。在建设工程风险管控中，典型的风险管控并联形式是安全生产模式。要对建设工程安全生产风险进行有效控制，即防止重大恶性安全生产事故发生，只要建设单位、总包单位、分包单位、施工作业人员、政府安全生产监督站等管控路径一路发挥效用，重大恶性事故就能避免。当各条路径同时失效的时候，所有相关单位、人员将遭遇灭顶之灾。

与物理学相对应，图1-4表示的是串联形式。串联的性质决定了A点要到达D点，必须经过B、C点。B、C点任一环节中断，则A无法抵达D点。若A抵达B点时出现的是B1的结果，则只有通过在BC段调整，使A抵达C点时，C结果出现，从而保障D结果的出现。

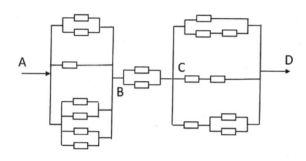

图1-4 串联形式

图1-3、图1-4已经不是简单的串并联结构，实践中的建设工程风险管控结构远复杂于图例。为了便于观察，我们将建设工程全过程风险管控抽象化，形成图1-5。外方框为项目总控制范围，由经过组合过的 R_1、R_2、R_3、……、R_n 子控制系统构成。

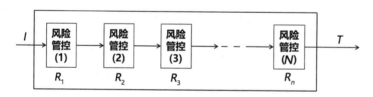

图1-5 风险管控可靠性验证

I 为输入指令（实施方案），T 为输出结果（设定的工作目标）。各子控制系统之间的关系在逻辑上是"与"的关系，用数学表示是乘积关系，数学表达式为：

$$F(R)=R_1 \cdot R_2 \cdot R_3 \cdots R_n \cdot I \qquad (R \leqslant 1, I \leqslant 1)$$

我们说，当输入指令100%准确，即 $I=1$ 时；各子控制系统对风险进行了100%有效的控制，即 $R_1=1$，$R_2=1$，$R_3=1$，…，$R_n=1$ 时，系统输出会是我们期待的结果 T。此时，数学表达式为：

$$T= R_1 \cdot R_2 \cdot R_3 \cdots R_n \cdot I \qquad (R=1, I=1)$$

从这里我们可以观察到，R_n 与 I 只要有一项不等于1，输出就会出现偏差，得不

到我们所期待的 T。如果有两项以上不等于 1，则偏差度会以乘积方式放大。为了能够更直观地观察到输入指令与各子控制系统风险的有效性对期望值的影响度，我们不妨做一测算。

令 $n=5$，$I=1$

(1) 设：$R_1=R_2=R_3=R_4=R_5=0.99$

$T=R_1 \cdot R_2 \cdot R_3 \cdot R_4 \cdot R_5 \cdot I=0.99 \times 0.99 \times 0.99 \times 0.99 \times 0.99 \times 1=0.95$

说明控制系统的可靠性为 95%。

(2) 设：$R_1=R_2=R_3=R_4=R_5=0.9$

$T=R_1 \cdot R_2 \cdot R_3 \cdot R_4 \cdot R_5 \cdot I=0.9 \times 0.9 \times 0.9 \times 0.9 \times 0.9 \times 1=0.59$

说明控制系统的可靠性为 59%。

(3) 设：$R_1=R_2=R_3=R_4=R_5=0.5$

$T=R_1 \cdot R_2 \cdot R_3 \cdot R_4 \cdot R_5 \cdot I=0.5 \times 0.5 \times 0.5 \times 0.5 \times 0.5 \times 1=0.03125$

说明控制系统的可靠性为 3.1%。

从上面的计算我们可以观察到，在我们的工作中几近完美的 99%，仅仅经过 5 个环节的传递，就衰减到 95%。一般岗位，做到 90%，可以评为优秀了；但是对于风控岗位做到 90%，经过 5 个环节的传递，便衰减到了 59%。我们常听到的"还行，过得去"，别的岗位是及格 60 分。风控岗位，经过 5 个环节的传递，可靠性只有 3.1%，无风控可言。别忘了，我们在题中假设的仅仅是 5 个环节，实践中建设工程项目，其风险管控的环节数以百计、千计。要对这么一个庞大的系统进行风险管控，对风险管控人员就提出了非常高的要求，因此，风险管控人员必须具备高度的专业性才能担任。

8. 如何理解市场？

我们国家施行的是社会主义市场经济。市场风险是市场经济所固有的风险，我们从事建设工程活动，市场风险不可避免。我们在前面观察了风险，现在我们关注市场。

生活经验告诉我们，市场是我们日常生活中购买生鲜果蔬的地方，是我们推着购物车在里面徜徉的超市，购买股票的证券交易大厅，是建设工程开标的场所。这里的市场指的都是交易的地理空间，我们基于日常生活经验所获得的直观的市场概念。经济学告诉我们：市场是买卖双方决定交易价和量的机制。

买卖双方都比较好理解，各方也较容易形成一致意见。最典型的在菜市场买菜。无论买什么菜，你都是和摊主面对面沟通，讨价还价，货讫两清。比较难理解一点的就是我们建设工程中的政府项目。明明是市建设局与施工单位签合同，但是在谈判过程中有时建设局做不了主，还得向市里请示汇报才能答复。这种交易方式扭曲了市场交易机制，势必增加交易成本，加大交易风险，其最终体现的是效率下降。

机制相对就比较难理解一些。我们先观察一个生活中经常出现的现象。

街边的一个水果铺。一位中年男士走过来指着光鲜亮丽的苹果问道："老板，苹果多少钱一斤？"

"五块八。"

中年男士接过袋子，低头挑选。这时，一位小姐姐翩然而至，指着中年男士正在挑的苹果问道："老板，苹果多少钱一斤？"

"五块五。"

中年男士停下了挑选。"为什么？"心中暗想。正在纳闷的时候，一位衣衫褴褛的老汉蹬着一部破旧的三轮车停在了铺子前。喊了一嗓子："老板，今天苹果什么价？"

"四块二。"

"给我来四箱。"

老板二话未说，进去搬出四箱苹果。

面对眼前的情景，中年男士茫然不知所措。他无法理解，如果说小姐姐是年轻漂亮的话，那衣衫褴褛的老汉凭什么买得也比我便宜？

对中年男士的困惑，用市场机制就比较容易解释。衣衫褴褛的老汉买的苹果价之所以比小姐姐的价格还低，是批发与零售的区别。批发与零售的价差是市场机制发挥作用的结果。中年男士与小姐姐都是零售，他们之间形成的价格差，同样是市场机制作用的结果。在市场经济条件下，所有的资源都可以转换为货币。这是市场经济的一个基本原理。

工程建设是一项综合性强、技术含量高的社会活动。我们一个具体的个体在参与这项工作的时候，经常会遇到自己难以把控的事件，或者自己认为已经很完善了但还是无法推进的时候，就要考虑这种情形的背后一定还有一个你尚未认识到的资源在发挥作用。这资源已经发挥作用了，而你却没有识别出，管控风险从何谈起？

我们了解了市场，自然就会把目光投向市场经济。亚当·斯密在《国富论》中，将市场经济表述为"看不见的手"。意为市场经济是由一只看不见的手操控。在看不见的手的作用下，通过优胜劣汰的竞争，实现社会资源配置效率最大化。这只"看不见的手"如此之厉害，我们有必要对它进行仔细观察。

现在国内大中小城市都有许多超市，这是典型的交易市场。由于超市具有共同的基本特性，所以我们可以任选一家超市作为观察样本。

你推着购物车走在超市中，当经过牙膏货架时，伸手去抓一盒牙膏。请注意，伸手去抓牙膏的这一动作。当你伸手去抓牙膏的这个时间点，全国乃至全世界的超市有无数的人也在伸手抓同款牙膏。你伸出的手我们看不见，在其他超市伸手抓牙膏之手我们同样看不见。所有彼此看不见的手将牙膏放入购物车，形成牙膏物流的下架。收银台将购物车中的牙膏兑换成现金回流厂家。这只是我们观察的一个时间点，问题是这种"抓"的动作每一时间点都会发生，牙膏下货架就是一个连续不断的过程，通过收银台回流厂家的资金也会源源不断。厂家根据回笼的资金就能判断该款牙膏受市场的欢迎度。供不应求，就会再上一条生产线，扩大生产规模，满足市场需求；回流资金少，就会减少产量，直至淘汰这一款型。这就是看不见的手对市场的引领作用。

通过上面的观察我们可以得出结论，市场中看不见的手本质就是客户之手的总和。市场经济将客户捧为上帝，看不见的手也获得了"上帝之手"的敬称，就基于此。

9. 专业对市场风险化解作用有多大？

市场经济强大的力量之一就是对市场进行分工，市场分工使专业化成为可能，专业化可以提高效率，能够在单位时间里生产出更多的产品，为贸易提供了条件，货币的出现为贸易的便利提供了润滑剂。生产、专业化、贸易在货币的润滑下构成整个经济大循环，维系着市场经济正常运转。我们看到，专业化是市场经济运行过程中不可或缺的一环。

专业化不仅是市场经济运营中的一个环节，其对市场"看不见的手"还有制约和引领作用。

我们说看不见的手是"上帝之手"，当伸手去抓超市中的某一商品的时候，就决定了这一商品的未来。这里抓某一商品的"抓"，一定是抓得到的超市货架上的商品。现在国内，无论大小，但凡能称得上城市的地方，都会出现同样的需求——停车。如果有这么一种商品，只要输入自家汽车的基本信息，一按收键，汽车立刻收缩到足够小，小到可以放入公文包，同时变得足够轻，轻到可以随手提。一按恢复键，汽车立刻恢复原样。那就可以从根本上解决停车难的问题。恰好价格又亲民，这款产品一定深受车主的欢迎。问题是天下车主伸手去抓，却抓不到这一商品。"上帝之手"也抓不到，是因为受当下的科学技术制约，任何厂家都生产不出这一满足市场需求的产品。上帝也无奈的一幕，活生生地展现在我们面前。

相反，专业技术的发展，可以引领"上帝之手"。当我们可以称之为人类的时候，内心就有一个渴望——彼此沟通。故古时候就有信使，后来有了邮差，再后来有了电话、程控电话、模拟手机、智能手机。单从满足人类彼此沟通的需求上讲，模拟手机已经完全胜任了。在全球任何两个点，随时都可以实现高质量的通话，这似乎抵达了人类沟通方式的顶峰。西门子、摩托罗拉这两大模拟手机的世界巨头，风光无限。但仅仅几年的工夫，新技术创造出了智能手机。智能手机在没有一个客户的情况下，仅仅凭着高度专业的新技术，将西门子、摩托罗拉的市场份额轻而易举地收入名下。昔日，谁也无法撼动的上帝宠儿，就这样被挤出了手机市场。专业在市场较量中，并没有依循"上帝之手"，而是成为"上帝之手"的主人！

专业的人做专业的事，是市场分工的基本要求。我们的建设工程施工单位的项目经理部，按照规范的要求，现在是需要配置十大员，专业分工倒是齐全，但是在当下建筑市场恶劣的竞争环境下，施工单位几乎都是最低价中标，如此配置施工单位亏多盈少。因此，如何对十大员进行有效的合并？对项目经理部岗位人员如何有效组合配置？这就考验了项目经理的专业能力。

我们在企业做调研的时候，经常有企业人员跟我们说：我们懂法律的。说这种话的有企业决策层的、有工程管理部中层，也有项目经理。现在政府、企业人员开口闭口都说自己懂法，似乎如果承认自己不懂法，在依法治国的今天，自己就跟文盲一样。懂得的是什么法？懂法懂到什么程度？这才是重点。基于普法的懂法，是没有专业性的，因此也是没有商业价值的。懂法不是一个标签，而是为了说服你的交易对手。对于一个在建设单位有二十年工作经验的合约部经理，他对建设工程法律的理解力强于只有五年工作经验的专业律师，一般可以接受；强于十年工作经验的专业律师，人们就会怀疑；强于二十年工作经验的律师，人们就不会相信。对这么一个合约部经理，如果企业认为合约部实力较强，配置一位偏弱的法务部经理，利于实现管理组合优化配置。这种思路本没有错误，但是只要企业配置一位工作经验不足三年的法务经理，我们就会发现，配置的本身就是浪费，因为合约部经理自身素质就相当于五年法务经理的经验。专业配置不为配置而配置，专业岗位配置人员专业度的高低取决于这一岗位所面临的潜在交易对手，而非基于企业成本控制。在商业上，其实懂不懂法不重要，懂多懂少也不重要，重要的是你懂得之后要能战胜你的交易对手，对法律风险进行有效管控。这才是懂法专业性的价值所在。

鉴于市场风险的固有性，专业性可以化解、降低市场风险，但是不能消灭市场风险。

10. 如何应对建设工程中出现的道德风险？

市场经济是关于人的经济，有人的地方就会有道德存在。在市场经济条件下，每一个人都是在追求自身利益最大化，实现自身利益最大化的路径就是提供满足市场需求的产品。因此，每个人在追求自身利益最大化的同时，也实现了最大程度地满足社会需求。这是亚当·斯密描述的市场经济状态。我们称之为理想状态下的市场经济。在这种状态下，个人利益与社会利益是一致的，不存在道德风险。

然而，在我们现实的市场经济中，并非完全如此。在追求利益最大化的过程中，常会出现个人利益与企业利益的冲突，企业利益与国家利益的冲突，这些利益的取舍、平衡就体现出道德价值取向。

在企业经常会遇到这样的情形。一位职场新人入职，企业挺满意，新人也很勤勉。三五年下来，新人已成为老员工。一天这位员工向公司提出辞职，人力资源部领导马上找他谈话，极尽挽留，无奈员工去意已决。人力资源部领导说：你看，你进公司的时候是一只职场菜鸟，公司这么多年培养你，你现在能够单飞了，公司还希望你多待几年，给公司做做贡献。你一能单飞就走，岂不是有负单位对你的培养？言下之意就是你坚持走，就是有负企业、不道德。

我们说所有的员工在企业里尽职勤勉地工作，自己也不断地成长都应该得到正面的肯定。员工与企业都是市场经济中的竞争主体，在这个竞争过程中，企业与个体的竞争力是不同的。当个人的能力成长大于企业的发展速度时，员工就会提出辞职；当员工的个人发展速度慢于企业的发展速度时，员工就会被淘汰。这是市场竞争双向选择的结果，不涉及员工或企业的道德。

在职场中也会有另外一种情形发生。某位中层辞职，他不仅自己走，还拉走一个团队。对这种行为就要有一个判断，如果他入职的时候，是带着团队来的，则不存在道德风险；反之，我们就说存在道德风险。

在企业与国家发生利益冲突的时候，对道德风险的管控也会出现迷点。民营企业相对较好，国企相对困惑就会多一些。我们不妨观察一下国企，国企的代表企业——央企。

在我国建设工程施工领域，国企尤其是央企是生力军。他们所承接的建设工程项目更多的是政府项目。我们国家的市场经济发展到今天，政府的建设工程项目也是通过市场机制招标投标实施，则合同价格通过招标投标的形式决定。这样，央企在承接这类项目时价格并没有得到政府的优惠。央企管理规范固然很好，但同时也意味着管理成本高。价格得不到优惠，管理成本还高，央企就面临着较大的市场压力。央企还一直强调社会责任，强调家国情怀。时常，有的央企就犯难。我要不要向政府索赔？不索赔，我的项目要亏损。索赔，我是央企，向政府索赔，是否会遭到不体谅政府、缺少家国情怀的诟病？

我们国家施行的是社会主义市场经济，央企不论是有限责任公司还是股份制公司都是社会主义市场经济的主体，其追求的目标就是企业利润最大化。央企的家国情怀不是体现在对地方政府的商业让利上，而是体现在为国家纳税上。企业只有盈利才能纳税，才有家国情怀可言。建设工程项目施工单位向政府索赔是一种商业行为。重点是作为建设单位的政府也有其项目管理团队，央企发起索赔也不见得都能实现。

在建设工程领域容易引发道德风险的一个点，便是建设单位对甲方代表授权。成熟的房地产开发企业已经有了一套较为完整的管理体系，但对于政府或是刚进入建设工程领域的建设单位就会是一个较为严峻的问题。授权范围越大，越能够增加甲方代表的权威性，也便于甲方代表处置现场发生的临时性事件，利于甲方对现场的管控；但同时，也意味着授权范围越大，甲方代表寻租的空间越大，进而潜在道德风险越大。若授权较少，甲方代表在现场则处理不了实质性事务，施工单位项目经理就会主导施工现场，使甲方对施工现场失控。

对甲方代表的授权范围大还是小更有利于项目建设，不可一概而论。重要的是能识别出授权大小的优与劣。选择授权范围大，则要着力构建权力制约机制，而非一"授"了之；选择授权范围小，则要提高总部对项目管理的效率，满足项目进度的要求。

11. 不可抗力出现了哪些新变化?

不可抗力在我们国家的民法体系中，还是出现了一些变化的。

1982 年的《民法通则》第一百零七条规定："因不可抗力不能履行合同或造成他人损失的，不承担民事责任，法律另有规定的除外。"第一百五十三条规定："本法所称不可抗力，是指不能预见、不能避免并不能克服的客观情况。"

2017 年的《民法总则》第一百八十条规定："因不可抗力不能履行民事义务的，不承担民事责任。法律另有规定的，依照其规定。不可抗力是指不能预见、不能避免并不能克服的客观情况。"

2021 年实施的《民法典》第一百八十条规定："因不可抗力不能履行民事义务的，不承担民事责任。法律另有规定的，依照其规定。不可抗力是不能预见、不能避免且不能克服的客观情况。"

从以上的法律条文变迁可以看出，2017 年的《民法总则》将《民法通则》中的"或造成他人损失的，"删除。2021 年的《民法典》吸收了《民法总则》的表述。这表明因不可抗力造成他人损失的，并不法定地不承担给他人造成的损害责任。法律的这种修改，将造成他人损失的责任承担留给当事人约定，赋予了民事主体更广泛的权利。应该说是立法的一个进步。

当事人约定，不可避免地会出现约定不全、遗漏的情形，由此引发法律风险。化解这一法律风险的方式就是参照交易习惯去完善约定不明的瑕疵。对于建设工程而言，《建设工程工程量清单计价规范》GB 50500 可以作为建筑行业的交易习惯。有关不可抗力责任承担条款如下：

"9.11.1 因不可抗力事件导致的费用发承包，双方应按以下原则分别承担并调整工程价款。

1. 工程本身的损害，因工程损害导致第三方人员伤亡和财产损失，以及运至施工场地用于施工的材料和待安装的设备的损失，由发包人承担；

2. 发包人、承包人人员伤亡，由其所在单位承担并承担相应费用；

3. 承包人的施工机械设备损坏及停工损失，由承包人承担；

4. 停工期间，承包人应发包人要求留在施工场地的必要的管理人员及保卫人员的费用，由发包人承担；

5. 工程所需清理修复费用，由发包人承担。"

我们设置一个场景，某建筑工地发生地震造成严重财产损害，通过观察责任承担更直观地理解条文含义。

由于地震，施工现场的塔吊倒塌，塔吊操作员身亡。塔吊砸毁了前来检查工作的某政府部门小轿车，车上司机身亡，地震还造成建筑物开裂。这种情形下的损失，各方如何承担？

首先施工单位，塔吊操作员是施工单位员工，因此施工单位对自己员工的身亡承担责任。塔吊是租赁来的，施工单位对塔吊的损失不需向塔吊出租人承担赔偿责任。塔吊的倒塌造成小汽车损失与司机身亡，施工单位也不需承担责任。停工造成的损失，由施工单位承担。

其次建设单位，对建筑物的开裂造成的损失承担责任，对小汽车的损失和司机的身亡承担责任。

第三受害人第三人不承担责任。

我们经常说发生不可抗力免责。现在已经发生了变化，并非履行合同义务免责，造成的损失承担，由双方在合同中约定。

12. 如何识别法律风险？

市场经济是法治经济，没有良好的法治环境，市场经济中的各主体在追求各自利益最大化发生冲突的时候，便失去了裁判标准。市场主体不能够对自身的商业行为所带来的未来利益充分预见，就会失去为其自身追求利益最大化的动力，市场经济也就不复存在。

我们国家改革开放四十多年，基本上已经建立起了社会主义市场经济法律体系。但是改革并没有停步，仍不断地向社会的广度、深度发展。囿于法律制定的滞后性，在改革开放的前沿处，不时会出现法律空白地带，企业一旦决定进入法律空白地带从事经济活动，所承担的法律风险不言而喻。在这种情形下，企业最好的化解法律风险的方法就是保证经济活动的合规性，也就是符合政府在这一领域发布的政策。问题是政策有其先天的局限性，改革开放的政策本身就是"摸着石头过河"的产物。国家层面的政策更多的是方向性、宏观性的指导，各部委的政策由于立场不同、角度不同则会出现彼此冲突，更有甚者，本部门之间的政策前后也矛盾。近年最典型的就是政府与社会资本合作（PPP）。

国家推广政府与社会资本合作模式的初衷是减轻政府负债，提高社会公共产品供给能力，满足当下社会城镇化高速发展的需求。这无论对政府、对社会、对公民来讲都是一件好事。即使是一项这么好的社会经济活动，也离不开法律对其保驾护航。由于没有政府与社会资本合作法，或者说我们国家尚没有一部关于"合作"的法律，甚至没有关于"合作"的法律定义，导致各部委只能从本部门过往的经验、既有的角度去理解、定义"合作"。谁也不能说服谁。落实到项目上，便是五花八门，各行其道的PPP。最终不仅没有减轻政府负债，反而增加了许多政府隐性债务。尚不限于此，一批本来发展势头良好的企业，在PPP的混战中，折戟沙场，充分体现出法律空白给市场经济主体带来的风险。

法律风险的另外一种表现形式是对法律适用的风险。指的是适用主体错误地选择了法律条文，或者说选择法律条文正确，却错误地理解了法律条文的含义。这种风险的发生主要源于适用主体法律专业度不够。法律是一门专业性极强的学科，不是懂法的人都能正确理解所要运用的法律，也不是一个专业律师可以处理各类专业的法律事务。针对建设工程领域的专业律师大致也可分为两类：一类是从建设工程企业里成长起来的专业律师，一类是法律科班出身，长期从事建设工程法律服务的律师。这两类律师都可称之为建设工程领域的专业律师，但这两类律师对建设工程法律事务的理解和处理手段，也时常会存在天壤之别。

在我们建设工程领域经常会出现"法律陷阱"，也是我们建设单位应当高度提防的法律风险。建设工程招标投标，业主单位自然占据优势地位，其具体表现就是招标投标的合同文本由建设单位提供，并作为招标文件的一部分。作为投标单位，几乎没有调整与修改的空间。投标单位特别痛恨招标合同中的霸王条款，而建设单位对合同文本喜形于色。合同签订之后，合同中的霸王条款真的会如建设单位所愿对其利益进行充分保护吗？无数的诉讼案例证明，判决并非全然如此。

我们编制合同文件有一个法律基本原则，就是"约定不得违背法定"。合同中的多数霸王条款其实已经违背了法律的规定，放到合同中，依法也属于无效条款。即使这类条款不能霸王般地保护建设单位的权益，至少也不会给其带来什么坏处。多数的建设单位都是抱着这么一种心态。其实不然。喜欢这种条款安排的建设单位，多数都不能有效地判断这些霸王条款中哪些属于违法？哪些属于对己方权利的扩充保护。他们在合同履行中，会无意识地将霸王条款中的违法部分当作自己的合法权益去履行。这种违法条款的履行实质上已经侵犯了施工单位的合法权益，已经触发了法律风险。一旦双方进入诉讼，建设单位的霸王条款没有得到支持，则本以为可以保护己方的霸王条款就成了建设单位的"陷阱"，而且是自己给自己挖的"陷阱"。"新科"建设单位尤其容易犯此类错误。

13. 如何区别建设工程全过程风险管控与全过程工程咨询？

建设工程全过程风险管控是指建立在闭环管理基础之上，以工程项目实施过程中出现的与实施方案的偏差作为校准对象，通过分析偏差，调整项目进展，进而实现项目目标的方法。

全过程工程咨询是 2019 年国家发展改革委、住房和城乡建设部推行的一种工程咨询服务方式。《国家发展改革委　住房城乡建设部关于推进全过程工程咨询服务发展的指导意见》（发改投资规〔2019〕515 号）（以下简称"515 号文"）指出："鼓励多种形式全过程工程咨询服务模式。除投资决策综合性咨询和工程建设全过程咨询外，咨询单位可根据市场需求，从投资决策、工程建设、运营等项目全生命周期角度，开展跨阶段咨询服务组合或同一阶段内不同类型咨询服务组合。鼓励和支持咨询单位创新全过程工程咨询服务模式，为投资者或建设单位提供多样化的服务。"

从一般意义上的理解，全过程工程咨询应当从项目策划起至项目终结止。515 号文并不是这么简单的定义。我们可以体会到国家发展改革委与住房和城乡建设部对全过程工程咨询的定义是投资决策、工程建设、运营等项目全生命周期中的任两项以上的咨询组合，即认为是全过程工程咨询。不仅如此，咨询单位创新其他的内容，亦认可纳入全过程工程咨询。

515 号文载明："国务院投资主管部门负责指导投资决策综合性咨询，住房和城乡建设主管部门负责指导工程建设全过程咨询。"

我们观察到全过程工程咨询分为三个阶段：投资咨询、工程建设、项目运营。项目运营不属于建设工程阶段，将其排除。剩下的两个阶段还各自分属不同的部委。投资咨询归国家发展改革委主管，工程建设咨询归住房和城乡建设部主管。一个全过程工程咨询项目，分属两个不同的部委管理势必政出多头，下面在执行过程中出现混乱，不足为怪。

515 号文载明："以工程建设环节为重点推进全过程咨询。在房屋建筑、市政基础设施等工程建设中，鼓励建设单位委托咨询单位提供招标代理、勘察、设计、监理、造价、项目管理等全过程咨询服务，满足建设单位一体化服务需求，增强工程建设过程的协同性。"

我们可以观察到国家发展改革委与住房和城乡建设部对全过程工程建设咨询定义为提供招标代理、勘察、设计、监理、造价、项目管理等全过程咨询服务。《民法典》第七百八十八条规定："建设工程合同是承包人进行工程建设，发包人支付价款的合同。建设工程合同包括工程勘察、设计、施工合同。"可见，勘察、设计不属于咨询业务，属于建设工程业务范畴，515 号文与《民法典》冲突。依据《立法法》，《民法典》的法律阶位高于 515 号文，故 515 号文中与《民法典》冲突的部分没有法律效力。为了化解这一法律冲突，行业主管部门另外赋予勘察、设计单位以勘察、设计咨询资质，使其获得咨询主体地位，以避免与《民法典》冲突。

515 号文载明"全过程咨询单位提供勘察、设计、监理或造价咨询服务时，应当具有与工程规模及委托内容相适应的资质条件。全过程咨询服务单位应当自行完成自有资质证书许可范围内的业务，在保证整个工程项目完整性的前提下，按照合同约定或经建设单位同意，可将自有资质证书许可范围外的咨询业务依法依规择优委托给具有相应资质或能力的单位，全过程咨询服务单位应对被委托单位的委托业务负总责。建设单位选择具有相应工程勘察、设计、监理或造价咨询资质的单位开展全过程咨询服务的，除法律法规另有规定外，可不再另行委托勘察、设计、监理或造价咨询单位。"

设计单位获得咨询主体资质，其开展全过程咨询业务"应当自行完成自有资质证书许可范围内的业务"。这里的资质证书有两种解释：一则是咨询资质，一则是设计资质。也就是说，一家设计单位获得一项全过程咨询业务，该项目的工程设计工作，由这家设计单位完成。为了更明确地表达这层意思，该条款最后一句强调："建设单位选择具有相应工程勘察、设计、监理或造价咨询资质的单位开展全过程咨询服务的，除法律法规另有规定外，可不再另行委托勘察、设计、监理或造价咨询单位。"这种交易结构安排，是将设计咨询与设计工作合二为一，以推动全过程咨询工作展开。

但是，殊不知这种安排又与《民法典》第八百七十八条冲突。该条款约定："技术咨询合同是当事人一方以技术知识为对方就特定技术项目提供可行性论证、技术预测、专题技术调查、分析评价报告等所订立的合同。技术服务合同是当事人一方以技术知识为对方解决特定技术问题所订立的合同，不包括承揽合同和建设工程合同。"这表明作为设计咨询合同的技术服务合同不属于建设工程合同，也就不属于设计合同。既然设计咨询与设计合同分属《民法典》下两类有名合同，所以中标全过程咨询合同的设计单位要获得本项目的设计合同还得通过招标投标程序。一个发包单位如何使自己成为自己项目的中标单位，这本身就是一个悖论。

我们发现了全过程工程建设咨询服务招标代理、勘察、设计、监理、造价、项目管理六项中的两项存在咨询与承揽不相容，就有必要进一步探讨剩下的四项纳入咨询范畴的是否相容。剩下的四项招标代理、监理、造价、项目管理中，目前只有造价有规范的造价咨询管理办法，《工程造价咨询企业管理办法》（中华人民共和国建设部令第149号），2006年7月1日实施。该规范性文件载明"本办法所称工程造价咨询企业，是指接受委托，对建设项目投资、工程造价的确定与控制提供专业咨询服务的企业。"这里我们发现，该条款将"工程造价咨询企业"解释为"咨询服务的企业"，有悖词语解释的逻辑性。仍然没有解释"咨询"的内涵究竟是什么？

《现代汉语词典》对咨询解释词条如下：询问；征求意见。

《牛津高阶英汉双解词典》对consult词条解释如下：

(1)To go to somebody for information or advice；

(2)To discuss something with somebody to get their permission for something,or to help you make a decision；

(3)Refer to．

从以上中英文的解释，我们可以了解到中文的"咨询"与英文的"consult"均是指获得信息、建议的范畴，范畴的扩展边界充其量就是"帮助他人做出决策"，绝对不包含去执行决策的意思。我们不妨用中英文对"咨询"一词的共同解释来考证 515 号文中的招标代理、监理、造价、项目管理哪些行为属于咨询范畴。

招标代理，招标代理咨询与招标代理是两件完全彼此独立的民事法律行为，因为法律取消了招标代理的资质，因此将招标代理咨询与招标代理业务合并，不会存在法律风险。

监理，监理咨询与监理业务是两件完全彼此独立的民事法律行为，因为法律设置了监理资质，因此将监理咨询与监理业务合并，会存在法律风险。

造价，造价咨询机构向委托方提交造价咨询报告后，由委托方决策、执行。不存在造价机构执行造价咨询报告的事实基础，是符合造价咨询定义的民事法律行为。

项目管理，项目管理咨询与项目管理是两件完全彼此独立的民事法律行为，因为法律没有设置项目管理资质，因此，将项目管理咨询与项目管理业务合并，不会存在法律风险。

从以上内容我们观察到，全过程工程建设咨询服务招标代理、勘察、设计、监理、造价、项目管理各项中，只有造价才是实质意义上的咨询服务业务，其他各项都是取咨询之名，行本业之实。由此，我们得出结论，全过程工程建设咨询服务本质就是造价咨询服务。

下面我们观察一下全过程工程咨询中的投资咨询。

515 号文载明：投资咨询是指"综合性工程咨询单位接受投资者委托，就投资项目的市场、技术、经济、生态环境、能源、资源、安全等影响可行性的要素，结合国家、地区、行业发展规划及相关重大专项建设规划、产业政策、技术标准及相关审批要求进行分析研究和论证，为投资者提供决策依据和建议"。单从咨询的定义上讲，文中将咨询定义为"提供决策依据和建议"，与我们对咨询的定义一致，与其在同文中对全过程工程建设咨询中的咨询定义不同。

我们国家的投资体制改革源于 2004 年，国务院发布《关于投资体制改革的决定》（国发〔2004〕20 号）。确定了"谁投资、谁决策、谁收益、谁承担风险"的投资原则，由此投资领域被分为两类投资主体，一类为企业，一类为政府。对于企业不使用政府投资资金的项目，项目的市场前景、经济效益、资金来源和产品技术方案等均由企业自主决策、自担风险。政府投资主要用于关系国家安全和市场不能有效配置资源的经济和社会领域。这一改革的举措，奠定了我们国家新的投资格局。

投资体制改革以来，我们国家的市场经济也是处在高速发展之中，市场经济不断构建、不断丰富、不断完善，为企业家提供了广泛的投资空间。俗话说："春江水暖鸭先知"。企业主对市场的需求具有高度的敏锐性，在企业自主投资、自担风险的投资环境下，投资什么项目，规模多大，市场前景如何都是企业投资的核心机密，因此，企业家不会寻找投资咨询机构对其投资进行咨询与评估。因此，投资咨询机构在市场经济中缺乏生存发展的土壤。

政府投资项目则不然。20号文指出：政府投资项目一般都要经过符合资质要求的咨询中介机构的评估论证。因此，对政府投资项目进行投资咨询评估，是投资咨询机构的主要业务来源。政府投资项目范围有其天然的局限性，其投资的范围为"市场不能有效配置资源的经济和社会领域"，换句话说，政府投资是为社会提供公共产品。公共产品的特性是没有商业性，即不考评投资回报，不追求投资回报最大化，其关注的是所投资的建设工程能否竣工验收合格，按时为社会提供公共产品。在这种投资结构中，政府机构自然聚焦投资项目的建设而忽视投资最终的经济效益。投资体制改革至今，投资咨询机构为政府服务一路走来，没有实质性改变。

515号文提出"综合性工程咨询单位接受投资者委托，就投资项目的市场、技术、经济、生态环境、能源、资源、安全等影响可行性的要素进行可行性分析"，文中的各项要素，当下的投资咨询机构对技术、经济、生态环境、能源、资源、安全等要素进行可行性研究，不会存在专业上的障碍，唯有对"市场"这一要素，缺乏案例的积累与长期市场历练，PPP项目大面积坍塌，恰好佐证了这一点。市场投资主体即使响应515号文选择全过程工程咨询，当他伸手向投资咨询产品货架上"抓取"投资咨询产品时，会发现货架上的产品无法满足他的需求。

现时的投资咨询产品能够满足什么样的投资者的需求呢？我们认为这是一个只有市场才能回答的问题。我们国内的投资咨询市场还需要一个成长、成熟的过程，投资者希望通过交易直接获得满足其需求的咨询产品不具有现实性。市场经济条件下，贸易可以促进交易双方的发展。投资者不能获得满意的投资咨询产品，但是可以选择满足其部分需求的替代咨询产品；同理，咨询机构不能满足投资者的需求，但是可以将自己具有相对优势的单项产品提供给客户。买卖双方的良性互动，最终会促进咨询市场的形成。

通过以上观察我们可以看到，无论是投资咨询还是全过程工程咨询，在515号文中都表现出较为明显的冲突，这表明国家发展改革委与住房和城乡建设部对全过程工程咨询尚未形成清晰的思路。从另外一个视角观察，不排除国家发展改革委与住房和城乡建设部已经看到了当下全过程工程咨询市场的匮乏，故而给出各方向的提议，冲突任其冲突，最后通过市场的磨合形成全过程工程咨询主流模式。无论是哪一种初心，至少有一点可以明确，那就是全过程工程咨询只是刚刚起步，尚处在摸索阶段。

515号文载明："重点培育发展投资决策综合性咨询和工程建设全过程咨询，为固定资产投资及工程建设活动提供高质量智力技术服务，全面提升投资效益、工程建设质量和运营效率，推动高质量发展。"说明国家发展改革委与住房和城乡建设部是为了"全面提高投资效益"而"推进"投资咨询和工程建设全过程咨询。在投资咨询产品与工程建设全过程咨询产品尚存在瑕疵的状况下，用于建设工程服务，其本身就存在风险。因此，我们说建设工程全过程工程咨询离不开全过程风险管控。

第 2 章

建设工程
承揽阶段风险管控

1. 现金流概念建立对建设工程谈判有何作用?

人们都说，人生两件大事，事业与爱情。确实，这是人生的两大主题。我们将这两件大事归类，很容易将事业归属于工作范畴，爱情归属于生活范畴。用市场经济的眼光来度量这两大范畴，就会有新的发现。市场经济条件下，人们的社会活动总体可以分为两类：生产与消费。生产就是我们的工作；消费就是我们的生活。

每一个人投入社会活动，从事生产工作，都会有薪水收入。取得收入之后，首先会到超市中去"抓"生活必需品；备足生活必需品之后发现还有结余，就会想着改善生活质量，给家里添一盆花、安一台空调、换一套家具；发现还有结余，就会想提高生活品质，外出旅游、买车、购房；发现仍有结余，便会想着存银行、买股票，或者做生意。

作为企业而言，其生产出来的产品，投放市场接受"上帝之手"的选择，"上帝们"用工作所得货币购买产品。企业通过销售产品换回货币。一部分用于购买新的原材料、机器设备，一部分用于给生产者发薪水，一部分作为企业家的回报。

通过以上观察我们可以看到，生产者将薪水用于购买生活必需品、添花、安空调、换家具、旅游、买车、购房等等一系列行为，都属于消费；而将余款用于储蓄、买股票、做生意，则是放弃当下的消费，期望今后有更多财富消费的行为，这种行为投资学定义为投资。而投资活动不属于消费，属于生产活动范畴。因而，生产者的薪水收入最终一部分用于消费，一部分用于生产。企业将收回的货币，一部分用于购买新的原材料、机器设备，同样是企业家放弃将收回的货币用于当下消费，期待今后有更多的财富消费，因此是一种投资行为。一部分用于给生产者发薪水，是企业为组织生产活动租赁生产者单位劳动时间所付出的代价，也是一种企业投资行为；企业家也是生产者的一部分，作为其获得回报的这一部分货币，与生产者收入开销是一样的。

这里我们发现一个很有趣的现象，生产者的收入只有两个去向：消费与投资；企业生产资金来源也只有两个渠道：消费款与投资款。消费与投资通过货币实现有机结合，使生产循环成为可能。这促成生产循环的货币流动，我们称之为现金流。

市场经济下的任何一家企业，其投放市场的产品满足市场需求的检验标准，就是吸纳市场货币的能力，也就是形成现金流的能力。现金流好，说明产品受市场欢迎，企业具有竞争力，能够获得不断发展；现金流缺乏，说明产品不能满足市场需求，企业不具有竞争力。现金流来源于消费者手中的货币，因此市场经济认为，所有的生产都是为了消费。

现金流概念的建立能够帮助施工单位在选择承揽项目之时，对项目的性质进行认定，对项目的商业性进行判别，进而采用不同的生产要素组合，保障工程款回笼如期实现。建设单位具有现金流的概念，可以帮助其确定自身在项目中的角色，明确与施工单位的权利边界，减少与施工单位不必要的纠纷，促进项目的顺利进展。

2. 什么是非经营性项目？

非经营性项目投资建成后，项目自身不会产生现金流，意味着项目投资没有回报，这明显违背市场经济规律。谁会投资这种没有回报的项目呢？我们知道所有的生产都是为了消费，这类投资产出的消费品是什么？最终流向了何处？这自然会引起我们的兴趣。

我们说只有政府才会投资这类项目。非经营性项目产出的产品在经济学上有一个专用名词，叫作公共产品，指的是该产品的效用扩展于他人的成本为零，因而也无法排除他人共享。用通俗的语言表述，就是这类产品由政府免费提供给不特定的消费者，并且增加一个消费者，不会增加该产品的边际成本。似乎仍然比较难以理解，我们观察几个实例来帮助理解。

市政道路。我们国家正在进行大规模的城市化建设，无论是在北上广这样的超大型城市，还是在偏远的四五线小城，随处都能看到城市建设的景象。市政道路建设是城市建设的基础设施，是典型的非经营性项目，政府投资建设的市政道路，建成后不可能向在道路上通行的车辆或行人收费，因此市政道路项目的投资不可能产生现金流。市政道路向市民提供的消费品是通行产品，市民在道路上行走，便是在消费市政道路这一产品，该产品的消费不会因为道路上增加一个行人而增加市政道路的建设成本。

学校。"再穷不能穷教育"，我们国家近年来大力发展教育事业，建设了大量的中小学校。国家施行的是九年义务教育制，学生免费入学，因此建设学校不可能产生现金流，属于没有投资回报的项目，只有政府投资。学校与市政道路还有些许差别，市政道路的消费者是不特定的主体，而学校的消费者具有一定的特殊性，第一是适龄未成年人，年龄上具有特殊性；第二地域性，尤其是小学，都划分入学区域，只有在本学区的适龄儿童才能够入学享受义务教育。我们说这两点特殊性，不足以改变学校作为公共产品的性质。我们国家施行的是义务教育制，在某一特定的年份，入学的孩子确实具有相对确定性，但是每一个特定年龄的孩子都能够享受义务教育。同理，地域也是这样，尽管每座小学不是特定的适龄儿童都能进，但每一个适龄儿童都能在自家学区的小学享受义务教育。从具体孩子或学校来讲，确实具有相对确定性，但从整个国家的教育体系上看，也满足公共产品消费者不确定性的特性。需要说明的是，义务教育属于公共产品，大学教育或私立学校不属于公共产品，因为他们的学费收入构成现金流。

国防。如果说市政道路的公共性体现在本市市民，学校的公共性体现在适龄儿童，与公共产品的消费者具有不确定性都存在一定的偏差，那么国防便是公共产品的极致，完全符合公共产品消费者为不特定主体的特性。改革开放以来，我们国家的实力迅速提升，对国防开支不断加大，航空母舰、歼20、"东风快递"相继问世。国家对国防巨大的投资是不会产生现金流的，国防提供的产品是保护每一个公民的人身权和财产权，不会因为某一个家庭生了一对双胞胎而增加国防开支。

通过以上观察，我们对公共产品有了一个初步的了解。为什么政府要投资没有回报的非经营性项目，为我们提供公共产品呢？原因很简单，因为我们给政府缴税了。政府免费为我们公共产品的对价就是我们给政府缴纳的税金，所以公共产品只有政府投资。

当建设单位准备建设一个非经营性项目时，就应当笃信，项目的建设资金一定全额来自政府。作为施工单位，当承接一个非经营性项目工程时，就应该明确地知道，未来的工程款，都来自政府。

3. 什么是准经营性项目？

准经营性项目是指项目自身能够产生一定的现金流，但是现金流不足以覆盖投资成本的项目。非经营性项目为社会提供的产品我们知道是公共产品，同理，准经营性项目为社会提供的产品我们称之为准公共产品。因为产品具有公共性，因此政府对投资进行补助是项目能够正常运营的前提。

因为项目具有公共性，因此，政府有义务向社会提供准公共产品。如果由政府独家投资、建设、运营，此时的准公共产品的投资模式与公共产品的投资模式完全相同。又因为其为准公共产品，产品又具有一定的市场性；政府投资亦追求其效益性，因此政府也希望能与市场结合，既可以减轻政府开支压力，提高政府投资效率，又可以提供满足社会需求的公共产品，这就是准经营性项目国家推广政府与社会资本合作（PPP）模式的初衷。

《国务院办公厅转发财政部发展改革委人民银行关于在公共服务领域推广政府和社会资本合作模式指导意见的通知》（国办发〔2015〕42号）指出，在能源、交通运输、水利、环境保护、农业、林业、科技、保障性安居工程、医疗、卫生、养老、教育、文化等公共服务领域，鼓励采用政府和社会资本合作模式。这为界定PPP模式适用领域提供了政策依据。需要强调的是，并不是这些领域内的所有项目都适用PPP模式，只有准经营性项目，才适用PPP模式。

《国务院关于加强地方政府性债务管理的意见》（国发〔2014〕43号）指出，"推广使用政府与社会资本合作模式。鼓励社会资本通过特许经营等方式，参与城市基础设施等有一定收益的公益性事业投资和运营。政府通过特许经营权、合理定价、财政补贴等事先公开的收益约定规则，使投资者有长期稳定收益。投资者按照市场化原则出资，按约定规则独自或与政府共同成立特别目的公司建设和运营合作项目。投资者或特别目的公司可以通过银行贷款、企业债、项目收益债券、资产证券化等市场化方式举债并承担偿债责任。政府对投资者或特别目的公司按约定规则依法承担特许经营权、合理定价、财政补贴等相关责任，不承担投资者或特别目的公司的偿债责任。"

　　这段文字总共六句话，我们看看国务院 PPP 的初心是怎样一幅蓝图。

　　第一句开宗明义，确定商业模式。是"合作"模式，而非代建、合资、合伙等模式。因为"合作"具有无限多的具体实现方式，所以国务院对"合作"进行界定。

　　第二句界定范围。合作的范围第一个关键词是"公益性事业"，意味着政府与社会资本合作只在公益性事业领域展开，公益性事业即为社会提供公共产品的事业；对非公益性事业领域，国务院没有授权。我们知道我们当下的社会各项事业分为公益性事业和非公益性事业。非公益性事业，就是市场经济的范围，以追求利益最大化为中心。公益性事业还可进一步划分为纯公益性事业和准公益性事业。纯公益性事业用市场的语言表述就是自身不能产生现金流的行业；用行政化的语言表述就是完全由政府拨付经费的事业单位。准公益性事业用市场化语言表述就是自身能产生一定的现金流，但产生的现金流不足以覆盖投资的成本；用行政化的语言表述就是由政府拨付一定行政事业费的单位。这就引出本句第二个关键词"有一定收益"。所以并不是所有的公益事业领域都符合国务院界定的政府与社会资本合作的范围，只有自身能产生现金流的项目，才符合国务院界定的 PPP 项目的范围。

　　第三句界定社会资本收益分配。"合作"是双方任意约定投入，任意约定分配。国务院在这一句规定了社会资本的收益为"使投资者有长期稳定的收益"。双方合作从事商业活动，国务院为什么要规定"使投资者有长期稳定的收益"呢？那是因为准公益性事业是为社会提供准公共产品，而为社会提供准公共产品的责任是政府的法定义务。我们国家正处在城市化高速发展阶段，政府的财政收入尚不能满足高速城市化所引发的城市基础设施和公共事业的需求，为缓和这一矛盾，政府邀请社会资本投资建设城市基础设施和公共事业，满足社会需求。所以社会资本投资城市基础设施和公共事业项目不是简单的商业投资，是帮助政府排忧解难。本着"合作"分配是"想怎么约定就怎么约定"的原则，国务院规定"使投资者有长期稳定的收益"，以体现对帮助者的支持。政府与社会资本合作是一项商业合作，市场经济条件下，商业活动的投资回报率取决于项目风险的高低，准经营性项目属于公共资源的配置，具有垄断性。故投资 PPP 项目的社会资本也不可能获得暴利，这是由市场经济规律所决定的。

　　第四句界定运作方式。PPP 项目运作实行项目法人制，由特殊目的公司承担项目风险。特殊目的公司的特殊性在于项目产生的现金流具有唯一性。政府方对项目公司可以入股也可以不入股。值得特别一提的关键词是"市场化"，市场化指明了政府与社会资本合作的发展方向是市场化方向而非行政化方向。因此，当具体项目实施过程中出现模糊情形，需要作出向市场方向还是行政方向选择时，市场化方向为首选。在PPP实施过程中，当国务院的文件内容与市场经济规律发生冲突时，选择遵循市场规律为首选。

第五句界定项目融资方式。国务院列举了四种融资方式，不含政府担保。在列举的"等"字后面加上"市场化"三个字，将欲把政府担保拖入"等"字范围的路径堵死。此句国务院的态度非常明确，PPP项目融资采取什么方式都可以，唯独不得政府提供担保。

第六句界定政府商业责任。政府对社会资本的商业责任本句表述为"按约定规则"，为什么不表述为"依法"呢？因为我们国家目前尚没有合作法，所以只能依据合同。这表明在政府与社会资本合作期间，整个PPP项目最高的法律性文件就是双方签订的PPP合同。这对政府与社会资本双方来讲都必须高度重视。"按约定规则"后面跟着"依法"两字，非常关键，表示政府方并不是简单地按照"约定的规则"履行义务，而是还要依法。依据什么法律？"特许经营权"依《行政许可法》，"合理定价"依《价格法》，"补助补贴"依《预算法》。所以在PPP合同谈判签约过程中，不是说合作合同"想怎么约定就怎么约定"都是合法的。因为社会资本的交易对手是政府，所有的约定不得违背行政意志。否则，会由于超越授权导致条款的无效。这是本句的第一层意思。第二层意思很明确，政府方"不承担投资者和特别目的公司的偿债责任"。在以往的投资中形成的观念是"谁投资、谁所有、谁负责""风险共担、利益共享"，这些观念针对"合资""合伙"有效，针对"合作"无效。因为"合作"对利益、风险的分担是"想怎么约定就怎么约定"。PPP是"合作"模式，国务院选择的风险分担方式是"不承担投资者和特别目的公司的偿债责任"，这是国务院划定的政府与社会资本合作的边界。

我们把这六句话的内容重新梳理编排一下，或许更便于理解。

PPP模式实施范围是准公益性领域。各方投入、分配有明确约定，特殊目的公司运作，承担所有商业风险。政府方承担补贴补助责任，保障社会资本合理收益；不承担项目公司的偿债责任。

经过这么一梳理，我们很快就能发现，PPP的范围是清晰的，投入分配方式清晰，运作方式清晰，政府不承担债务清晰。尚不清晰的是政府补助补贴的力度有多大？社会资本合理收益如何确认？这些我们在后面的文章中探究。

4. 什么是纯经营性项目？

纯经营性项目是项目自身产生的现金流能够覆盖投资成本，因此项目具有市场性，为社会提供的产品为非公共产品。这意味着政府远离非经营性项目，既不会给予项目投资资金支持也不会给予项目运营收入补贴，项目的盈亏完全由市场决定。

市场经济条件下，所有的生产都是为了消费。为满足消费所生产出的产品必须满足销售一定的量，才能保障销售形成的现金流能够覆盖投资成本。当销售产生的现金流量（销售收入）正好等于项目投资的资金总量（总成本）时，这个交会点投资学称之为"盈亏平衡点"，见图 2-1。

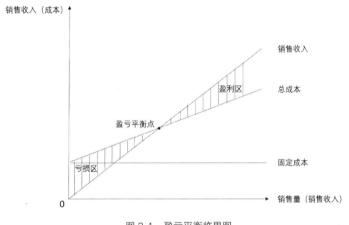

图 2-1   盈亏平衡临界图

一家房地产开发企业，销售多少套商品房能够达到盈亏平衡点？一家汽车生产企业，销售多少台汽车能够达到盈亏平衡点？一家坦克生产企业，销售多少辆坦克能够达到盈亏平衡点？作为一个市场经济中的企业，在项目投资决策阶段，确定项目盈亏平衡点，是其做出科学决策的最基本的依据。因此，盈亏平衡点是项目生死的分水岭，销售量低于盈亏平衡点，项目就要亏损，我们将其界定为项目没有商业性；大于盈亏平衡点，项目就能盈利，我们将其界定为项目具有商业性。盈亏平衡点反映着市场经济的基本规律。

我们观察到，并不是所有的项目都能实现盈亏平衡。对于不能实现盈亏平衡的项目，企业当然会选择放弃投资。但是，不能实现盈亏平衡的项目并不意味着其提供的产品在社会上没有需求，有的还是社会必需的产品。对这种违背市场经济规律的现象，我们称之为市场失灵。企业不愿意投，而又是社会必需的产品，这类产品我们称之为纯公共产品和准公共产品。

对于纯公共产品，见图 2-2。由于不存在销售，故将图 2-1 中的销售收入线删去，也不存在盈亏平衡点，只保留固定成本与总成本线。建设单位没有销售收入，并不意味着施工单位要无偿提供施工。建设单位与施工单位之间仍然适用市场经济法则。施工单位通过招标投标签订合同承包建设单位的非经营性建设项目，自负盈亏。

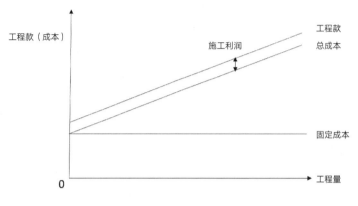

图 2-2 纯公益性项目产出图

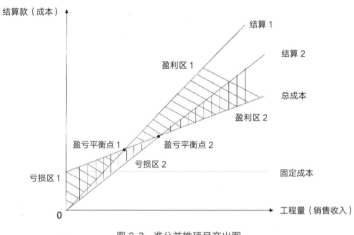

图 2-3 准公益性项目产出图

对于准公共产品，见图 2-3。图 2-1 表示经营性项目销售量、销售收入与成本的关系。图 2-3 在图 2-1 的基础上形成，增添了结算 2 线，表示准经营性产品销售量、销售收入与成本的关系。由于是准经营性项目，所以项目的收益先天性地低于经营性项目，故结算 2 线的斜率一定小于结算 1 线的斜率。如此盈亏平衡点 2 随之右移，说明项目营利性下降，图中也直观地显示亏损区 2 的面积大于亏损区 1 的面积，利润区 2 的面积小于利润区 1 的面积。要使准经营性项目具有经营性项目相当的盈利能力，从而吸引社会资本投资准经营性项目，减轻政府投资负担，提高社会准公共产品供给能力，只有将结算 2 线的斜率调整到与结算 1 线斜率相等，社会资本才会介入投资。而调整斜率的办法就是政府对准公共产品投资进行可行性缺口补助。这种补助可以在投资阶段，也可以在项目运营阶段。当政府的补助使结算 2 线与结算 1 线重合之时，"政府之手"则无须再干预项目，剩下的交易由市场经济"看不见的手"掌控。

5. 公共产品、公益性项目、非经营性项目之间的关系是什么？

我们国家改革开放四十多年，市场经济使社会经济发生了天翻地覆的变化。投资行业作为国家经济发展的三驾马车之一，在这种变化中首当其冲。作为投资的重点领域建设工程板块，无论是建设单位策划一个投资项目，还是施工单位准备投标一个工程，在其心目中，不能够给项目或工程进行正确定位，无疑已经落后于市场的发展。

作为前期从事项目策划的工作者，当其瞄准一个建设工程项目时，其准星就是将项目分为非经营性项目、准经营性项目和纯经营性项目。不能对所瞄准的项目准确地定位，并且深刻地理解三种不同项目的内涵，要想对所策划的项目实现"运筹帷幄，决胜千里之外"，等同于无准星射击。

当我们对项目这三种区分基本了解掌握之后，在项目前期与交易对手进行商务谈判之时，会发现不同的交易对手使用不同的词去表述这三种项目。遇到最多的是纯公共产品、准公共产品、非公共产品；纯公益性项目、准公益性项目、非公益性项目。我们来考察他们的异同。

从项目的市场性进行分类，项目可以分为非经营性项目、准经营性项目、纯经营性项目。非经营性项目是项目完全不具有市场性，属于市场失灵的项目，必须政府出手，弥补市场失灵，满足社会对公共产品的需求。准经营性项目，是项目具有一定的市场性，但是现金流不足以覆盖成本，所以需要政府适当参与，弥补市场失灵。经营性项目就是完全符合市场经济法则的项目。在国家投资类文件中，更多的会使用"经营性"表述。

从项目与国家管理体制角度分类，可以分为纯公益性项目、准公益性项目、非公益性项目。公益性项目对应非经营性项目，准公益性项目对应准经营性项目，非公益性项目对应经营性项目。我们国家现行体制下的事业单位所承担的任务就是从事公益性事业，所以在国家涉及事业单位改革的文件中，会倾向于"公益性"表述。

本着市场经济生产是为了消费的理念，投资"经营性"项目、"公益性"项目都是为了生产供消费者使用的产品，项目的产出为产品。分为纯公共产品、准公共产品、非公共产品。非经营性项目和纯公益性项目生产出的产品为纯公共产品；准经营性项目和准公益性项目生产出的产品为准公益性产品；经营性项目和非公益性项目生产出的产品为非公益性产品。

我们在项目前期谈判中也会时常遇到三种项目或者说三种产品彼此间界限不是太明确的情形。我们在前面的章节中提到投资建设九年义务教育的学校项目为非经营性项目、公益性项目、属于公共产品。但是如果是私立九年义务教育学校，则属于经营性项目、非公益性项目、非公共产品。所以一般不宜将某一行业归为某一类项目。

不管是建设单位还是施工单位，在选择项目的时候，应当首选性质明确，较为容易判断的项目。对于性质模糊，难以把握的项目，意味着会蕴藏有风险。

6. 如何对政府投资项目进行分类?

2004 年以前, 我们国家的投资体制是不分投资主体、不分资金来源、不分项目性质, 一律按投资规模大小分别由各级政府及有关部门审批。这种投资模式是沿袭计划经济的投资模式。2004 年 7 月 16 日, 发布《国务院关于投资体制的改革的决定》(国发〔2004〕20 号)确定了"谁投资、谁决策、谁收益、谁承担风险"的投资原则。将项目投资审批制改革为政府投资核准制、社会资本投资实行备案制, 落实了企业投资自主权。开放企业投资准入市场, 鼓励和引导社会资本以独资、合资、合作、联营、项目融资等方式, 参与经营性的公益事业、基础设施项目建设。限定了政府投资主要用于关系国家安全和市场不能有效配置资源的经济和社会领域, 包括加强公益性和公共基础设施建设, 保护和改善生态环境, 促进欠发达地区的经济和社会发展, 推进科技进步和扩大高新技术产业化的范围。

经过十年的发展, 在社会资本以独资、合资、合作、联营、项目融资等方式, 参与经营性的公益事业、基础设施项目建设的实践中, 国家选择"合作"的方式, 进一步推进投资体制的改革, 2015 年 5 月 19 日, 国务院办公厅出台了《国务院办公厅转发财政部发展改革委人民银行关于在公共服务领域推广政府和社会资本合作模式指导意见的通知》(国办发〔2015〕42 号), 提出围绕增加公共产品和公共服务供给, 在能源、交通运输、水利、环境保护、农业、林业、科技、保障性安居工程、医疗、卫生、养老、教育、文化等公共服务领域, 广泛采用政府和社会资本合作模式。

2016 年 7 月 5 日, 中共中央、国务院出台《中共中央 国务院关于深化投融资体制改革的意见》(中发〔2016〕18 号), 进一步明确政府投资范围。"政府投资资金只投向市场不能有效配置资源的社会公益服务、公共基础设施、农业农村、生态环境保护和修复、重大科技进步、社会管理、国家安全等公共领域的项目, 以非经营性项目为主, 原则上不支持经营性项目。"

2019 年 7 月 1 日实施的《政府投资条例》从法律高度界定了政府投资项目的范围。第三条规定: "政府投资资金应当投向市场不能有效配置资源的社会公益服务、公共基础设施、农业农村、生态环境保护、重大科技进步、社会管理、国家安全等公共领域的项目, 以非经营性项目为主。"

比较《政府投资条例》与《中共中央 国务院关于深化投融资体制改革的意见》对政府投资范围的界定, 我们很容易就能发现, 《政府投资条例》中删除了"原则上不支持经营性项目"。为什么会做这样的修改? 是因为"经营性项目"包含纯经营性项目和准经营性项目, 准经营性项目向社会提供的是公共产品, 政府有义务支持。仅仅时隔三年就做出这样的修改至少说明两个问题: 其一, 对市场经济的认识, 中央也有一个不断的认识过程; 其二, 中央发现自己的政策与市场经济不一致, 会调整到与市场经济保持一致。由此可见，我们对市场经济的研究多么的重要。

《政府投资条例》对政府投资的范围做了界定，随之对资金做出安排。第六条规定："政府投资资金按项目安排，以直接投资方式为主；对确需支持的经营性项目，主要采取资本金注入方式，也可以适当采取投资补助、贷款贴息等方式。"我们看到，政府资金的安排法律规定是对非经营性项目采取直接投资的方式，"对确需支持的经营性项目"也就是准经营性项目采取"资本金注入方式，也可以适当采取投资补助、贷款贴息等方式"。因此，我们说政府投资资金安排只有两种方式，直接投资和资本金注入、补助、补贴。

我们了解了政府项目的分类以及政府投资资金安排的方式之后，在前期与政府的谈判过程中就有了基本的立场，与政府的合作也就有了坚实的法律基础。

7. 如何识别政府项目的合法性？

政府投资的项目具有当然的合法性，这是我们长期形成的固有的观念。随着我们国家体制的改革，地方政府对 GDP 的追求愈演愈烈。为了抑制地方政府对 GDP 的盲目追求，2015 年《预算法》实施，2019 年《政府投资条例》实施，从法律的高度约束政府的投资行为，政府投资合法性问题也摆到了我们的面前。

识别政府项目合法性最简单有效的方式是核实此项目是否已经进入政府项目库。政府的项目库一般分为四个子库：储备项目库、新开工项目库、在建项目库、竣工项目库，各库在时间上存在递进关系。在相应子项目库的项目即表明在此阶段项目具有合法性，否则，不具有合法性。《政府投资条例》第二条规定："国家通过建立项目库等方式，加强对使用政府投资资金项目的储备。"

我们说建设工程全过程风险管控是从第一眼看上项目起，就开始对项目进行风险管控。因此，施工单位要承接政府的项目，首先应当在政府项目库中的储备库筛选。施工单位很快就会发现，储备库中的项目，要么项目条件欠佳，不太满足企业的自身状况；要么已经名花有主，已有心仪的施工单位在跟踪。在这种情形下，施工单位便失去了"第一眼"的机会。要改变这种被动局面，唯一的办法是将眼光前移，在项目尚未入库之前就瞄准它，如此才能占得先机。

企业在项目尚未进入储备库之前就跟踪、培育项目，由于项目尚未形成，用法律语言表述为尚无事实基础，故没有合法与非法之分。选择什么样的项目？如何去培育？完全取决于企业的商业眼光，与政府行为的合法性无关。企业如愿将项目培育入库，自然占得先机；不能如愿入库，乃至永远无法入库，则是企业的商业风险。

企业要化解这一风险，则必须对项目进行深入的研究。

首先，应当研究项目所在地的社会经济发展规划、产业政策、行业标准等，选取对当地经济发展具有比较优势的项目，在这些项目中，再筛选出自身具有比较优势的项目。

其次，研究地方政府近三年投资计划，企业筛选出的项目与当地政府近三年投资机会具有高度的重合性，则项目进入政府储备库属于大概率事件。自 2016 年起，中央要求各级地方政府编制三年滚动政府投资计划，明确计划期内的重大项目，并与中期财政规划相衔接，统筹安排、规范使用各类政府投资资金。依据三年滚动政府投资计划及国家宏观调控政策，编制政府投资年度计划，合理安排政府投资。经过五年的实践，各级地方政府基本都实现了编制三年滚动投资计划，并按计划实施。

进入项目储备库并不意味着项目今后实施就具有了当然的合法性，入库仅仅意味着项目的形式合法，一旦发现项目实质性条件不合法，则会被清退出库。

第三，实体性合法。项目实体性合法的要件是项目建议书、可行性研究报告、初步设计经过合法审批。项目建议书必须充分论证项目建设的必要性；可行性研究报告要体现落实项目的技术经济可行性、社会效益以及项目资金等主要建设条件的情况；初步设计及其提出的投资概算应当符合可行性研究报告批复以及国家有关标准和规范的要求。

我们所说的政府投资项目，并非每一个项目的地方政府都是项目建设合同一方签约主体，更多的情形是地方政府的某一个部门，或地方政府的平台公司作为建设项目合同一方签约主体，法律上将代表政府方签约的主体称为项目单位。《政府投资条例》第九条规定："项目单位应当加强政府投资项目的前期工作，保证前期工作的深度达到规定的要求，并对项目建议书、可行性研究报告、初步设计以及依法应当附具的其他文件的真实性负责。"这意味着施工单位参与前期项目建议书、可行性研究报告、初步设计等工作，文件的真实性出现问题，施工单位也应当承担相应的责任，绝非法律规定是项目单位的责任而由项目单位独家承担。

第四，立项。立项意味着项目已经列入了地方政府当年的投资计划，项目名称、建设内容及规模、建设工期、项目总投资、年度投资额及资金来源等事项均已明确。对施工单位而言，意味着工程款已经有了切实的保障。

8. 如何区分特许经营项目与 PPP 项目？

特许经营项目基于 2004 年颁布的《行政许可法》。《行政许可法》规定，行政许可的设定和实施适用本法。设定和实施行政许可，应当依照法定的权限、范围、条件和程序。其中第十二条规定，"下列事项可以设定行政许可"，其中第二项规定："有限自然资源开发利用、公共资源配置以及直接关系公共利益的特定行业的市场准入等，需要赋予特定权利的事项"。这为公共资源配置以及直接关系公共利益的特定行业的市场准入设定和施行行政许可，提供了法律依据。

政府"设立"行政许可，比较容易形成一致的理解，即政府在授予行政相对人行政许可后，行政许可行为结束。政府"实施"行政许可则较容易形成分歧。人们所关心的是政府已经授予相对人行政许可后，要实施到什么程度？这种实施对行政相对人会产生什么样的影响？

通篇观察《行政许可法》可以发现，其单列的第四章为行政许可的实施程序，其下分为六节，分别是第一节申请与受理，第二节审查与决定，第三节期限，第四节听证，第五节变更与延续。如果说这五节里面还存在产生歧义的可能的话，那便是第三节期限，研究此节就会发现，此期限不是指行政许可项目的期限，而是指政府受理行政许可后至批准行政许可的期限。这样我们就明白，这里的实施不是指行政许可设立后如何实施，而是指如何实施行政许可设立。

第六节是特别规定，我们仅关注与建设工程项目有关的条款。

"第五十三条　实施本法第十二条第二项所列事项的行政许可的，行政机关应当通过招标、拍卖等公平竞争的方式作出决定。但是，法律、行政法规另有规定的，依照其规定。

行政机关通过招标、拍卖等方式作出行政许可决定的具体程序，依照有关法律、行政法规的规定。

行政机关按照招标、拍卖程序确定中标人、买受人后，应当作出准予行政许可的决定，并依法向中标人、买受人颁发行政许可证件。

行政机关违反本条规定，不采用招标、拍卖方式，或者违反招标、拍卖程序，损害申请人合法权益的，申请人可以依法申请行政复议或者提起行政诉讼。"

此条款对实施的诠释，也是止于向中标人颁发行政许可证。

从以上研究我们可以得出肯定的结论，《行政许可法》所称的实施，是指设立行政许可的实施，其止步于行政许可的颁发，绝不涉及行政许可项目执行过程中的任何行为。

是否政府给行政相对人颁发了行政许可证之后就什么都不用管了呢？当然不是，行政许可法授予了行政主体对特许经营项目的行政监督权。具体如下：

检查权。行政机关可以对被许可人生产经营的产品依法进行抽样检查、检验、检测，对其生产经营场所依法进行实地检查。在授予检查权时，也没有忘记对检查权的制约。规定行政机关实施监督检查，不得妨碍被许可人正常的生产经营活动。

处罚权。被许可人未依法履行开发利用自然资源义务或者未依法履行利用公共资源义务的，行政机关应当责令限期改正；被许可人在规定期限内不改正的，行政机关应当依照有关法律、行政法规的规定予以处理。取得直接关系公共利益的特定行业的市场准入行政许可的被许可人，应当按照国家规定的服务标准、资费标准和行政机关依法规定的条件，向用户提供安全、方便、稳定和价格合理的服务，并履行普遍服务的义务；未经作出行政许可决定的行政机关批准，不得擅自停业、歇业。违者，行政机关应当责令限期改正，或者依法采取有效措施督促其履行义务。

撤销权。有下列情形之一的，作出行政许可决定的行政机关或者其上级行政机关，根据利害关系人的请求或者依据职权，可以撤销行政许可：①行政机关工作人员滥用职权、玩忽职守作出准予行政许可决定的；②超越法定职权作出准予行政许可决定的；③违反法定程序作出准予行政许可决定的；④对不具备申请资格或者不符合法定条件的申请人准予行政许可的；⑤依法可以撤销行政许可的其他情形。被许可人以欺骗、贿赂等不正当手段取得行政许可的，应当予以撤销。

我们看到《行政许可法》给政府机关授予了对特许经营项目的检查权、处罚权、撤销权，唯独没有授予管理权。这不是法律的疏忽，恰恰是立法者的智慧。立法者看到了行政权力的边界，特意将行政权力设定在以行政许可的设立为边界，阻止行政权力进入行政许可项目的经营管理。

从以上的观察我们可以得出结论，尽管是政府授权的特许经营项目，政府也无权干涉项目的正常生产经营。政府的相关部门对项目的监督管理，不是基于特许经营权是政府授予，而是基于政府对社会主体监督的行政管理权，就像对非特许经营项目履行政府管理职能一样。

特许经营是基于公共资源配置以及直接关系公共利益的特定行业的市场准入，项目的公共性，决定了特许经营项目是为社会提供公共产品，又因为项目具有经营性，因此当然对应着准公共产品。那特许经营项目与PPP项目范围是否重合呢？是否特许经营项目与PPP项目能够划上等号？答案是否定的。PPP项目属于特许经营项目这没有疑义，特许经营项目由于其范围还涉及非PPP项目。譬如，风力发电项目，属于公共资源配置，依法应当实施行政许可。但是由于现代科技水平的提高，风力发电项目产生的现金流足以覆盖投资成本，尽管为社会提供的是公共产品，政府也还是将其列入经营性项目，不会给其任何补助。PPP是现金流不足以覆盖投资成本的特许经营项目。

9. 准经营性项目政府可行性缺口补助如何定量？

在项目的前期策划谈判过程中，非经营性项目由于其投资主体的单一性，项目策划谈判较为简单，经营性项目也一样。准经营性项目由于涉及政府补助，补助的金额能否在理论上弥补项目结构成形的资金缺口，使投资主体获得的现金流足以覆盖其投资成本，直接关系到项目能否落地。我们知道准经营性项目国家推行的是PPP模式，这里我们着重观察PPP模式政府可行性缺口补助如何实现。

我们说，PPP 的商业性体现在三个方面：第一补缺削峰；第二绩效考评；第三调价机制。

第一，补缺削峰（图 2-4）。

所谓补缺削峰是指 PPP 项目在商业安排过程中，政府与社会资本方可以事先在合同中约定，项目存在结构性亏损由政府补足，保障社会资本合理收益；项目收益高于合同约定的社会资本的合理收益部分，政府可以参与分成。

"补缺削峰"是本篇创设的一种提法。不易理解不要紧，我们通过一个案例进一步说明。动迁，是目前各个城市发展建设的热点，时时刻刻发生在我们的日常生活之中。对动迁各有评说，对动迁所有的负面评价认可度最高的就是安置的地点太偏，工作生活不便。尽管偏一些，但作为基本生活的配套设施还是完善的，比如，学校、幼儿园、基本商业配套以及污水处理项目。污水处理是为社会提供公共产品，污水处理费是与水费一起收的，具有一定的收益性，符合做 PPP 的项目条件，因此采取 PPP 模式运作。与动迁安置房同时设计、同时施工、同时投入使用。

污水处理项目一投入使用，马上发现问题。项目设计的污水处理盈亏平衡点是动迁户入住率达到 60% 时产生的生活污水。第一年小区入住率只有 10%，污水处理厂开不开工？开工明摆着亏损；不开工污水直接排入河道影响环境。这时政府表示，污水处理属于为社会提供公共产品，政府有义务保护环境，污水处理厂开工，差额的50% 污水量给企业造成的结构性亏损由政府弥补。这样，污水处理厂得以保本运行，企业可以经营下去。我们称政府承担 50% 的差额为"补缺"。以此类推，第二年入住率达到 40%，则政府承担 20% 差额，直到入住率达到 60%，政府停止补助。

如果文字表述仍不足以清楚的话，那我们用图形，用数学语言表述，则更容易表达清楚。

补缺削峰图

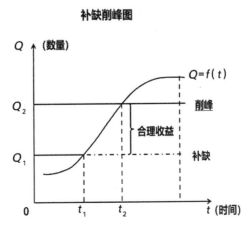

图 2-4　生产函数曲线

图中的曲线 $Q=f(t)$ 反映生产与时间的函数关系，因为 PPP 项目是为社会提供公共产品和服务，因此产品价格实行的是政府指导价，即价格不变。故 $Q×P$（价格）收益曲线与 Q 具有一致性。仍以污水处理项目为例：当生产到达 t_1 时点时，产量为 Q_1，Q_1 与 t_1 的交点 A 为盈亏平衡点，"补缺口"箭头所指部分为亏损部分，即污水量未达60% 部分。处理量在 A 点之上，则进入盈利区。当时点到达 t_2 时，产量达到 Q_2，PPP合同约定的企业收益全部实现，超过 Q_2 点以上处理量，超过了 PPP 合同约定的社会资本的收益，该收益由政府和社会资本共同享有，按双方约定分配。Q_1 线称之为"补缺"线，意味着未达到 Q_1 的量，均按 Q_1 计量，Q_2 线称之为"削峰"线，超过 Q_2 的量，项目公司名下的收益被消除，不为项目公司完全所有。这就是"补缺削峰"。

第二，绩效考评。

PPP 本质上是一种商业行为，是以商业的方式为社会提供公共产品，因此对产品以及对提供产品的服务进行考核，按质论价，这为全社会所接受。重点是如何考评？PPP 的范围与现有的事业单位的范围高度重合，对重合的部分，沿袭事业单位的考核办法；对非重合的部分，编制相应的考核办法。事业单位提供公共产品是为社会提供福利；PPP 项目为社会提供公共产品是商业行为，性质不同，采用同样的考评体系肯定不可行。PPP 是一种商业行为，对其考评也应当体现市场化的特征，这市场化至少在考评主体、考评范围、考评深度上有所体现。优化的绩效考评方式目前也在探索、完善之中。

第三，调价机制。

PPP 项目政府与社会资本合作期至少十年，二十年的也不乏其数。我们只要回顾一下二十年前的物价与今天的物价水平，对 PPP 项目要嵌入价格调整机制的合理性就不会怀疑。官方也是基于这么一个朴素的想法，社会资本带着资金帮我们为社会提供公共产品，进行长线投资。物价没有控制好，政府有责，那政府给你补，保障帮助政府的人不吃亏。这里也体现出"合作"之本意。

正如我们一直强调的"合作"具有无限的多样性，"政府与社会资本合作"也具有无限的多样性。但是一个成功的"政府与社会资本合作"具有单一性，这单一性就是商业性，必须符合市场经济规律，具体就是本文主导的"补缺削峰"机制。我们可以坦然地说，具备"补缺削峰"机制的 PPP 项目，尽管自身会存在这样那样的不足，但是项目终将走出困境，实现合作目的；缺乏"补缺削峰"机制的项目，进入"停摆"状态一定是早与晚的事情。

10. 如何防范陷入政府兜底误区？

如果具备了将建设工程项目准确地分为非经营性项目、准经营性项目、纯经营性项目的能力，也了解这三种不同性质的项目的运作模式，"可行性缺口补助"与"政府兜底"是比较容易区分的；如果不具备这种区分能力，则将"可行性缺口补助"与"政府兜底"混淆，则不足为奇。

我们将准经营性项目实施方式定义为适用 PPP 模式，是基于《国务院关于加强地方政府性债务管理的意见》（国发〔2014〕43 号）"有一定收益的公益性事业"的表述。因为 43 号文是在国务院层面上第一次在文件中使用"政府与社会资本合作"表述"有一定收益的公益性事业"项目的运作模式。我们认为体现了国务院推广政府与社会资本合作模式的初心，是 PPP 项目合规性基础。

《国务院办公厅转发财政部　发展改革委　人民银行关于在公共服务领域推广政府和社会资本合作模式指导意见的通知》（国办发〔2015〕42 号），将 PPP 的范围界定在"能源、交通运输、水利、环境保护、农业、林业、科技、保障性安居工程、医疗、卫生、养老、教育、文化等公共服务领域……"。这一领域与我们国家目前的事业单位服务领域是完全重合的，为社会提供的是公共产品。基于此，理论界与实务界就存在一种声音，认为为社会提供公共产品的项目都适用 PPP 模式，忽视了公共产品中还有纯公共产品与准公共产品之分。

这种声音不在少数，甚至一段时期还占据主流。在这种声音的影响下，准公共产品当然不会受到任何影响，纯公共产品也就是非经营性项目在适用 PPP 模式上，则出现障碍——没有现金流，不符合 43 号文要求的"有一定收益的公益性事业"。一个是没有收益的公益性事业项目，一个是要求有一定收益的公益性事业项目，正常情况下很容易做出判断，没有收益的公益性事业项目不适用 PPP 模式。这样 PPP 模式又回到准公益性项目的轨道上来。

但是，在事务中，存在一些对 PPP 模式缺乏敬畏之心的地方政府、社会资本以及中介咨询机构，他们不是将没有一定收益的公益性项目排除在 PPP 项目之外，而是去挖掘项目的现金流，去包装项目，人为地去"创造"现金流。诸如对市政道路，将道路两边的广告收入挖掘为市政道路的现金流；将环卫工人对道路的清洁包装为市政道路的运营；将公立义务教育学校学生在校用餐的伙食费挖掘为项目现金流，教师讲课包装成运营。花样百出，举不胜举。

无论如何包装，最终都要回到投资回报。无收益的公益性项目本身就应当是政府完全承担支付责任的项目，属于政府独家投资项目，在 PPP 的大潮下，被包装成政府与社会资本合作项目，社会资本以投资人的身份中标，投标的竞争项通常是投资回报率。由于项目自身不存在"运营"的事实基础，只存在项目投资、建设两个环节，因此，社会资本实际从事的是垫资、承建的工作，政府承担的是支付工程款的责任。在工程结算之时，将工程款包装成现金流，形成施工成本乘以投资回报率作为社会资本投资回报的模式，这便是典型的政府兜底。社会资本的项目成本无论是多少，都按照中标的投资回报率取得利润，只赚不赔。

这种包装出来的 PPP 更多地发生在推广 PPP 的前期，其产生的直接后果是 PPP 项目鱼目混珠，最终导致财政部 PPP 库清库。2019 年实施的《政府投资条例》明确了政府投资的模式为政府直投和 PPP 模式。从法律上杜绝了将纯公益性项目包装成准公益性项目的路径，但是政府兜底的形式还很多，绝不止于本文所涉的内容，我们在做项目前期策划之时，无论是政府方还是社会资本方都应当增加对政府兜底的敏感性，保障项目健康、顺利推进。

11. 如何运作综合项目？

将诸多个项目打成一个包作为一个综合性项目，我们把综合性项目称为项目包。一个项目包至少包含两个以上子项目，子项目指的是非经营性项目、准经营性项目、纯经营性项目，子项目可以是同类型项目也可以是不同类型项目。有的更为复杂的项目包下面还存在子项目包，子项目包里再分为子项目。

新型城镇化项目、乡村振兴项目、特色小镇项目都属于项目包。美丽乡村项目、美丽田园项目、高铁新城项目、航空港项目等等属于片区开发的项目，无论其叫什么名字，提出什么新理论，都摆脱不了由非经营性项目、准经营性项目、纯经营性项目等最基本项目构成的项目包本质。

项目包的投资商通常由施工单位领衔，施工单位希望通过一次招标投标，拿尽可能多的项目，以消除夜长梦多之患；地方政府也希望通过一次招标，解除自己"心头之患"。政府和社会资本不谋而合，因此项目包是愈来愈大，以致发展到现在开始了以一个县域行政区作为一个项目包。

项目包越大，里面的子项目就愈多，施工期越长。由于社会经济形势的变化、政府规划变化或是政府财政支付能力的变化，经常会导致项目包中的子项目发生变化。即使经过了公开招标投标，政府与社会资本已经签订了项目包合作合同，当子项目发生变化，需要将一些子项目调出或项目包中再新增一些子项目时，政府与社会资本方通过签订补充协议明确子项目的变化即可，不会影响项目包招标投标和签订的合作合同之效力。因为以招标投标形式交易的前提是项目的边界清晰。项目包在招标投标时项目范围边界尚不完全清楚，随着项目的推进，不断调整项目包的内容，不存在违背《招标投标法》的法律障碍，具有合规性。

项目包工程通常都属于当地的重大建设工程，依据国家对重大项目的管理规定，必须使用全国投资项目在线审批监管平台（以下简称"在线平台"）生成的项目代码分别办理各项审批手续。建设单位须在首次办理行政手续之前，通过相应的在线平台申请项目代码。中央项目通过中央平台申请；地方项目通过地方平台申请。

目前的在线平台将所有的项目包都纳入 PPP 项目生成码名下。因此，建设单位应当明白，项目包从 PPP 项目入口申请项目代码以及获得政府赋予的具有法律效力的项目包代码，并不说明所申请的项目属于 PPP 项目。PPP 项目的入口下，将项目生成码分为项目代码和项目管理码。单一的子项目赋予项目代码，项目包赋予项目管理码。

项目包尽管具有合法的项目管理码，但是项目包不具有执行性，即项目包的实施是基于项目包内的每个子项目的执行。每一个子项目必须申请自己的项目代码，该项目才具有合法的身份。当项目被管理当局认定违规，项目代码将会被撤销。

建设单位在安排子项目实施之时，应当对子项目进行组合，将资金能够彼此自平衡的子项目组合为一个项目组，同时组织施工，以保证项目组资金的可持续性。施工单位同样是这样的，在承接项目包内的工程时，应当尽量了解清楚自己承建的工程资金是单项自平衡还是项目组资金自平衡，以此对业主方工程款的支付能力做出初步的判断。需要指出的是，对于特别大的项目包资金自平衡缺乏可靠性，则需要将其细化，落实到每个子项目组，实现资金自平衡，才具有落地操作的商业性。

12. 项目资金如何实现自平衡？

在市场经济条件下，每一个市场竞争的参与主体都希望在经济活动中追求利益最大化。无论是项目的投资者，还是项目的承建者或运营方都希望自己所做的项目能够得到预期的回报。这种回报最终都以现金流的形式体现。

项目所产生的现金流大于自己对项目现金流的投入，我们说，项目具有商业性。现金流有优劣之分，有的项目产生的现金流就不能覆盖项目的现金流投入。项目产生的现金流正好等于项目的现金流投入，我们称之为该项目实现了资金自平衡。这也是项目投资的底线。

项目实现资金平衡，对于非经营性项目而言，意味着施工单位从建设单位手中获得了足额的工程款；对于准经营性项目，意味着施工单位从政府手中获得了足额的可行性缺口补助，从市场上也获得了足够的现金流，这两者相加能够平衡准经营性项目施工单位所投入的资金；对于经营性项目，意味着经营者投入的固定成本加可变成本之和能够从经营收入里获得平衡。

能够实现资金自平衡的项目我们称之为具有商业性的项目。从项目全生命周期管理的角度看，项目全过程生命周期分为投融资、建设、运营。一个投资者，他所投资的项目在这三个环节都能够平衡的话，称之为这个项目实现了资金自平衡。当然也可能在这个项目中，全生命周期中投融资、建设、经营这三个环节中的某一个环节，比如融资，所产生的现金流不足以平衡融资成本，但是在另外两个环节里面，所获得的现金流又超出了他们相应环节现金流的支出，那么以这超出的部分去弥补投融资部分的现金流缺口，同样也可以实现整个项目在全生命周期中的资金自平衡，这种我们也称之为能够资金自平衡的项目。

对某些公共产品和准公共产品，关系到当地民生，地方政府也认为比较重要，但是这种项目在全生命周期内，都不能实现资金平衡的，作为一个独立项目，不具有商业性，社会资本不会投，而政府又没有足够的财力独家投资。为了能够启动项目，地方政府就会用其他的盈利性较好的项目与这个项目捆绑在一起，打成一个项目包，以高利润项目所赢得的利润去弥补这个项目所产生的现金流不足的问题。当然并不是所有的政府项目通过捆绑一个项目就能够使它的资金获得自平衡，有的时候要用三个四个，乃至更多的项目的资金去平衡它。这样就形成了这个项目包内的子项目数量多，且种类也杂。

而在项目的实际操作过程中，往往并不是依据资金能否自平衡来构建项目包，更多的是基于地方政府发展的需要来构建项目包。由于项目包在立项之时，包内的项目尚未完全确定，因此，项目包申报单位在立项、可研中所构成的资金自平衡，往往是缺乏操作性的。

项目建设单位，尤其是项目的承建单位，在项目的前期谈判过程中，很难识别项目包中现金流的平衡状态，因此只有在项目的履行过程中，从既有的项目包中选择彼此能够资金自平衡的子项目组成一个子项目包，以一个子项目包为单位推进整个项目包的工作，这样的操作风险基本可控。

在实践中，我们常常也可以观察到有些大型或者是超大型项目，比如一个项目总投资 200 亿元，作为政府投资项目，资本金需 20%，即 40 亿元。由于投资人缺乏对项目全生命周期风险把控的意识，沿袭固有思维，认为项目已经批准，又是政府项目，政府会对融资给予支持。于是，200 亿元项目同时开工，当其自有资本金投入完毕后，发现项目的融资是基于项目自身的商业性，而非地方政府的支持，项目的融资得不到金融机构的支持。因此，整个项目包不得不处在停摆状态。这也是许多大型的项目，红红火火开工，凄凄惨惨烂尾的原因所在。

政府的立项解决的是项目的合法性问题，金融机构放不放贷取决于其放贷之后项目能否实现资金自平衡。

13. 如何防范费率报价转变为固定回报？

费率报价对建设单位和施工单位来讲都是再熟悉不过了。费率报价与市场经济相伴相生，我们国家经济体制改革由计划经济转向市场经济，进入市场经济时代，建筑行业里的竞争随之展开。过去建设工程造价就是按照定额执行；市场经济条件下，定额转变为建筑行业的一个计价参考基准线，以此基准线作参照，进行价格竞争。计划经济体制下制定的定额，相对来讲，成本利润都比较高，因此在市场经济条件下，施工单位为了体现自身的竞争力，就会在定额造价的基础上，给予建设单位一个优惠，即在按照定额预算的工程造价下浮一个百分比。参与竞争的各个施工单位所给出的下浮率是不同的，对于建设单位来讲，当然是以最经济、最有竞争力的下浮率作为选择施工单位的标准。施工单位愿意接受以下浮后的造价完成建设工程。由此形成买卖双方决定交易价和量的机制，这便是建设工程市场形成的费率报价。

固定回报是计划经济向市场经济过渡过程中形成的一种计价方式。在计划经济条件下，生产单位属于国营，没有盈利主体的概念。所有的生产单位所创造的利润都由国家直接收取；生产单位的原材料成本与人工由国家承担，这便是计划经济条件下的经济运转模式。进入市场经济以后，生产单位转变为市场经济主体，市场却没有形成，因此生产单位生产的产品由国家统购，国家选择以生产单位实际发生的成本为基础，加上给生产单位适当的利润，作为收购生产单位产品的价格。企业生产出超过国家收购的产品数量，随行就市，进入市场交易。国家以成本加利润的形式收购生产单位的产品，便是固定回报的由来。

固定回报从本质上说，企业是不承担风险的，因为他所有的产品都由国家包销，因此，生产单位所获得的利润也非常有限。随着我们国家社会主义市场经济的建立，固定回报模式逐步被淘汰，取而代之的是由买卖双方来决定交易的价格和数量。

我们国家的市场经济至今已经发展了 40 余年，在 40 多年市场经济发展过程中，产品由国家包销的模式已经被完全淘汰。在建设工程领域，以定额为基础的费率下浮报价，也处在逐步淘汰的过程中。2003 年国家推行了清单计价方式，清单计价给施工单位承接建设工程报价提供了一种更加科学的计价标准。尽管这一标准是建立在市场经济的基础之上，但是作为市场经济的竞争主体，施工单位为了获得建设工程的订单，在以清单计价为基础形成的造价上，最终还会给予建设单位一定的优惠。这个优惠额度就是根据清单计价形成的造价上给予一个下浮率，这个下浮率也称之为费率报价。当下，以清单计价为基础的费率报价在建设工程市场上成为主流。

单纯从建设工程市场角度讲，建设工程市场采取费率报价，这种模式基本上已经成熟，本身并不会发生歧义。但是随着改革进一步深入，社会资本进入公共产品领域，原本清晰的概念，不知不觉中发生了改变。

承接传统的政府项目——非经营性项目。政府为发包人，施工单位为承包人，费率报价中的百分比，即为施工单位在工程结算时给予政府的优惠，施工单位完成政府项目施工，政府支付工程款。

承接新领域的政府项目——准经营性项目（PPP）。政府为发包人，施工单位为投资人，投标报价中的百分比，是施工单位作为投资人对项目的投资回报率。这类项目施工单位常常又是 PPP 项目的投资人。这里出现 PPP 项目的投资人与 PPP 项目的施工单位竞合。没有深刻理解 PPP 模式的施工单位，没有将自己的角色由施工方转换成投资人的施工单位，没有认清自己的工程是从 PPP 项目公司手里获得的施工单位，就会当然地将作为施工单位的角色与作为投资人的角色合并，将投资招标投标约定的投资回报率认定为工程施工应得的利润，从而形成以投资回报率为基数的工程施工固定回报。

我们说市场经济条件下，市场风险决定项目投资回报率。干着施工的活，拿着投资的固定回报，施工单位满心欢喜；由于施工单位越过项目公司直接向政府结算工程款，政府对项目又有了更大的操控权，也为政府所接受。双方一拍即合，各得其所，但真正有危害的是将 PPP 项目公司的债务转移给了地方政府，违背了《国务院关于加强地方政府性债务管理的意见》（国发〔2014〕43 号）文件精神。

对于项目包的投资回报率，最终要还原到每一个获得项目代码的子项目名下，才具有可兑现性。项目包投标形成的投资回报率，仅作为各招标人项目竞标评标之用，不可能适用于项目包中的每一个子项目。

14. 建设工程通过何种方式选择交易对手？

在项目前期策划中，如何通过竞争方式选择自己期待的交易对手，对建设单位来讲，是一项非常重要的工作。

在我们国家现有的法律基础框架下，建设单位主体分为两类：政府主体和社会资本主体。这两类不同的主体选择建设工程的施工单位所适用的法律是不同的。政府适用的法律为《政府采购法》，作为社会资本所适用的法律是《招标投标法》。我们根据法律所调整的主体的范围不同，来观察政府作为主体或者社会资本作为主体时，应如何选择交易对手。

《政府采购法》我们不能够望文生义，认为《政府采购法》调整的就是政府采购事宜，其实它不仅仅是调整与政府相关的买卖关系。《政府采购法》第二条规定："本法所称采购，是指以合同方式有偿取得货物、工程和服务的行为，包括购买、租赁、委托、雇用等。本法所称工程，是指建设工程，包括建筑物和构筑物的新建、改建、扩建、装修、拆除、修缮等。"所以，建设工程在政府采购的范围之内。《政府采购法》规定政府的采购方式有六种：公开招标、邀请招标、竞争性谈判、单一来源采购、询价、国务院政府采购监督管理部门认定的其他采购方式。

政府投资项目分为两类：非经营性项目和准经营性项目。非经营性项目由政府独家投资，《政府采购法》第四条直接给出了选择交易对手的方式。第四条规定："政府采购工程进行招标投标的，适用《招标投标法》。"对于准经营性项目，因为政府采购的不是工程，也不是货物，而是服务，所以采用《政府采购法》规定的竞争性谈判采购方式不存在法律障碍。

项目包在进行招标投标的时候，其边界尚不清晰，具体的说，是项目包里面所含的子项目具体的个数以及每个子项目具体的内容还不能完全确定，在采购时标的物边界尚不清晰的情况下，不满足采用招标投标方式的基础条件，通常采用竞争性谈判采购方式。

对于非经营性项目适用《招标投标法》。并不是所有的非经营性项目法律都要求必须按照招标投标的方式选择交易对手。对强制实行招标投标的范围，《招标投标法》规定如下：

"第三条　在中华人民共和国境内进行下列工程建设项目包括项目的勘察、设计、施工、监理以及与工程建设有关的重要设备、材料等的采购，必须进行招标：

（一）大型基础设施、公用事业等关系社会公共利益、公众安全的项目；

（二）全部或者部分使用国有资金投资或者国家融资的项目；

（三）使用国际组织或者外国政府贷款、援助资金的项目。

前款所列项目的具体范围和规模标准，由国务院发展计划部门会同国务院有关部门制订，报国务院批准。"

依据《招标投标法》第三条的规定，2018 年颁布《必须招标的工程项目规定》（中华人民共和国国家发展和改革委员会令第 16 号）规定，满足以下条件的项目应当采取招标投标方式。

"（一）使用预算资金 200 万元人民币以上，并且该资金占投资额 10% 以上的项目；

（二）使用国有企业事业单位资金，并且该资金占控股或者主导地位的项目。"

同时规定不使用国有资金及国际资金的大型基础设施、公用事业等关系社会公共利益、公众安全的项目，必须招标的具体范围由国务院发展改革部门会同国务院有关部门按照确有必要、严格限定的原则制订，报国务院批准。

这里我们可以将不使用国有资金及国际资金的投资主体定性为民营资本。

随后，国务院发展改革委发布《必须招标的基础设施和公用事业项目范围规定》（发改法规 843 号），第二条规定，以下项目必须招标投标。

"（一）煤炭、石油、天然气、电力、新能源等能源基础设施项目；

（二）铁路、公路、管道、水运，以及公共航空和 A1 级通用机场等交通运输基础设施项目；

（三）电信枢纽、通信信息网络等通信基础设施项目；

（四）防洪、灌溉、排涝、引（供）水等水利基础设施项目；

（五）城市轨道交通等城建项目。"

该条款明确无论是国有资本还是国际资本以及民营资本，投资以上项目都必须经过招标投标方式选择交易对手。

2020 年，《国家发展改革委办公厅关于进一步做好〈必须招标的工程项目规定〉和〈必须招标的基础设施和公用事业项目范围规定〉实施工作的通知》（发改办法规〔2020〕770 号）第三条规定："依法必须招标的工程建设项目范围和规模标准，应当严格执行《招标投标法》第三条和 16 号令、843 号文规定；法律、行政法规或者国务院对必须进行招标的其他项目范围有规定的，依照其规定。没有法律、行政法规或者国务院规定依据的，对 16 号令第五条第一款第（三）项中没有明确列举规定的服务事项、843 号文第二条中没有明确列举规定的项目，不得强制要求招标。"

纯经营性项目，建设单位可以选择直接发包的方式，选择承包单位。

15. EPC 模式的商业核心是什么？

EPC（Engineering Procurement Construction）是 FIDIC 合同条件下以设计－采购－施工的方式承包业主工程项目实施的行为。FIDIC 是国际咨询工程师联合会（Fédération Internationale Des Ingénieurs Conseils）法文缩写，成立于 1913 年，由欧洲三国（比利时、法国和瑞士）独立的咨询工程师协会在比利时组成。FIDIC 是当今国际上最有权威的工程咨询工程师组织，至今全球已有 60 多个国家加入 FIDIC 组织。中国工程咨询协会于 1996 年加入 FIDIC 组织，并取得翻译、出版 FIDIC 文献的授权。

FIDIC 组织在国际工程咨询行业的权威形成主要取决于他的专业与公平。这种专业与公平集中体现在其早年出版的红皮书与黄皮书上。该文献一经问世，便获得了全世界建设工程行业人士的一片好评。经过近 20 年的使用，取得了在国际建设工程市场上最权威的合同文本地位，为世界银行所认可。其文本最大的优势在于较好地将建设工程中的风险公平地分配给了业主方和承包商，极大地减少了业主与承包商之间的矛盾，为建设工程合同谈判提供了基准的合同条件。

红皮书与黄皮书在建设工程行业广泛使用之后，业主们发现无论是红皮书还是黄皮书，合同条款所涉及建设工程的广度和深度都足以涵盖工程施工过程中的方方面面。合同条件已经从根本上保证了建设工程项目履行的可靠性。故就有一部分业主，期待自己在合同条件的基础上，管得再少一些，把省下的精力用在自己更为擅长的工作中去，即使适当地多付一些费用也可以接受。在这种需求的驱动下，业主方与承包方就对红皮书或黄皮书中的相关内容进行调整，以满足具体项目的需要。这种调整不是对合同条件中具体约定的细化与补充，而是从根本上改变了当事人双方风险分配机制，遗憾的是这种变化还不为当事人双方所悉知，因而，在合同履行中双方冲突又起，FIDIC 合同条件公平分担风险机制被打破，没能起到规范建设工程当事人权利义务、减少纷争、保障专业水准、提高工作效率的作用。

这种错误的使用 FIDIC 红皮书与黄皮书的情形，不仅出现在私人投资的项目上，还存在于大量政府投资项目中。打着 FIDIC 合同条件的旗号，合同条款的编制体现不出 FIDIC 的风险公平分担原则及应有的专业性，为 FIDIC 组织所不容。故 FIDIC 决定另出一个文本来满足业主和承包商的需求。此合同条件的基本原则是，业主出更高的价格，承担更少的风险；而承包商承担更多的风险，获得更好的价格，这是新文本 FIDIC 合同条件的市场基础。此新文本便是 EPC 合同，也称为银皮书，由 FIDIC 组织 1999 年出版。

EPC 合同条件是基于业主花更多的钱，管更少的事来编制的。用国人的思维来描述就是业主当"甩手掌柜子"。当"甩手掌柜子"意味着不排除业主对项目失控，业主多花了钱也不见得会有预期的商业结果。为了尽可能地避免这一情形发生，在采用 EPC 合同时，"业主需求"这一法律性文件就显得尤为重要。业主必须将其对项目的所有需求载明于"业主需求"之中，承包商按照业主提供的"业主需求"完成项目的构思、设计、采购、建造、调试、试车。"业主需求"中有错、漏、缺项的责任均由业主承担，且不包含在 EPC 合同价格之中。因此，不能简单地将 EPC 合同条件与业主不承担风险等同。业主虽然对工程的设计、采购、施工不担责，但是业主的全部责任与风险均包含在"业主需求"之中。

为了保障 EPC 合同条件的功效性，2017 年对 EPC 合同条件进行了修改，在承继了以上内容之后，对不适用 EPC 合同条件的情况保留了以下三项：

（1）如果投标人没有足够的时间和资料去仔细检查核实"业主需求"，或者没有足够的时间和资料去开展总体设计、风险评估研究和整体评估；

（2）如果工程施工包含大量的地下工程或者包含投标人无法检查的其他场地的施工；

（3）如果业主倾向于深度监管、控制承包商的工作或者审查大部分的施工图。

16. 选择工程总承包方式应当注意什么？

1984 年，出台《国务院关于改革建筑业和基本建设管理体制若干问题的暂行规定》，首次提出工程总承包模式。由于我们国家的市场经济尚处在成长、培育过程中，对如何实施工程总承包，整体也在不断地探索、实践过程中。1996 年加入了 FIDIC 组织，参与 FIDIC 合同条件 EPC 模式的交流，感受到国际工程承包的潮流。1997 年我们国家通过的《建筑法》就明确提出倡导对建设工程实行总承包，但也只是做了一些原则性的规定。授予发包单位可以将建筑工程的勘察、设计、施工、设备采购一并发包给一个工程总承包单位，也可以将建筑工程勘察、设计、施工、设备采购的一项或者多项发包给一个工程总承包单位的权利。规定了总包单位可以将承包工程中的部分工程发包给具有相应资质条件的分包单位；但是，除总承包合同中约定的分包外，必须经建设单位认可。实行施工总承包的，建筑工程主体结构的施工必须由总承包单位自行完成。

2016 年，住房和城乡建设部出台《住房城乡建设部关于进一步推进工程总承包发展的若干意见》（建市〔2016〕93 号，以下简称"93 号文"）。2019 年，出台《住房和城乡建设部 国家发展改革委关于印发房屋建筑和市政基础设施项目工程总承包管理办法的通知》（建市规〔2019〕12 号，以下简称"12 号文"），对建设工程总承包工作进行了进一步规范、指引。我们通过对两文的观察对比，也可以感受到建设工程总承包在我们国家的发展与变化趋势。

"93 号文"对建设工程总承包的定义是，工程总承包是指从事工程总承包的企业按照与建设单位签订的合同，对工程项目的设计、采购、施工等实行全过程的承包，并对工程的质量、安全、工期和造价等全面负责的承包方式。工程总承包一般采用设计—采购—施工总承包或者设计—施工总承包模式。建设单位也可以根据项目特点和实际需要，按照风险合理分担原则和承包工作内容采用其他工程总承包模式。"12 号文"对建设工程总承包的定义是，工程总承包是指承包单位按照与建设单位签订的合同，对工程设计、采购、施工或者设计、施工等阶段实行总承包，并对工程的质量、安全、工期和造价等全面负责的工程建设组织实施方式。"93 号文""12 号文"与《建筑法》对建设工程总承包的定义如出一辙。

"93 号文"提出，优先采用工程总承包模式。建设单位在选择建设项目组织实施方式时，应当本着质量可靠、效率优先的原则，优先采用工程总承包模式。政府投资项目和装配式建筑应当积极采用工程总承包模式。时隔三年，"12 号文"对实施建设工程总承包态度上发生了变化，此时提出的是建设单位应当根据项目情况和自身管理能力等，合理选择工程建设组织实施方式。建设内容明确、技术方案成熟的项目，适宜采用工程总承包方式。我们可以注意到，官方的态度由"优先采用"转变为"适宜采用"。这表明官方对采用建设工程总承包模式更加谨慎，更加务实。

对于如何分配风险方面，"12 号文"给出了具体明了的指向。"93 号文"对风险的分配还处在原则性规定，指出工程总承包企业和建设单位应当加强风险管理，公平合理地分担风险。工程总承包企业按照合同约定向建设单位出具履约担保，建设单位向工程总承包企业出具支付担保。"12 号文"则明列五大风险分配规定：第一，主要工程材料、设备、人工价格与招标时基期价相比，波动幅度超过合同约定幅度的部分；第二，因国家法律法规政策变化引起的合同价格的变化；第三，不可预见的地质条件造成的工程费用和工期的变化；第四，因建设单位原因产生的工程费用和工期的变化；第五，不可抗力造成的工程费用和工期的变化。

EPC 合同条件与总包合同条件关注业主与承包商之间的风险分配，都属于建设工程总承包合同，但是他们之间还是存在本质上的差异。从工程总承包形式上看，EPC 模式只有一种结构，即设计、采购、建造。建设工程总承包存在两种结构：第一，设计、采购、建造；第二，设计、建造。从内容上看，更有本质的差别。工程总承包是基于行政的需要，由官方发文推进，因此具有强烈的行政色彩，所形成的设计与施工的结合是形式的结合；EPC 模式是基于业主要当"甩手掌柜子"之需要，完全基于商业的需求，设计与施工的结合是实质的融合。

17. 工程总包与施工总包风险分配有何差异?

建设工程施工总承包是我们国家传统的工程承包方式。《民法典》规定，建设工程合同是承包人进行工程建设，发包人支付价款的合同。建设工程合同包括工程勘察、设计、施工合同，赋予了施工合同为有名合同。随着我国社会经济的发展，建筑业逐步成为我国经济发展的支柱产业，提高建筑行业的生产效率，增强经济发展后劲，自然成为国家关注的重点。

从国际经济范围看，实行建设工程总承包，是提升建筑业效能的有效方式。2019 年，出台《住房和城乡建设部　国家发展改革委关于印发房屋建筑和市政基础设施项目工程总承包管理办法的通知》（建市规〔2019〕12 号，以下简称"12 号文"）提出推荐使用由住房和城乡建设部会同有关部门制定的工程总承包合同示范文本（以下简称"总包合同"）。"12 号文"强调规范工程总包管理是为了实现"提升工程建设质量和效益"。本着市场经济基本原理，效益越高，风险越大，我们不妨观察一下，在"12 号文"规范的风险分配之下，总包合同与施工合同风险分配存在哪些差异。

（1）总包合同业主风险承担

"12 号文"风险分配第一条，体现在总包合同 13.8 条，市场价格波动引起的调整。

"12 号文"风险分配第二条，体现在总包合同 2.4.1 条。发包人在履行合同过程中应遵守法律，并办理法律规定或合同约定由其办理的许可、批准或备案，包括但不限于建设用地规划许可证、建设工程规划许可证、建设工程施工许可证等许可和批准。

"12 号文"风险分配第三条，体现在总包合同 4.8 条。承包人遇到不可预见的困难时，应采取克服不可预见的困难的合理措施继续施工，并及时通知工程师抄送发包人。通知应载明不可预见的困难的内容、承包人认为不可预见的理由以及承包人制定的处理方案。工程师应当及时发出指示，指示构成变更的，按第 13 条 [变更与调整] 约定执行。承包人因采取合理措施而增加的费用和（或）延误的工期由发包人承担。"12 号文"风险分配第四条，体现在总包合同 6.2.1 条发包人提供的材料和工程设备的规格、数量或质量不符合合同要求，或由于发包人原因发生交货日期延误及交货地点变更等情况的，发包人应承担由此增加的费用和（或）工期延误，并向承包人支付合理利润；2.4.2 条因发包人原因未能及时办理完毕前述许可、批准或备案，由发包人承担由此增加的费用和（或）延误的工期，并支付承包人合理的利润。

"12 号文"风险分配第五条，体现在总包合同 17 条，不可抗力。

（2）施工合同业主风险承担

"12 号文"风险分配第 1 条，体现在施工合同 11.1 条 [市场价格波动引起的调整]。

"12 号文"风险分配第 2 条，体现在施工合同 2.1 条 [许可或批准]。发包人应遵守法律，并办理法律规定由其办理的许可、批准或备案，包括但不限于建设用地规划许可证、建设工程规划许可证、建设工程施工许可证、施工所需临时用水、临时用电、中断道路交通、临时占用土地等许可和批准。

"12 号文"风险分配第 3 条，体现在施工合同 7.6 条 [不利物质条件]。承包人因采取合理措施而增加的费用和（或）延误的工期由发包人承担。

"12 号文"风险分配第 4 条，体现在施工合同 5.4.2 条。因发包人原因造成工程不合格的，由此增加的费用和（或）延误的工期由发包人承担，并支付承包人合理的利润。

"12 号文"风险分配第 5 条，体现在施工合同 17 条 [不可抗力]。通过以上的梳理，我们可以看到工程总包合同与施工合同业主所承担的风险大小是一致的，在这种风险分配机制下，业主不可能因为项目采取工程总承包方式而愿意增加支付对价给承包商，承包商没有获得更多的利益也不可能对设计进行优化、自身承担更多的风险，因而也就不可能实现设计与施工深入融合。通过工程总承包方式提高工程效益因缺乏商业性支撑而只会成为一个良好的愿望。

从上面的对比我们发现，建设工程总承包与建设工程施工总承包中，发包人所承担的风险是一样的。这体现了建设工程总承包的本质。

18. 如何认定非经营性项目交易对手？

市场经济告诉我们，市场是买卖双方决定交易价和量的机制。这说明在市场交易过程中，买方和卖方双方直接的意思表示抵达对方是达成交易最便捷的方式。当然，在市场交易过程中，买方和卖方都或许会委托代理人或者中间人去实施交易，但是，本着风险控制的基本原理，交易环节越多，交易风险也就越大，因此，由受托人参与的商务谈判，其成功率就低于委托人直接进行的谈判。

建设工程交易的达成也符合这一原理。建设工程项目标的额大，合同履行时间长，这些都增加了建设工程项目交易成功的难度。建设工程还有一个更明显的特征，那就是建设工程项目分为非经营性项目、准经营性项目和纯经营性项目。三种项目的交易一方即建设方有着本质性的不同。因此，作为承包方而言，不能够准确地判断其所承接的建设工程业主方的性质以及工程的最终决策人，直接关系到工程能否承揽及之后能否顺利进展。

由于当下建设工程项目业主方的复杂性、多样性，我们按照非经营性项目、准经营性项目和纯经营性项目的分类，逐一观察建设项目交易双方在交易达成及履行过程中的特点。

非经营性项目的业主方为政府，这本是非常清晰的一个交易对手。但是，在我们项目的谈判及实施过程中，地方本级人民政府很少作为合同的一方。作为合同一方的，往往是地方人民政府委托的职能部门或者地方政府的平台公司。比如一条市政道路，这是一个标准的非经营性项目，由政府直投的项目，工程款支付列入本级政府预算。但是地方政府通常不作为这条道路的建设施工合同的建设单位，合同建设单位往往是政府委托的主管市政道路的政府部门或是政府城投公司。作为施工方而言，其将交易对手定位在合同中的建设单位，在谈判或合同实施过程中，就会很明显地感受到，合同的交易对手并不能决定交易的价和量，真正决定本项目交易价和量的决策者，是合同交易对手背后的政府。因此，承接非经营性项目的承包商，准确地判断出项目招标文件中载明的建设单位背后真正的交易对手，是其中标该项目以及顺利履行完毕合同的前提。

非经营性项目根据其政府资金的来源或投资额的大小，可以分为上级政府主管的项目、本级政府主管的项目以及本级政府部门主管的项目。上级政府主管的项目意为项目所在地为本级政府行政区域，但是，本级政府无权管辖的政府投资项目。本级政府主管的项目分为本级政府当期的重点项目与非重点项目。重点项目为本级政府财政优先保障支付的项目。重点项目无论合同中建设单位用的是哪家的名头，通常为本级政府主官直接主抓。主官仅指书记、县长、常务副县长，市、省以此类推。在地方政府职权结构中，这三人皆为常委，对当年地方政府财政支出安排具有直接的影响力。重点项目为承包商所首选。承包商并非中标了重点项目就万事大吉，锁定所中标项目的主官，明确该项目的真正交易对手，才能从根本上保障项目的顺利实施。

我们在实践中经常能听到施工单位抱怨政府拖欠工程款，稍微进一步了解，问问其项目是否为当地政府的重点项目，不得而知；问问项目归哪位主官主抓，更是"丈二和尚摸不到头脑"。对自己的交易对手都没有摸清楚，只知道一味抱怨政府拖欠工程款，认为干了活就应当拿到工程款。这种思维模式既缺乏市场经济基本理念，又落后于国家财政体制改革的步伐，交一些学费，付出一些代价也在情理之中。

19. 如何识别准经营性项目交易对手？

我们说准经营性项目，是项目的投资回报产生的现金流不足以覆盖项目的投资成本。准经营性项目的运作模式就是 PPP 模式。政府投资有两种模式：一为直接投资的非经营性项目；二为投资的准经营性项目，即 PPP 项目。

因为非经营性项目和准经营性项目都属于政府投资类项目，因此在非经营性项目中所提到的交易对手的识别的有关内容都适用于准经营性项目，我们在这里主要是观察准经营性项目交易对手识别的特殊性。

非经营性项目交易对手之间仅为单层交易，其他身份的交易参与者，仅为代理人性质，其本身在交易中不构成一种新的交易结构。在 PPP 模式下，其存在着双层交易结构。除了政府与社会资本合作关系，还存在一种合资的法律关系。为了能把这种双层的交易结构比较明确地表述清楚，我们看看图 2-5，PPP 项目双层法律结构关系图。

政府与社会资本合作可以是社会资本方直接与政府合作，也可以是项目参与各方成立 SPV 公司，SPV 公司作为社会资本与政府合作。为了简单陈述起见，我们选择 SPV 公司与政府合作的模式进行观察。

我们将 SPV 公司看作一个民事主体，其与政府合作形成了政府与社会资本合作的关系，这也是《国务院关于加强地方政府性债务管理的意见》（国发〔2014〕43 号）所提出的政府与社会资本合作模式。图 2-5 下方一排的承建方、资金方、运营方与政府共同投资入股成立 SPV 公司，因此，在承建方、资金方、运营方、政府之间形成的是一种股东关系，法律上属于合资，他们的权利义务受到《公司法》的调整。图中中间一排 SPV 公司与政府之间的法律关系为合作关系，由于我们国家现在尚没有民事合作法，因此，政府与社会资本合作各方权益要获得有效保护必须具有合规性。

在图 2-5 中，我们还可以看到，与 SPV 公司并排的是政府。与承建方、投资方、运营方并排的仍有政府。与承建方、资金方、运营方并排的政府是 SPV 公司的股东。但是，在我们的实践中，政府是不能作为股东的。因此，政府如果要对 SPV 公司注入资本金，其必须借助于一个政府平台公司作为政府出资代表履行 SPV 公司股东的权利与义务。

图 2-6 中就表现出持股代表取代政府的位置，表达的就是这层意思。在图 2-5 中

图 2-5　PPP 项目双层法律结构关系一

图 2-6　PPP 项目双层法律结构关系二

与 SPV 并排的是政府，在图 2-6 中被实施机构取代。因为在政府与社会资本合作合同中，政府方通常不是由政府作为合同一方，而是由政府授权的政府机构或事业单位，统一称之为实施机构。这里我们可以看到图 2-5 中的两个政府，他们在 PPP 项目中内在的含义是不同的，一个是政府机关或事业单位，法律地位是合作者实施机构；另一个为政府的平台公司，法律地位是合资者股东。

在 SPV 公司的股东结构中，政府不能是大股东。因为如果政府一旦持股超过 50%，或者说成为 SPV 公司的最大股东，政府就成为 SPV 公司的实际控制人，SPV 公司的负债将并表纳入政府的负债，有悖于 43 号文规定，不具有合规性。通常情况下，政府在 SPV 公司里的持股不超过 20%。政府的持股从本质上说，更多的是体现政府对该项目的支持。

值得注意的是，在这种双层结构中，会出现参与者身份竞合的情形。

对于政府方，与 SPV 公司并排的政府与承建方、资金方、运营方并列的政府，他们都是政府，但是他们在 PPP 项目中的法律地位有着有本质的不同。持股代表为政府代理人，他们对项目实施的管理权仅仅限于 SPV 公司股东会的投票中，无权对 SPV 公司正常生产经营活动进行干涉。与 SPV 并排的实施机构之政府，他们对 SPV 公司的权利来自实施机构与 SPV 公司所签订的政府与社会资本合作合同。由于没有民事合作法，PPP 合同是政府与社会资本合作做高阶位的法律性文件。

在社会资本方面，承建方、资金方、运营方等都可以成为 SPV 公司的大股东，为了方便陈述，我们以承建方为 SPV 公司大股东为例。

承建方作为 SPV 公司的大股东，在与实施机构谈判过程中，其身份是代表着 SPV 公司，而非承建方。承建方与 SPV 公司签订 PPP 项目建设工程承包合同，此时的承建方与 SPV 公司出现竞合。承建方作为建设单位 SPV 公司的施工单位，承建方所获得的工程款应由 SPV 公司支付。SPV 公司在这个交易结构中的身份是一个投资商，他的投资回报不是来源于政府对建设工程形成的价值的支付，而是来自为社会提供公共产品之后而获得的现金流，政府仅承担可行性缺口补助的支付责任。

由于 SPV 公司的属性，PPP 项目所有的资产并不是在 SPV 公司名下，而是在政府指定的单位名下，SPV 公司承担着 PPP 项目的投资、建设、融资、运营的所有商业风险，其与建设方之间是一种民事合作关系，其法律属性也属于建设单位。只是同为建设单位的实施机构与 SPV 公司有着明确的分工，政府接受所有 PPP 项目固定资产并不承担商业风险；SPV 公司承担所有商业风险，对价为获得合同约定的现金流收益权。

承建方与 SPV 公司是一对交易对手，之间形成的是建设工程承包关系，承建方在项目实施过程中，无论其垫资多少，其债务并非由 PPP 项目所形成的资产接收者承担，只能由交易对手 SPV 公司承担。而 SPV 的大股东又是承建方，这意味着如 SPV 公司在项目的运作过程中，不能够获得金融机构的融资，导致项目烂尾，责任的承担者为 SPV 公司，也就是承建方自己。同理，项目进入运营期，运营状态不佳，不能获得足够的现金流覆盖投资成本所造成的 PPP 项目的亏损，也将由 SPV 公司承担。承建方以 SPV 公司的大股东身份向 PPP 项目资产接收者主张工程款以弥补亏损，由于 PPP 项目的交易基础是建立在 SPV 公司移交项目资产，政府方授予 SPV 项目收费权的基础之上，因此，承建方向资产接收方主张工程款没有法律依据，所有的亏损最终将由承建方承担。

20. 如何对纯经营性项目进行有效管控？

纯经营性项目的交易对手识别与非经营性项目和准经营性项目的交易对手识别不同。非经营性项目和准经营性项目都属于政府投资项目，对于建设方政府，谁是项目交易的决策者，对于交易相对人社会资本而言，显得扑朔迷离，难以识别。纯经营性项目正好相反，作为纯经营性项目的业主方，通过招拍挂的方式获得土地使用权，其建设方的身份是公开透明的，作为社会资本方的决策者，也愿意以最高的效率去完成对施工单位的选择，因此，其没有必要，也做不到隐瞒项目的基本情况。由此，确认纯经营性项目建设方的交易对手不是一个困难的问题。

相反，作为一个纯经营性项目的建设方的决策者，其要对施工单位、投标人的身份进行识别，却是个较为复杂的问题。当然，对建设领域的大鳄，诸如万达、万科、碧桂园这些房地产大亨来讲，识别交易对手、识别投标人的承建能力是不存在障碍的。但是，对于刚刚进入房地产开发领域的新手，尤其是跨界进入建设工程领域的建设单位，对于如何判断投标人的实力？如何通过交易对手的识别，来选择项目的承建方？其挑战性就显得尤为突出。

当前，建设工程领域选择交易对手的方式主要是通过招标投标方式。选择中标单位较为普遍的标准是最低价中标，但是，这个最低价对不同的建设单位，它的内在含义是不同的。对于万科、万达、碧桂园这些房地产大鳄，由于他们自身长期不断地发展，投标人为了能长期地承接建设工程，因此愿意让出一部分利润空间，以相对较低的价格中标，表达长期友好合作的态度。对于新入行的建设单位，仅有的一个单体项目，期待和交易对手形成与大鳄们的项目相当的中标低价，缺乏商业性。

对于房地产大鳄而言，他们对建设工程的主材采购已经形成了固定的采购网，长期大量的采购用于其旗下的各个工地，因此，采购材料的管理、运输、交付都形成了自己固有的有效流程，既可以保障项目的使用，也能实现项目效益的提高。对于新手而言，其采购的主材之量仅仅为一个工程的使用量，因此，在材料批发商手中形成不了明显的批发价格优势，又由于其对材料采购节点的安排、管理、运输、储存都缺乏专业与经验，稍有疏忽，自行采购所形成的有限薄利，就会被管理不当所消耗，往往会造成得不偿失的结果。

市场经济条件下的建设单位也是追求利益最大化的组织，其在招标的过程中，自然倾向选择最低价的投标人作为其交易对手。但是，建设单位在选择最低价中标的承包商时，应当对承包商的自身实力有一个较为清晰的判断。就一个新手建设单位，对实力较强的承包商来讲，其在建设工程领域的专业和经验远远优于建设单位。承包商能在第一时间较为清晰地判断出建设单位在建设工程领域的专业水平与自己的差距，俗话说得好，"来者不善，善者不来"，以最低价中标的承包商不排除将通过施工过程中的索赔来弥补其投标时给建设单位的让利。对于实力相对弱的承包商，由于是最低价中标，以其自身的实力，就不能够完成相应的工程，或者不能按照合同约定的工期完成工程，势必导致工程的停工。即使建设单位将承包商清退出场，进行反索赔。实力相对弱的承包商也无力赔偿，最终遭受损失的还是建设单位。

对于新进入建设工程领域的建设单位，究竟要选择实力强的承包商，还是选择实力偏弱的承包商？不可一概而论。我们认为不在于选择哪一种承包商，而在于对不同的承包商采取不同的管理模式。为了把这一问题能够更加清晰地表述清楚，我们通过图 2-7 进行解释。

我们把建设单位对承包商的管理分为三级管理。第一级管理，是建设方直接对承包商的管理。第二级管理，是基于建设方不能对承包商进行有效的管理而借助于外部的专业力量，一为监理，二为造价对承包方进行管理，弥补建设方的自身专业水平不足。第三级管理，是在监理与承包

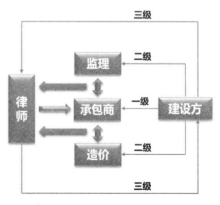

图 2-7　三级风险管控

商或者造价与承包商之间发生冲突的时候，如何解决这个冲突？建设方同样没有相应的专业水平与经验进行判断，因此，引入第三级管理专业的律师。由律师处理监理与承包商和造价与承包商之间的冲突，律师将其法律意见报告给建设方，由建设方最终做出定夺，从而实现建设方对建设工程项目的闭环管理。

第 **3** 章

建设工程
参与主体风险管控

1. 民事主体有几种类型？

我们知道从事建设工程建设活动是一种民事行为，因此，参与主体的身份均为民事主体。我们国家的《民法典》将民事主体分为自然人、法人、非法人组织三类。法律所称的自然人，即为我们有血有肉的人。随着人类社会的发展，经济活动越来越频繁，交易量越来越大，以自然人为主体的交易机制已经不能满足社会发展的需要。在此背景之下，志同道合之人便联合起来，形成了各种各样的组织，以满足社会生产生活之需要。以组织为单位进行的交易确实极大地提高了交易效率，促进了社会经济发展，但其交易风险也越来越高，不时地给社会经济带来严重的伤害。为了降低交易风险，维护交易秩序，促进经济、发展经济，法律将一部分社会组织定义为法人，所谓法人就是拟制人，将这类组织按照自然人的方式去规范。由于社会的多样性，并不是所有的组织都适宜按照规范人的方式去规范，因此法律将这一类组织定义为非法人组织。

为了将这个社会构建成有秩序的社会，法律将自然人分为完全民事行为能力人、限制民事行为能力人和无行为能力的人。完全民事行为能力人就是对自己的行为独立承担责任的人。《民法典》规定，16周岁以上的未成年人，以自己的劳动收入作为主要生活来源的，视为完全民事行为能力人。8周岁以上的未成年人为限制民事行为能力人，不满8周岁的未成年人为无民事行为能力人，无民事行为能力人还包括不能辨识自己行为的成年人，比如精神病患者在精神病发作期间、植物人等等。

法人是具有民事权利能力和民事行为能力，依法独立承担民事权利和承担民事义务的组织。在我们国家法人的成立必须经过依法登记。法人以自己全部的财产独立地承担民事责任。由于法人设立目的的多样性，为了对其进行规范，我们国家的《民法典》将法人分为营利性法人、非营利性法人和特殊法人。所谓营利性法人是以取得利润并分配给股东等出资人为目的成立的法人。营利性法人主要包括有限责任公司、股份有限公司和其他企业法人等等。非营利性法人是为公益目的或者其他非营利目的成立，不向出资人、设立人或者会员分配所取得利润的法人。非营利法人包括事业单位、社会团体、基金会、社会服务机构等等。特别法人在我们国家是一个新生事物，是随着我们改革开放的进程不断深入而形成的极具中国特色的法人。这类法人为政府机关、农村集体经济组织、城镇农村合作社、基层群众性自治组织。《民法典》第九十七条规定："有独立经费的机关和承担行政职能的法定机构，从成立之日起具有机关法人资格，可以从事为履行职能所必需的民事活动。"这是政府以民事主体身份参与建设工程活动的法律依据。

非法人组织是不具有法人资格，但是能够依法以自己的名义从事民事活动的组织，包括个人独资企业、合伙企业、不具有法人资格的专业服务机构等，非法人组织也必须依法登记设立。非法人组织的财产不足以清偿债务的，其出资人或者设立人承担无限责任。法人组织承担的是有限责任。这是非法人组织与法人组织根本的区别。

2. SPV 公司是什么?

SPV 英文全称为 Special Purpose Vehicle。Vehicle 中文翻译为载体，在不同的商务活动中，这种载体具有多样性。在建设工程领域，这种载体一般都是以公司的形式出现，因此，在建设工程领域，我们称之为 SPV 公司。

SPV 作为项目运作的一项工作，在我们国家最早出现在证券行业，其作为证券融资平台，起破产风险隔离作用。证券业务的高风险性，令 SPV 的业务范围受到严格限制，以防触发 SPV 风险，因此 SPV 是具有高信用等级的实体。SPV 资产和负债基本相等，残值几乎可以忽略不计。SPV 可以是一个法人实体，也可以是一个无实体资产的主体。

我们建设工程领域引入这一概念，主要也是基于金融，用于项目融资。 2009 年银监会出台《关于印发〈项目融资业务指引〉的通知》（银监发〔2009〕71 号）指出，项目融资是指符合以下特征的贷款：第一，贷款通常是用于建造一个或一组大型生产装置、基础设施、房地产项目或其他项目。包括对在建或已建项目的再融资。第二，借款人通常是为建设经营该项目或为该项目融资而专门组建的企事业法人。包括主要从事该项目建设、经营或融资的既有企事业法人。第三，还款资金来源，主要依赖该项目产生的销售收入、补贴收入或其他收入，一般不具备其他还款来源。

我们可以发现，银监发〔2009〕71 号文提出的对建设项目融资的主体项目公司的融资要求与证券项目融资的主体 SPV 的条件具有高度重合性。我们国家现行的建设工程项目投资体制，要求投资人必须具备的项目资本金占项目总投资额的 20%。作为投资人而言，剩下的 80% 款项，可以通过项目融资的方式争取金融机构贷款，以完成投资资金的筹集。向金融机构进行项目融资则项目条件必须符合《项目融资业务指引》的规定。因此，SPV 公司的设立与运营都应当以银监发〔2009〕71 号文为核心。

2014 年，发布《国务院关于加强地方政府性债务管理的意见》（国发〔2014〕43 号），国务院要求推广政府与社会资本合作模式，特别提出政府与社会资本按照市场化的原则出资成立特别目的公司，即 SPV 公司。SPV 公司就是具有一定收益的公益性项目的运作平台，即 PPP 模式的运作平台。

SPV 公司作为一个有限责任公司，当然得受我们国家的《公司法》调整。其特殊性体现在运作平台上。借助于证券 SPV 与 71 号文，我们可以得到 PPP 模式下的 SPV 公司有三大特点：

第一，其公司名下没有固定资产。PPP 项目为社会提供的是准公共产品，产品的公共性决定了项目的土地属于划拨用地。如果将土地划拨至 PPP 项目 SPV 公司名下，未来运营期满之后，SPV 公司还须将名下的资产再转移给政府指定的接收单位。巨额资产的转移引起的税费都将摊入公共产品的成本，人为拉高公共产品价格，增加政府、市民、社会资本的负担，不具有经济性。SPV 公司运营期届满，SPV 公司在运营期所收取的费用，即为其投资回报，运营场地的资产预期没有权属关系，不存在运营期满固定资产残值问题。

第二，其现金流单一。PPP 项目产品的公共性决定了 SPV 公司向社会提供产品时必须保障产品供给的持续性与稳定性。若 SPV 公司除了经营 PPP 公共产品之外，还从事其他经营活动，发生市场风险，SPV 公司资产被查封，将直接影响公共产品供给的持续性和稳定性。为政府方所不容。

其三，SPV 公司不破产。SPV 公司只是 PPP 项目的一个运作平台，其名下没有固定资产，其仅有的财产为收费权。若 SPV 公司经营不善债权人行使债权，也只能是接管 SPV 公司的收益权。SPV 公司无需破产。

除以上三点之外，还有一点有必要进一步强调。SPV 公司作为与政府合作 PPP 项目之主体，从项目立项起，项目的产权就是立在政府指定的资产接受单位名下，政府指定的接收单位与 SPV 公司为共同项目主体，在项目实施过程中，产生了合同约定之外的利益，该等利益均归政府方所有，因为社会资本的利益在 PPP 项目的"补缺削峰"中得到了保障。

准经营性项目将是我们国家相当长一个时期不可回避的建设工程项目，建设单位在筹划准经营性项目，施工单位承接准经营性项目，对 PPP 项目的 SPV 公司都应当有足够的了解，以便于前期的项目谈判。

3. 如何认识政府民事主体的特别性？

政府作为行政主体，具有天然的合法性。人类社会的不断发展，之所以会产生政府，就是因为广大人民群众希望有一个管理社会的公共事务组织，那这个组织就是政府。他的职责就是管理社会公共事务。为了使政府能够有效地管理好社会公共事务，人民群众便将管理社会公共事务的权力授予政府，这便形成了国家。我们国家政府的权力也是公民通过人民代表大会制度制定法律，以法律的形式授予中央政府。这是世界各国合法政府权力来源的通行做法。

我们国家的《民法典》将政府定义为民事主体，不是一般的民事主体法人，是属于特别法人，这里我们对政府特别法人的特别性作一观察。

《民法典》定义政府是特别法人。当我们对特别法人的性质、权利认识模糊不清的时候，我们就考虑，法人是拟制人。我们可以参照自然人的权利和义务来对标法人的权利和义务。

自然人分为完全民事行为能力人、限制民事行为能力人和无民事行为能力人。完全民事行为能力人是我们社会中最广泛的群体。年满 16 周岁，以自己的劳动收入作为生活来源的群体。作为完全民事行为能力人，其最基本的特征是每一个个体都要为自己的行为承担责任。这属于自然人的一般性。自然人中还有两种特殊群体：第一，为限制民事行为能力人，第二，为无民事行为能力人。限制民事行为能力人，其只能从事与其能力相应的民事行为。超出其民事权利范围的民事行为，应当由其监护人予以确认才具有法律效力。无民事行为能力人其所作的民事行为均须其监护人予以确认，否则不具有法律效力。

自然人中的特殊性群体为限制民事行为能力人和无民事行为能力人。政府作为一个法人的特别主体，其特别性具体体现在哪里？我们说所谓特别性，主要体现在与一般性的不同。政府作为特别法人，其与一般法人的不同，主要不同于两个方面：第一，比一般法人具有更多的权利；第二，其权利少于一般的法人。如果民事主体的政府权力多于一般的法人，那么这有悖"法律面前人人平等"的基本原则。因此，政府的法人的特别性绝然不能够比一般法人享有更多的权利。所以，所谓政府法人的特别性，只能体现在比一般法人的权利要少。也就是说政府法人的权利受到限制，相当于自然人权利受到限制的群体——限制民事行为能力人或无民事行为能力的人。

政府的权力较一般法人而言要受到限制，但受到限制的范围究竟要有多大？这是我们所要关注的。我们国家是一个中央集权制的国家，中央政府的权力来自全国人民代表大会的授权，各级地方政府的权力来自上级政府的授权。地方政府自身并不具有决定上级授权范围之外的权力，这是依法治国方略下的政府依法执政的应有之义。从这里我们可以发现地方政府，作为一个民事主体，尽管其具有行为能力——执行力，但是其自身是没有权利能力的，其作为必须按照上级政府的授权而行才具有合法性，这是地方政府民事主体特别性的根本特征。

《政府投资条例》授予了政府投资的权利。政府既可以投资非经营性项目，也可以投资经营性项目。对于建设领域而言，地方政府可以投资非经营性项目和准经营性项目。非经营性项目是由地方政府直接投资，政府法人的特别性以项目投资未列入政府预算为限。列入政府预算的投资项目，政府为一般民事主体法人，承担民事主体的权利义务；未列入政府预算的项目，政府属于民事主体特别法人，其所做出的投资决定的合法性，取决于其上级政府的批准。同理，对准经营性项目也是如此。地方政府与社会资本合作，共同投资、建设、运营 PPP 项目。在合作期内，政府对项目的可行性缺口补助能够列入政府预算，则政府为一般法人；不能列入预算，则政府为限制民事行为能力之法人。由此我们观察到，在与地方政府进行建设工程项目商务谈判的过程中，地方政府民事法人的身份具有不确定性。因此，我们在项目前期与地方政府谈判的焦点就是将政府的民事法人身份转化为一般法人，即将政府在项目中的支付责任列入政府预算。

4. 基金对工程承揽能发挥什么作用?

建设工程领域是我们国家市场经济竞争最充分的领域，各路施工单位为能够承揽工程项目，使出浑身的解数，竞争已进入了白热化的阶段。在这种情形下，任何一个企业要能够很有把握地拿到一个项目，都具有不确定性。为了在这种残酷的竞争环境中脱颖而出，胜过其他的竞争对手，对施工单位来讲，就必须要拥有更为先进的竞争工具。

施工单位去承揽一个工程项目，民间俗称"揽活"，更有甚者称之为"讨口饭吃"。但是，如果施工单位能够带上资金去承揽工程，在业主面前就由一个"讨口饭吃"的揽活者，顷刻华丽转身为项目投资人。这种承揽建设工程项目的竞争力与"讨口饭吃"的方式不可同日而语。

施工单位能够带上资金去承揽工程，其所能带上的资金最有可能性的就是基金。

在人类发展过程中，每一个人都希望自己的财富不断地增长，希望将天下财富尽收囊中。在追求财富的过程中，有一部分人发现，与他人结伴共同谋求财富，比一个人奋斗所创造的收益要大。尽管收益中需要分配一部分财富给自己的共事伙伴，但是仍然比一个人单干收益要大。因此，以结伴的方式去追求财富，成为社会经济活动的主流，也促进了经济的发展与繁荣。尽管财富能够明显地增加，但是伙伴之间的纠纷也随之增加。如何公平合理地分配财富就成为结伴追求财富这种模式能否持续的焦点。在社会经济发展过程中，先人们通过各种分配模式来解决结伴追求财富中的收益分配问题。在几百年的摸索中，逐渐形成了公司的结伴模式。所谓公司制，是同股同权，按股分红。比如甲和乙两人成立一家有限责任公司，总投资 100 万元，甲出资 60 万元，乙出资 40 万元。公司未来出现的盈利或亏损，甲和乙都按照 3∶2 的比例承担，利益共享，风险共担。这种模式是人类长期经济活动经验的积累，由于其分配的合理性，最终各国通过法律的形式予以确认。这就是现在经济活动中的主要形式——公司。

由于社会经济的多样性，公司制并不能涵盖社会所有的经济方式。其中，有一部分人认为公司制不尽合理，其同股同权的原则，不适合特有的结伴经营方式。他们所期待的是出资按照实际财产的价值计算，分配比例另行商议，不按照出资比例进行分配。这种结伴经营方式，同样也较广泛的为社会所接受。这种模式的弊端也是明显的，结伴经营者将利润全部分配由一方承担，而亏损由另一方承担，由此保护盈利，逃避债务。为了从根本上避免这种交易模式的负面作用，法律设置了合伙制。一方面认同投资人出资按照实际出资的比例确定，分配由合伙人另行约定；另一方面法律特别规定，合伙人对合伙企业形成的债务承担连带责任。以此限制合伙人道德风险的发生。

在经济活动中，更有甚者他们所期待的模式是，出资不按照实际出资财产的价值计算投资比例，分配也由双方自行约定。这种结伴经营的模式，出资比例的设定与分配比例的设定具有无限多的可能性，法律无法将其全部概括、规范其中，这种结伴方式我们统称为合作模式。政府与社会资本合作（PPP）模式，就属于这一类。由于合作具有无限多的可能性，因此，具体项目的合作方式，政府方对其在合作项目中的权利义务必须在国务院的授权范围之内，才能保证其合作的合规性。

基金是建立在有限合伙企业机制之上的金融产品。国家的《合伙企业法》将合伙企业分为普通合伙企业和有限合伙企业，有限合伙企业由普通合伙人和有限合伙人组成。普通合伙人对合伙企业债务承担无限连带责任，有限合伙人以其认缴的出资额为限，对合伙企业债务承担责任。在与政府合作成立基金公司的时候应当特别注意，国有独资公司、国有企业、上市公司以及公益性的事业单位、社会团体不得成为普通合伙人。合伙企业协议依法由全体合伙人协商一致，以书面形式订立。合伙人与有限合伙人出资范围也有明显差异。合伙人可以用货币实物、知识产权、土地使用权或其他财产权利出资，也可以用劳务出资。有限合伙人可以用货币实物、知识产权、土地使用权或其他财产权利作价出资，不得以劳务出资。合伙企业的利润分配，亏损分担，按照合伙协议的约定办理，合伙协议未约定或者约定不明，由合伙人协商决定，协商不成的，由合伙人按照实缴出资比例分配分担。

《合伙企业法》第六十九条规定："有限合伙企业不得将全部利润分配给部分合伙人，但是合伙协议另有约定的除外。"该条款为基金产品设计中优先级、劣后级的结构安排提供了合法性支撑，使施工单位带资承揽工程成为可能。施工单位有必要对基金这一金融产品做深入的研究，学以致用，以提升在工程承揽中的竞争力。

5. 建设工程参与主体权利来源途径有哪些？

我们国家实行的是社会主义市场经济。在市场经济条件下，每一个市场主体都在追求自身利益最大化。各个主体在追求利益最大化的过程中，必然会发生利益冲突。如何化解平衡这种冲突，是市场经济不可回避的问题。

我们说法律是社会的最后一道防线。意味着在社会生活中出现的各类问题，无法协商解决之后，最终，都要通过法律的手段来解决。市场竞争所遇到的问题也不例外，也必须通过法律解决。翻开我们国家的法律就会发现，法律所保护的市场经济主体的权利前面通常都会加一个定语，这个定语就是"合法"。这意味着我们国家的法律保护的是市场主体的合法权利，非法的权利是不会得到法律保护的。

我们知道，权利的来源是法律。这个法律不是指官方所发布的任何一份规范性文件，而是特指全国人民代表大会通过的，经国家主席签发颁布的规范性文件，以及全国人民代表大会常务委员会通过的，经国家主席签署颁布的规范性文件，《立法法》将这两类规范性文件定义为法律。国务院行政法规，是由国务院常务委员会讨论通过，经国务院总理签署颁布的规范性文件，也称为国务院颁布的条例。在我们当下的社会生活中，最高人民法院将《立法法》规定的法律和国务院的行政法规皆列为法律，作为全国各地、各级人民法院所做出的法律判决文书中援引的"法律"依据。这也为我们日常生活中所称谓的"法律"。

当然，这些法律不足以解决建设工程全生命周期所遇到的形形色色的各种利益冲突。因此，作为民事主体，还有一个权利的来源，就是合同。合同的概念在我们国家的《民法典》和各类法律教科书中对其都有明确的定义。这里我们从建设工程实战角度，给其下个定义：合同是当事人双方之间的法律。当事人双方签署的合同，法庭上一经认定合法有效，其效力就等同于全国人民代表大会常务委员会通过的法律以及国务院行政法规的效力。

合同有三种形式：第一种为书面形式，就是我们日常生活中所经常使用的书面合同、协议。第二种是口头形式，这种形式在我们日常生活中大量存在，比如，我们早晨到早餐铺买早点。"老板，请给我两个包子、一袋豆浆。"老板会将包子和豆浆装好，交给我们。我们给老板交七块钱。这里我们可以看到，双方经过口头达成了交易两个包子和一袋豆浆的合同，并履行完毕。第三种合同形式是行为，这种模式在日常生活中往往为大众所忽略，但它确实是存在于我们生活中不可缺少的一种合同形式，比如，我们现在买一张机票由上海飞北京，只要打开手机点击屏幕，不需要跟任何人讲一句话，你就能够买到机票。买机票之后再点击手机屏幕，你就可以完成值机。这意味着你在飞机上坐哪个位置都已经确定了。你在整个的操作过程中，没有跟航空公司及代理人说一句话，但整个交易均已完成。这就是以行动的方式与航空公司达成了一个交易，你整个的行动过程也就是合同形成的过程。因此，这也是合同的一种形式。

我们权利第三个来源是裁判，在我们国家当下的裁判机制下，裁判分为法院判决与仲裁裁决。在司法实践中，我们经常会碰到这样的情形。拿到判决书，总是一家欢喜，一家愁。欢喜的一家，看到判决书大喜过望，认为自己没期待的利益，获得了法院判决的支持。相反，对方牢骚满腹，认为自己应该得到的利益，没有得到法院的支持。那无论双方当事人对判决结果持何种态度？该判决一旦生效，对双方当事人就具有约束力，形成各方权利或义务的来源。

市场经济是法治经济。我们在建设工程全生命周期内，建设单位与施工单位发生冲突，各方首先想到的应当是我的权利从何而来？本着权利的来源去沟通，就能够较为便利地寻找到双方的共识点，为解决冲突创造一个良好的开端。

6. 公司与子公司的关系如何认定？

在市场经济条件下，每一个建设工程施工单位都希望尽可能多地承揽工程业务，以实现利益最大化。其所承接业务量的大小，在很大程度上，取决于施工单位市场份额的占有量。并不是所有的市场对施工单位来说都是成熟的、现成的，一进入就能够当然地承揽到业务。更多的情况是需要施工单位开疆拓土，派出市场拓展团队去开发、培育市场。在一个区域内开发培育经营市场，获得成功很重要的一个因素就是获得当地客户的信任度，安营扎寨便成为获得当地市场信任度的便捷方式。因此，施工单位在当地设立办事处，设立分公司，设立子公司就成为不得不做出的选择。市场经济实践证明，施工单位在市场开发区域设立子公司是施工单位拓展、保有当地市场所采取的行之有效的市场手段之一。

从公司创设构成角度，公司可以分为两类：一类为创设公司，一类为子公司。公司的出资人都为自然人的公司，我们称之为创设公司，或者称之为母公司。公司出资设立其他公司，我们称出资的公司为母公司，新设立的公司为子公司。广而言之，公司股权中，含有其他公司出资的公司，均为子公司。因此，子公司的身份不具有唯一性。一家公司可能同时是几家公司的子公司。母公司持有子公司的股份可以是一部分股份，也可以是 100% 份额的股份。当母公司持有子公司 100% 股份的时候，我们称此子公司为母公司的独资公司，子公司也称之为一人公司。

公司通过股权渗透，可以成为另一家公司的母公司。还有一种情形，公司不通过股权出资，也能够成为另一家公司的母公司。即公司通过协议的方式对另一家公司实现实际控制，使本公司的意志能够在另一家公司的决策中得到体现。必须按照其他公司意志决策的公司，我们也称之为子公司，做主的公司为母公司。

子公司在法律上具有独立法人资格。具体体现在拥有独立的公司名称和章程，具有独立的企业代码和组织机构，拥有独立的财产，能够自负盈亏、独立核算，以自己的名义进行各类活动，并承担公司行为所带来的一切后果和责任。

在工作中，许多人都会有这样的经历。子公司承揽的建设工程项目，在施工过程中管理不当，给建设单位造成了损失。建设单位在起诉子公司的时候，将母公司列为共同被告。要求母公司对子公司造成的损失承担连带赔偿责任。当下，许多母公司都会认为，子公司是一个独立的法人，其应当以自己独立的财产承担民事责任。母公司不应当对子公司造成的损失承担连带责任赔偿。但在具体的案件司法判例中，时常会出现法院判决母公司承担连带责任。这类判决结果引发了一些人对子公司独立法人资格的质疑。

如何解释这种现象？我们说母公司设立子公司的目的，从根本上是为了扩大市场占有份额。子公司的设立，当然对母公司占领市场份额有着积极的作用。但是，作为独立法人子公司，当其开发市场初现成效与建设单位达成工程承揽意向之后，会突然发现，因为是为开疆拓土而新设立的子公司，其自身的企业资质和工作业绩均不具备独立承揽建设工程的能力。为了不失去这一商业机会，完成市场开疆拓土的任务，子公司自然会向母公司求援。母公司当然挺身而出，以自己的资质和业绩去投标，以获得项目的承揽权。由于母公司与子公司是两个独立的法人，分灶吃饭，各自独立核算，因此，母公司与子公司会签订协议，约定所承揽工程的风险均由子公司承担，母公司只收取子公司一定的管理费。在这种交易结构的安排下，子公司顺利获得建设工程的承揽权。当子公司在施工过程中出现管理不当，造成建设单位的损失时，建设单位将子公司与母公司列为共同被告，主张赔偿权利。并不是子公司不具有独立的法人资格，不能够独立承担民事责任，而是，因为子公司使用母公司的营业执照、资质和业绩。正是基于这种法律关系，母公司才要对子公司造成的损失承担连带责任。

7. 如何认定公司与分公司之间的关系？

从扩大市场份额的角度看，分公司与子公司一样，都是为总公司跑马圈地、扩大市场占有量的马前卒。分公司与子公司的不同之处在于分公司不是独立的法人，从法人拟制人的角度看，分公司属于"限制民事行为能力人"，也就是说分公司所从事的民事法律行为，当分公司不能以自己的财产承担责任的时候，就会由设立它的总公司承担责任。子公司不同，子公司是一个独立的法人，是"完全民事行为能力人"，它以自己的财产对外承担责任。因此，分公司和子公司在为总公司开疆扩土中给总公司带来的风险是根本不同的。分公司的经营风险与总公司是相通的，子公司与母公司的经营风险是相隔离的。用我们国人通俗的语言表述，分公司是没有分家的儿子，尽管已成人，其民事法律行为由整个家庭——总公司承担。子公司是属于另起炉灶，分了家的儿子；大路通天各走一边，走的是责任自负的路线。

通过以上观察，我们可以发现分公司不论在经济上还是法律上，都不具有独立性，分公司的非独立性，主要表现在以下方面：一是分公司不具有法人资格，不能独立享有权利承担义务，行为的后果最终由总公司承担；二是分公司没有独立的公司名称，其对外经营活动必须遵守总公司的章程；三是分公司在人事、经营上没有自主权，其主要业务活动及主要管理人员由总公司决定，并根据总公司的委托或授权进行业务活动；四是分公司没有独立的财产，其所有资产属于总公司，并作为总公司资产列入总公司的资产负债表中。

分公司与总公司属于没有分家的儿子。在商业活动中，如何识别交易对手是属于分公司还是总公司就需要做出准确的判断。我们识别交易对手的商业行为是代表总公司还是分公司最直接有效的方式，就是要求交易对手提供营业执照。公司与分公司都有营业执照，但是它们的营业执照有着明显的不同。公司是独立的法人企业，营业执照上就醒目地载明"企业法人营业执照"。分公司不是独立的法人，因此，其营业执照上所载明的只是"营业执照"，这是最直观明显的差异。其次，从公司的名称上看，公司的名称在"企业法人营业执照"上，载明为"某某公司"，而分公司的名称，在"营业执照"中载明为"某某某公司分公司"。在"企业法人营业执照"载明的内容中，有一项为"法定代表人"；在"营业执照"中没有法定代表人这一项，只有负责人这一项，从这三点就能够清晰准确地判断我们的交易对手是公司还是分公司？

分公司享有经营权，在其营业执照范围内所签署的法律性文件，具有法律效力。不需要公司特别的授权、准许。但是分公司作为建设工程项目的投标人，往往不被建设单位所接受。分公司对具体的建设工程项目要进行投标，一般情况下，它需要使用总公司的名义去投标。

对于大型的总公司，其名下既有分公司也有子公司，有的在同一座大楼里混合办公。从企业内部管理的角度识别具体的员工是属于总公司的员工还是分公司的员工，或是子公司的员工，有利于企业管理的通畅有效性。由于总公司对分公司和子公司都有着人员、资源的支配能力，因此，判断具体员工身份归属的最基本、有效方式就是核实该员工的社保四金是由哪个公司承担。总公司缴纳，为总公司员工；分公司缴纳，为分公司员工；子公司缴纳，则为子公司员工。与员工实际工作的岗位隶属没有必然的关系。

8. 如何界定施工企业员工内部承包工程的责任？

承包一词与我们国家的改革开放相生相伴，我们国家的改革开放就是从农村土地承包开始。农村土地承包改革获得全面胜利以后，城市效法农村改革的经验，在城市推广企业承包制。企业实行承包制几年下来，发现承包制并不适合企业，因此，企业承包在改革发展的进程中，逐渐淡出了人们的视线。但是，建设工程的承包像农村土地承包一样具有生生不息的力量。

建筑领域的改革也是从承包开始，建设工程领域承包发展到今天，这种商业模式已经为法律所确认，广泛记载于《民法典》《建筑法》《招标投标法》之中。但是，法律并没有给承包一个明确的定义，以至于什么是承包，到目前为止，各方的解读仍然莫衷一是。因此，在实践中施工单位向建设单位承揽工程称之为承包，分包单位向总包单位承揽工程也称之为承包，乃至施工单位对内部员工也实行建设工程内部承包。

如何定义承包？如何准确地采用承包的方式来完成建设工程施工任务？我们有必要对承包进行进一步的观察。为了能把承包阐述清楚，我们不妨对标已经成功的农村土地承包。

农村土地承包方式，是建立在土地的所有权归农村集体经济组织基础之上。农村土地承包以户为单位，我们的《物权法》将土地承包权定义为物权，归属用益物权。土地承包者享有承包土地的占有、使用、收益和处分的权利，土地承包权的用益物权与所有权之物权也有着明显的差异。所有权的占有、使用、收益、处分权能是对世权；用益物权的占有、使用、收益、处分权能，受到一定的限制。承包户承包土地之后，必须按照土地原来的用途进行作业。比如说承包土地为水田，则承包人只能在承包的土地上种水稻，不能将水田改为旱田，也不能将所承包的水田，用来挖鱼塘或者挖沙等从事其他非水田农业作业。对于水田中种什么型号的稻谷？种几季稻？如何种植能够最大效益地发挥水田的经济效益，这都是由土地承包人决定的。因此，承包人在按照承包土地条件作业，获得经济效益的范围内，对自己的行为承担经济责任属于用益物权的处分权能。现在我们国家又开启了改革之旅。国家层面上倡导的农村集体经济土地承包权中的经营权流转，可以说就是建立在用益物权的处分权能由用益物权享有者处分的法律基础之上。因此，我们看到农村土地承包者对其承包的土地所享有占有、使用、收益、处分权能，是农村土地承包的实质性要义。

农村土地承包从经济角度看，承包户对其承包的土地，是以户为单位自主经营，独立核算，自负盈亏。当遇到自然灾害之后，承包户收入就会受到严重影响，在这种情形下，对于农村土地承包经营户而言，仍旧是对其承包的土地自负盈亏。国家对灾区进行的救援，是国家在宏观经济层面上对经济的调控，不是对微观经济层面上农村土地承包户承包亏损的经济弥补。

工程承包也属于微观经济的范畴，它与土地承包的根本不同，在于土地的承包权属于物权，而建设工程的承包权属于债权。他与土地承包经营相同之处，都是自主经营，独立核算，自负盈亏。在微观经济层面上，不同之处在于农村集体承包户受到自然灾害的侵害，国家会给予救灾补助，而作为市场经济的主体建设工程的承包人，在受到不可抗力的侵害之后，不可抗力的风险将由自己化解。

农村集体土地承包制是建立在法律的基础之上，而建设工程承包同样是建立在法律的基础之上。对于企业内部的员工承包企业中标的建设工程施工项目，员工已经与企业之间形成了雇佣关系，所谓雇佣关系就是劳动者将其单位时间出租给用人单位，由用人单位给劳动者支付单位时间的租金，如果在企业内部实行内部员工承包制，由企业与员工共签订《建设工程承包合同》，则企业与员工之间出现了两种民事法律关系的竞合，一种是员工与企业之间形成的雇佣关系，另一种是企业与员工之间形成的建设工程承包关系。我们说建设工程承包关系是承包人自主经营，独立核算，自负盈亏，员工与企业之间形成的这一种法律关系，员工承包自家企业的建设工程自负盈亏，一旦员工没有能力承担亏损责任，对建设单位的亏损弥补依法还是应当由企业承担。企业员工内部承包制是企业对内部员工进行工作安排、绩效考评的内部管理方式之一，其并不能因为将工程发包给了内部员工承包，而转移企业对建设单位的风险。企业的内部管理制度、企业的考评机制，以及企业与其员工签订的任何协议，都不能够对抗企业与建设单位签订的建设工程承包合同中约定的企业的义务。

9. 建设工程总承包与施工承包之间的关系为何？

《民法典》将建设工程合同分为勘察、设计和施工合同。按照这一思路，建设工程总承包应当包括勘察、设计、施工承包。建设工程施工承包是传统的工程承包方式，承包内容一般包括土建和安装工程部分。

传统的建设工程承包方式中，设计与施工是相分离的。这种相分离的模式，沿袭于计划经济时代，是照搬苏联的模式。设计单位属于事业单位，而且施工单位属于企业单位，两种不同的体制在合作单位之间形成了彼此无法逾越的鸿沟。在长期的建设工程实践中，无论是建设单位、施工单位还是设计单位，都深深感受到这种模式的弊端。我们国家市场经济的不断发展、建设工程领域竞争愈来愈激烈，建设单位需要追求投资效益最大化，施工单位要追求施工利润最大化，而设计单位作为事业单位，则不需要追求利益最大化。建设单位发现，加强项目施工管理，提高投资效益固然重要，但是，施工单位是照图施工，其在照图施工的过程中，无论如何加强管理、减少浪费，能够帮助建设单位降低成本、提高投资效益都是有限的。更为有效的方式是在设计阶段就对工程成本进行优化管控，其对项目投资效益的提高，具有"四两拨千斤"的作用。国家也看到了设计单位在提高工程项目投资效益中的作用，为了激发设计单位在建设工程项目设计阶段的市场意识，进行了设计单位体制改革，将设计单位由事业单位改制为企业单位。

改革开放之后，尤其是 21 世纪我们国家经济进入了高速发展阶段，建设项目的投资成为拉动经济发展的主要驱动力。降低建设工程项目的单位资源成本，意味着能为全社会创造更多的财富。因此，从国家层面上开始推行建设工程总承包，其旨就在于使设计与施工进行深度的融合以实现对建设工程项目投资效益的提高。

建设工程造价成本的控制，聚焦到设计阶段，意味着全社会已经认识到我们目前实行的设计标准和建设工程定额缺乏经济性。现行的设计标准以及定额规定的建设工程人、材、机的消耗标准都是照搬苏联模式。设计标准由国家制定，定额消耗量也是由国家制定的，因此，对于设计者来讲，其要在设计阶段对建设工程的成本进行优化，就会面对挑战国家标准和国家定额的风险。市场经济告诉我们，高风险意味着高回报。作为一个具体的设计者，其承担着突破设计标准和定额标准的风险，降低造价给建设工程项目所带来的效益应当充分体现在设计者的收入上。然而，我们国家现行的设计管理体制是要求设计规范范围之内的设计风险由设计单位承担风险，设计优化所获得的高回报也就当然由风险承担者享有。

在这种机制下，如设计人员在设计建设工程承重梁用的钢材时，该梁的安全系数在设计规范中的取值范围规定为 1.3 ～ 1.5。设计人员一般会选择 1.4 以上，从经济角度上说选 1.3 更合适。但是，设计人员选择 1.3 的个人风险要远远大于选择 1.4 以上的个人风险。而选择1.3给建设项目带来的成本降低，无法体现在设计人员所承担的风险回报上。因此，尽管设计单位要求设计人员优化设计、降低成本，但是，由于市场机制没有在设计人员所承担的风险中体现出来。设计单位希望能够通过设计来提高设计单位的收益，也只是一个美好的愿望。

现有的体制下，如果说按照市场经济的分配原则，给予设计人员承担设计风险的酬劳，按照其承担的风险及其为建设单位创造的成本降低的价值，给予相应的补偿，那么设计人员的收入会获得巨大的增长。设计人员的收益获得大幅增长，设计单位的收益就不会相应大幅增长，设计风险又要由设计单位来承担。如果设计人员为了追求个人的利益最大化，尽量地压缩建筑材料的使用，将各种设计指标都选择在安全临界值，设计所节省的成本，设计人员能够享受。设计单位作为与建设单位签订设计合同的主体，承担着设计项目安全的风险责任，一旦因设计不当发生安全事故，最后还是要由设计单位来承担。这是设计单位所不能接受的。

通过以上观察，我们可以发现，在目前的体制下，设计施工要进行深度的融合，不仅仅是技术问题，而是在于设计单位与设计人员如何分担设计风险，如何分享风险回报的机制建立。这个机制的建立，又将是一场体制改革的"硬骨头"。希望通过经济的手段来实现设计与施工的深度融合，提高建设单位的投资效益，更多的是一种经济方案。

从目前已经实施的建设工程总承包的案例来看，更多的是将设计和施工纳入建设工程总包合同的内容。在具体实施过程中，仍然是设计归设计，施工归施工，离国家所要求的工程总承包实现设计与施工的深度融合，还有一段长期艰苦的探索过程。

10. 建设工程总包与分包的风险如何分配？

建设工程项目实施是一项投资力度大、专业涉及面广、技术含量高的社会实践活动。在市场经济充分竞争的建设工程领域，专业化分工越来越细。为了在各自的专业中占据优势，各个专业都致力于将本专业最先进的技术带入本专业施工的竞争中。因此，新技术、新材料、新工法在建设工程施工竞争中层出不穷，极大地推动了建设工程施工技术进步和施工效率的提高。

在专业高度分化的今天，没有一家建筑施工企业能够依据自身的专业配置，独自完成一个建设工程项目建设。因此，建设工程分包就成了建设工程施工中不可避免的一种选择。

由于每个施工企业的自身条件不同，所承包的建设工程项目不同，因此，在项目的施工过程中，需要配置的分包也表现出多样性。这种多样性是基于市场分工的选择，是市场经济规律发生作用的具体体现。市场经济条件下建筑领域的专业化分工能够满足建设工程施工顺利进行的需求，弥补了建设工程总包单位专业性不足的先天缺陷，提高了建设工程施工资源配置效率。同样是在市场经济条件下，有些分包单位，为了追求自身利益最大化，将分包的工程再分包出去。由此，出现了层层分包的局面。风险控制论告诉我们，环节越多，可靠性越低，风险越大。对于总包单位，其作为分包工程的发包人，所支付的分包对价是固定的，层层分包加大了施工保质按期完工的风险，发包人并不能实现风险越大收益越高。这破坏了市场机制，导致市场机制失灵。

当市场机制失灵的时候，政府这只手，便到了发挥作用的时候。

《建筑法》规定，建筑活动是指各类房屋建筑及其附属设施的建造及与其配套的线路、管道、设备的安装活动。建筑工程总包单位可以将承包工程中的部分工程发包给具有相应资质条件的分包单位。建筑工程总承包单位按照总承包合同的约定，对建设单位负责；分包单位按照分包合同的约定，对总包单位负责；总承包单位和分包单位就分包工程对建设单位承担连带责任。禁止总承包单位将工程分包给不具备相应资质条件的单位。禁止分包单位将其承包的工程再分包。施工总承包的建筑工程主体结构的施工必须由总承包单位自行完成。

建筑企业施行资质管理制。建筑企业应当按照其拥有的注册资本、专业技术人员、技术装备和以往的建筑工程业绩等条件申请资质，经审查合格，取得建筑企业资质证书后，方可在资质许可的范围内从事建筑施工活动。为了便于资质管理，将建筑施工承包分为施工承包、专业承包和劳务分包三个序列，分别设置资质许可。取得专业承包资质的企业，可以承接施工承包企业分包的专业工程和建设单位依法发包的专业工程，专业承包企业可以对所承包的专业工程全部自行施工，也可以将劳务作业依法分包给具有相应资质的劳务分包企业。之后，为了给予建筑企业更大的自主权，取消了劳务分包资质。

对于质量和安全生产规定。总承包单位依法将建设工程分包给其他单位的分包单位，应当按照分包合同的约定对其分包工程的质量向建设单位负责，总承包单位与分包单位对分包工程的质量承担连带责任。总承包单位依法将建设工程分包给其他单位的，分包合同中应当明确各自在安全生产方面的权利、义务。总承包单位和分包单位对分包工程的安全生产承担连带责任。

2019 年 3 月 13 日，住房和城乡建设部对《房屋建筑和市政基础设施工程施工分包管理办法》进行了修改。将建设工程施工分包定义为建筑企业将其所承包房屋建筑和市政基础设施工程中的专业工程或者劳务作业发包给其他建筑企业完成的活动，并且强调建筑工程和市政基础设施施工分包分为专业工程分包和劳务作业分包。专业分包是指施工总承包企业将其承包工程中的专业工程发包给具有相应资质的其他建筑施工企业完成的活动。劳务分包是指施工承包企业或者专业分包企业将其承包工程中的劳务作业发包给劳务分包企业完成的活动。

11. 如何区分建设工程分包与违法分包？

我们说建设工程分包是施工单位将其承包的建设工程中的一部分施工内容，发包给具有相应资质的施工单位去施工的行为。分包从经济上看，意味着承包单位认为自己组织力量从事这一部分工程施工的成本要大于将工程直接发包给更专业的施工单位去施工的成本。所以说，分包是市场经济竞争下专业分工的必然结果，提高了分包工程发包人和分包承包人的经济效益，促进了社会经济的发展。

违法分包。这里的"法"指的是全国人民代表大会和全国人民代表大会常务委员会颁布的法律和国务院颁布的行政法规；"违"为违背法律的效力性强制性规定。

《民法典》第七百九十一条规定，禁止承包人将工程分包给不具备相应资质的单位。这意味着建设工程项目分包的发包人不得将建设工程项目分包给自然人。其次，作为建设工程分包的承包人，无论其自身具有什么建设工程专业资质，其必须具备与其承接的分包工程相应的资质。建设工程项目的分包人，只要具备以上两条件之一，即为违法分包人。

《民法典》还规定，建筑工程主体结构的施工必须由承包人自行完成。这意味着建设工程的总包人对于其所承包的建设工程的主体结构不能够对外进行发包，只能依靠自身的施工能力来完成。否则，也构成违法分包。这里我们观察到，在我们科学技术高速发展的今天，建设工程领域的新材料、新工艺也不断地发展，这一法律规定也不断受到挑战。比如对于超高层建筑的钢混结构，由于承包单位的专业配置和施工技能相对于科技的发展有一个滞后期，因此，对于钢混结构的建设工程项目，具有土建施工能力的承包单位，往往不具备相应的钢结构施工资质，而具备钢结构施工能力的单位却又不具备土建的施工能力。在社会、科技发展的先锋领域，法律一定滞后于社会与科技的发展。在这种情形下，目前通常认为一个建设工程项目中的钢结构专业施工项目，承包单位将其对外单独发包，不构成承包单位将建设工程主体结构对外违法发包。此类发包仍然认定它的合法性。

《民法典》规定，禁止分包单位将其承包的工程再分包。这是为了防止"看不见的手"失灵，市场出现"劣币驱逐良币"的现象而做出的特别规定。如此规范，对维护良好的社会主义营商环境有着积极的促进作用。对于扰乱社会主义市场经济秩序的违法分包，当然要在法律上予以否定。但是，建设工程施工领域的竞争性与活力，会不断地给"再分包"赋予不同的内涵，这里我们择其一，作一番观察。

我们说在专业分包单位，必须要有自己的机械设备，要有自己的人才队伍，才具备取得专业资质的条件。但是，在市场经济条件下，并不是每一个建筑施工企业，每一年其所承接的工程业务都具有相应的平稳性。市场经济在"看不见的手"的作用下，许多施工单位或许某些年份所承接的业务相对较少，不得不供养着机械设备与人员；

某些年份可能业务突然爆发，自己的机械和人员都不能满足完成所承建的工程的需求。在这种情形下，一般的市场经济主体不可能因其施工能力不足而将其能够承接的业务推脱出去，"追求利益最大化"的本能会使施工单位先把业务承接进来，再组织施工力量去完成施工任务。

施工单位自身没有足够的人员和机械设备去完成这些施工任务，其必然会选择到市场上招聘相应的专业人员，租赁相应的施工设备，去完成施工任务。在我们国家市场经济发展到的今天，任何一家施工单位要在市场上招聘相应的专业技术人员和租赁建筑施工设备，都不会是一件困难的事情。困难的是招进来的陌生的人员与其使用的陌生的设备，要形成施工队伍需要磨合，需要培训，需要了解每一个成员在团队中的作用。这对于分包单位来讲都是成本。在有些情况下，临时拉起队伍可能都来不及应付工期的要求。因此，分包单位自然会想到拉一个现成的队伍来完成所承接的施工任务。这种选择对于分包人来讲成本低、专业度高，施工效果有保障。这种经济性与实用性为分包人所不能抗拒，但这却是法律明文禁止的工程再分包。

为了满足市场经济发展的需求，当前承包单位的项目部只要项目经理、总工程师、质量管理员、安全管理员是承包单位人员，一般不认定为违法分包。

12. 如何识别建设工程专业分包与劳务分包？

我们知道建设工程分包分为专业分包和劳务分包。专业分包的内容是由专业作业和劳务作业构成的。专业分包中的劳务作业可以再发包，也称之为劳务分包。专业分包中的专业作业不得再行发包。

专业作业是经过专业训练的专业人士使用专业的施工工具在建设工程施工中所进行的活动。劳务分包则是将施工中的劳动力的供给交由其他单位提供。

国家对建设工程领域再分包的管理、规范和打击，都是基于层层分包。层层分包抽掉了最终承担施工任务的主体应得的利润以及抗风险的经济能力。因此，极易引起纠纷，形成社会不稳定因素，为国家所不容。

再分包的经济动力在于中标的价格中含有较高的利润空间。这为层层分包提供了经济上的可能性。我们国家的建设工程招标投标活动，投标报价是建立在市场竞争基础之上的。但是，这个市场报价是建立在现有的定额基础之上进行的报价。定额是计划经济的产物，我们国家改革开放 40 多年，社会的基本经济构成发生了根本性的变化，然而，建筑市场上的价格组价仍然延续计划经济的定额。定额组价所形成的建设工程招标投标的价格，尽管在投标时投标单位都会给予一定的下浮量，最终中标的价格与实际的建造成本之间，仍然存在较大的空间。这是由以定额为基础的组价所决定的。

现实中，存在着大量的以劳务分包的名义进行建设工程再分包的情形。有的是明知故犯，有的却是真的分不清专业分包与劳务分包的区别。劳务分包所提供的是活化劳动；专业分包所提供的是物化劳动＋活化劳动。

专业分包单位用自己的机械设备、自己组织的主材、自己的员工进行施工或者组织劳务分包单位所派遣的人员来进行建设工程分包作业，这种行为属于合法的专业分包。如果专业分包单位将专业作业中的主材、主要机械设备以及专业的施工组织设计交由劳务分包单位完成，劳务分包单位此时所承接的承包工程，由于含了专业作业的内容，因此，也就不是劳务分包合同，而是专业分包合同。又如果分包单位没有专业分包工程的资质，而借用劳务分包之名，承接含有物化劳动的专业工程。尽管所签订的合同之名为"劳务合同"，但实施的是专业分包。由此我们发现，判断一个分包行为是专业分包还是劳务分包，不是基于合同的名称，而是基于合同中双方之间所约定的权利和义务所构成的法律关系。

劳务分包所称之劳务，并不仅仅指普工，也包含一定数量的具有专业技术技能的专业人员。但是，一定不包含建设工程施工过程中必须使用的主要材料和主要机械设备。劳务分包中的劳务作业人员，其所携带的劳动工具，只能是与其作业，有着直接关系的辅助性的生产工具和材料。劳务承包中一旦涉及由劳务承包人自己提供主要机械或者主要材料，则劳务承包人所提供的劳务不仅含有活化劳动而且还含有物化劳动，其劳务承包就转变为了专业分包。

有些承包单位为了最大限度地追求利润，常常将施工中所包含的主材、主要机械设备都由自己提供给专业分包单位。专业分包单位所分包的内容是劳务以及一些辅材。分包单位也具有相应的分包专业资质，在这种情形下，尽管分包单位具有相应的专业资质，合同签订的也是专业分包合同，但是，由于合同约定的分包内容为劳务＋辅材，因此，此类合同在法律上也只能认定为劳务分包合同。并不会因为分包单位有专业资质，合同约定的是专业分包，而将此分包认定为专业分包。

13. 如何认定转包？

市场经济的黄金法则是"胜者通吃"。意为市场经济竞争的胜出者，雄霸市场，傲视天下。建设工程领域市场也不例外，我们最常看到的就是大型央企，他们在全国各地攻城拔寨，跑马圈地，各种优质建设工程项目尽收囊中。但是，对于实力一般的建设工程施工企业，他们要获得一项承包工程，则难于上青天。这是市场机制使然。

市场机制是"强者恒强，弱者愈弱"，最终优胜劣汰。在市场竞争最充分的建筑市场，显得尤为突出。在残酷的市场竞争中的建设工程施工企业，他们不仅关注自己手中当前的订单，更关注的是这些订单形成的市场来源。也就是通常说的市场份额。订单来源单一，意味着企业依赖性大，抗风险能力低。即使当前手中的订单充裕，市场风险也是巨大。因此，任何一家施工单位，在摆脱生存危机，获得喘息之机时，其首先想到的就是要去扩大市场份额，以保证源源不断的订单。

企业的发展与市场份额的增加并不会存在天然的匹配。当企业获得的订单大于它的生产能力的时候，他所面临的选择，一是放弃订单，二是扩大再生产。在市场经济条件下，放弃订单意味着放弃市场竞争，放弃市场份额。这是每一个竞争者所不能够接受的选择。因此，如何扩大生产满足订单，就成为每一个竞争者所必须完成的工作任务。

市场的优胜者在市场中具有强大的号召力，同时，也有较多的子公司与合作单位。在获得的众多订单中，其不能以自己的施工队伍去完成施工任务之时，优先想到的就是羽毛尚未丰满的子公司。子公司的实力天然地逊色于总公司，其在市场竞争中要获得发展，不可避免地需要获得母公司的支持。母公司将订单交于子公司，也是其当然的选择。但是，我们知道，子公司与母公司是两个完全独立的法人。母公司直接将其获得的订单交于子公司去完成，这就是一种典型的当前法律定义下的转包。当然，子公司也存在着三六九等，有全资子公司、有控股子公司、有参股子公司。无论哪一种子公司，他们在法律上都是一个独立的法人。母公司将其获得的订单交于任何一种性质的子公司，其法律属性都属于转包。与母公司所持子公司的股份比例，没有任何关系。

建设工程转包的危害性，在于作为的中标单位，将建设工程整体发包给其他建筑工程施工企业，自己只收取管理费，所有转包出去的建设工程的业绩，都是记在中标单位的名下。因此，中标单位的业绩会越来越大，市场的影响力会越来越强。最终，成为行业的垄断者或者寡头。伤害市场竞争的充分性，为政府所不容。

《民法典》第七百九十一条第二款明确规定，承包人不得将其承包的全部建设工程转包给第三人或者将其承包的全部工程肢解以后以分包的名义分别转包给第三人。

法律的明文禁止与市场主体追求市场占有率、追求订单发生了明显的冲突。对于市场主体而言，如何应对直接关系到企业未来发展的态势。

建设工程承包，并不意味着承包的建设工程中所有的施工内容，都必须要使用承包单位名下的员工、使用承包单位名下的机械设备、使用承包单位购买的材料去完成施工。承包单位的责任在本质上是对承包范围内的建设工程质量、工期、价款按照合同约定承担责任。

官方对建设工程承包单位所承接的建设工程是自己施工还是对外实行了转包的判断标准，是项目管理团队的人员身份构成。承包单位项目部四大员项目经理、总工程师、质量负责人、安全负责人是承包单位的在册员工，社保由承包单位缴纳，即说明该工程承包单位没有转包。而不在于现场实际施工作业的人员，他们的劳动关系归属。

对于建设工程施工中的材料和机械，其本身就是建设工程施工利润形成的基础。承包单位从追求利润最大化的角度上说，其本身就不愿意将其对外转包。对于一个建设工程项目，机械、设备、材料由承包单位提供，项目部主要管理人员由承包单位委派，该项目就不属于转包项目，而是属于承包人自己实施的项目。

我们通过以上可以观察到，承包人承接工程项目，不管工程规模有多么巨大，只要派出四大员，就是以自己的施工能力完成的建设项目。这应该说给建设工程承包单位提供了广阔的拓展市场发展空间。法律对转包行为的禁止，不可能成为羁绊建设工程施工企业发展的缰绳。

14. 什么是实际施工人？

实际施工人的概念是在我国建设工程施工领域创设的一个具有鲜明的中国特色社会主义法律特色主体概念。

建设工程施工领域，是我们国家市场化最早，也是市场化程度最深的行业领域。这一行业属于劳动密集型，吸纳了大量由农村转移到城市寻求生活出路的农村人口。因此，建筑工程施工现场实际的作业人员通常也冠之以"进城务工人员"的称谓。

我们国家的改革开放是由过去的计划经济体制转向市场经济体制。建筑施工市场一经放开，市场就明显出现两极分化：一方面，在计划经济体制下形成的施工能力强大的国有施工单位，进入了市场经济体制之后，挟带着计划经济的余威，在市场中当然地形成竞争优势，大量的订单收入麾下，所承接的项目难以以自身的施工能力去完成；另一方面，更多的中小建设工程施工企业，他们没有足够的实力去承接建筑工程施工项目。在市场经济的残酷竞争下，为了生存只能依附于大型的国企，承接其转包的施工项目。

市场各主体在追求各自利益最大化的过程中，并非每一个承接了大型施工企业转包业务的承包人，都会以自己的施工队伍去完成所承接的转包施工。在利益的驱使下，时常一个建设工程施工项目，二手、三手乃至于层层转包，在建设工程施工领域屡见不鲜。这些层层转包的中间商，因为其在转包之时，便将所获得的利益抽走，所以不会关心工程款的支付问题，也不会帮助其下家追讨工程款。而作为层层分包后最终承接项目的工程建设者，由于其与发包人之间没有合同关系，故在法律上也没有权利向发包人主张工程款。若遇上中间一家转包人失踪或破产，即使其按照合同约定按期保质完成了施工任务，其投入建设工程中的物化劳动和活化劳动也得不到法律的保护。这类主体有的是低资质的施工企业，有的是无资质的施工企业，更有连营业执照都没有的包工头。这类主体在工程款不能足额收取的情形下，通常会采取拖欠、扣发进城务工人员工资的手段转嫁自己的风险，直接造成进城务工人员劳无所获，为我们国家的性质所不容。其次，大量的拖欠进城务工人员的工资，也时常导致进城务工人员"闹薪"，引发社会的不安定。为了解决建设工程施工过程中这一群体的困境，最高人民法院给予了这一群体以"实际施工人"的法律地位，定义为，对其所建设的建筑工程投入了物化劳动和活化劳动的组织或者个人。

违法主体"实际施工人"承接的是发包人非法发包的建设工程。对应的合法的主体表述为"施工人"，包括总包人、承包人、专业分包人和劳务作业分包人。施工人与总包人、承包人、专业分包人和劳务作业分包人之间所形成的是合法的建设工程承包关系，因此，施工人与三个主体对建设工程质量所造成的损失承担连带责任，是基于建设工程合同法律关系，这种连带责任关系是《民法典》规定的。实际施工人与转包人、违法分包人、挂靠人所形成的是一种违法的关系，他们之间不存在合法的合同关系。因此，实际施工人在施工过程中给建设单位所造成质量等相关损失，由实际施工人和转包方、违法分包方、挂靠方承担连带赔偿责任，而不是连带责任。连带赔偿责任是基于违法的民事关系，而这种连带赔偿责任是建立在侵权的事实基础之上，而非建立在合同关系的基础之上。这是实际施工人与施工人所承担的"连带"责任在本质上的差异。

15. 如何认识全过程工程咨询？

我们国家改革开放 40 多年来，市场经济造就了一大批成功的企业，在各自领域引领行业蓬勃发展。与此同时，成功的企业集聚了大量财富，在市场的导向下，有不少企业跨界发展，进入了建设工程领域。他们在本行业内是专业的引领者，但是，进入建设工程领域之后，则属于专业的陌生人。市场经济成功的经验让他们深知专业的优势在竞争中的重要性。因此，他们会主动寻找专业的人士，对其进入建设工程领域进行指导、咨询。对于政府而言，改革开放使政府过去的计划经济管理思维也发生了重大变化，投资意识逐步转向提高政府的投资效益。但是，政府投资主体的性质决定了其在投资领域专业性的不足。因此，政府也希望有专业咨询机构为其提供投资咨询服务。在政府与企业两大投资主体的召唤下，全过程工程咨询应运而生。

当然，全过程工程咨询并非为政府和跨界企业而生，规范当下建设工程市场，也是全过程工程咨询发挥价值的舞台。因此，国务院提出，鼓励投资咨询、勘察、设计、监理、招标代理、造价等企业采取联合经营、并购重组等方式发展全过程工程咨询，培育一批具有国际水平的全过程工程咨询企业。制定全过程工程咨询服务技术标准和合同范本。政府投资工程应带头推行全过程工程咨询，鼓励非政府投资工程委托全过程工程咨询服务。

我们观察到，国务院提出的全过程工程咨询是投建一体化，目标是培育一批具有国际水平的全过程工程咨询企业。鉴于我们国家的国情，投资是由国家发展改革委主管，工程建设是由住房和城乡建设部主管，为了避免两部委权力交叉，汲取 PPP 前期的教训，国家发展改革委与住房和城乡建设部协商一致，将投建一体化分为投资决策咨询与工程建设全过程咨询，皆定义为全过程工程咨询。

投资决策咨询工作就投资项目的市场、技术、经济、生态环境、能源、资源、安全等影响可行性的要素，结合国家、地区、行业发展规划及相关重大专项建设规划、产业政策、技术标准及相关审批要求进行分析研究和论证，为投资者提供决策依据和建议。

工程咨询的前期咨询具体工作包括项目建议书和可行性研究报告。项目建议书包括项目建设的必要性，国家、行业或地区规划和周边的自然资源等信息，建设规模、项目的整体框架。可行性研究报告包括项目建设的必要性，需求分析，建设规模论证的充分性、合规性、合理性，建设方案投资估算、筹措方案、财务评价和国民经济评价特殊要求，满足绿色建筑、新型建筑工业化、工业海绵城市、社会稳定性的相关政策和规范要求。

工程建设全过程咨询服务要求由一家具有综合能力的咨询单位实施，也可由多家具有招标代理、勘察、设计、监理、造价、项目管理等不同能力的咨询单位联合实施。充分发挥政府投资项目和国有企业投资项目的示范引领作用，引导一批有影响力、有示范作用的政府投资项目和国有企业投资项目带头推行工程建设全过程咨询。鼓励民间投资项目的建设单位根据项目规模和特点，自主选择实施工程建设全过程咨询。全过程咨询单位提供勘察、设计、监理或造价咨询服务时，应当具有与工程规模及委托内容相适应的资质条件。

鼓励工程决策和建设采用全过程工程咨询模式，通过示范项目的引领作用，逐步培育一批全过程工程咨询骨干企业，提高全过程工程咨询的供给质量和能力。除投资决策综合性咨询和工程建设全过程咨询外，咨询单位可根据市场需求，从投资决策、工程建设、运营等项目全生命周期角度，开展跨阶段咨询服务组合或同一阶段内不同类型咨询服务组合。鼓励和支持咨询单位创新全过程工程咨询服务模式，为投资者或建设单位提供多样化的服务。

国务院要求投建一体化的全过程工程咨询，国家发展改革委与住房和城乡建设部所倡导的是创新式的"全过程"。这两种全过程在内涵与外延上都有着巨大的差异。在这种情形下，盲目地套用概念，往往会存在较大风险。把控住全过程工程咨询合同中约定的工程咨询范围，是确定何种"全过程"的唯一路径。

16. 如何认识律师在建设工程服务中的价值？

改革开放以后，我们国家恢复了律师制度。随着依法治国的确立与推进，律师在各个行业的作用凸显，建设工程领域也不例外。

建设工程领域是一个所含专业众多的行业，而法律同样也包含着社会的方方面面，两个所含专业种类巨大的行业发生交融，形成律师对建设工程领域的服务的专业壁垒。要为建设工程提供具有价值的法律服务，律师服务的专业性，尤其是对建设工程的专业性，就成为律师进入这一行业的敲门砖。

当前为建设工程提供法律服务的专业律师，大致来自这两种渠道：一种是法律科班出身，从事建设工程法律服务十年以上，因此，对建设工程与法律都有相当的了解；另一种是在建设工程领域工作过十年上下，再转入律师行业，从事建设工程法律服务十年以上，具有这两种背景的律师，都可以称之为建设工程法律服务领域的专业律师。但是，对于一个建设工程参与主体而言，当他们接触到从法律专业进入工程专业和从工程专业进入法律专业的律师之后，两者之间的差异，还是很容易识别的。

律师提供建设工程全过程法律服务，属于全过程咨询中的专业咨询。主要服务内容有以下五个方面：

（1）策划阶段。政府项目决定了政府在从事建筑工程活动中缺乏商业性。这种商业性并非基于政府参与项目的官员的个人基本素质，而是基于政府对政府项目投资所建立的考评体系。这是政府以社会效益优先为主导进行考评制所不可克服的短板。在市场经济活动中的社会资本，是市场经济的主体，本着"法无禁止皆可为"的基本原则，由于我们国家市场经济法律体系尚不健全，因此，合规性是商业活动中不可忽视的问题。律师在为这两个主体策划提供法律服务过程中，是对政府方应当基于商业性的弥补；对社会资本方应当给予合规性规范。这才是律师在专业中的价值。作为一个建设工程领域的专业律师，对政府不能补商业短板，对社会资本不能进行有效的合规性规范，这种律师服务缺乏市场价值。

（2）商务谈判阶段。在市场经济活动中，无论是政府与社会资本还是社会资本之间商务谈判，每一个主体都有其固有的文化背景和语言表达习惯。作为一名专业的律师，在双方进行谈判的时候，必须能够用法律的思路将双方的诉求以双方都能理解的通俗语言表述出来，形成双方都能理解、接受的合约条款。双方的意思真实、准确、完整地体现在合约文本之中。尤其是对非专业的主体，能够将法律专业的术语与建设工程专业的术语融合之后，转换为非专业主体能够理解的意思进行阐述，辅助双方业主形成一致意见，促成交易机会转化交易成果。

（3）招标投标阶段。专业律师必须在保证招标投标程序合法性的基础上，将招标人心仪的潜在投标人选中，这是考验专业律师在招标投标过程中的专业性。专业律师通过招标投标竞争指标的选择、招标投标流程、评标标准的设计，实现招标投标人的意图。

（4）合同履行阶段。律师的主要价值在于化解风险。项目部将项目发生的争议报告律师，作为专业律师必须能综合其法律专业、建筑专业以及工作经验准确地判断出风险发生的根本所在，找到解决分歧的有效方法，使项目按照合同约定顺利进行。在双方发生争议之时，由于律师参与前期的全过程谈判，因此，能够准确判断出交易对手的真实意图，防患于未然。如果发现合同中存在着对己方相对不利的约定，可以通过及时补强证据，缩小损失补救前期的瑕疵等等。律师在合同履行过程中，还有一个非常重要的作用，就是根据当事人的要求，突破合同边界，为当事人寻找新的商业机会。

（5）结算阶段。如果有专业律师参与建设工程全过程法律服务，这类工程项目在进行工程结算的时候，大概率的情况是不会发展成实质性的纷争。因为矛盾在前期萌芽状态就被律师解决了。但是如果专业律师并没有介入前期的过程，到工程结算阶段再介入，则建设单位与施工单位之间发生纠纷、冲突属于大概率事件。在这种情形下，介入的专业律师所做的工作主要是识别索赔签证的有效性，加强对索赔证据的收集。当然，这一种加强的作用是有限的，因为工程已经进入结算阶段，建设工程已经竣工验收。施工过程中发生的事实已经不可改变，此时的律师工作更多的是补救，而不是事先的预防。

17. 施工单位在质量合格的情况下享有哪些权利？

在市场经济条件下，每一家企业都希望企业生命之树常青。要实现这一点，企业为社会提供的产品必须具有生命力。所以说，产品是企业的生命。每一家企业都希望为社会提供的产品生命之树常青，产品的生命力在于质量。企业是追求利益最大化的组织，要获得利益最大化，利润的生命也是在于质量。建筑施工企业为社会提供的建筑产品质量的重要性，在 2021 年颁布的《民法典》和最高人民法院发布 2021 年 1 月 1 日实施的《司法解释（一）》中，得到了充分的肯定。

施工单位为社会提供的建筑产品合格，意味着施工单位拥有了建设工程的质量权。拥有建设工程质量权，意味着施工单位对建设工程享有计价权、计量权、计息权、解除权和诉权。

计价权，意味着只要建设工程质量合格，建设工程施工单位就有权利依据其与建设单位所签订的建设工程合同，主张工程价款。而且工程价款的计价方式也必须按照合同约定的计价方式进行计算。合同约定的计价方式是固定单价，则按固定单价计价；合同约定的固定总价计价，则按固定总价计价。即使合同被认定为无效，仍然是工程计价的参考依据。

计量权，意味着建设工程施工单位所承建的建设工程质量合格，建设施工单位就有权利按照实际完成的工程量来计算工程款。计算工程量的范围包括竣工图纸、工程变更以及建设单位认可的施工单位实际完成的工程量。工程量的认定是建设工程施工项目中最容易产生纠纷的焦点之一，为此，《司法解释（一）》也对其做了专门的规范。其中，第二十条规定，当事人对工程量有争议的，按照施工过程中形成的签证书面文件确认，承包人能够证明发包人同意施工，但未能提供签证文件证明工程量发生的，可以按照当事人提供的其他证据确认实际发生的工程量。

计息权，是施工单位的法定权利。建设单位延期支付工程款，应当承担相应的违约责任。合同有约定按照约定执行，合同中没有约定的，参照法定的同期银行贷款利率执行。

解除权，施工单位只要保证工程的质量合格，在建设单位无力按期支付工程款及严重违约的情形下，施工单位有权利按照合同约定或者法律规定行使合同解除权，并且对其所承建的建设工程享有优先受偿权。由此，可以保障自身的合法权益得到维护。

诉权，建设单位无力支付施工单位的工程款，在协商无效的情形下，施工单位可以依据合同约定向建设工程所在地法院或者合同约定的仲裁机构行使诉权。通过仲裁或者法律的手段维护自己的权利。当然，这一切必须建立在建设工程施工合同质量合格的基础之上。

质量合格与否是施工单位在建设工程施工这一法律关系中权利的分水岭。只要建设工程质量合格，其就有权利向建设单位主张工程款。建设工程不合格，其必须自行整改达到合格标准。如果质量合格，即使合同无效，《民法典》也赋予了其获得工程款的权利。《民法典》第七百九十三条规定："建设工程施工合同无效，但是建设工程经验收合格的，可以参照合同关于工程价款的约定，折价补偿承包人。"

施工单位对建设工程的质量承担全部责任，监理单位负责建设工程质量、进度、安全的监督与检查。承包单位与分包单位承担连带责任；承包单位与挂靠单位、承包单位与违法分包单位、转包单位与实际施工人对建设工程质量承担连带赔偿担保责任。建设单位是建设工程质量第一责任人，应当对建设工程质量出现的问题，承担相应的管理不当责任。

18. 如何对现场安全进行有效管理?

建筑安全生产管理是建筑施工中极其重要的内容，因此，《建筑法》单独将其列为一章：第五章建筑安全生产管理，可见其在建筑领域中的重要地位。《建筑法》第四十五条规定："施工现场安全由建筑施工企业负责，实行施工总承包的，由总承包单位负责，分包单位向总承包单位负责，服从总承包单位对施工现场的安全生产管理。"

建筑安全生产管理是一项系统工程。尽管《建筑法》规定了施工单位对施工现场安全负责，但是，建设单位、勘察单位、设计单位、监理单位、分包单位对建设工程的施工安全都有着不可推卸的责任。为了厘清建设工程各参与方对建筑工程安全生产管理的责任，我们在此对各参与主体建设工程安全生产责任做一梳理。

第一，建设单位安全责任体现在建设工程施工单位的选择上。建设单位必须要选择具有建设工程相应资质的工程施工单位，同时必须要选择有合法资质的项目经理。在具有合法资质的项目经理中，首选具有与本工程相似施工经验者。建设单位不得对勘察设计、施工监理提出不符合建设工程安全生产法律法规强制性规定的要求。对建设工程通过招标投标决定的建设工期不得压缩。对按照规定需要进行第三方检测的危大工程，建设单位应当委托具有相应资质的单位进行监测。建设单位应当要求勘察设计单位审核明列在招标投标文件中的危大工程清单，要求施工单位在投标时补充完善危大工程清单并明确采取的安全措施。

《民法典》第七百九十七条规定："发包人在不妨碍承包人正常作业的情况下，可以随时对作业进度、质量进行检查。"表明只要建设工程进入施工阶段，建设单位即失去对建设工程安全生产的管理权，建设单位只能对工程施工中的进度、质量进行检查，法律没有授予建设单位对建设工程施工安全生产进行检查的权力。

建设工程一般包含多种危大工程。对于新进入建筑工程领域的建设单位来讲，往往认识不足。我们曾观察到，一家建设单位为了清除施工现场遗留的一座小型混凝土建筑，建筑面积不足100m²，只有一层楼高，作为一项拆除工程对外发包似乎太小，因此，建设单位现场负责人临时从马路上找来几个农民，将拆除工程包给他们。施工单位与进城务工人员达成口头协议，拆除人工费建设单位不予支付，拆除建筑所获得的钢筋归进城务工人员。七八个进城务工人员一哄而上，同时作业。一顿饭的工夫不到，只听一声巨响，建筑的顶板垮塌，当场死亡三人，两人重伤。所有的责任都由建设单位承担。

建设单位在建设工程中所坚守的安全底线，是在其直接发包的工程中不得与任何个人签订涉及建设工程施工的任何协议。

第二，勘察、设计施工单位应当根据工程设计及周边环境资料，在勘察文件中说明地质条件可能造成的工程风险。设计单位应当在设计文件中注明设计危大工程的重点部位和环节，提出保障工程周边环境安全和工程施工安全的意见，必要时进行专题设计。

第三，施工单位在危大工程实施之前，应当组织工程技术人员编制专项施工方案，施工单位将危大工程发包给分包单位施工的，由分包单位编制专项方案。分包单位与总包单位承担连带责任。专项方案应当由施工负责人审核签字，加盖单位公章，并由总监理工程师审查签字。对于超过一定规模的危大工程，施工单位应当组织召开专家论证会。专家论证会的专家，应当从当地人民政府建设主管部门设立的专家库中选取，并且不得与本工程存在利害关系。

第四，监理单位应当结合危大工程专项施工方案编制监理实施细则，并对危大工程实施专项巡视检查。监理发现施工单位未按照专项施工方案施工的，应当要求其自行整改，情节严重的，应当要求暂停施工，并及时报告建设单位。施工单位拒不整改或者不停止施工的，监理单位应当及时报告建设单位和工程所在地住房城乡建设管理部门。

19. 建设工程施工资质如何划分？

建筑领域为社会提供的产品——建筑物，其质量的好坏直接关系到人民日常生产生活的安定性。为了从法律上保证建筑产品的安全与质量，《建筑法》用了两个独立的章节，第五章和第六章规范建筑的安全与质量，《建筑法》第五章建筑安全生产管理、第六章建筑工程质量管理，可见《建筑法》对建筑安全与质量的重视程度。为了保障建筑物的安全与质量，《建筑法》第三章对专门从事建筑施工活动的主体进行了规范，规定所有从事建设工程施工合同的主体必须具备其从事施工活动相应的资质。法律通过设定建筑施工企业的资质及等级，来对建筑施工企业进行优胜劣汰的管理，保障建筑产品的安全和质量。

《建筑法》第十三条规定："从事建筑活动的建筑施工企业、勘察单位、设计单位和工程监理单位，按照其拥有的注册资本、专业技术人员、技术装备和已完成的建筑工程业绩等资质条件，划分不同的等级，经资质审查合格，取得相应等级的资质证书后，方可在其资质等级许可的范围内从事建筑活动。"依据法律的定义，条文中所称建筑活动，是指各类房屋建筑及其附属设施的建造和与其配套的线路、管道、设备的安装活动。

目前的建筑业资质管理，将建筑业企业资质分为施工总承包、专业承包两个序列。其中，施工总承包序列设有 12 个类别，一般分为四个等级：特级、一级、二级、三级；专业承包序列设有 36 个类别，一般分为三个等级：一级、二级、三级。相应业务范围如下：

第一，施工总承包工程应由取得相应施工总包资质的企业承担，取得施工总承包资质的企业，可以对所承接的施工总承包工程内各专业工程全部自行施工，也可以将专业工程依法进行分包。对有资质的专业工程进行分包，应分包给具有相应专业承包资质的企业施工。总承包企业可以将劳务作业分包。

第二，有专业承包资质的专业工程，单独发包时，应由取得相应专业承包资质的企业承包，取得专业承包资质的企业，可以承接具有施工总承包资质的企业依法分包的专业工程和建设单位依法发包的专业工程，取得专业承包资质的企业应对所承接的专业工程全部自行组织施工。劳务作业可以分包。

第三，劳务分包企业可以承接具有施工总承包资质或专业承包资质的企业分包的劳务作业。劳务分包不需要资质。

第四，取得施工总承包资质的企业，可以从事资质证书许可范围内相应的工程总承包项目管理等业务。

施工总承包序列 12 个类别，分别是建筑工程施工总承包、公路工程施工总承包、铁路工程施工总承包、港口与航道工程施工总承包、水利水电工程施工总承包、电力工程施工总承包、矿山工程施工总承包、冶金工程施工总承包、石油化工工程施工总承包、市政公用工程施工总承包、通信工程施工总承包、机电工程施工总承包。

专业承包序列分为 36 项，分别为地基基础工程专业承包资质、起重设备安装工程专业承包资质、预拌混凝土专业承包资质、电子与智能化工程专业承包资质、消防设施工程专业承包资质、防水防腐保温工程专业承包资质、桥梁工程专业承包资质、隧道工程专业承包资质、钢结构工程专业承包资质、模板脚手架专业承包资质、建筑装修装饰工程专业承包资质、建筑机电安装工程专业承包资质、建筑幕墙工程专业承包资质、古建筑工程专业承包资质、城市及道路照明工程专业承包资质、公路路面工程专业承包资质、公路路基工程专业承包资质、公路交通工程专业承包资质、铁路电务工程专业承包资质、铁路铺轨架梁工程专业承包资质、铁路电气化专业承包资质、机场场道工程专业承包资质、民航航空工程及机场弱电系统工程专业承包资质、机场目视助航工程专业承包资质、港口与海岸工程专业承包资质、航道工程专业承包资质、通航建筑物工程专业承包资质、港航设备安装及水上交管工程专业承包资质、水工金属结构制作与安装工程专业承包资质、水利水电机电安装工程专业承包资质、河道整治工程专业承包资质、输变电工程专业承包资质、核工程专业承包资质、海洋石油工程专业承包资质、环保工程专业承包资质、特种工程专业承包资质。

20. 如何界定政府行政权力的边界？

我们国家实行的是社会主义市场经济。我国的市场经济与西方的市场经济最本质的区别在于我们国家的市场经济活动中，政府权力对微观经济会发生直接的干预。我们知道市场经济有两大特性：一是公平性，所有的市场经济参与主体法律地位平等；二是商业性，在市场经济条件下，所有的资源都能转化为货币。政府权力同样是一种资源。政府权力进入市场领域，在市场机制的引导下，各市场主体就会去追寻政府权力，从而导致失去市场经济活动中各参与主体地位平等的基础，市场就不复存在。

我们国家的市场经济是从计划经济改革而来。计划经济就是政府的行政权力渗透到经济活动中的每一个角落。进入改革开放以后，政府的行政权力逐渐退出市场，为市场经济的培育与发展提供了空间。让行政权力退出市场，退到什么程度？在当今世界，各个国家都不是由政府与市场主体通过协议达成。本着依法治国的基本方略，我们国家对政府行政权力进入市场的限制应当由法律决定，即通过立法，制定行政法来规范政府的行政权力边界。

但是，我们国家目前尚没有行政法，故政府行政权力对市场的干预边界并没有法律上的界线。在我们当下的市场经济活动中，不厘清政府在市场经济中的行政权力边界，市场经济主体对其市场经济活动中未来的预见性缺乏应有的稳定性，直接影响到我们国家的经济体制向市场经济方向转变的进程。

在没有行政法却又要界定政府在市场经济中的权力边界的情形下，我们退而求其次，借助爱因斯坦的相对论。我们无法明确地界定政府在市场经济中的行政权力边界，但我们可以明确地界定市场的边界。确定市场的边界之后，进入市场的各个主体都是具有平等的民事主体的法律地位，政府进入也不例外。一旦政府在市场经济活动中表现出不平等的主体特性，我们就可以判断出政府动用了行政权力，其行政权力已经侵入市场。政府的这种作为超出了行政权力的边界。

现代经济学是建立在市场经济基础之上的，开山鼻祖亚当·斯密，其代表作最早引进中国的，是清朝严复翻译的《国富论》。其基本理论为市场是由一只看不见的手掌控，在市场经济规律的作用下，竞争胜出者最终实现"赢者通吃"。

亚当·斯密揭示了市场经济的规律，为全世界人民所追捧。在全世界人民认为找到了打开财富之门的钥匙，全力以赴为之奋斗的时候，有人对亚当·斯密的理论提出了挑战。挑战者称市场经济并非"赢者通吃"，其他都倒下。市场竞争讲究的是"比较优势"，只要你比竞争对手强一点，你就能够生存下来；只有处在末尾，才会被淘汰。这一理论的提出者是李嘉图。

李嘉图的"比较优势"理论同样为世界人民所追捧，但是也同样受到挑战。挑战者称，人与人之间应当相互关心、相互帮助。弱者更应该得到帮助，而不是被淘汰。人的能力有大小，能力大的可以多得，能力小的，可以少得。大家团结在一起，一个也不能少。这便是"各尽所能，按劳分配"。这一理论的提出者叫马克思。

一个是末位淘汰，一个是一个也不能少。两种理论毫不兼容，由此引发冲突。这时又有人提出，市场经济不是万能的，但是没有市场经济也是不行的。社会的产品分为公共产品和非公共产品，非公共产品属于市场性产品，应当由看不见的手掌控；公共产品属于非市场性产品，应当由政府掌控。这就是当下世界最流行的经济学理论。该理论的提出者为凯恩斯。

党的十九大提出："市场在资源配置中起决定性的作用，政府发挥更好的作用。"设定了中国特色社会主义政府权力与市场的边界。这表明在我们国家当下的经济活动中，非公共产品由市场经济规律掌握，公共产品由政府调控。政府行政权力介入市场，对于官员涉嫌权力寻租；对于一级政府则意味着本级政府隐形债务的产生。这两种后果都为中央政府所不容。

21. 如何界定政府民事主体权利边界？

在计划经济时代，我们国家整个社会的管理运行体制高度依赖于行政。全社会对民事主体和行政主体在认识上基本没有概念。改革开放以后，民事主体在经济活动中所创造的价值得到国家的认可。但是，对民事主体与行政主体的认识，还没有上升到理论认识的高度。

在 1986 年第六届全国人民代表大会第四次会议通过的《民法通则》第五十条规定："有独立经费的机关从成立之日起具有法人资格。"法律赋予了政府民事主体的资格，本着"法无禁止皆可为"的法律原则，政府可以从事各类民事活动，包括经营活动，政府对其直接支配的财产享有占有、使用、收益、处分的权利。但是，当时的国家政策明令禁止政府经商活动，因此，政府不敢参与经营活动。

2007 年《物权法》第五十三条规定："国家机关对其直接支配的不动产和动产，享有占有、使用以及依照法律和国务院的有关规定处分的权利。"将政府对其财产的支配权限制在占有、使用、处分的范围内，没有赋予政府收益权，从法律上限制了政府经商。

2017 年 3 月 15 日，第 12 次全国人民代表大会第五次会议通过了《民法总则》。《民法总则》第 17 条规定："有独立经费的机关和承担行政职能的法定机构，从成立之日起具有机关法人资格。可以从事为履行职能所需要的民事活动。"这在实体上赋予了政府对其支配的财产享有占有、使用、收益、处分的权利。

2021 年 1 月 1 日实行的《民法典》完全吸纳了《民法总则》第 17 条规定。为了防止政府作为民事主体进入市场对市场经济的侵害，《民法典》将政府这一民事主体定义为特别法人。其特别性在于政府作为民事主体不仅受到《民法典》的调整，还要受到行政法系的《预算法》等法律调整。

2015 年 1 月 1 日，国家颁布了《预算法》。《预算法》规定，政府所有的收入和支出都应当纳入预算。预算包括一般公共预算、政府基金预算、国有资本经营预算和社会保险基金预算。经全国人民代表大会批准的预算非经法定程序不得调整，各政府各部门各单位支出，必须以经批准的预算为依据，未列入预算的不得开支。为了控制地方政府"上有政策，下有对策"的行为，特别规定了国库的支配属于政府财政部门。除法律行政法规另有规定外，未经本级政府财政部门同意，任何部门、单位和个人都无权冻结、动用国库款或以其他方式支配已入库的库款。

市场经济理论告诉我们，权力进入市场就是为了寻租。党的十九届四中全会公报指出，"完善权力配置和运行制约机制。坚持权责统一，紧盯权力运行各个环节，完善发现问题、纠正偏差、精准问责有效机制，减压权力设租、寻租空间。"

通过以上观察我们可以发现，政府作为一个特别的民事主体，其特别性主要体现在其作为民事主体身份的从属性上。其名下的财产并非属于民事主体政府的财产，而是都属于行政主体政府的资产，受《预算法》调整。因此，作为社会资本在与政府进行民事合作的过程中，对民事政府改变行政政府所做出决定的内容一定要高度重视，不能够盲目顺从。民事主体政府超越与其"履行职能所需要的活动"产生的风险，行政主体政府无法为其依法承担责任。

22. 如何化解 PPP 与政府审计的矛盾？

　　我们国家实行改革开放，推行社会主义市场经济之后，个人与企业的创造性被激发，整个社会经济获得了空前的增长，全社会上上下下、方方面面，每一个人都成为改革开放的受益者。当然我们这里讲的改革是经济改革，是企业改革。

　　市场经济唤醒了企业的活力，其显著的经济效益深深触动了主管事业单位的官员们。比较能够接受市场经济观点的官员们，为了激发事业单位的活力，提高行政事业单位的产出效益，在一些有一定经营收入的公共事业单位，比如供水、电等等，也引入市场机制。传统的公共事业单位的生产经营活动是由地方政府投资，公共事业单位管理经营，政府颁发许可证、政府审计机关审计。引入市场机制之后，将行政事业单位的投资、建设、管理、运营的权力交社会资本，由社会资本对投、建、运结果负责。同样，政府颁发许可证、政府审计机关审计。

　　这种模式逐渐在有一定收益的公共事业单位推广，十几年来也成为事业单位改制的一种成功模式。

　　PPP 模式的出现，对这种模式提出了挑战。国务院提出政府与社会资本合作模式，在《国务院办公厅转发财政部发展改革委人民银行关于在公共服务领域推广政府和社会资本合作模式指导意见的通知》（国办发〔2015〕42 号）提出政府和社会资本是以平等主体的身份进行合作。说明政府与社会资本在 PPP 模式中政府的主体是民事主体。在《国务院关于加强地方政府性债务管理的意见》（国发〔2014〕43 号）中提出政府不承担社会资本方的偿债责任，意味着 PPP 项目所有的商业风险都由社会资本承担。

　　推广 PPP 之后，首先遇到的问题就是行政许可模式与 PPP 模式冲突。许可模式下，政府作为行政许可人，沿袭传统的对公共事业项目的投资、建设和运营模式，政府为项目最终结果的承担者。PPP 模式是社会资本承担项目全部商业风险，项目为社会提供的是准公共产品，因此，同样应当获得行政许可。但是，此时的行政许可人对项目失去了投资、管理、运营权。审计单位认为，公共事业项目一直属于审计范围，因此，对 PPP 项目行使审计权。这引起了社会资本的不满。

　　在社会资本看来，PPP 项目的所有商业风险都由社会资本来承担。政府审计机关对社会资本投资的项目无权审计。审计单位认为，依据《政府审计条例》其有权独立检查被审计单位的会计凭证、会计账簿、财务会计报告以及其他与财政收支、财务收支有关的资料和资产，监督财政收支、财务收支真实、合法和效益。其之所以有权审计 PPP 项目，是因为财政收支是指《预算法》规定纳入预算管理的收入和支出。PPP 项目中"补缺"的资金即属于财政资金，因此，有权力对 PPP 项目进行审计。

政府的审计是基于政府作为交易一方的核价方式。政府作为行政主体在传统的公共产品市场中，实行的是计划经济，产品的计价方式是建立在成本加酬金的基础之上。而社会资本运作的 PPP 项目是建立在市场经济的基础之上，产品定价是建立在风险定价的基础之上。而政府的审计机关是依照有关财政收支、财务收支的法律、法规以及国家有关政策标准、项目目标等方面的规定进行审计。其不具有按照风险审计的职能，社会也不存在按照风险审计的标准。政府审计机构盲目沿袭传统的计划经济的审计方式审计市场经济的 PPP 项目，属于计价模式的冲突。

如果社会资本屈从审计机构的权威，按照成本加酬金的方式调整 PPP 项目的计价方式，则会落入"政府兜底"的陷阱，项目无疾而终。社会资本按照市场定价的规则，以市场风险作为定价的依据，会被审计机关认定为不符合政府投资的有关法律、法规的计价依据。政府审计的结果当然不会包含社会资本承担市场风险所应得到的回报。这是计划经济与市场经济的计价差异。这里我们可以发现法律上的冲突，《政府投资条例》将所有使用政府预算资金的投资都认定为政府投资，《审计法实施条例》将纳入预算管理的收入和支出列入政府审计范围，因此，审计机关对政府投资项目依法进行审计，其权力社会资本无法抗拒。

实践中如何解决这一冲突？根本上还是取决于社会资本、地方政府和地方审计机构三方对 PPP 项目的认识。将政府审计的权限限制在政府资金使用的范围之内，超出政府资金范围之外的资金调度，政府审计机关无权干涉。只有实事求是地设计有利于 PPP 项目顺利实施的政府审计方案，审计与 PPP 项目的矛盾才能够有效化解。

23. PPP 项目中政府的底线在哪里？

我们国家现在的经济形势可以说是到处莺歌燕舞，各项事业欣欣向荣。与改革开放之初相比，全社会发生了天翻地覆的变化。尤其是近 20 年，我们国家基础设施建设和城市面貌以日新月异的速度发展，令世界所震惊。

基础设施建设和城市面貌的改变，如此强劲的力量与国家经济实力的增长固然有着根本性的关系，但是，新的商业模式的运用也功不可没。其中影响最大的商业模式莫过于 BOT 模式。BOT 模式是国际上 20 世纪 80 年代兴起的一种新型基础设施投资建设方式。这种商业模式主要是政府与社会资本通过协议约定，由社会资本提供项目建设资金，由社会资本完成项目建造，由社会资本对项目进行运营，并承担项目的商业风险。政府不需要向社会资本支付任何费用，只需将项目的特许经营权授予社会资本，特许经营权期限届满，社会资本将项目所有的资产无偿移交给地方政府。在国际上采用这种模式，一般都是投资商要求当地的中央政府对其投资提供担保。

20 世纪末，BOT 模式引进国内。在当时的社会背景下，国内地方政府基本上没有财政经济的概念，更多考虑是如何满足人民日益增长的物质与文化的需求。国内的 BOT 项目没有那么多国际投资商青睐，因此，由国内投资商来投资。国际的项目由中央政府提供担保，遵循国际通例，国内的 BOT 项目一般都有项目所在地的地方政府提供担保。

地方政府提供担保，极大地激发了社会资本的投资热情；社会资本对政府项目投资，明显地改善了当地的基础设施条件、城市面貌，因此深受政府欢迎。如此社会资本与政府一拍即合，BOT 模式在国内犹如燎原烈火，一发而不可收，迅速在全国各地轰轰烈烈地展开。

随着 BOT 模式的不断使用，许多尚不具备 BOT 条件的项目，也纳入了 BOT 项目的范围，由地方政府提供担保实施。对于偶发性的情形，从全国的 BOT 项目总盘子来看，当然不会存在任何问题。但是，如果全国的 BOT 项目都进入这种状态，那么地方政府的担保责任如何实现，就变为一个非常严峻的问题。进一步观察发现，地方政府的还款来源主要是依赖土地出让所获得的出让金。将地方经济的发展建立在土地出让的基础之上，而不是建立在地方经济发展的基础之上，这种发展模式缺乏可持续性。为了改变地方政府依赖土地财政，无序举债、盲目发展的状况，2014 年出台《国务院关于加强地方政府性债务管理的意见》（国发〔2014〕43 号），对地方政府的举债进行严格的管理。

43 号文是国务院第一次从中央的层面上提出政府与社会资本合作（PPP）模式。因此，43 号文中对政府与社会资本合作的定义和表述，体现了政府的初心。此心就是要通过 PPP 模式，控制地方政府的债务。

43 号文还指出，要硬化预算约束，防范道德风险，地方政府对其举债的债务负有偿还责任，中央政府实行不救助原则。对地方政府不能偿还债务的风险，中央政府不予救助。这是迄今为止中央政府对地方政府无序举债最严厉的否定性表述。中央政府真的会不予救助吗？单从词语表述上来看，很难以让人理解，我们只能换一个角度来思考这个问题。

20 年纪的人都会有同样的感受，那就是我们孩子在成长过程中，尤其是六七岁期间，特别淘气。身为家长会和颜悦色地对孩子说，你不要这样，再这样，我要揍你了。但是，这个年龄段的孩子就是很淘气，没过两天，故伎重演。我们会声色俱厉地发出警告，你要再这样做，我就打死你。问题是孩子终究是孩子，过几天老毛病又犯了，父母真的会把孩子打死吗？尽管父母不会把孩子打死，但是，你再这样做我就打死你的警告，表明了父母对孩子这种行为厌恶到了极点，是最严厉的否定。同样，中央政府所表述的不承担救助责任,与我们对孩子说要打死你,有着异曲同工之处。可见,中央政府对地方政府无序举债的痛恨程度,以及要严厉制裁的决心。

中央政府推广 PPP 模式,从宏观层面上讲,是把市场机制引入公益性事业领域,把改革从企业层面推向事业单位层面。从微观经济层面上讲,是将过去的特许经营许可模式中由地方政府承担举债责任的模式转变为由社会资本承担项目债务的模式。一方面可以保持经济继续的高速发展,另一方面也不会增加政府负债。因此,我们在设计 PPP 交易结构的时候,任何情况下,都不能偏离这一中心。

24. 国家发展改革委关于 PPP 政策的态度是如何变化的?

目前我们国家主管投资的部门是国家发展改革委。国家发展改革委的前身是计划经济体制下的国家计划委员会。国家计划委员会掌管国家所有的经济活动,是国家体制中举足轻重的部门。改革开放之后,要搞活经济,为企业松绑,企业生产由国家计划转变为自主经营,自负盈亏。因此,国家计划委员会的权力开始从管理企业中退出。为了适应改革的需要,国家计划委员会更名为国家计划改革委员会。这时我们国家实行的是经济双轨制。随着改革的不断深入,我们对市场经济的认识逐步清晰,国家实行政企分开,将企业的行为完全交由市场去决定,政府的行为由政府来管理。在这一改革的格局下,计划改革委更名为发展改革委,发展改革委对企业的管理全面退出,但国家投资仍然由发展改革委掌控。

40 多年改革开放的经验证明,我们国家走的企业经济改革的道路是正确的,市场经济极大地激发了企业的活力,使中国经济一直处在高速稳定的发展过程之中。经济在不断地发展,但是,改革并没有停止。2014 年 9 月 21 号,国务院出台《国务院关于加强地方政府性债务管理的意见》(国发〔2014〕43 号),首次在中央的层面上提出政府与社会资本合作模式。其现实意义是为了控制政府负债,但是,改革意义是通过推广 PPP 模式,全面启动公共事业单位的企业化改革。这意味着发展改革委的权利要从准公益性领域里退出。

作为身处投资管理第一线的发展改革委,深知投资项目市场运作的风险,也清晰地认识到了非公益性项目与准公益性项目在市场中不同的基本特性。作为非公益性项目,社会资本为社会所提供的产品对社会需求的满足程度,都由消费者通过货币选票表达,与政府管理无关。这一理念为全社会所接受。准公益性产品不同,一则准公益性产品比如供水、供电、污水处理等等,这些产品的消费者是固定区域的居民;二则政府服务负有向市民提供准公益性产品的义务。社会资本为社会提供准公益性产品,一旦不能够按时、持续、稳定地提供准公益性产品,会引发准公益性产品的消费者对政府的不满,最终责任的承担者还是政府以及政府的官员。这是非公益性项目与准公益性项目为社会提供的产品在责任分担上的本质不同。鉴于在政府体系中，发展改革委相关的官员对准公益性产品的提供瑕疵承担相应的责任，因此，发展改革委选择 PPP 模式按照特许经营模式实施。

主管投资的发展改革委清楚地知道，选择坚持 PPP 并轨特许经营模式，其有权力管理 PPP 项目的具体事务，也必须承担 PPP 项目的风险。因此，在 2017 年 10 月 28 日颁布的《国家发展改革委关于鼓励民间资本参与政府和社会资本合作（PPP）项目的指导意见》（发改投资〔2017〕2059 号）提出，在与民营企业充分协商、利益共享、风险共担的基础上，客观、合理、全面详尽地签订 PPP 合同。"利益共享，风险共担"便是发展改革委定义 PPP 为特许经营方式与社会资本合作的基本原则，体现了发展改革委对自己在 PPP 项目中责任的承担，但是，违背了国务院 43 号文提出的"不承担投资者或特别目的公司的偿债责任"的规定。

2019 年 4 月 21 日，发展改革委在其官方的 APP 中指出，我国将 PPP 定义为政府和社会资本合作，是指政府为增加公共产品和服务的供给能力，提高供给效率，通过特许经营、股权合作等方式，与社会资本建立利益共享、风险共担、长期合作关系。此时，发展改革委将政府与社会资本合作的风险分配方式改变为"利益共享，风险分担"，与其 2017 年提出的观点有了明显的改变。

在 PPP 的实践发展中，发展改革委对 PPP 的认识也在不断地完善。2019 年，为了配合《政府投资条例》的执行，发展改革委出台了《国家发展改革委关于依法依规加强 PPP 项目投资和建设管理的通知》（发改投资规〔2019〕1098 号），将发展改革委对 PPP 项目的管理权力限定在项目地点、范围内容、质量标准和概算超过可研 10% 这四项指标的审核内。只要这四项指标不改变，发展改革委原则上不干预 PPP 项目的具体事务，给予了 PPP 项目广阔的市场空间。

很肯定地说，时至今日，发展改革委对 PPP 模式的理解，无论是从 PPP 模式的适用范围，还是对 PPP 项目的监督管理，都回到了国务院 43 号文的轨道上。

25. 如何认定财政在 PPP 项目中的权力边界？

PPP 是政府与社会资本合作为社会提供公共产品。政府具有为社会提供公共产品的天然职责。国家之所以推行 PPP 模式，是因为我们国家目前的城市化进程中，大量的农村人口向城市集聚，激发了对城市基础设施的消费需求。而国家的财政收入用于基本建设的部分，不足以满足高速发展的城市化对基础设施的需求。为了缓解这一矛盾，引进社会资本为社会提供公共产品和服务，就成为解决问题的方法。企业为社会提供公共产品和服务，从其性质上说，是代政府向社会提供公共产品。因为是代政府所为，所以社会资本生产出公共产品之后，由政府全额采购并向社会提供，实现政府满足社会公共产品需求之目的。因此，政府向公共产品的提供者社会资本支付公共产品的生产费用，便是天经地义之事。社会资本提供公共产品，政府支付对价，这在法律上属于买卖关系。因此，财政将 PPP 模式纳入政府采购的范围。在这种逻辑下，PPP 模式理所应当地纳入财政管理范围之内。由此，财政对 PPP 的政府采购管理权与发展改革委对项目投资的管理权发生了交集。

在 PPP 归属政府采购的逻辑下，依据《政府采购法》，政府采购包括工程、产品与服务，因此，公共产品属于《政府采购法》的调整范围。公共产品包括纯公共产品与准公共产品，均纳入 PPP 财政管辖范围之内。由于纯公共产品自身不具有经营性，不能产生现金流，为了给纯公共产品"创造"出现金流，各种对纯公共产品进行现金流包装的做法大行其道，不仅没有为纯公共产品创设出具有商业价值的交易模式，反而对准经营性项目的商业模式造成了误导，最终导致财政 PPP 项目库清库。

PPP 模式是一种商业模式，是建立在市场经济规律之上的。将非经营性项目人为地包装成为具有现金流的经营性项目，其行为本身就是违背市场经济规律的。违背市场经济规律的行为都将受到市场经济的惩罚。这便是经济规律的力量。

在 PPP 的探索实践中，对各种乱象的出现，诟病最多的莫过于没有一部 PPP 法律对 PPP 规范，以至于 PPP 一直处在混乱之中。为了改变这一种混乱状态，财政部受托起草 PPP 法律草案。2019 年 9 月 11 日，公布的《财政部对十三届全国人大第二次会议第 5517 号建议的答复》中载明，加快 PPP 立法，PPP 法律稿已经处在修改之中。文中提到："修改稿规定，开展政府和社会资本合作，应当遵循平等协商、风险共担、诚实守信、公开透明的原则。"从修改稿中"风险共担"的表述，与《国务院关于加强地方政府性债务管理的意见》（国发〔2014〕43 号）所规定的政府"不承担投资者或特别目的的公司的偿债责任"相悖。因此，我们说 PPP 立法，还有相当长的一段路要走。

如果说 PPP 是事业单位的改革，是将准公益性项目推入市场，发展改革委由此退出对准公共产品投资的管理是改革的深入。那么，将准经营性项目纳入政府采购，由财政接手进行管理，则又回到了政府直接管理准公共产品的老路。我们党对政府介入市场的原则，现在是非常清晰的。"市场在资源配置中起决定性的作用，政府发挥更好的作用。"所谓政府发挥更好的作用，就是对于公共产品，政府将其支付的责任纳入预算将导致市场失灵的缺口弥补，使市场经济规律能够发挥正常作用。并非补缺之后，政府承担接替补缺企业的权利与义务。政府所承担的风险，只是弥补市场缺口的风险，而不是与市场经济主体共担风险。

2019 年《政府投资条例》明确政府投资项目的主管单位为发展改革委，2019 年《招标投标法实施条例》将"财政部门依法对实行招标投标的政府采购工程建设项目的预算执行情况和政府采购政策执行情况实施监督"中的"预算执行情况"删除，也是为了让财政权力从市场中退出。

26. 如何区分 PPP 协议与特许经营协议？

在准经营性项目的谈判过程中，政府与社会资本很快就会遇见一个非常具体的问题，就是这个准经营性项目，究竟是签订一份 PPP 协议，还是签一份特许经营协议？究竟签一份 PPP 协议有利于项目的未来实施，还是签一份特许经营协议对项目未来的发展更有利？这是政府与社会资本双方共同关心的问题。在此，我们有必要对 PPP 协议和特许经营协议做一番观察。

《国务院关于加强地方政府性债务管理的意见》（国发〔2014〕43 号）载明："推广使用政府与社会资本合作模式，鼓励社会资本通过特许经营等方式，参与城市基础设施等有一定收益的公益性事业投资和运营。政府通过特许经营权、合理定价、财政补贴等事先公开的收益约定规则，使投资者有长期稳定收益。投资者按照市场化原则出资，按约定规则独自或与政府共同成立特别目的公司建设和运营合作项目。投资者或特别目的公司可以通过银行贷款、企业债、项目收益债、资产证券化等市场化方式举债并承担偿债责任。政府对投资者或特别目的公司按约定规则依法承担特许经营权、合理定价、财政补贴等相关责任人，不承担投资者或特别目的公司的偿债责任。"该条款划清了政府与社会资本在准经营性项目合作中债务承担界限，PPP 协议不会增加政府的债务负担，政府"不承担投资者或特别目的公司的偿债责任"。

《国务院办公厅转发财政部发展改革委人民银行关于在公共服务领域推广政府和社会资本合作模式指导意见的通知》（国办发〔2015〕42 号）载明："政府和社会资本合作模式是公共服务供给机制的重大创新，即政府采取竞争性方式择优选择具有投资、运营管理能力的社会资本，双方按照平等协商原则订立合同，明确责权利关系，由社会资本提供公共服务，政府依据公共服务绩效评价结果向社会资本支付相应对价，保证社会资本获得合理收益。政府和社会资本合作模式有利于充分发挥市场机制作用，提升公共服务的供给质量和效率，实现公共利益最大化。"该条款明确了 PPP 协议是政府与社会资本按照"平等协商原则"签订。政府作为行政主体与民事主体不具有平等性，只有作为民事主体才可与社会资本在法律上平等。因此，平等原则的确定，说明 PPP 协议是民事协议。

国办发〔2015〕42 号文载明："在能源、交通运输、水利、环境保护、农业、林业、科技、保障性安居工程、医疗、卫生、养老、教育、文化等公共服务领域，鼓励采用政府和社会资本合作模式，吸引社会资本参与。其中，在能源、交通运输、水利、环境保护、市政工程等特定领域需要实施特许经营的，按《基础设施和公用事业特许经营管理办法》执行。"该条款对 PPP 协议与特许经营协议的适用范围进行了规范，我们可以发现，PPP 协议适用的范围要大于特许经营协议适用的范围。

特许经营协议源于国办发〔2015〕42 号文提及的《基础设施和公用事业特许经营

管理办法》（以下简称《办法》）。

《办法》第二条规定："中华人民共和国境内的能源、交通运输、水利、环境保护、市政工程等基础设施和公用事业领域的特许经营活动，适用本办法。"对特许经营协议适用范围的规定属国办发〔2015〕42 号文范围的子集。

《办法》第三条规定："本办法所称基础设施和公用事业特许经营，是指政府采用竞争方式依法授权中华人民共和国境内外的法人或者其他组织，通过协议明确权利义务和风险分担，约定其在一定期限和范围内投资建设运营基础设施和公用事业并获得收益，提供公共产品或者公共服务。"此条款对"特许经营"的定义明显不同于 43 号文。特许经营只涉及"通过协议明确权利义务和风险分担"，没有"不承担投资者或特别目的公司的偿债责任"意思表示。《办法》全文均没有这样的意思表示，这表明特许经营协议没有限制政府为投资者或特别目的公司承担偿债责任。因此，我们在准经营性项目前期谈判时，政府大包大揽地承诺，可以判断不属于 PPP 协议，而是属于特许经营协议。

《办法》是由国家发展改革委及相关部门共同签发的规范性文件，得到国办发〔2015〕42 号文的确认。国办发是国务院办公厅出台的规范性文件，《办法》与国办发〔2015〕42 号文的法律效力均低于国务院直接发布的国发〔2014〕43 号文。特许经营协议如果坚持国发〔2014〕43 号文底线，政府"不承担投资者或特别目的公司的偿债责任"，则名为"特许经营协议"，实为 PPP 协议；若其增加政府负债，则违背国发〔2014〕43 号文，其合规性存在法律风险。

27. PPP 与行政许可、特许经营协议之间的关系如何界定？

依据国办发〔2015〕42 号文的规定，PPP 项目的适用范围为"在能源、交通运输、水利、环境保护、农业、林业、科技、保障性安居工程、医疗、卫生、养老、教育、文化等公共服务领域"。依据《行政许可法》第十二条第二项之规定："有限自然资源开发利用、公共资源配置以及直接关系公共利益的特定行业的市场准入等，需要赋予特定权利的事项。"因此，PPP 项目的实施应当依法取得行政许可。

《行政许可法》属于行政法的范畴。行政法立法的目的就是为了限制政府的权力，政府只能在行政法授权范围内履行职务，超出行政法规定的范围，即属于行政违法行为。PPP 项目获得行政许可之后，受法律保护，行政机关不得擅自改变已经生效的行政许可。如果行政许可所依据的法律、法规、规章修改或者废止，或者准予行政许可所依据的客观情况发生重大变化的，为了公共利益的需要，行政机关也可以依法变更或者撤回已经生效的行政许可。由此给社会资本造成损失的，行政机关应当依法给予补偿。

　　行政许可是一种政府单方面做出的行政行为。依据行政法基本原理，政府行政行为一经做出即具有法律效力。我们国家《行政许可法》赋予了政府对 PPP 项目以合意的方式授予社会资本行政许可。《行政许可法》规定如下：

　　"第五十三条　实施本法第十二条第二项所列事项的行政许可的，行政机关应当通过招标、拍卖等公平竞争的方式作出决定。但是，法律、行政法规另有规定的，依照其规定。

　　行政机关通过招标、拍卖等方式作出行政许可决定的具体程序，依照有关法律、行政法规的规定。

　　行政机关按照招标、拍卖程序确定中标人、买受人后，应当作出准予行政许可的决定，并依法向中标人、买受人颁发行政许可证件。

　　行政机关违反本条规定，不采用招标、拍卖方式，或者违反招标、拍卖程序，损害申请人合法权益的，申请人可以依法申请行政复议或者提起行政诉讼。"

　　该条款表明，政府作为一个行政主体，在采取招标、拍卖方式作出行政许可决定时，应遵守民事的《招标投标法》《拍卖法》，这里表现出政府民事主体的特征。中标之后，行政主体政府并不是依据自身的意志授予中标人行政许可，而是对民事中标结果予以行政确认，依据中标结果颁发行政许可证件，签订特许经营协议。只有在招标方式的选择以及招标程序上行政政府出现行为瑕疵，才可以提起行政诉讼；对于非程序性瑕疵，或者说对于招标的实体性问题，政府与中标人发生分歧，法律没有规定提起行政诉讼，因此，只能提起民事诉讼。这里清晰地显示出政府行政主体与民事主体的界限。

　　社会资本获得行政许可，从事行政许可项目实施期间，《行政许可法》全篇没有授予政府参与项目经营、管理的任何权力。《行政许可法》第六十七条规定如下：

　　"第六十七条　取得直接关系公共利益的特定行业的市场准入行政许可的被许可人，应当按照国家规定的服务标准、资费标准和行政机关依法规定的条件，向用户提供安全、方便、稳定和价格合理的服务，并履行普遍服务的义务；未经作出行政许可决定的行政机关批准，不得擅自停业、歇业。

　　被许可人不履行前款规定的义务的，行政机关应当责令限期改正，或者依法采取有效措施督促其履行义务。"

　　因此，PPP 项目的社会资本方只要按照行政许可证件上载明的条件实施项目，行政政府没有权力对社会资本实施项目活动进行干预。

　　需要做出特别说明的是，《基础设施和公用事业特许经营管理办法》制定的依据并不是《行政许可法》。在《基础设施和公用事业特许经营管理办法》中，也没有明列制定该办法的上位法。

28. PPP 项目在诉讼中会呈现什么特性?

国务院推广政府与社会资本合作模式,是基于宏观经济的层面考虑。能够引进社会资本,为社会提供公共产品和服务,缓解城市化进城中基础设施与公共事业设施不能满足城市居民对公共产品消费的需求矛盾;推广 PPP 模式将我们国家的改革从企业领域深入事业单位领域,提高事业单位的整体效益;PPP 模式实行政府以民事主体的身份与社会资本合作,顺势令政府退出准公共产品的领域,又将政府的权力关进笼子里。因此,推广 PPP 对中国改革开放、经济发展、体制完善都有着积极的意义。

政府以民事主体的身份与社会资本进行合作,这是 PPP 模式的合作基础。双方合作运作 PPP 项目,两个民事主体在长期的经济活动中,不可能不发生矛盾。矛盾发生之后解决的方法有很多,当双方不能以自身的力量解决所遇到的矛盾时,诉讼就成了不二的选择。鉴于政府是以民事主体的身份与社会资本合作,政府与社会资本之间的诉讼纠纷就属于民事纠纷,最终,法院会以民事判决书的形式,对双方的纠纷进行裁判。假如社会资本在诉讼中获胜,判决要求政府向社会资本支付赔偿金,社会资本拿着生效判决书向法院提出申请强制执行时,就会发现遇见了不可逾越的障碍。

我们说,在国家现有的法律制度安排下,政府作为一个特别的民事主体,其第一没有个人意志,第二没有独立的财产。作为民事主体的政府,其名下的资产皆为行政主体名下的财产。社会资本拿着生效的判决书,去执行政府的资产时,根据《预算法》第五十九条规定:"各级国库库款的支配权属于本级政府财政部门,除法律、行政法规另有规定外,未经政府财政部门同意,任何部门、任何单位和个人都无权冻结、动用国库库款或者以其他方式支配入库的库款。"条款中所称的"任何单位"就包括法院。因此,法院的民事判决书是不能够执行政府名下的国库款的。对于非国库款,《预算法》规定,政府所有的收入和开支都应当纳入预算,未列入预算的不得开支。因此,政府账上的资金都属于预算之中的专款,没有社会资本在 PPP 诉讼中获胜的赔偿预算安排,这样,政府名下的非国库款,法院也无依据执行。作为人民法院的生效判决,不具有执行力的,无异于一张废纸,法院生效判决的权威性荡然无存。这是法院所不能够接受的。

为了使 PPP 合同纠纷中法院的生效判决对政府具有强制执行力,2017 年《行政诉讼法》进行了修改,第十二条列举了十二种属于行政诉讼的管辖争议。其中第十一项规定:"认为政府行政机关不依法履行、未按照约定履行或者违法变更、解除政府特许经营协议、土地房屋征收补偿协议等协议的"。《行政诉讼法》的修改,是经过第十二届全国人民代表大会常务委员会通过的,迄今在 PPP 领域具有最高法律效力。

我们国家经过改革开放 40 多年的发展，实行依法治国，已经初步建立起了中国特色社会主义法治体系。这里所说的法治体系，更多的指的是民事法律体系，对于行政法律体系，客观地说，还存在许多需要完善之处。PPP 合同定义为民事合同，政府与社会资本发生纠纷，无论是实体法还是程序法都具有较为完备的法律体系，法院、政府、社会资本轻车熟路。将 PPP 合同定义为政府特许经营协议，定性为行政合同，行政合同应当依据的法律体系，我们国家尚没有建立，因此，行政合同约定的合同权益没有相应法律给予保护。

为了解决这一问题，出台了《最高人民法院关于审理行政协议案件若干问题的规定》（法释〔2019〕17 号），直接将 PPP 合同定义为行政合同，纳入行政管辖范围。为了解决行政合同无法可依的状态，第二十七条规定："人民法院审理行政协议案件，应当适用行政诉讼法的规定；行政诉讼法没有规定的，参照适用民事诉讼法的规定。人民法院审理行政协议案件，可以参照适用民事法律规范关于民事合同的相关规定。"

29. PPP 项目领导小组的作用是什么？

我们说建设工程领域的项目分为三类：纯经营性项目、准经营性项目和非经营性项目。纯经营性项目属于市场中的项目。改革开放 40 多年，我们国家的市场经济得到了充分的发展，纯经营性项目如何运作，在我们国家当下的经济环境中，市场主体轻车熟路，我们在此不予讨论。非经营性项目的运作一直是政府的拿手好戏。改革中出现过一些恍惚，随着《预算法》和《政府投资条例》相继颁布，非经营性项目的投资运作可以说进入了规范的轨道。准经营性项目通过我们前面的观察，发现它贯穿行政与民事两大法系，在目前的法律体制下，尚不能有效地将其定性，因此，运作 PPP 项目的方式完全不同于其他两类。

PPP 模式是双层的管理结构。底层是 SPV 公司，政府持股代表是民事主体，其在 SPV 公司中的权利来自 SPV 公司的章程。第二个层面是 SPV 与政府合作，形成的是合作关系。在理论分析上都很容易将这两层法律关系区分。但是，在实践中，政府方为了提高效率、节省成本，通常将 SPV 公司的股东代表同政府与社会资本合作的政府方代表授权于一人。社会资本方面对着一个具有双重身份的政府的代表，通常很难区分其发出的指令是代表政府还是代表股东。同样，社会资本方参与政府和社会资本合作项目，通常是由大的施工单位牵头，之所以做这种安排，是因为施工单位根本性的需求是承接项目中的工程施工任务。施工单位牵头成立的 SPV 公司，施工单位通常是 SPV 公司的大股东，因此，也存在施工单位的代表人与 SPV 公司的代表人竞合的情形，政府方同样也很难识别社会资本方代表的是 SPV 公司还是施工单位？

为了能够有效地参与 PPP 项目，社会资本方通常会在项目的前期介入项目的工作，更有甚者，在土地征收阶段就介入 PPP 项目，这就是所谓的综合开发项目。

这些前期工作会涉及政府的发展改革委、财政部门、土地管理部门、规划管理部门、环境保护部门、项目行政主管部门以及供水、供电等项目配套单位。这些单位，对社会资本方而言，都是陌生的单位，要求社会资本方一家一家地沟通完成项目的前期工作，基本上是不可能的。为了加快 PPP 项目的有效落地，协调政府各部门之间以及政府与社会资本之间的关系，成立一个对 PPP 项目进行综合协调推进的领导小组，就显得十分必要。

PPP 项目实施以来，有成功的项目，也有失败的项目。成功的项目，自不必说；失败的项目，尽管各有其失败原因，但是可以肯定地说，所有失败的 PPP 项目都没有一个强有力的 PPP 项目领导小组。PPP 领导小组不仅仅是为了 PPP 项目的落地而完成具体的事务性工作，其实质意义是领导小组才是 PPP 项目的政府与社会资本的组织形式。社会上存在一种错觉，认为 SPV 公司是 PPP 项目的组织形式。因此，不乏地方政府在 PPP 项目 SPV 公司成立之后，就认为大功告成，退避三舍。殊不知，SPV 公司仅仅是社会资本，其成立之后取代了社会资本联合体，并不能取代政府与社会资本合作"组织"。

社会资本方从地方政府对成立 PPP 项目领导小组的积极性、配合性以及对 PPP 项目政府领导小组领导人人员职位高低的配置，也能够判断出地方政府对此 PPP 项目的支持力度。各级地方政府主推的 PPP 项目，领导小组组长一般为地方书记、县长和常务副县长（县级项目）的项目，可以判断是当地政府的重点项目、优质项目。如果社会资本参与的 PPP 项目领导小组的组长不是地方以上所提三位领导，则说明此 PPP 项目在当地属于一般性项目。

PPP 项目为政府投资的范畴，政府投资受到《预算法》和《政府投资条例》的规范。地方政府的官员中，只有书记、县长和常务副县长有权力协调发展改革委与财政两个部门。发展改革委主管地方政府所上的项目，财政主管能有多少资金用于政府项目投资，三位领导有权将项目与资金进行匹配，最终确定资金投向。对于社会资本而言，参与 PPP 项目的建设，无论是省里的、市里的还是县里的项目，首选由地方政府三位主官直接主管的项目。

30. 如何认识建设工程优先受偿权？

建设工程优先受偿权的设立，可以说是中国特色社会主义法律体系在建设工程领域的鲜明体现。

进入 21 世纪以来，我们国家的经济开始腾飞，房地产成为我们国家经济发展的支柱行业。房价的上涨奠定了房地产行业强劲的发展势头，同时，吸引了大量的资金进入房地产行业。房地产市场容量的扩充，并不意味着建设工程施工企业之间的竞争有所缓解。在残酷的建设工程领域市场竞争中，为了承揽工程，对工程的垫资比例不断增加，成为施工单位不得不接受的现实。对于通过招拍挂形式获得土地的开发商，在市场中很容易通过抵押土地获得资金；在建设工程施工过程中，同样可以非常便利地将在建工程进行抵押，融得资金；工程建设达到预售条件，便可以通过预售收回投资。施工单位垫资施工，房地产开发商在整个房地产开发阶段都有足够的机会变现资产、收回投资、转移所得。在这种商业形势下，开发商的道德风险就凸显。一旦开发商将其所开发的房产通过运作变现，将资金抽走转移，对垫资的施工单位，要追回工程款，就会陷入非常被动的局面。如果在国内大面积地出现此类问题，会直接影响整个房地产行业的健康发展，甚至影响整个国家经济的正常运转。因此，为了防止开发商抽逃资金、建设工程资金链断裂，施工单位所垫资金和所付出的劳动无从回报，法律为建设工程承包人特别设立了优先受偿权。

《民法典》第八百零七条规定："发包人未按照约定支付价款的，承包人可以催告发包人在合理期限内支付价款。发包人逾期不支付的，除根据建设工程的性质不宜折价、拍卖外，承包人可以与发包人协议将该工程折价，也可以请求人民法院将该工程依法拍卖。建设工程的价款就该工程折价或者拍卖的价款优先受偿。"

通过立法设立优先受偿权，解决了现实中承包人建设工程款得不到保障的问题。但是，优先受偿的设立，在法律体系中又产生新的问题。我们知道在民法体系中，"物权法定"是稳定整个民事法律关系的基础。我们国家《物权法》规定，物权包括所有权、有益物权、担保权和占有。担保权分为抵押权、质押权、留置权。建设工程款优先受偿权其本质为承包商对拖欠工程款的开发商享有的债务受偿的权利，属于法律体系中的债权。本着"物权优于债权"的法律基本原则，开发商将建设工程抵押给银行的抵押权应当优先受偿于债权——建设工程优先受偿权。2021 年 1 月 1 日实施的《司法解释（一）》第三十六条规定："承包人根据民法典第八百零七条规定享有的建设工程价款优先受偿权优于抵押权和其他债权。"确定了"物权优于债权"的例外，从根本上保障了建设工程承包人工程款能够得到清偿。

建设工程优先权的受偿范围为人、材、机、管理费、利润、规费、税金，不包括业主方应当赔偿承包商的违约金。建设工程只要质量合格，无论工程是否完工，也无论承包商与业主方所签订的建设工程施工合同是否有效，承包商都享有优先受偿权。承包商的优先受偿权时效为 18 个月，从业主应当给付工程款之日起计算。承包商向业主承诺放弃或制约建设工程优先受偿权，直接影响建筑工人合法权益的，约定、承诺无效。装修工程的承包商同样享有优先受偿权。

　　尽管优先受偿权的受偿优先顺序的安排有悖于法律的基本原理，但是，这也是中国目前经济发展阶段房地产、建筑工程市场所处的特殊时期的产物，是法律的科学性与现实的经济性之间的一种妥协制度安排。我们相信建设工程优先受偿权会随着我们国家建设工程市场环境不断改善而逐步淡出人们的视线。

第 **4** 章

建设工程
招标投标阶段风险管控

1. 招标投标方式如何适用建设工程?

改革开放初期,建设工程领域与全国的经济大环境一样,都是处在"摸着石头过河"的阶段,对社会主义市场经济没有一个清晰的认识。1998年颁布了《建筑法》,意味着建设工程领域进入了有法可依的时代。《建筑法》规定,中华人民共和国境内的建筑活动以及实施对建筑活动的监督管理都属于《建筑法》的调整范围。建筑活动指的是各类建筑及其附属设施的建造和与其配套的线路、管道、设备的安装活动。

由于我们国家到目前仍然是处在法治化的过程中,各种法律不断地颁布,不断地修改,以不断地适应中国经济社会发展的状况,《建筑法》也不例外。在《建筑法》立法之时,考虑到建设工程招标投标仅仅是招标投标内容的一部分,因此在《建筑法》立法中仅仅规定建设工程招标投标活动应当遵循公开、公正、平等竞争的原则,择优选择承包商。至于在招标投标过程中,如何作为属于公开、公正、公平的竞争,《建筑法》并没有给出具体的规定。只是提到建设工程的招标投标,适用有关招标投标法律的规定。但是在当时的情况下,我们国家并没有招标投标法。

2002年《招标投标法》实施。其调整的是中华人民共和国境内进行的所有主体的招标投标活动,不管招标主体是政府、企业还是个人。《招标投标法》对建设工程项目强制招标的范围进行了原则性的规定。《招标投标法》第三条规定,"在中华人民共和国境内进行下列工程建设项目包括项目的勘察、设计、施工、监理以及与工程建设有关的重要设备、材料等的采购,必须进行招标:(一)大型基础设施、公用事业等关系社会公共利益、公众安全的项目;(二)全部或者部分使用国有资金投资或者国家融资的项目;(三)使用国际组织或者外国政府贷款、援助资金的项目。"以上三项的具体范围和规模,《招标投标法》授权国务院发展计划部门会同国务院有关部门制定,报国务院批准。并且强调:"法律或者国务院对必须进行招标的其他项目的范围有规定的,依照其规定。"

《建筑法》与《招标投标法》所调整的对象均为中华人民共和国境内的主体,无论其是民事主体,还是行政主体。这种法律的订立,给行政主体带来了诸多的不便。为此,2002年我们国家出台《政府采购法》。《政府采购法》调整的范围是各级国家机关、事业单位和社会团体组织,使用财政性资金采购依法制定的集中采购目录以内的或者采购限额标准以上的货物、工程和服务的行为。法条中选择使用的"采购"一词,并非我们日常生活中对采购定义的理解,《政府采购法》对采购做出特别规定,指的是以合同方式有偿取得货物、工程和服务的行为,包括购买、租赁、委托雇佣等。工程同样进行了专门的定义,是指建设工程,包括建筑物和构筑物的新建、改建、扩建、装修、拆除、修缮等。

为了使《政府采购法》中的采购工程与《招标投标法》有效对接，《政府采购法》第四条规定："政府采购工程进行招标投标的，适用招标投标法。"该条款分离了《招标投标法》对政府主体选择建设工程承包商的调整范围。赋予了地方政府选择建设工程承包商的不同路径。地方政府如果通过招标投标的模式选择承包单位，则应当适用《招标投标法》；如果地方政府不采取招标投标的形式选择承包单位，《招标投标法》对政府没有约束力。

《政府采购法》授予了政府六种采购方式。第一，公开招标；第二，邀请招标；第三，竞争性谈判；第四，单一采购；第五，询价；第六，国务院政府采购监督管理部门认定的其他采购方式。2015 年《政府采购法实施条例》颁布，第二十五条规定："政府采购工程依法不进行招标的，应当依照政府采购法和本条例规定的竞争性谈判或者单一来源采购方式采购。"政府工程非强制性招标项目，适用本条规定。

2. 建设工程招标投标范围如何确定？

我们说建设工程项目分为非经营性项目、准经营性项目和纯经营性项目。非经营性项目、准经营性项目向社会提供的是公共产品，属于政府投资项目范畴。纯经营性项目属于社会资本投资的项目。只要使用政府预算资金进行投资的建设工程项目，都属于政府投资项目。不使用政府预算资金所投资的工程项目属于纯经营性项目。社会资本方投资的项目分为国有资本投资项目和民营资本投资项目。国有资本投资的项目是指使用国有企业事业单位资金，并且该资金占控股或者主导地位的项目；与之相对应，民营资本投资的项目是指使用民营企业或个人资金，并且该资金占控股或者主导地位的项目。

《建筑法》将大型基础设施、公用事业等关系社会公共利益、公众安全的项目，全部或者部分使用国有资金投资或国家融资的项目，用国际组织或者外国政府贷款援助资金的项目以法律的形式确定为必须进行招标的项目。《建筑法》颁布后，2000 年出台《工程建设项目招标范围和规模标准规定》（中华人民共和国国家发展计划委员会令第 3 号），根据《建筑法》的授权，对强制进行招标投标的项目的范围和规模进行了规范，将必须招标投标的项目分为关系社会公共利益、公共安全的基础设施项目，关系社会公共利益、公共安全的公用事业项目，使用国有资金投资项目、国家融资项目，使用国际组织或者外国政府资金的项目等五部分。

2004 年，我们国家实行投融资体制改革，将项目投资由过去的按性质分类改革为按投资主体分类。将投资的主体分为政府投资主体与社会资本投资主体，从此开启了全新的投资领域的改革。

政府作为投资主体，其选择建设工程承包商，可以通过《政府采购法》实现建筑工程承包商的选择，而作为社会资本投资商，只能通过招标投标的形式选择建设工程承包商。

2018 年出台《必须招标的工程项目规定》（中华人民共和国国家发展和改革委员会令第 16 号），依据《招标投标法》第三条的规定，对必须招标的工程项目的范围和规模进行重新划分。此次划分遵循国家投资改革的新体制，将项目按照投资主体的类型进行招标投标规范。16 号令规定："全部或者部分使用国有资金投资或者国家融资的项目包括：（一）使用预算资金 200 万元人民币以上，并且该资金占投资额 10% 以上的项目；（二）使用国有企业事业单位资金，并且该资金占控股或者主导地位的项目。"并将使用国际组织或者外国政府贷款援助资金的项目纳入必须招标投标的范围。

从国家发展改革委 16 号令我们可以发现，其所规定的强制招标投标项目，一是使用预算资金的政府投资项目，二是使用国有企事业单位自有资金的投资项目。对于使用民营资金投资的项目没有列入强制招标投标的范围。这为民营资本投资人选择建设工程承包商提供了广泛的空间。

对于"大型基础设施、公用事业等关系社会公共利益、公众安全的项目"是否需要强制招标投标，16 号令并没有明确规定，只是提到另行拟定，报国务院批准后公布。几天之后，国家发展改革委颁布《必须招标的基础设施和公用事业项目范围规定》（发改法规规〔2018〕843 号）明确了民营资本投资以下项目必须招标投标：

"（一）煤炭、石油、天然气、电力、新能源等能源基础设施项目；

（二）铁路、公路、管道、水运，以及公共航空和 A1 级通用机场等交通运输基础设施项目；

（三）电信枢纽、通信信息网络等通信基础设施项目；

（四）防洪、灌溉、排涝、引（供）水等水利基础设施项目；

（五）城市轨道交通等城建项目。"

这可以说是一份民营企业投资项目必须经过招标投标方式选择承包商的行业项目清单，清单内的项目，必须招标投标，清单之外的项目，民营企业投资人可以自行直接发包。

为了能使全国上下准确地理解新的招标投标范围，国家发展改革委又发出《国家发展改革委办公厅关于进一步做好〈必须招标的工程项目规定〉和〈必须招标的基础设施和公用事业项目范围规定〉实施工作的通知》（发改办法规〔2020〕770 号）规定，依法必须招标的工程建设项目范围和规模标准，应当严格执行《招标投标法》第三条和 16 号令、843 号文规定；法律、行政法规或者国务院对必须进行招标的其他项目范围有规定的，依照其规定。没有法律、行政法规或者国务院规定依据的，对 16 号令第五条第一款第（三）项中没有明确列举规定的服务事项、843 号文第二条中没有明确列举规定的项目，不得强制要求招标。通过特别发文的形式，对相关文件中的"等"字从规范性上做了限制性定义，从而统一了上下对文件的理解，形成了建设工程项目强制招标投标的新格局。

3. 政府采购如何适用项目包？

建设工程项目从项目的复杂性上分，可以将项目分为单一项目和项目包，单一项目就是仅仅为一个独立的项目，是非经营性项目、准经营性项目或者纯经营性项目。项目包是一个综合性项目。其综合性体现在项目包中，至少包含两个以上的非经营性项目、准经营性项目或纯经营性项目。我们现在经常听到的片区开发项目、综合开发项目、区域开发项目、特色小镇项目、新型城镇化项目以及美丽田园、乡村振兴项目等等，都属于综合类项目，统称为项目包。

单体项目我们前面观察过，可以通过政府采购方式或者招标投标方式选择承包商。项目包承包商的选择与单一项目承包商的选择有着根本性的不同。项目包的实施首先要成立特殊目的公司，以特殊目的公司为载体，取得项目包的投资权。再以特殊目的公司为主体选择建设工程承包商。

项目包的业主方通常是政府，也可以是社会资本。故我们本篇的观察将地方政府定位为项目包的发包人，对其选择合作伙伴的方式进行观察。

为了项目包的实施，首先成立特殊目的公司。特殊目的公司的股东构成，可以分为政府投资入股的特殊目的公司和政府不入股的特殊目的公司。政府入股的特殊目的公司，依据《政府投资条例》属于政府投资项目。按照《政府采购法》的规定，可以通过政府采购的方式选择社会资本，同样可以通过政府采购的方式选择项目包内子项目建设工程承包商。对于政府不参与入股的特殊目的的公司，这种公司的性质属于民营资本，只要项目包中含有非经营性项目或准经营性项目，则政府可以依据《政府采购法》选择民营资本。民营资本对项目包中的子项目属政府非强制性招标范围内的建设工程项目，可以直接发包。

《政府采购法》规定，政府采购是指各级国家机关、事业单位和团体组织使用财政性资金采购依法制定的集中采购目录以内的或者采购限额标准以上的工程、货物和服务的行为。政府采购法从法律体系上说，属于行政法体系。行政法的立法价值是为了限制政府的权力。因此，政府采购只能采用《政府采购法》中规定的"采购集中采购目录以内的或者采购限额以上的货物、工程和服务"，如果在集中采购目录以外的货物、工程和服务，政府无权采购。这是《政府采购法》作为行政法所决定的。项目包不在法定的集中采购目录之内，因此，政府采购项目包存在法律障碍。

为了使政府的采购行为能够满足社会经济发展的需求，《政府采购法实施条例》

第四条对《政府采购法》第七条"分散采购"进行了定义。规定："分散采购是指采购人将采购限额标准以上的未列入集中采购目录的项目自行采购或委托采购代理机构采购的行为。"对政府采购限额标准以上的未列入集中采购目录的项目给予了授权。项目包即属于此类。第七条第三款规定："政府采购工程以及与工程建设有关的货物、服务,应当执行政府采购政策。"《政府采购法实施条例》在立法体系中属于法律,因此,《政府采购法实施条例》为政府分散采购工程项目包以及与项目包有关的货物、服务提供了法律依据,也为未来政府相关部门制定采购项目包的政策,提供了合法性基础。

需要说明的是《政府采购法实施条例》第二十五条规定:"政府采购工程依法不进行招标的,应当依照政府采购法和本条例规定的竞争性谈判或者单一来源采购方式。"所称的采购工程,是指政府集中采购目录之内的工程,而之外的工程则应当采取分散采购的方式采购。

4. 特许经营项目如何选择竞标方式?

特许经营项目包指的是,在一个建设工程项目包当中含有一个或者若干个特许经营项目子项目。在实务操作层面,特许经营项目包的称呼也具有多样性,与项目包中的各种名称混同。其与项目包的各种称谓的差异,就是特许经营项目包中含有特许经营子项目。

单体的特许经营项目对应着建设工程项目中的非经营项目或准经营项目。特许经营项目与 PPP 项目的概念并非完全重合。准经营性项目的范围最广,准经营性项目中采取 PPP 模式实施的,可以称之为 PPP 项目;准经营性项目中,属于需要政府授予特许经营权的项目,称之为特许经营项目。PPP 项目中需要取得特许经营权的项目,同时属于特许经营项目。

PPP 适用的范围为能源、交通运输、水利、环境保护、农业、林业、科技、保障性安居工程、医疗、卫生、养老、教育、文化等公共服务领域,特许经营的范围为能源、交通运输、水利、环境保护、市政工程等特定领域。具有一定现金流的能源、交通运输、水利、环境保护、市政工程等特许经营项目与 PPP 项目的范围具有重合性。特许经营项目包在落地申请项目代码的过程中,按照 PPP 项目管理类申请项目代码相对来说比较便捷。

国家发展改革委领衔颁布的《基础设施和公共事业特许经营管理办法》指出,基础设施和公共事业特许经营是指政府采取竞争方式,依法授权中华人民共和国境内外的法人或者其他组织,通过协议明确权利义务和风险分担,约定其在一定期限和范围内投资建设运营基础设施和公共事业,并获得收益,提供公共产品或公共服务。

特许经营项目的实施方式与 PPP 的实施方式并不完全重合。特许经营项目的实施方式有三种：第一，在一定期限内政府授予特许经营者投资新建或改扩建基础设施和公共事业，建成后移交政府；第二，在一定期限内政府授予特许经营者投资新建或改扩建，并运营基础设施和公共事业，期限届满后移交政府；第三，特许经营者投资新建或改扩建基础设施和公用事业并移交政府后，由政府授予其在一定期限内运营。

特许经营权来自行政许可。《行政许可法》规定，行政许可是指行政机关根据公民、法人或者其他组织的申请，经依法审查，准予其从事特定活动的行为。对于有限自然资源开发利用、公共资源配置以及直接关系公共利益的特定行业的市场准入等，需要赋予特定权利的事项，《行政许可法》规定行为人必须要取得行政许可。为了保障行政许可关系的稳定性和可期待性，法律规定，公民、法人或者其他组织依法取得的行政许可受法律保护，行政机关不得擅自改变已经生效的行政许可。行政许可所依据的法律、法规、规章修改或者废止，或者准予行政许可所依据的客观情况发生重大变化的，为了公共利益的需要，行政机关可以依法变更或者撤回已经生效的行政许可。由此给公民、法人或者其他组织造成财产损失的，行政机关应当依法给予补偿。

《行政许可法》第五十三条规定："实施本法第十二条第二项所列事项的行政许可的，行政机关应当通过招标、拍卖等公平竞争的方式作出决定。但是，法律、行政法规另有规定的，依照其规定。"该条款表明，对于特许经营项目包，可以依据《招标投标法》选择投资人，也可以依据《政府采购法》选择投资人。

政府依据《招标投标法》选择投资人之后，投资人可以依据《招标投标法》第九条第（二）项之规定对承揽其项目包中子项目的特殊目的公司股东直接发包，不需要再走法定的招标投标程序。而政府依据《政府采购法》选择投资人，投资人对其项目包中的子项目再行发包，则必须通过法定的招标投标程序。特殊目的公司的各股东依法均排除在子项目的投标人行列中，投资人对子项目的承包商失去选择权，为项目投资人所不容。这一风险社会资本在前期项目策划时应当进行有效规避。

5. 如何判断合同是否成立？

对于从事建设工程招标投标工作的人员而言，对招标投标是再熟悉不过了。建设工程招标投标，首先要有招标公告，投标人购买招标文件，按照招标文件中所明列的条件组织编制投标文件，在招标公告规定的时间内，将投标文件递交给招标人，一旦中标，就获得了投标项目承包权，整个项目的招标投标过程结束。

建设工程招标投标是建设工程施工项目交易的重要形式，也是建筑工程项目实施过程中的难点与要点。为此，我们对招标投标过程中的招标公告、投标文件和中标通知书逐一观察。

招标公告是建设工程承包商获得建筑市场建设工程交易信息的主要来源。招标公告是招标人提出的希望交易对手前来投标的意思表示，是对潜在交易对手介绍项目基本概况的资料。这类文件在法律上有一个专门的名字，称之为要约邀请。

要约邀请是招标人向不特定主体发出的，希望其前来签约的意思表示。在我们的日常生活中，我们只要稍加留意，就能发现邀约邀请在我们身边无处不在。路边的小商贩"走过路过不要错过"的吆喝，街边店铺醒目的"清仓大甩卖"以及"欢迎品尝，不好不要钱"的流动水果摊贩，他们所做的这一切，都是为了引起行人注意，与其发生交易。这类意思表示在法律上称之为要约邀请，用通俗的话表述就是拉客或者说是广告。

要约邀请发出的直接目的，并不是要与接受意思表示的人签订合同完成交易，而是给予要约邀请接受人一个了解交易标的机会，是为了实施交易而进行的交易前的准备工作，其目的是保障交易能够顺利达成。

承包商将招标文件购买回去。招标文件中包含招标须知、评标办法、合同格式文本等等相关文件。招标文件中所列的各项文件资料仅仅是作为投标人了解项目基本情况、编制报价之用。资料中所包含的名为"合同"的资料并不意味着是份合同文件，因为，投标人如果不去投这个标，这个名为"合同"的文件只能丢进垃圾篓，不会有任何法律效力。

投标在法律上同样对应着一个专用名词，定义为要约。要约是向特定的对象发出的签约的意思表示。投标人将招标投标文件中的各类文件按照招标公告的要求进行组织、编写、填报并加盖印章装入密封袋及加盖密封章，尽管投标人的这些行为都是经过集体讨论研究的结果，是投标人真实意思的表示，但这份加盖投标人公章的合同文件，其法律性质仍然不是合同。只要招标人不选择投标人，则投标文件石沉大海，没有任何法律意义，对投标人和招标人都没有法律约束力。

中标通知书在法律上也有一个专用名词与之相对应，称之为承诺。承诺是招标人对投标人所发出的签约意思表示的接受，招标人对投标人投标文件的承诺，意味着接收投标人提交的所有投标文件所载明的内容。这是承诺的法律意义。经过承诺的招标文件中的合同资料及合同内容，不仅包含着投标人的真实意思表示，同时也是招标人的意思表示，构成投标人与招标人之间的合意，是双方真实意思的表示。此时，中标人资料中包含的名为合同的资料才是法律意义上的合同。

要约与承诺是合同成立的方式，对判定建设工程实施过程中，建设单位与施工单位之间形成的各类签证是否具有法律意义，是否构成索赔具有止争息讼的作用。在建设工程中，不论是建设单位还是施工单位，其要判断与交易对手之间所形成的一份文件资料是否构成法律意义上的合同，文件的形成是否符合要约与承诺的方式，是判断该份文件是否构成合同的唯一标准。

6. 如何防控招标投标风险点?

建设工程招标投标方式分为公开招标、邀请招标、直接发包。公开招标是指招标人以招标公告的方式邀请不特定的法人或者其他组织投标。邀请招标是指招标人以投标邀请书的方式邀请特定的法人或者其他组织投标。直接发包是指招标人直接将建设工程发包给具有相应资质的承包商。《招标投标法》调整的范围是公开招标和邀请招标。

建设工程依法必须进行招标的项目,在项目立项之时,项目的招标范围、招标方式、招标组织形式等等,由审批、核准部门审批、核准,确定项目的招标方式。国有资金占控股或者主导地位依法必须进行招标的项目,应当公开招标。招标人要选择邀请招标方式必须由项目审批、核准部门在审批、核准项目时作出认定。招标人不得自行决定。

公开招标的项目应当依法发布招标公告,编制招标文件。招标人采用资格预审办法,对潜在投标人进行资格审查的,应当发布资格预审公告、编制资格预审文件。依法必须进行招标的项目的资格预审公告和招标公告,应当在国务院发展改革部门依法指定的媒体发布。在不同媒介发布的同一招标项目的资格预审公告或者招标公告的内容应当一致。编制依法必须进行招标的项目的资格预审文件和招标文件,应当使用国务院发展改革部门会同行政监督部门制定的标准文本。

招标人应当按照资格预审公告、招标公告或者投标邀请书规定的时间、地点、发售资格预审文件或者招标文件,资格预审文件或者招标文件的发售期不得少于五日。招标人应当合理确定提交资格预审申请文件的时间。依法必须进行招标的项目提交资格预审申请文件的时间,自资格预审文件停止发售之日起不得少于五日。招标人可以依法对工程以及与工程建设有关的货物服务全部或者部分实行总承包形式。以暂估价形式包括在总承包范围内的工程、货物、服务属于依法必须招标的项目范围且达到国家规定标准的,应当依法进行招标。暂估价是指总承包招标时不能确定价格,而由招标人在招标文件中暂时估定的工程、货物、服务的金额。

对技术复杂或者无法精确拟定技术规格的项目,招标人可以分两阶段进行招标:第一阶段,招标人按照招标公告或者投标邀请书的要求提交不带报价的技术建议,招标人根据投标人提交的技术建议确定技术标准和文件,编制招标文件;第二阶段,招标人向第一阶段提交技术建议的投标人提供招标文件,投标人按照招标文件的要求提交包括最终技术方案和投标报价的投标文件。

招标公告应当载明招标人的名称和地址、招标项目的性质、数量、实施地点和时间以及获取招标文件的办法等事项。招标人应当有进行招标项目的相应资金或者资金来源已经落实,并应当在招标文件中如实载明。招标人不得向他人透露已获取招标文件的潜在投标人的名称、数量以及可能影响公平竞争的有关招标投标的其他情况。招标人设有标底的，标底必须保密。

招标人对已发出的招标文件进行必要的澄清或者修改的，应当在招标文件要求提交投标文件截止时间至少十五日前，以书面形式通知所有招标文件收受人。该澄清或者修改的内容为招标文件的组成部分。招标人应当确定投标人编制投标文件所需要的合理时间。但是，依法必须进行招标的项目，自招标文件开始发出之日起至投标人提交投标文件截止之日止，最短不得少于二十日。

投标人应当在招标文件要求提交投标文件的截止时间前，将投标文件送达投标地点。招标人收到投标文件后，应当签收保存，不得开启。投标人少于三个的，招标人应当依照本法重新招标。投标人在招标文件要求提交投标文件的截止时间前，可以补充、修改或者撤回已提交的投标文件，并书面通知招标人。补充、修改的内容为投标文件的组成部分。投标人根据招标文件载明的项目实际情况，拟在中标后将中标项目的部分非主体、非关键性工作进行分包的，应当在投标文件中载明。

投标人不得相互串通投标报价，不得排挤其他投标人的公平竞争，损害招标人或者其他投标人的合法权益。投标人不得与招标人串通投标，损害国家利益、社会公共利益或者他人合法权益。投标人不得以低于成本的报价竞标，也不得以他人名义投标或者以其他方式弄虚作假，骗取中标。与招标人存在利害关系，可能影响招标公正的法人、其他组织或者个人，不得参加投标。单位负责人为同一人或者存在控股、管理关系的不同单位，不得参加同一标段投标或者未划分标段的同一招标项目投标。

7. 如何办理企业投资立项？

2004年，我们国家实行投融资改革。将投资项目的管理由过去的按照项目的所有制性质进行管理，改革为按照项目的投资主体性质进行管理。将项目的投资主体分为政府与企业。如此改革的目的，是为了把市长与市场分开。市长投资用预算的资金由《预算法》调整；市场投资用企业自有资金，由市场机制调控。这种改革的思路是本着将社会产品分为纯公共产品、准公共产品和非公共产品，使项目投资更具有科学性和效率性。

企业投资项目，指的是企业在中国境内投资建设的固定资产投资项目。投资领域的改革方向是发挥市场化的力量，不断解放生产力。改革到今天，我们国家的投资领域并不是完全放开，而是坚持"市场在资源配置中起决定性的作用，政府发挥更好的作用"的经济建设理念。因此，在投资领域对关系到国家安全，涉及全国重大生产力布局、战略性资源开发和重大公共利益的项目，实行核准制。政府核准的投资项目范围由国务院颁布，逐年根据社会经济发展的状况进行调整。2016年，对农业水利、能源、交通运输、信息产业、原材料、机械制造、轻工、高新技术、城建、社会事业、外商投资、境外投资等 12 大领域明确了项目核准的范围和规模。

交通运输类，新建（含增建）铁路列入国家批准的相关规划中的项目，中国铁路总公司为主出资的，由其自行决定，并报国务院投资主管部门备案。其他企业投资的，由省级政府核准。地方城际铁路项目由省级政府按照国家批准的相关规划核准，并报国务院投资主管部门备案。其余项目由省级政府按照国家批准的规划核准。

公路类，国家高速公路网和普通国道网项目由省级政府按照国家批准的相关规划核准，地方高速公路项目由省级政府核准，其余项目由地方政府核准。独立公（铁）路、桥梁、隧道、跨境项目由国务院投资主管部门核准并报国务院备案。国家批准的相关规划中的项目，中国铁路总公司为主出资的由其自行决定并报国务院投资主管部门备案，其他企业投资的由省级政府核准；其余独立铁路桥梁、隧道及跨 10 万 t 级及以上航道海域、跨大江大河（现状或规划为一级及以上通航段）的独立公路桥梁、隧道项目，由省级政府核准，其中跨长江干线航道的项目应符合国家批准的相关规划。其余项目由地方政府核准。

城建类，城市快速轨道交通项目，由省级政府按照国家批准的相关规划核准。城市道路桥梁、隧道跨 10 万 t 级及以上航道海域、跨大江大河（现状或规划为一级及以上同行段）的项目，由省级政府核准。其他城建项目由地方政府自行决定实行核准或者备案。

社会事业类，特大型主题公园由国务院核准，其余项目由省级政府核准。国家级风景名胜区、国家自然保护区、全国重点文物保护单位区域内总投资 5000 万元及以上旅游开发和资源保护项目，世界自然和文化遗产保护区内总投资 3000 万元及以上项目，由省政府核准。其他社会项目按照隶属关系由国务院行业管理部门、地方政府自行决定实行核准或者备案。

企业办理核准手续，应当向核准机关提交项目申请书，由国务院核准的项目向国务院投资主管部门提交项目申请书，项目申请书应当包括下列内容：第一，企业基本情况；第二，项目情况，包括项目名称、建设地点、建设规模、建设内容等；第三，项目利用资源情况分析以及对生态环境的影响；第四，项目对经济和社会的影响分析；第五，招标方式选择。

投资核准项目以外的项目实行备案管理，备案管理按照属地管理原则。实行备案管理的项目，必须在开工前通过在线平台将以下信息告知备案机关：第一，企业基本情况；第二，项目名称、建设地点、建设规模、建设内容；第三，项目总投资；第四，项目符合产业政策的声明；第五，招标方式选择。

通过国家建立的项目在线监管平台办理，核准机关、备案机关以及其他有关部门统一使用在线平台生成的项目代码办理相关手续，申请人对项目申请内容的真实性负责。核准、备案项目信息发生较大变化的企业应当及时办理核准、备案变更，告知核准、备案机关。

核准机关就以下内容进行审查：第一，是否危害经济安全、社会安全、生态安全等国家安全；第二，是否符合相关发展规划、技术标准和产业政策；第三，是否合理开发并有效利用资源；第四，是否对重大公共利益产生不利影响。政府对投资项目的核准是行政核准，对投资人的投资后果不承担任何责任。

实行核准的项目，企业未按照国家有关规定办理核准手续，开工建设或者未按照核准的建设地点、建设规模、建设内容进行建设的，由核准机关责令停止建设或者责令停产。实行备案管理的项目，企业未按照规定将项目信息或者已备案项目的信息变更情况告知备案机关，由备案机关责令限期改正。投资建设产业政策禁止投资建设项目的，政府相关部门责令停止建设或者责令停产并恢复原状。

8. 政府投资项目如何防范立项风险？

党的十八大以来，我们国家的改革不断地向社会经济的纵深发展。在"市场在资源配置中起决定性作用，政府发挥更好作用"思想的指引下，整个国家开始了新一轮的改革布局。2019年《政府投资条例》实施，开辟了政府在投资领域法治化的先河。

政府投资条例顾名思义当然是对政府在投资领域的投资行为进行规范和制约。但是，政府投资条例所称的政府投资并非指作为行政主体政府的投资行为，而是指在中国境内使用预算安排的资金进行固定资产投资建设的活动。也就是说，即使投资主体不是政府，只要其投资资金的来源是政府的预算，这种投资项目就属于政府投资项目。政府投资项目包括新建、扩建、改建和技术改造等等。

政府投资项目的范围是市场不能有效配置资源的社会公益服务、公共基础设施、农村农业生态环境保护、重大科技进步、社会管理、国家安全等公共领域的项目，以非经营性项目为主。对确需投资的经营性项目，则主要采取资本金注入方式，或者政府投资补助、贷款贴息等方式。

政府投资项目的决策主体是县级以上人民政府。乡、镇级人民政府不具有政府投资的决策权。县级以上人民政府统筹安排使用政府投资资金的时候，主要是依据当地国民经济和社会发展规划中期财政规划和国家宏观调控政策，并结合当地政府财政收支状况。各级地方政府都会按照经批准的政府投资年度计划实施政府投资，政府投资计划中明确了项目名称、建设内容及规模、建设工期、项目总投资、年度投资资金来源以及承包商的选择方式。作为承包商其要去承接政府的建设工程项目，首先要了解该项目是否已经列入了地方政府的年度投资计划，没有进入年度投资计划的项目，投资资金没有列入当地政府财政预算，项目尚未进入当地政府投资项目库，这意味着该项目自身尚不具有合法性。社会资本的盲目介入，存在法律风险。

政府投资项目只有两种投资方式：第一，直接投资方式；第二，资本金注入方式。政府投资的项目应当编制项目建议书、可行性研究报告和初步设计，并且需按照政府投资管理权限规定报投资管理部门批准。政府投资的项目也应当通过国家投资项目在线审批监管平台申请项目代码后，办理政府投资项目审批相关手续。

政府投资项目审批主要审查的文件和内容是：第一，项目建议书提出的项目建设的必要性；第二，可行性研究报告分析的项目技术经济可行性、社会效益以及项目资金等主要建设条件的落实情况；第三，初步设计及其提出的投资概算是否符合可行性研究报告批复以及国家有关标准和规范的要求；第四，依照法律、行政法规和国家有关规定应当审查的。政府投资项目的总投资额原则上不得超过经政府批准的投资概算，初步设计提出的投资概算超过经批准的可行性研究报告提出的投资估算 10% 的，就存在重新报批可行性研究报告的风险。

政府投资的项目开工建设同样需要符合国家现行的法律、法规规定的建设条件，不满足条件的，不得开工。政府投资项目应当按照经批准的建设地点、建设规模和建设内容实施，发生地点变更或者对规模建设内容做较大变更的，应当报批准机关批准。政府投资项目年度计划中的资金应当和本级预算相衔接，保证政府投资项目所需资金。政府投资项目不得由施工单位垫资建设。总投资额原则上不得超过经核定的投资概算。因国家政策调整、价格上涨、地质条件发生重大变化等原因，确需增加投资概算的政府实施机构应当提出调整方案及资金来源，由原初步设计审批部门或者投资概算核定部门核定。涉及金额的确需要突破预算的，按照《预算法》的规定调整预算。

9. 如何申请建设工程项目代码？

固定资产投资项目代码制度是国家发展改革委依据《政府投资条例》（国务院令第 712 号）、《企业投资项目核准和备案管理条例》（国务院令第 673 号）制定的投资管理基本制度。将全国投资项目纳入在线审批监管平台，以在监管平台上生成的项目代码作为项目整个建设周期的唯一身份标识。以便政府有关部门加强对项目的有效管理，同时也便于建设单位及时获取政府管理服务项目信息。

固定资产投资项目是指在中国境内建设的，有一个主体功能、有一个总体设计、经济上独立核算、按照《政府投资条例》《企业投资项目核准和备案管理条例》实施的标的物。

任何建设单位需在办理首次行政手续之前，通过相应的在线平台申请项目代码。中央项目通过中央平台申请；地方项目通过地方平台申请。项目的赋码机关一般是为项目办理审批、核准或备案手续的投资主管部门。

项目代码生成后，统一生成项目代码标识，作为项目信息的传递载体。项目代码标识是一幅固定格式的图片，可通过项目代码标识二维码，查询项目名称、项目代码、项目状态等项目信息。查询的项目将显示以下信息：

(1) 已赋码项目以 F 表示，指在线平台信息显示项目仅通过在线平台获得项目代码，未办理任何手续；

(2) 待立项项目以 B 表示，指在线平台信息显示项目至少办理了 1 项审批手续，但未完成审批（项目建议书、可行性研究或初步设计）、核准或备案；

(3) 已立项项目以 L 表示，指在线平台信息显示已完成审批（项目建议书或可行性研究）、核准或备案，但没有开工；

(4) 已开工项目以 K 表示，指在线平台信息显示项目已开工建设，但并未竣工；

(5) 已竣工项目以 J 表示，指在线平台信息显示项目已竣工；

(6) 代码失效项目以 S 表示，指在线平台信息显示项目代码已失效，不可用，如项目赋码后，因主观原因、客观条件变化或政策调整等导致项目不再继续推进实施，项目状态设置为代码失效；

(7) 项目异常以 Y 表示，指在线平台信息显示项目在获得项目代码后，有异常情况，如赋码后 1 年内未报送审批信息，立项后 2 年内未报送建设信息，项目状态设置为异常。

为了满足 PPP 项目申请项目码的特殊性，针对 PPP 项目，特别安排了 PPP 项目管理码制度。PPP 项目使用 PPP 项目管理码，与项目代码有机衔接。一个 PPP 项目有且只有一个 PPP 项目管理码。对于单体 PPP 项目，项目代码即为 PPP 项目管理码，两码合一。对于综合类型的 PPP 项目包，难以使用项目代码管理，则使用 PPP 项目管理码。综合类 PPP 项目管理码生成，由项目相关单位根据管理需要，通过相应的在线平台向项目的赋码机关提出赋码申请；由中央平台根据发展改革部门的赋码决定和项目基本信息生成 PPP 项目管理码，通过将项目代码和 PPP 管理码关联进行 PPP 项目信息管理，并将相关信息归集至全国 PPP 项目信息监测服务平台。综合类的 PPP 项目管理码，适用于不能使用项目代码管理的 PPP 项目。PPP 项目管理码仅可用于办理可行性论证审批和审查实施方案等针对 PPP 项目的审批手续，其他行政审批手续则需要建设单位凭项目代码办理。

PPP 项目管理码的制度安排，为综合类项目的批准、核准、备案提供了落地通道。由非经营性、准经营性、纯经营性项目构成的任何一类综合项目包，均可通过申请 PPP 项目管理码立项，而无论项目包在性质上是否属于 PPP 项目。对于一个具体的项目包获得 PPP 项目管理码之后，项目包中的子项目落地，还应当申请各子项目的项目代码，子项目的项目代码一经确定，则不可擅自变更。至于项目包内的子项目的增减，不影响 PPP 项目管理码的真实性。

10. 招标投标文件风险管控?

　　建设工程项目招标投标制度是建设单位选择承包商的主要方式。对法定必须进行招标投标方式选择承包商的建设工程项目，无论是政府项目还是社会资本项目，都必须按照法定的程序进行招标投标。建设工程项目招标投标中的建设工程项目，是指工程以及与工程建设有关的货物、服务。工程是指建设工程包括建筑物和构筑物的新建、改建、扩建及其相关的装修、拆除、修缮等。与工程建设有关的货物是指构成工程不可分割的组成部分，且为实现工程基本功能所必需的设备材料等。与工程建设有关的服务是指为完成工程所需的勘察、设计、监理等服务。

　　具有编制招标文件和组织评标能力的招标人，可以自行办理招标事宜，也可以自行选择招标代理机构，委托其办理招标事宜。依法必须进行招标的项目，招标人自行办理招标事宜的，应当向有关行政监督部门备案。

　　法定的招标方式分为两种，即公开招标和邀请招标。招标人应当根据招标项目的特点和需要编制招标文件。招标文件应当包括招标项目的技术要求、对投标人资格审查的标准、投标报价要求和评标标准等所有实质性要求和条件以及拟签订合同的主要条款。国家对招标项目的技术、标准有规定的，招标人应当按照其规定在招标文件中提出相应要求。招标项目需要划分标段、确定工期的，招标人应当合理划分标段、确定工期，并在招标文件中载明。

　　招标文件不得要求或者标明特定的生产供应者以及含有倾向或者排斥潜在投标人的其他内容。招标人根据招标项目的具体情况，可以组织潜在投标人踏勘项目现场。招标人不得向他人透露已获取招标文件的潜在投标人的名称、数量以及可能影响公平竞争的有关招标投标的其他情况。招标人设有标底的，标底必须保密。

　　招标人对已发出的招标文件进行必要的澄清或者修改的，应当在招标文件要求提交投标文件截止时间至少十五日前，以书面形式通知所有招标文件收受人。该澄清或者修改的内容为招标文件的组成部分。投标人编制投标文件所需要的合理时间，依法必须进行招标的项目，自招标文件开始发出之日起至投标人提交投标文件截止之日止，最短不得少于二十日。

　　投标人应当具备承担招标项目的能力，并且应当满足投标的资格条件。投标人应当按照招标文件的要求编制投标文件。投标文件应当对招标文件提出的实质性要求和条件作出响应。招标项目属于建设施工的，投标文件的内容应当包括拟派出的项目负责人与主要技术人员的简历、业绩和拟用于完成招标项目的机械设备等。

　　投标人应当在招标文件要求提交投标文件的截止时间前，将投标文件送达投标地点。招标人收到投标文件后，应当签收保存，不得开启。投标人少于三个的，招标人应当依法重新招标。投标人在招标文件要求提交投标文件的截止时间前，可以补充、修改或者撤回已提交的投标文件，并书面通知招标人。补充、修改的内容为投标文件的组成部分。

投标人根据招标文件载明的项目实际情况，拟在中标后将中标项目的部分非主体、非关键性工作进行分包的，应当在投标文件中载明。两个以上法人或者其他组织可以组成一个联合体，以一个投标人的身份共同投标。联合体各方均应当具备承担招标项目的相应能力；国家有关规定或者招标文件对投标人资格条件有规定的，联合体各方均应当具备规定的相应资格条件。由同一专业的单位组成的联合体，按照资质等级较低的单位确定资质等级。联合体各方应当签订共同投标协议，明确约定各方拟承担的工作和责任，并将共同投标协议连同投标文件一并提交招标人。联合体中标的，联合体各方应当共同与招标人签订合同，就中标项目向招标人承担连带责任。

招标文件是要约邀请，投标文件是对要约邀请进行的实质性响应，构成要约。招标人对投标人存在一些特殊要求，应当在招标文件中载明，并要求投标人在投标时做出实质性响应。投标人在投标文件中对招标文件中的某些实质性条件没有做出实质性响应，招标人必须做出反应，否则，发生法律效力的是要约而非要约邀请。

11. 如何做好招标投标资格预审风险管控？

招标人为了保障招标质量、提高招标效率，可以对潜在投标人进行资格预审。招标人采用资格预审办法对潜在投标人进行资格审查的，应当发布资格预审公告、编制资格预审文件。依法必须进行招标的项目的资格预审公告应当与招标公告一样，在国家发展改革委指定的媒介上发布。在不同媒介发布的同一招标项目的资格预审公告的内容应当一致。编制依法必须进行招标的项目的资格预审文件，应当使用国家发展改革委会同有关行政监督部门制定的标准文本。

招标人应当按照资格预审公告规定的时间、地点发售资格预审文件。资格预审文件的发售期不得少于5日。招标人应当合理确定提交资格预审申请文件的时间。依法必须进行招标的项目提交资格预审申请文件的时间，自资格预审文件停止发售之日起不得少于5日。

资格预审应当按照资格预审文件载明的标准和方法进行。国有资金占控股或者主导地位的依法必须进行招标的项目，招标人应当组建资格审查委员会审查资格预审申请文件。资格审查委员会及其成员应当遵守国家有关评标委员会及其成员的规定。资格预审结束后，招标人应当及时向资格预审申请人发出资格预审结果通知书。未通过资格预审的申请人不具有投标资格。通过资格预审的申请人少于3个的，应当重新招标。

招标人可以对已发出的资格预审文件进行必要的澄清或者修改。澄清或者修改的内容可能影响资格预审申请文件编制的，招标人应当在提交资格预审申请文件截止时间至少 3 日前，以书面形式通知所有获取资格预审文件的潜在投标人；不足 3 日的，招标人应当顺延提交资格预审申请文件的截止时间。潜在投标人或者其他利害关系人对资格预审文件有异议的，应当在提交资格预审申请文件截止时间 2 日前提出。招标人应当自收到异议之日起 3 日内做出答复；做出答复前，应当暂停招标投标活动。

招标人编制的资格预审文件的内容违反法律、行政法规的强制性规定，违反公开、公平、公正和诚实信用原则，影响资格预审结果或者潜在投标人投标的，依法必须进行招标的项目的招标人应当在修改资格预审文件后重新招标。

招标人终止招标的，应当及时发布公告或者以书面形式通知已经获取资格预审文件的潜在投标人。已经发售资格预审文件或者已经收取投标保证金的，招标人应当及时退还所收取的资格预审文件的费用，以及所收取的投标保证金及银行同期存款利息。

招标人有下列行为之一的，属于法定的以不合理条件限制、排斥潜在投标人：

（1）就同一招标项目向潜在投标人提供有差别的项目信息；

（2）设定的资格、技术、商务条件与招标项目的具体特点和实际需要不相适应或者与合同履行无关；

（3）依法必须进行招标的项目以特定行政区域或者特定行业的业绩、奖项作为加分条件或者中标条件；

（4）对潜在投标人采取不同的资格审查标准；

（5）限定或者指定特定的专利、商标、品牌、原产地或者供应商；

（6）依法必须进行招标的项目非法限定潜在投标人的所有制形式或者组织形式；

（7）以其他不合理条件限制、排斥潜在投标人。

招标人采用资格后审办法对投标人进行资格审查的，应当在开标后由评标委员会按照招标文件规定的标准和方法对投标人的资格进行审查。

12. 如何规范评标活动？

依法必须进行招标的项目，其评标委员会的专家成员应当从评标专家库内相关专业的专家名单中以随机抽取方式确定。任何单位和个人不得以明示、暗示等任何方式指定或者变相指定参加评标委员会的专家成员。依法必须进行招标的项目的招标人非因法定事由，不得更换依法确定的评标委员会成员。

招标人应当向评标委员会提供评标所必需的信息，但不得明示或者暗示其倾向或者排斥特定投标人。招标人应当根据项目规模和技术复杂程度等因素合理确定评标时间。超过三分之一的评标委员会成员认为评标时间不够的，招标人应当适当延长。评标过程中，评标委员会成员有回避事由、擅离职守或者因健康等原因不能继续评标的，应当及时更换。被更换的评标委员会成员作出的评审结论无效，由更换后的评标委员会成员重新进行评审。

评标委员会成员应当按照法律和招标文件规定的评标标准和方法，客观、公正地对投标文件提出评审意见。招标文件没有规定的评标标准和方法不得作为评标的依据。评标委员会成员不得私下接触投标人，不得向招标人征询确定中标人的意向，不得接受任何单位或者个人明示或者暗示提出的倾向或者排斥特定投标人的要求，不得有其他不客观、不公正履行职务的行为。

招标项目设有标底的，招标人应当在开标时公布。标底只能作为评标的参考，不得以投标报价是否接近标底作为中标条件，也不得以投标报价超过标底上下浮动范围作为否决投标的条件。

有下列情形之一的，评标委员会应当依法否决其投标：

（1）投标文件未经投标单位盖章和单位负责人签字；

（2）投标联合体没有提交共同投标协议；

（3）投标人不符合国家或者招标文件规定的资格条件；

（4）同一投标人提交两个以上不同的投标文件或者投标报价，但招标文件要求提交备选投标的除外；

（5）投标报价低于成本或者高于招标文件设定的最高投标限价；

（6）投标文件没有对招标文件的实质性要求和条件作出响应；

（7）投标人有串通投标、弄虚作假、行贿等违法行为。

投标文件中有含义不明确的内容、明显文字或者计算错误，评标委员会认为需要投标人作出必要澄清、说明的，应当书面通知该投标人。投标人的澄清、说明应当采用书面形式，并不得超出投标文件的范围或者改变投标文件的实质性内容。评标委员会不得暗示或者诱导投标人作出澄清、说明，不得接受投标人主动提出的澄清、说明。

评标完成后，评标委员会应当向招标人提交书面评标报告和中标候选人名单。中标候选人应当不超过 3 个，并标明排序。评标报告应当由评标委员会全体成员签字。对评标结果有不同意见的评标委员会成员应当以书面形式说明其不同意见和理由，评标报告应当注明该不同意见。评标委员会成员拒绝在评标报告上签字又不书面说明其不同意见和理由的，视为同意评标结果。

依法必须进行招标的项目，招标人应当自收到评标报告之日起 3 日内公示中标候选人，公示期不得少于 3 日。投标人或者其他利害关系人对依法必须进行招标的项目的评标结果有异议的，应当在中标候选人公示期间提出。招标人应当自收到异议之日起 3 日内做出答复；做出答复前，应当暂停招标投标活动。

国有资金占控股或者主导地位的依法必须进行招标的项目，招标人应当确定排名第一的中标候选人为中标人。排名第一的中标候选人放弃中标、因不可抗力不能履行合同、不按照招标文件要求提交履约保证金，或者被查实存在影响中标结果的违法行为等情形，不符合中标条件的，招标人可以按照评标委员会提出的中标候选人名单排序依次确定其他中标候选人为中标人，也可以重新招标。

13. 最低价中标法如何适用？

最低价中标法是当下建设工程领域使用较为广泛的选择承包商的评标方法。其评标原则是，由评标委员会对满足招标文件实质要求的投标文件，根据招标文件中规定的量化因素及量化标准进行价格折算，按照经评审的投标价由低到高的顺序推荐中标候选人，或根据招标人授权直接确定中标人，但投标报价低于其成本的除外。经评审折算的投标价相等时，投标报价低的优先；投标报价也相等的，由招标人自行确定。

评审标准一般分为初步评审标准和详细评审标准。初步评审标准主要指形式评审标准、资格评审标准、响应性评审标准、施工组织设计和项目管理机构评审标准，各项初步评审标准均由招标人根据项目的条件和自身的具体情况制定。经过资格预审的项目，按照资格预审阶段的标准评审；未经过资格预审的项目，按照报表文件载明的初步评审标准评审。详细评审标准主要是招标人为了进一步识别投标人在项目中的竞争能力，而设置的量化指标和具体的计算方式。

评标程序与评标标准相对应，包括初步评审和详细评审。评标委员会可以要求投标人提交招标公告中"投标人须知"规定的有关证明和证件的原件，以便核验。评标委员会依据招标文件评审载明的标准逐项进行初步评审。有一项不符合评审标准的，作废标处理。对于经过资格预审的招标投标项目，投标人在资格预算后企业信誉、财务能力、经营状况等方面发生重大变化的，评标委员会将会对其投标资格重新做出评估。

投标人的投标文件不满足招标公告实质性条件、存在串通投标或弄虚作假以及其他违法行为、不按评标委员会要求澄清说明或补正的，其投标将作废标处理。

投标报价有算术错误的，评标委员会会按以下原则对投标报价进行修正，修正的价格经投标人书面确认后具有约束力。投标人不接受修正价格的，投标作废标处理。(1)投标文件中的大写金额与小写金额不一致的，以大写金额为准；(2)总价金额与依据单价计算出的结果不一致的，以单价金额为准修正总价，但单价金额小数点有明显错误的除外。

详细评审。评标委员会按招标文件载明的量化因素和标准进行价格折算，计算出评标价，并编制价格比较一览表。评标委员会发现投标人的报价明显低于其他投标报价，或者在设有标底时明显低于标底，使得其投标报价可能低于其成本的，应当要求该投标人作出书面说明并提供相应的证明材料。投标人不能合理说明或者不能提供相应证明材料的，由评标委员会认定该投标人以低于成本报价竞标，其投标作废标处理。

投标文件的澄清和补正。在评标过程中，评标委员会可以书面形式要求投标人对所提交的投标文件中不明确的内容进行书面澄清或说明，或者对细微偏差进行补正。评标委员会不得接受投标人主动提出的澄清、说明或补正。澄清、说明和补正不得改变投标文件的实质性内容（算术性错误修正的除外）。投标人的书面澄清、说明和补正属于投标文件的组成部分。评标委员会对投标人提交的澄清、说明或补正有疑问的，可以要求投标人进一步澄清、说明或补正，直至满足评标委员会的要求。

评标结果。评标委员会按照招标文件的要求，提交评标结果。招标文件载明由评标委员会按照招标文件的规定直接确定中标人的，评标委员会依据授权直接确定中标人。其他情形，评标委员会按照经评审的价格由低到高的顺序推荐中标候选人。

评标委员会完成评标后，应当向招标人提交书面评标报告。

14. 综合评标法如何适用？

用综合评估法评标是指评标委员会对满足招标文件实质性要求的投标文件，按照招标文件规定的评分标准进行打分，并按得分由高到低顺序推荐中标候选人，或根据招标人授权直接确定中标人，但投标报价低于其成本的除外。综合评分相等时，以投标报价低的优先；投标报价也相等的，由招标人自行确定。

评审标准的设置分为定性评审标准和定量评审标准。定性评审标准是对投标文件的形式、投标人的资格、投标文件对招标文件的实质性响应等初步条件设置标准。定量评审标准是依据招标人的自身条件与项目的具体状况由招标人自行制定载明于招标文件中对项目施工组织设计、项目管理机构、投标报价等招标人关注的事项按权重分配分值的体系、评标基准价计算方式以及投标报价的偏差率计算方式。

评审程序包括初步评审和详细评审。评标委员会可以要求投标人提交招标公告中"投标人须知"规定的有关证明和证件的原件，以便核验。评标委员会依据招标文件评审载明的标准逐项进行初步评审。有一项不符合评审标准的，作废标处理。对于经过资格预审的招标投标项目，投标人在资格预审后企业信誉、财务能力、经营状况等方面发生重大变化的，评标委员会将会对其投标资格重新做出评估。

投标人的投标文件不满足招标公告实质性条件、存在串通投标或弄虚作假以及其他违法行为、不按评标委员会要求澄清说明或补正的，其投标将作废标处理。

投标报价有算术错误的，评标委员会按以下原则对投标报价进行修正，修正的价格经投标人书面确认后具有约束力。投标人不接受修正价格的，投标作废标处理。（1）投标文件中的大写金额与小写金额不一致的，以大写金额为准；（2）总价金额与依据单价计算出的结果不一致的，以单价金额为准修正总价，但单价金额小数点有明显错误的除外。

　　详细评审是评标委员会按照招标投标文件规定的量化因素和分值进行打分，并计算出综合评估得分。譬如，对施工组织设计计算出得分 A，对项目管理机构计算出得分 B，对投标报价计算出得分 C，对其他部分计算出得分 D；评分分值计算保留小数点后两位，小数点后第三位"四舍五入"；投标人得分 $=A+B+C+D$。评标委员会发现投标人的报价明显低于其他投标报价，或者在设有标底时明显低于标底，使得其投标报价可能低于其个别成本的，应当要求该投标人作出书面说明并提供相应的证明材料。投标人不能合理说明或者不能提供相应证明材料的，由评标委员会认定该投标人以低于成本报价竞标，其投标作废标处理。

　　投标文件的澄清和补正在评标过程中，评标委员会可以书面形式要求投标人对所提交投标文件中不明确的内容进行书面澄清或说明，或者对细微偏差进行补正。评标委员会不接受投标人主动提出的澄清、说明或补正。澄清、说明和补正不得改变投标文件的实质性内容（算术性错误修正的除外）。投标人的书面澄清、说明和补正属于投标文件的组成部分。评标委员会对投标人提交的澄清、说明或补正有疑问的，可以要求投标人进一步澄清、说明或补正，直至满足评标委员会的要求。

　　评标结果。评标委员会按照招标文件的要求，提交评标结果。招标文件载明由评标委员会按照招标文件的规定直接确定中标人的，评标委员会依据授权直接确定中标人。其他情形，评标委员会按照经评审的价格由低到高的顺序推荐中标候选人。

　　评标委员会完成评标后，应当向招标人提交书面评标报告。

15. 招标代理机制是如何变迁的？

　　2000 年 1 月 1 日，我们国家的《招标投标法》正式实施，为建立社会主义市场经济，规范招标投标市场奠定了法律基础。《招标投标法》对招标代理机构进行了专门的定义，规定招标代理机构是依法设立、从事招标代理业务并提供相关服务的社会中介组织。对于自身不具备招标能力的招标人可以委托招标代理机构进行招标。为了保障招标投标的质量，提高招标投标效率，《招标投标法》对招标代理机构进行招标代理活动设置了行政许可。

　　2000 年版《招标投标法》第十四条规定："从事工程建设项目招标代理业务的招标代理机构，其资格由国务院或者省、自治区、直辖市人民政府的建设行政主管部门认定。具体办法由国务院建设行政主管部门会同国务院有关部门制定。从事其他招标代理业务的招标代理机构，其资格认定的主管部门由国务院规定。

　　招标代理机构与行政机关和其他国家机关不得存在隶属关系或者其他利益关系。"

　　设置行政许可就是为了市场能够规范、顺利地实现交易。但是，随着我国市场经济的不断发展，市场参与者的素质不断提高，过多的行政权力进入市场所产生的弊端逐渐显现。招标投标代理机构市场准入行政许可就是其中之一。为此,自2013年以来,中央开始逐步放开招标投标代理机构的市场准入条件。

2013年12月,国务院出台《国务院关于取消和下放一批行政审批项目的决定》(国发〔2013〕44号文),取消了机电产品国际招标代理机构审批和通信建设项目招标代理机构资质认定。淡化行政对市场的干预。

2014年8月31日第十二届全国人民代表大会常务委员会第十次会议通过对《中华人民共和国政府采购法》修正案,取消了政府采购代理机构的资格认定。用法律的形式明确政府的权力退出招标投标代理市场,同年9月26日印发了《财政部关于做好政府采购代理机构资格认定行政许可取消后相关政策衔接工作的通知》(财库〔2014〕122号)。将法律的条款落实到政府购买的具体工作之中。

2017年7月31日《工程咨询行业管理办法》(中华人民共和国国家发展和改革委员会令第9号),暂停中央投资项目招标代理机构资格认定申请。

2017年,《住房城乡建设部办公厅关于取消工程建设项目招标代理机构资格认定加强事中事后监管的通知》(建办市〔2017〕77号)发布,同时,召开的第十二届全国人民代表大会常务委员会第三十一次会议审议通过《招标投标法修正案》,删去第十四条第一款,使得招标投标代理机构通过行政许可形成的资质市场壁垒失去了法律依据。修改后的《招标投标法》第十四条如下:

"招标代理机构与行政机关和其他国家机关不得存在隶属关系或者其他利益关系。"

国家发展改革委为了做好优化营商环境条例贯彻工作,对存在已过时效性、已被新的文件替代、相关任务已完成、调整对象已消失等情形的文件进行清理,其2020年8月7日发布的《国家发展改革委关于拟废止的规章和规范性文件目录公开征求意见的通知》中赫然载明中央投资项目招标代理资格。

2021年4月1日国家发展和改革委员会网站发布了《关于废止部分规章和行政规范性文件的决定》(中华人民共和国国家发展和改革委员会令第42号),正式废止《中央投资项目招标代理资格管理办法》(国家发展改革委令2012年第13号),标志着中央投资项目招标代理资格的彻底取消。

目前情形下,招标投标代理机构已经失去了资质的屏障,建设单位应当随之转变观念,从依赖招标代理机构的资质中解脱出来,用自身更大的精力和专业投入项目的招标投标。盲目地依赖招标投标代理机构,在过去二十年的实践中并没有取得期待的市场结果。未来招标投标代理市场进入完全市场竞争状况,交易者对自己的交易承担完全责任。

16. 如何选择招标投标代理机构?

建设工程招标投标是建设单位利用市场机制选择施工单位,实现买卖双方交易的有效方式。对于成熟的建设单位而言,可以自己通过招标投标机制选择到最有竞争力的施工单位,从而实现资源的最佳组合。对于新进入建筑工程领域的建设单位,由于缺乏应有的建设工程领域的专业知识,不能够通过专业的语言来表述自己所期待建设的工程项目的基本情况,因此,选择招标投标代理机构为其补齐专业上的短板就变成了不二的选择。

建设单位通常依据以下三方面选择招标代理机构。

(1) 招标方案的制定

在招标方案制定阶段,招标代理机构必须要为招标人解决两个问题:第一,招标的项目是否要进行资格预审;第二,采取何种方式选择中标人?

建设工程招标投标公告是向不特定的潜在投标人发出要约邀请,希望潜在投标人对招标人发出要约。由于潜在投标人具有不特定性,因此,参与竞标的投标人良莠不齐。资格预审方式可以先期淘汰一批与招标项目条件差异较大的潜在投标人,以减轻招标投标的工作量,提高招标投标的准确性。资格预审条件的设置体现着招标投标代理机构对项目的了解深度以及对当地招标投标市场的洞察程度,能否通过资格预审实现对潜在投标人的"去伪存真"是考验招标投标代理机构专业性的基本功力。

定标方式,招标投标代理机构在早期招标方案设计阶段,应当与建设单位明确定标之主要方法。定标方法通常有以下几种。

1) 委托招标投标机构评选出优选方案,排出前三名顺序,由招标人在前三名中确定。

2) 由招标人委托评标委员会负责定标。

3) 招标人委托招标机构提出中标意见,经过招标人同意,后报有关主管机关最终确定中标人。

在招标代理合同中,建设单位选择不同的定标方式,意味着招标代理机构承担不同的招标代理风险,因此,采取何种方式定标,应在招标方案制定的时候确定。

(2) 招标文件编制

招标投标是建设工程承包交易的重要方式,在这个交易过程中,买方潜在投标人无法与卖方招标人当面进行商业谈判,只能通过招标文件了解招标人的意图,因此,招标文件的内容能否真实、准确、完整地体现招标人选择投标人的要求、最大限度地吸引潜在投标人投标,都完全体现在招标代理机构编制的招标文件之中。

在招标投标文件中，主要包含三份文件：第一工程量清单，第二合同文本，第三评标办法。工程量清单编制招标投标单位应当严格按照《建设工程工程量清单计价规范》GB 50500 的要求进行编制。建设单位期待利用招标投标文件中的工程量清单，对建设工程的造价进行预测，应当交由具有造价工程师资格的专业人员完成。招标投标代理机构在代理服务过程中，通常不含此项业务内容。同时，招标投标代理机构应当根据招标项目的特点和招标人专业、技术状况为招标人提供招标投标文件中的合同文本。这种合同文本在当下有三种公开的格式文本供选择：第一，FIDIC 合同条件；第二，标准施工招标文件；第三，建设工程施工合同（示范文本）。但是，许多招标代理机构往往并不向建设单位提供这三种合同文本，而是提供其认为最为符合招标人的合同文本。招标代理机构所提供的合同文本仅作为招标投标文件中的一部分使用，其并不能够完全真实、准确、完整地体现招标人的意图。招标人对合同文本条款的风险的把控，应当另行聘请专业的律师对合同文本进行相应的把控。在招标投标代理合同中，一般情况下，招标代理机构对合同文本的真实、准确、完整性不承担责任，招标代理合同的标的是为招标人选择最符合的投标人。招标投标代理机构应当根据其工作经验和专业水准以及当地的市场状况为招标人编制针对招标项目的评标办法，以最大限度地保证最优秀、最适合项目的潜在投标人中标。

（3）招标投标程序执行

在招标投标过程中，招标投标代理机构应当做到以下三点：第一，选择评标委员会专家。招标代理机构应当在当地政府所设置的评标专业委员会专家库中，按照有关规定，依法选择评标委员会专家。第二，组织评审，按照招标文件规定的评标流程和评标办法进行评标，在招标投标过程中所遇到的相关问题，应当及时与招标人沟通并进行协调处置。第三，评标结果出来之后，招标代理人应当向招标人提交评标报告，完成招标代理合同中招标人合同项下的义务。

17. 招标文件编制的基本依据是什么？

招标投标活动是一种市场经济活动，具有多样性。在这种具有多样性的招标投标活动中，如何使每一位潜在投标者的行为具有可比性，使招标人能够从中选择出最具有竞争力的投标人，是招标投标活动需要解决的首要问题。正如参加跑步比赛的选手，如果没有任何规则，每个参赛者向各自选择的方向奔跑，这种比赛不可能选择出竞赛中的优胜者。为了能够使每一位参赛者的跑步具有可比性，将它们全部纳入跑道，分为 100m 组、200m 组、400m 组等分别进行比赛，就很容易在竞赛中识别出优胜者。建设工程招标投标也是这样，为了便于识别建设工程招标投标过程中的优胜者，国家修订、颁布了一系列建设工程计价规范，形成了一个建设工程计价体系，以规范工程造价计价行为，统一建设工程工程量清单的编制和计价方法。

规范将建设工程造价分为五部分：分部分项工程费、措施项目费、其他项目费、规费、税金。分部分项工程包括房屋建筑与装饰工程、仿古建筑工程、通用安装工程、市政工程、园林绿化工程、矿山工程、构筑物工程、城市轨道交通工程、爆破工程等等。措施项目费包括安全文明施工费、夜间施工增加费、二次搬运费、冬雨期施工增加费、已完工程及设备保护费、工程定位复测费、特殊地区施工增加费、大型机械进出场及安拆费、脚手架工程费等等。其他项目费包括暂列金额、计日工、总承包服务费等。规费包括社会保险费、住房公积金、工程排污费。社会保险费包含养老保险费、失业保险费、医疗保险费、生育保险费、工伤保险费等等。税金包括增值税、城市维护建设税、教育附加费、地方教育附加费等等。以上的分部分项工程费、措施项目费、其他费用三项构成建设工程施工过程中的人工费、材料费、施工机具使用费、企业管理费、利润。

分部工程是单项或单位工程的组成部分，是按结构部位、路段、长度及施工特点和施工任务，将单项或单位工程划分为若干部分的工程。分项工程是分部工程的组成部分，是按不同施工方法、材料、工序、路段长度等将部分工程划分为若干个分项或项目的工程。措施项目是为完成工程项目施工发生于该工程施工准备和施工过程中的技术、生活、安全、环境保护等方面的项目。招标工程量清单、招标控制价、投标报价、工程计量、合同价款调整、合同价款结算与支付以及工程造价鉴定等工程造价文件的编制与核对，必须由具有专业资格的工程造价人员承担，承担工程造价文件的编制与核对的工程造价人员及其所在单位对工程造价文件的质量承担责任。

招标人与招标代理机构形成的招标代理合同是委托合同。尽管招标代理机构具有一定的专业性，但是，代理合同的法律性质决定了代理机构在委托人授权范围之内所从事的招标投标行为的法律后果由招标人承担。因此，招标人对委托给招标投标代理机构的招标投标项目不能当甩手掌柜，对招标投标文件编制的基本原则和内容必须有所了解。

18. 如何界定综合单价所含风险？

综合单价是清单计价的灵魂，是我们国家建设工程领域由过去的计划经济体制下的定额计价向市场经济风险定价改革的标志性举措。综合单价所对应的工程量边界是否清晰，所含工作内容是否稳定，是关系到综合单价能否实际落实的关键。为此《建设工程工程量清单计价规范》GB 50500 对工程量清单编制做了明确规定。

编制工程量清单的依据：

（1）《建设工程工程量清单计价规范》GB 50500 和相关工程的现行国家计量规范；

（2）国家或省级、行业建设主管部门颁发的计价定额和办法；

（3）建设工程设计文件及相关资料；

（4）与建设工程项目有关的标准规范及技术资料；

（5）拟定的招标文件；

（6）施工现场情况、地勘水文资料、工程特点及常规施工方案；

（7）其他相关资料。

工程量清单是指载明建设工程分部分项工程项目、措施项目、其他项目的名称和相应数量以及规费、税金项目等内容的明细清单。工程量清单分为招标工程量清单和已标价工程量清单。招标工程量清单，是指招标人依据国家标准、招标文件、设计文件以及施工现场实际情况编制的随招标文件发布，供投标人投标报价的工程量清单及说明和表格。已标价工程量清单是构成合同文件组成部分的投标文件中已标明价格且承包人已确认的工程量清单。

以《房屋建筑与装饰工程工程量计算规范》GB 50854 为例。

工程量清单的项目编码由 12 位阿拉伯数字表示，1～9 位按该规范附录的规定设置，10～12 位根据拟建工程的工程量清单项目名称和项目特征设置，同一招标工程的项目编码，不得有重复码。各位数字的含义是 1～2 位为专业工程代码，01 房屋建筑与装饰工程、02 仿古建筑工程、03 通用安装工程、04 市政工程、05 园林绿化工程、06 矿山工程、07 构筑物工程、08 城市轨道交通工程、09 爆破工程；3～4 位为该附录分类顺序码；5～6 位为分部工程顺序码；7～9 位为分项工程项目名称顺序码；10～12 位为清单项目名称顺序码。

工程量清单中每一个项目编码对应的价格为综合单价。综合单价是指完成一个规定清单项目所需的人工费、材料费、工程设备费、施工机具使用费、企业管理费、利润以及一定范围内的风险费用。风险费用是指隐含于已标价工程量清单综合单价中，用于化解承发包双方在工程合同中约定的内容和范围内的市场价格波动风险的费用。在标价工程量清单中的综合价格中，均已包含了所对应的编码项目的市场风险，在编码项目以外出现的市场波动的风险，应当由招标人承担。

工程成本是指承包人为实施合同工程，并达到质量标准，在确保安全施工的前提下，必须消耗或使用的人工材料、工程设备、施工机械台班以及管理等方面发生的费用和按规定缴纳的规费和税金。投标人投标报价不得低于工程成本。

企业定额是指施工企业根据本企业的施工技术、管理水平而编制的人工、材料、施工机械台班等的消耗标准。是施工企业根据自身具有的管理水平，拥有的施工技术和施工机械装备水平，而编制的完成一个工程量清单中编码项目所需的人工、材料、施工机械台班等的消耗标准，企业定额是施工企业内部编制施工预算，进行施工管理的重要标准，也是施工企业对招标工程进行投标报价的重要依据。

招标工程量清单必须作为招标文件的组成部分，其准确性和完整性应由招标人负责。

19. 如何应对控标价之风险?

招标投标文件编制的主要成果之一就是建设单位按照招标文件清单载明的工程量编制出建设项目的招标控制价。所谓招标控制价是指招标人根据国家或省级行业建设主管部门颁发的有关计价依据和办法，以及拟定的招标文件和招标工程量清单，结合工程的具体情况编制的招标工程的最高投标限价。投标人提交的投标报价高于项目的招标控制价，投标文件自动作为废标处理。

建设工程领域招标设置控标价也称为拦标价，是当前招标投标市场的主流模式。这种模式能够使建设单位有效地控制投资成本，快速淘汰建设成本较高的企业，集中精力关注接受其拦标价的投标人。

在市场经济条件下，建设单位也是一个追求自身利益最大化的主体，因此在拦标价招标投标模式的引导下，其所设置的拦标价会不断降低，直至逼近企业的平均成本。政府项目提出的拦标价虽然具有市场平均水平，但是对于追求利益最大化紧贴着政府的拦标价投标，往往不能中标；对政府项目志在必得的投标人，他们会主动降低自己的投标价格，以增强自身的竞争力，因此即使拦标价设置得有一定的利润空间，在市场经济规律的作用下，投标人所报出的投标价格，也基本是踩着自身的成本线。

对建设工程施工单位而言，在招标投标市场，经常会处在一种困惑的状态。究竟以什么样的报价去获得工程项目? 对拦标价设置较低的项目，自己在测算所建工程的成本时都发现拦标价比自己的成本还低。在市场的竞争下仍然对企业自身成本形成压力。寻遍天下的建设工程项目，基本如此，不会哪个工程出现令人眼前一亮的情形，这是市场的大环境所决定的。在这种恶劣的市场竞争环境下，施工单位要不要去投标? 去投标，明明知道工程做下来要亏损还去投，无异于饮鸩止渴；不去投标，接不进业务，发不出工资，企业人员都留不住，无异于等死。

在经济领域出现僵局，市场化应当是我们选择的方向。因此作为施工单位还是应当勇敢地去投标，即使投标是饮鸩止渴。鸩是怎么? 鸩是毒汁的意思。饮鸩止渴的意思是通过喝毒汁来解渴。这当然不是长久之计，只是解决燃眉之急。饮鸩止渴之后还能苟延残喘，在苟延残喘期间，如果能够找到解药，降低毒汁的毒性，饮鸩止渴就有可能挺过来。招标投标也是这样，中标之后，并不意味着万事大吉，中标单位应当具有强烈的饮鸩止渴的意识，不断地寻找解药，降低毒汁的毒性。有些人或许会想到，既然饮鸩之后可以喝解药，那么在饮鸩之前喝些解药再去饮鸩，就可以更大限度地限制毒性的发作。投标也是如此。

在建设工程领域，要将招标的毒汁化解为美酒有两副解药：第一副是招标投标过程中的不平衡报价；第二副是合同履行过程中的工程索赔。

在当前建筑市场过度竞争的状况下，任何一家施工单位，希望通过在市场上的招标投标获得一个利润可期的建设工程施工项目都是不现实的。市场经济告诉我们，在市场竞争中的每一个参与主体的边际效用是趋于相同的。施工单位要想获得期待的利润或者说在残酷的市场竞争中活下来，其唯一的路径是提高自己的专业水平，专业的体现便是不平衡报价和索赔的实现。

20. 建设工程结算依据是什么时候锁定的？

建设工程领域的招标投标活动是形成建设工程施工合同的法定程序，对于必须招标的建设工程项目，法律规定招标人与投标人应当在中标之日30天以内签订中标合同。

我们国家当下的建设工程市场是卖方市场，建设单位在建筑工程项目承包权交易过程中，处在不可撼动的地位，招标投标文件中所附的合同文本中的霸王条款屡见不鲜，这对控标价本来就偏低的投标人来讲更是雪上加霜。

施工单位以饮鸩止渴的精神去投标，每中标一个项目都相当于在自己的脖子上套上了一根生死索。施工单位要摆脱在交易过程中的不利地位，只有在项目中标、签订中标施工合同之后，将套在脖子上的绳索剪断，才能既拿到项目的承包权，又摆脱交易的不利局面。但是合同签订之后，法律效力已经发生，要改变合同的效力以及合同中约定的条款，在法律上已经不可能。如果施工单位能够在招标投标阶段找到招标投标过程中存在的违法情形，先将招标投标过程打入违法境地，再将中标合同认定为违法，这样就能实现中标合同无效的目的，解开套在脖子上的生死索。

依据《招标投标法》，直接导致招标投标无效的情形如下：

（1）依法必须进行招标的项目的招标投标活动，违反《招标投标法》和《招标投标法实施条例》的规定，对中标结果造成实质性影响，且不能采取补救措施予以纠正的，招标、投标、中标无效。

（2）招标代理机构违反法律规定，泄露应当保密的与招标投标活动有关的情况和资料的，或者与招标人、投标人串通损害国家利益、社会公共利益或者他人合法权益，影响中标结果的，中标无效。

（3）依法必须进行招标的项目的招标人向他人透露已获取招标文件的潜在投标人的名称、数量或者可能影响公平竞争的有关招标投标的其他情况的，或者泄露标底影响中标结果的，中标无效。

（4）投标人相互串通投标或者与招标人串通投标的，投标人以向招标人或者评标委员会成员行贿的手段谋取中标的，中标无效。

（5）投标人以他人名义投标或者以其他方式弄虚作假骗取中标的，中标无效。

（6）依法必须进行招标的项目，招标人违反本法规定，与投标人就投标价格、投标方案等实质性内容进行谈判影响中标结果的，中标无效。

（7）招标人在评标委员会依法推荐的中标候选人以外确定中标人的，依法必须进行招标的项目在所有投标被评标委员会否决后自行确定中标人的，中标无效。

（8）中标人将中标项目转让给他人的，将中标项目肢解后分别转让给他人的，将中标项目的部分主体、关键性工作分包给他人的，或者分包人再次分包的，转让、分包无效。

以上八种情形的招标投标行为，都会导致中标合同无效。对于施工单位而言，其在决定参与投标之时，就应当决定该项目是准备签订一份合法有效的中标合同，还是要致力于将签订的中标合同无效，从而选择不同的投标策略。招标投标过程的合法与否，直接关系到建设工程项目未来结算依据的选择。不同的结算依据，自然会有不同的结算金额。这种决算依据的主导权，不仅仅在施工单位，建设单位同样享有。这为建设工程施工竣工结算带来了极大的不确定性。我们说对建设工程项目全过程风险管理，起点就是从决定参加投标开始。无论是建设单位还是施工单位，这第一步不能做出坚实有力的选择，在整个项目的全生命周期内，都将处在被动的地位。

21. 如何认定串通投标？

我们国家的建设工程招标投标市场，目前处在一种过度竞争的状况。在这种恶劣的竞争环境下，招标人、投标人在招标投标过程中，为了实现自己预期的招标投标目的，可谓手段新奇、花样百出。对于建筑领域成熟的建设单位，其有长期合作的建设工程施工单位，因此，希望通过招标投标方式实现与其长期合作的施工单位中标，这种操作手段涉嫌串通投标。对于新近进入建筑工程领域的建设单位，其建设工程领域资源匮乏、信息闭塞，自身缺乏能力对不同的潜在投标人进行比较，故而或多或少都倾向于在招标投标开始之前就对潜在投标人进行考察，以增加招标投标的成功率。因此，串通投标在招标投标市场属于形式最多、频率最高引发建设工程合同无效的缘由。

政府工程，依据《招标投标法》和《招标投标法实施条例》的规定，政府采购建设工程有关的货物、服务，采用招标投标方式的适用《招标投标法》和《招标投标法实施条例》，政府采购工程依法不进行招标的，可以采用竞争性谈判或单一来源采购方式，因此，对政府选择非招标方式采购工程、货物和服务的，不存在串通投标的事实基础。

民营企业投资的建设工程项目，除了法定的必须招标投标的项目以外，目前绝大多数建筑工程项目都不属于法定必须招标的范围，但是如果建设单位采取招标投标方式选择施工单位，则适用《招标投标法》。

串通投标主要有以下情形。

（1）有下列情形之一的，属于投标人相互串通投标：

1）投标人之间协商投标报价等投标文件的实质性内容；

2）投标人之间约定中标人；

3）投标人之间约定部分投标人放弃投标或者中标；

4）属于同一集团、协会、商会等组织成员的投标人按照该组织要求协同投标；

5）投标人之间为谋取中标或者排斥特定投标人而采取的其他联合行动。

（2）有下列情形之一的，视为投标人相互串通投标：

1）不同投标人的投标文件由同一单位或者个人编制；

2）不同投标人委托同一单位或者个人办理投标事宜；

3）不同投标人的投标文件载明的项目管理成员为同一人；

4）不同投标人的投标文件异常一致或者投标报价呈规律性差异；

5）不同投标人的投标文件相互混装；

6）不同投标人的投标保证金从同一单位或者个人的账户转出。

（3）有下列情形之一的，属于招标人与投标人串通投标：

1）招标人在开标前开启投标文件并将有关信息泄露给其他投标人；

2）招标人直接或者间接向投标人泄露标底、评标委员会成员等信息；

3）招标人明示或者暗示投标人压低或者抬高投标报价；

4）招标人授意投标人撤换、修改投标文件；

5）招标人明示或者暗示投标人为特定投标人中标提供方便；

6）招标人与投标人为谋求特定投标人中标而采取的其他串通行为。

施工单位参加投标，要保障投标项目的合法有效，仅仅做到以上各条还是远远不够的。但是要将招标投标置于无效的境地，在以上各条中选择自己最容易实现的一项实施，不妨是一种较有价值的参考线索。

22. 最低投标价中标前景如何？

2000 年，《招标投标法》实施。《招标投标法》所调整的对象是中国境内的所有招标投标活动。为了对建设工程的招标投标活动进行更有针对性的指导、规范，2003年出台了《工程建设项目施工招标投标办法》（七部委 30 号令）。在当时的社会背景下，建设工程项目都是实行审批制，建设工程项目招标投标的范围、招标方式、招标组织形式等事宜均在项目申报可行性研究报告时由项目审批部门批准。招标投标方式的选择并不是由建设单位自行决定，直到 2004 年国家实行投资体制改革之后，对民营企业投标方式的选择逐步放开，对于政府项目以及国有企业投资的项目的招标投标范围和方式，仍然是批准、核准制。

21 世纪初，我们国家建设工程领域进入高速发展阶段，施工建设工程领域市场完全放开二十余年，对"看不见的手"会在市场中发挥怎样的作用已经有所感觉，仅仅以最接近投标底价者中标的招标投标模式，已经为官方所否定。30 号令规定，标底由招标人自行编制或委托中介机构编制，一个工程只能编制一个标底。同时规定，招标人设有标底的，标底在评标中应当作为参考，但不得作为评标的唯一依据。当时的招标投标市场中设定标底是招标投标方式的主要形式，这种形式在实践中逐步演变为仅仅依据投标人的报价与标底的吻合度决定中标人。其弊端也不断地显现出来，最为突出的是标底必须要保密，尽管标底的编制以及标底的数据都是处在招标人极其保密的监控下，但是标底不胫而走的情况还是屡屡发生，招标投标模式沦为虚设。国家为此下力气严厉肃清招标投标市场，加大对招标投标违法行为的打击力度，标底泄密状况得到有效遏制，与之相对应的另外一种投标模式应运而生。所有投标人心照不宣，将投标报价抬高，造成所有投标人的报价都远高于建设单位编制的标底，形成一种新的市场生态环境。建设单位就是选择最低价中标，其报价也远远高于预算价格，这对政府投资项目而言，突破预算是不能够接受的；选择废标，重新招标。但在这种新的市场生态环境下，重新招标仍然改变不了新一批投标人抬高投标报价的市场行为。

为了改变这种市场交易生态中的被动局面，建设单位尤其是政府方不得不选择最高限额报价的方式，并逐步成为建设工程项目市场招标投标的主流形式。这种招标方式从根本上改变了投标单位"挟市场令业主"的市场格局。其反面是，投标人陷入了自相残杀的市场竞争境地。

建设工程项目招标投标编制标底，并且在评标当中不得作为评标的唯一依据，以此为核心所安排的招标投标模式，是希望投标人以标底为中心形成一种服务的竞争。对于一个政府项目，想在当时的情况下，按照政府定额编制投标文件与项目的标底相差不会太大，那么能够拉开差距的就是投标人提供的差异化服务。这个服务项中最有竞争力的就是技术。这种竞争模式下所形成的是，通过技术竞争推动企业不断发展与进步。遗憾的是，在当时的社会市场环境下，市场不接受以服务为主导的竞争，逼迫以市场价格为竞争的模式走入前台。30 号令中"招标项目可以不设标底，进行无标底招标"的规定发挥了其存在的价值。

《招标投标法实施条例》以法律的形式确认了招标控制价的市场地位。第二十七条规定："招标人设有最高投标限价的，应当在招标文件中明确最高投标限价或者最高投标限价的计算方法。招标人不得规定最低投标限价。"第五十一条第五项规定："投标报价低于成本或者高于招标文件设定的最高投标限价的，评标委员会应当否决其投标。"

一种商业模式好还是不好，不是在于这种商业模式的内在结构，而是取决于这种商业模式是否与当地的市场生态环境相容。目前备受诟病的最低价中标模式之所以还能在建设工程市场大行其道，是我国现阶段市场发展选择的结果，同时又得到《招标投标法实施条例》的确认。

23. 如何理解适用不平衡报价？

我们国家建设工程招标投标报价体系改革是从过去计划经济体制下以定额为基础报价，转变为以市场价格为基础报价，与之相配套的是工程量计价规范的颁布与实施。2003 年《建设工程工程量清单计价规范》GB 50500 颁布，标志着我们国家建设工程招标投标进入了清单计价时代。2008 年对清单计价规范进行了修改，2013 年对 2008 年清单计价规范再次做了修改，使之更加符合我们国家建设工程市场的状况。

清单计价的计价结构是实行量价分离。建设工程的工程量最终按照投标人实际完成应予计量的工程量计量。这相对来讲比较客观，也比较容易测量。工程量清单中各子项目的报价，由各个投标人依据各自在当地市场的竞争能力、资源配置水平自行报价。量和价乘积之和构成整个建设工程的造价。

工程量清单计价体系下的招标控制价的设定，并且不断走低，是不平衡报价成为当今在建筑工程市场上对抗招标控制价的有效武器。

不平衡报价是指投标人在不突破建设工程项目招标控制价的前提下，通过研究发现招标文件中工作量清单分部分项栏目下各子项目工程量与实际发生工程量可能存在的差异，做出价格调整，以保证投标总报价不变，在不影响中标的前提下，使结算时实现更好的经济效益的报价方式。不平衡报价，总体来讲有两种方式：一种称为刚性的不平衡报价，指的是通过分部分项工程子项目中的数量的差异来调整综合单价，当实际发生的工程量变化与投标人预计工程量变化相吻合时，投标人即可获得合同以外的利益。第二种模式为软性的不平衡报价，是指通过应收账款回收时间的安排，增加投标人资金的周转效率，提高资金利用率，从而实现降低资金成本，增加项目收益。

不平衡报价中通常常有以下几种具体的方式。

（1）投标人根据其工作经验和专业水准，判断出工程量清单中载明的工程量比实际将要发生的工程量要少，由此提高此项目综合单价报价，同时降低工程量小的子项目的综合单价，以保证总价平衡。

（2）对于工程量清单中没有列明工程量的项目，可以选择提高报价。

（3）对计日工，由于未来使用量的发生具有不确定性，可以选择提高报价。

（4）对于工程量清单表述不清楚或者施工图纸中可能存在错误之处，可以选择较低的报价，待工程量清单明晰或施工图纸变更，获得一个重新报价的机会。

（5）对招标人尚未确定是否纳入承包范围的暂定价项目，需要对招标人的意图有较为准确的判断。纳入承包范围的可能性偏大的，可以提高报价；纳入承包范围可能性不大的，不必过于关注。

　　不平衡报价是招标人与投标人专业水平博弈的主战场。招标人专业水平不高、编制的工程量清单不准确，其后果是给投标人带来不平衡报价的机会。一旦不平衡报价投标人中标，招标人随即面临投资失控的风险。投标人在突破招标控制价的博弈中，拔得头筹。对于一个专业水平高、责任心强的建设单位发出的招标文件中包含的工程量清单，施工单位要通过不平衡报价获得合同以外的利益，属于小概率事件。

　　不平衡报价隐含在投标人的投标文件之中，我们知道，投标文件发给招标人是要约，招标人向投标人发出中标通知书是承诺，要约与承诺是法律上构成合同的要件。因此，中标人一旦中标，合同具有法律效力。招标人以投标文件审核不严，投标单位缺乏诚信使用不平衡报价手段骗取中标等等抗辩，都不能对抗要约与承诺的法律效力。招标人依法应当对自己不能识别不平衡报价的风险承担不利的法律后果。

24. 如何确定建设工程施工合同实质性条款？

　　建设工程施工合同是经过法定的招标投标程序后，经当事人双方签订而成立。合同内容的调整，不仅改变招标人和投标人的权利和义务，而且对其他的投标人也构成不公平。因此，《招标投标法》第四十六条规定："招标人和中标人应当自中标通知书发出之日起 30 日内，按照招标文件和中标人的投标文件订立书面合同。招标人和中标人不得再订立背离合同实质性内容的其他协议。"法律这样的规定就是为了维护招标投标形成的合同的权威性。

　　但是建设工程施工合同是一个涉及专业面广、施工时间长、专业难度大的社会经济活动。在建设工程施工过程中，由于社会经济环境以及招标投标人自身情况的变化，不可避免地会出现一些与签订合同时的情形不相符的新情况。面对这些情况，招标人和投标人签订的补充协议是否有效，就成为实践中经常发生争议的焦点。有效论者坚持在市场经济条件下契约自由。招标人和投标人只要是表达双方的真实意思，即可签订新的协议对原中标的合同进行修改。在这一种理论的引导下，招标方与投标方达成新的协议，固然有利于项目建设的顺利进行，但是补充协议的内容对中标合同的修改到什么程度构成实质性的背离，法律并没有给出一个明确的定义。因此，在建设工程实践过程中，就会出现一些匪夷所思的补充协议。譬如，某县修建一条公路，由县城通向甲地，公路长度 20km，总投资 6 亿元。施工单位中标后，招标人向施工单位发出工程变更单，要求将公路从县城修建至乙地。施工单位通过对新的公路的初步勘察发现，新公路的地质条件与中标公路的地质条件有着较大的差异，因此要求就地质条件差异形成的公路造价增加给予补偿。招标单位认为这属于合同的变更，公路长度仍然是 20km，因此不同意增加工程造价。

为了解决实践中对实质性内容理解不一的问题，2005 年最高人民法院颁布了《司法解释》，其中第二十一条规定："当事人就同一建设工程另行订立的建设工程施工合同与经过备案的中标合同实质性内容不一致的，应当与备案的中标合同作为结算工程价款的依据。"该条款虽然没有对合同实质性内容进行界定，但是解决了建设工程在结算时，当出现不同的合同文本时，究竟采用哪一份合同作为结算依据的现实问题。一度形成了行业的共识。

以备案的中标合同作为结算工程价款的依据，在司法实践中，永远是一家欢喜一家愁。原被告双方一方要求以备案的合同作为结算的依据，另一方则坚持经备案的合同不是双方真实意思的表示，仅仅是办理备案手续之用，不应当作为工程价款结算的依据。在这一对峙中，有声音呼吁，适用《司法解释》第二十一条以备案的中标合同作为工程款的结算依据是有前提条件的。前提条件就是经过备案的中标合同必须是合法、有效的。如果经过备案的中标合同是一份无效的合同，凭什么一份无效的合同经过政府备案之后，就比其他无效的合同具有更高的法律效力，法理依据何在？依据法律规定无效合同自始无效，不可能在经过政府备案之后而具有适用性效力。在这种声音压力下，备案的中标合同作为结算工程价款的依据在司法裁判中出现动摇。

2021 年 1 月 1 日颁布的《司法解释（一）》第二条规定："招标人和中标人另行签订的建设工程施工合同约定的工程范围、工期、质量、价款与中标合同不一致，一方当事人请求按照中标合同确定权利义务的，人民法院支持。"该条款废除了《司法解释》第二十一条，将建设工程实质性内容定界定为工程范围、建设工期、工程质量、工程价款，也就是说这四项内容不变的情况下，招标人和中标人可以签订补充协议，并且具有法律效力。签订的补充协议改变工程范围、工期、质量、价款的，双方没有争议，以双方当事人意思表示为准，一旦有一方当事人对补充协议内容不予认可，要求按照中标合同确定权利义务的，人民法院将给予支持。更进一步，如果双方当事人对中标合同的内容发生争议，认为中标合同的实质性内容与招标投标文件中载明的实质性内容不一致的，一方当事人请求按照招标文件、投标文件、中标通知书作为结算工程价款依据的，人民法院也给予支持。《司法解释（一）》第二十二条所表述的就是这层意思。

25. 如何开展建设工程总承包招标投标？

我们国家的《招标投标法》调整的是中华人民共和国境内的所有招标投标活动。《招标投标法》实施之后，国家发展改革委出台了建设工程项目施工招标投标管理办法，住房和城乡建设部出台了《建筑工程设计招标投标管理办法》分别对建设工程项目施工和设计招标投标进行规范。2019 年，住房和城乡建设部出台了《住房和城乡建设部　国家发展改革委关于印发房屋建筑和市政基础设施项目工程总承包管理办法的通知》（建市规〔2019〕12 号）对实施建设工程总承包进行了规范，但是对建设工程总承包招标投标如何实施，国家一直没有明确的指导意见。

国家推行建设工程总承包，是希望实现建设工程施工与设计深度融合，以实现建设方、施工方的社会效率同步提升，这对于我们国家来讲是一件新生事物。尽管是一件好的新生事物，国家并没有要求所有的建设单位、施工单位都采取建设工程总承包方式，而是强调建设单位应当根据项目情况和对项目的管理能力，有选择地采用建设工程总承包方式。

根据我们国家建设工程领域的经验积累，建设内容明确、技术方案成熟的项目才适宜采用工程总承包方式。企业投资的项目应当在项目核准或者备案后对工程项目进行发包；政府投资项目应当在初步设计完成之后进行发包。建设工程总承包范围内的设计、施工、采购只要有一项达到国家强制招标投标范围的，整个总承包项目都应当进行招标投标。

建设工程项目总承包招标公告或者投标邀请书应当至少载明下列内容：

（1）招标人的名称和地址；

（2）招标项目的内容、规模、资金来源；

（3）招标项目的实施地点和工期；

（4）获取招标文件或者资格预审文件的地点和时间；

（5）对招标文件或者资格预审文件收取的费用；

（6）对招标人的资质等级要求。

招标人应当按招标公告或者投标邀请书规定的时间、地点出售招标文件或资格预审文件。自招标文件或者资格预审文件出售之日起至停止出售之日止，最短不得少于五个工作日。招标人可以根据招标项目本身的特点和需要，要求潜在投标人或者投标人提供满足其资格要求的文件，对潜在投标人或者投标人进行资格审查。

建设单位应当根据招标项目的特点和需要编制工程总承包项目招标文件，主要包括以下内容：

（1）投标人须知；

（2）评标办法和标准；

（3）风险分担；

（4）拟签订合同的主要条款；

（5）发包人要求，列明项目的目标、范围、设计和其他技术标准，包括对项目的内容、范围、规模、标准、功能、质量、安全、节约能源、生态环境保护、工期、验收等的明确要求；

（6）建设单位提供的资料和条件，包括发包前完成的水文地质、工程地质、地形等勘察资料，以及可行性研究报告、方案设计文件或者初步设计文件等；

（7）投标文件格式；

（8）未中标的设计方案补偿办法；

（9）要求投标人提交的其他材料。

招标文件应当明确规定评标时除价格以外的所有评标因素，以及如何将这些因素量化或者据以进行评估。在评标过程中，不得改变招标文件中规定的评标标准、方法和中标条件。招标文件应当规定一个适当的投标有效期，以保证招标人有足够的时间完成评标并与中标人签订合同。投标有效期从投标人提交投标文件截止之日起计算。

在原投标有效期结束前，出现特殊情况的，招标人可以书面形式要求所有投标人延长投标有效期。投标人同意延长的，投标文件的实质性内容不得变更，但应当相应延长其投标保证金的有效期；投标人拒绝延长的，其投标失效，但投标人有权收回其投标保证金。因延长投标有效期造成投标人损失的，招标人应当给予补偿，但因不可抗力需要延长投标有效期的除外。施工招标项目工期超过十二个月的，招标文件中可以规定工程造价指数体系、价格调整因素和调整方法。招标人应当确定投标人编制投标文件所需要的合理时间；但是，依法必须进行招标的项目，自招标文件开始发出之日起至投标人提交投标文件截止之日止，最短不得少于二十日。

招标人根据招标项目的具体情况，可以组织潜在投标人踏勘项目现场，向其介绍工程场地和相关环境的有关情况。招标人不得单独或者分别组织任何一个投标人进行现场踏勘。对于潜在投标人在阅读招标文件和现场踏勘中提出的疑问，招标人可以书面形式或召开投标预备会的方式解答，但需同时将解答以书面方式通知所有购买招标文件的潜在投标人，该解答的内容为招标文件的组成部分。

投标人在招标文件载明的投标截止日以后提交投标文件的，招标人拒绝接受。

26. 如何保障"发包人需求"得以落实？

《住房和城乡建设部 国家发展改革委关于印发房屋建筑和市政基础设施项目工程总承包管理办法的通知》（建市规〔2019〕12号，以下简称《总包管理办法》）第九条对建设单位编制招标文件提出了具体要求。其中第四项载明："发包人要求，明列项目的目标、范围、设计和其他技术标准，包括对项目的内容、范围、规模、标准、功能、质量、安全、节约能源、生态环境保护、工期、验收等的明确要求。"

发包人要求，这一项的提出与《工程建设项目施工招标投标办法》（七部委30号令）、《建筑工程设计招标投标管理办法》（中华人民共和国建设部令第82号）中对建设工程施工招标和设计招标不同，是一项新的提法。对标 FIDIC 合同条件，EPC 模式为 Employer′s Requirements，即雇主要求。

EPC 模式在西方，尤其是英美国家运用较为广泛。在英美国家的法律体系属于判例法，其法律体系是基于每个具体的判例构成。对于 EPC 模式，若由于雇主要求表述不清或者不够专业出现遗漏、偏差，发承包双方发生纠纷诉至法院。法院可以援引与此案最具有参考性的已经发生法律效力的案例为依据，平衡双方交易中的利益，使双方在此项交易中的利益达到平衡，从而实现公平的价值。

我们国家的法律体系与西方判例法系不同，实行的是成文法系。法官不会按照已经生效的判例判案，只会按照公布的法律判案。当建设工程总包项目出现"发包人要求"表述遗漏、偏差的情形时，依法应当按照"发包人要求"作为判定总承包人承包的范围，出现遗漏和偏差的部分，发包人应当另行计价。因此，在国内实行工程总承包，对发包人的专业要求要比西方的 EPC 模式对雇主专业的要求高得多。因此《总包管理办法》第六条规定："建设单位应当根据项目情况和自身管理能力等，合理选择工程建设组织实施方式。建设内容明确、技术方案成熟的项目，适宜采用工程总承包方式。" 国家释放出来的信号非常明确，不是所有的发包人都具备做工程总承包业主的能力，也不是所有的建设工程项目都适合采用建设工程总承包。

"发包人要求"从商业角度上说，是发包人完成投资所希望获得的产品；从法律角度上说，是投标人发出的要约。《招标投标法》要求投标人对发包人的招标文件实质性条款做出响应，投标人发出的要约就是按照发包人的"发包人要求"做实质性响应，因此"发包人要求"出现瑕疵，后果应当由发包人承担。

"发包人要求"能否周延，对于一个成熟的发包人而言，自然不是问题。但是对于一个新入行的发包人而言，就是严峻的挑战。

我们不妨观察一下，对于一个新入行的发包人而言，如何化解"发包人要求"所隐藏的风险？所谓"发包人要求"表述出现风险，意味着建设工程施工形成的建筑物与"发包人要求"出现偏差。之所以建设工程施工的结果会与"发包人要求"形成偏差，是因为建设工程总包方据以施工的施工图与"发包人要求"出现偏差；施工图与"发包人要求"出现偏差，是基于项目的初步设计与发包的需求出现了偏差；初步设计与施工图出现偏差，是基于初步设计与方案设计出现了偏差；方案设计又分为概念性方案设计和实施性方案设计，初步设计是按照实施性方案设计，实施性方案设计是按照概念性方案设计的；因此"发包人要求"与建筑物偏差的根源来自"发包人要求"与项目概念方案设计出现的偏差。

建筑工程概念性方案设计，是对建筑工程"从无到有"的构思技术表达。这意味着在对建筑工程的概念进行设计之初，建筑工程的概念究竟为何，是没有确定的。因此，在概念设计提交设计成果之前是不可能出现"发包人要求"与概念性设计出现偏差的。

偏差的出现，只能是在提交概念性设计成果之后，而发包人没有足够的专业能力识别概念性设计成果并没有体现其真实需求，出现了"发包人要求"的偏离。

因此，要化解"发包人要求"表述出现偏离的风险，发包人必须在项目概念性方案设计之时，与设计单位进行充分沟通，使自己对未来项目的实质性需求都充分体现在项目概念性方案设计之中。项目概念性设计方案将作为项目的设计任务书，成为下一阶段实施性方案设计的依据。方案设计文件，将满足编制初步设计文件和控制概算的需要。初步设计文件，将满足编制施工招标文件、主要设备材料订货和编制施工图设计文件的需要。施工图设计文件，能满足设备材料采购、非标准设备制作和施工的需要，从而保障"发包人要求"在整个项目全生命周期中的有效落实。

27. 建设工程总承包模式是如何分配风险的？

《住房和城乡建设部 国家发展改革委关于印发房屋建筑和市政基础设施项目工程总承包管理办法的通知》（建市规〔2019〕12号，以下简称《总包管理办法》）将工程总承包定义为，承包单位按照与建设单位签订的合同，对工程设计、采购、施工或者设计、施工等阶段实行总承包，并对工程的质量、安全、工期和造价等全面负责的工程建设组织实施方式。从这一定义中我们可以看到，建设工程总承包有两种形式：设计、采购、施工或者设计、施工。这两种形式的共同点，都是含有设计。我们知道建设工程的设计包含施工图设计、初步设计、实施性方案设计、概念性方案设计。不同的设计阶段与项目勘察的结果有着不同的关联关系。因此，勘察工作成果的稳定性对建设工程总承包所包含的工作内容具有或然性的影响。

对于企业投资项目，《总包管理办法》规定应当在核准或者备案后进行工程总承包项目发包。勘察工作是在项目核准或备案前完成还是之后完成，直接关系到招标投标文件编制风险分配的依据。《企业投资项目核准和备案管理条例》（中华人民共和国国务院令第673号）规定如下：

"第六条 企业办理项目核准手续，应当向核准机关提交项目申请书；由国务院核准的项目，向国务院投资主管部门提交项目申请书。项目申请书应当包括下列内容：

（一）企业基本情况；

（二）项目情况，包括项目名称、建设地点、建设规模、建设内容等；

（三）项目利用资源情况分析以及对生态环境的影响分析；

（四）项目对经济和社会的影响分析。

第十三条 实行备案管理的项目，企业应当在开工建设前通过在线平台将下列信息告知备案机关：

（一）企业基本情况；

（二）项目名称、建设地点、建设规模、建设内容；

（三）项目总投资额；

（四）项目符合产业政策的声明。"

《企业投资项目核准和备案管理条例》是国务院颁布的行政法规，属于法律。从这两条法律条款我们可以发现，企业投资项目在核准或备案之时，不需要向政府部门提交勘察设计有关资料。这意味着企业投资项目在地质勘察成果尚未出来之前，就可以进行项目建设工程总承包招标。当然将勘察设计的风险分配给总包人承担，由于项目所在地地质条件具有不可预见性，因此总包方承担的风险极大。

我们同时注意到，《总包管理办法》第十五条规定："建设单位承担的风险主要包括：

（一）主要工程材料、设备、人工价格与招标时基期价相比，波动幅度超过合同约定幅度的部分；

（二）因国家法律法规政策变化引起的合同价格的变化；

（三）不可预见的地质条件造成的工程费用和工期的变化；

（四）因建设单位原因产生的工程费用和工期的变化；

（五）不可抗力造成的工程费用和工期的变化。"

尽管第（三）项将"不可预见的地质条件造成的工程费用和工期的变化"的风险分配给了建设单位，但是《总包管理办法》是住房和城乡建设部发布的规章，其性质不是法律，而建设单位与总包人之间签订的总包合同是"当事人之间的法律"，在法庭上其效力要高于住房和城乡建设部的规章《总包管理办法》。因此，对项目勘察成果尚未提交给建设单位的建设工程项目总承包，总承包单位务必对总承包的风险做出有效评估，以避免"一时失足千古恨"。

对于政府投资项目，《总包管理办法》将工程总承包发包时点设置在初步设计完成之后，无论对政府方还是总包方风险都大为下降。政府方可以依据初步设计文件编制发包人要求，对工程项目总包的风险进行有效控制。

《总包管理办法》第十五条是关于工程总承包风险分配的规定，将此条款与《建设工程工程量清单计价规范》GB 50500 中建设工程施工发包方与承包方风险分配进行比对，我们可以观察到，清单计价规范中 3.4.2、3.4.3 条有关风险分配的规定与《总包管理办法》第十五条规定如出一辙。仅有的差异是总包含地质条件不明之风险。

我们知道市场经济条件下风险越大，利润越高。《总包管理办法》关于风险分配的规定与清单计价规范关于风险分配的规定没有实质性的差异，具体落实到建设工程承包方式实施上，必定会出现采取建设工程总承包方式承揽工程所获得的利润率并不会高于施工承包获得的利润率。

28. 如何适用合理最低价评标办法?

建设工程招标投标评标办法中合理最低价评标办法是比较常用的一种,这里我们对这一评标办法做一近距离观察。合理最低价评标办法由两个系统组成:一个为评分系统,一个为评审系统。

(1)评分系统

1)分值构成:评标因素实行满分 100 分制,其他因素分值均为 0 分。

2)评标基准价:计算方法

①评标价的确定:评标价 = 报价函中文字表述的投标总报价。

②评标价平均值的计算:

A. 当有效投标人少于 5 家时(含 5 家),取所有有效投标人的评标价的算术平均值;

B. 当有效投标人在 6 ~ 10 家时(含 10 家),取所有有效投标人的评标价去掉一个最高值和一个最低值后的算术平均值;

C. 当有效投标人在 11 家及以上时,取所有有效投标人的评标价去掉 m 个最高值和 n 个最低值后的算术平均值。

③评标基准价的确定。将评标价平均值作为评标基准价。在评标过程中,评标委员会将对招标人计算的评标基准价进行复核,存在计算错误的应予以修正,并在评标报告中作出说明。除此之外,评标基准价在整个评标期间不得改变,不随任何因素发生变化。

3)评标价的偏差率计算公式

偏差率 =100%× (投标人评标价 - 评标基准价) / 评标基准价;偏差率保留 4 位小数

4)评标价得分计算公式示例:

①如果投标人的评标价 > 评标基准价,则评标价得分 =100- 偏差率 ×100×2;

②如果投标人的评标价 ≤ 评标基准价,则评标价得分 =100+ 偏差率 ×100×1。

(2)评标方法

1)合理最低价法

评标委员会对满足招标文件实质性要求的投标文件,按照招标文件规定的评分标准进行打分,并按得分由高到低顺序推荐中标候选人,或根据招标人授权直接确定中标人,但投标报价低于其成本的除外。综合评分相等时,评标委员会应按照评标办法规定的优先次序推荐中标候选人或确定中标人。

2)评审标准

①包括:初步评审标准、形式评审标准、资格评审标准、响应性评审标准。

②分值构成与评分标准、分值构成评标价、评标基准价计算、投标报价的偏差率计算、评分标准、评标价评分标准。

3）评标程序

①初步评审：

评标委员会可以要求投标人提交"投标人须知"规定的有关证明和证件的原件，以便核验。评标委员会对投标文件商务及技术文件进行初步评审。有一项不符合评审标准的，评标委员会应否决其投标。

②开标：商务及技术文件评审结束后，招标人将在规定的时间和地点对通过投标文件商务及技术文件评审的投标报价文件进行开标。

③报价初步评审

A. 评标委员会依据评审标准对报价文件进行初步评审。有一项不符合评审标准的，评标委员会将否决其投标。

B. 投标报价有算术错误的，评标委员会按以下原则对投标报价进行修正，修正的价格经投标人书面确认后具有约束力。投标人不接受修正价格的，评标委员会应否决其投标。

a. 投标文件中的大写金额与小写金额不一致的，以大写金额为准；

b. 总价金额与依据单价计算出的结果不一致的，以单价金额为准修正总价，但单价金额小数点有明显错误的除外；

c. 当单价与数量相乘不等于合价时，以单价计算为准，如果单价有明显的小数点位置差错，应以标出的合价为准，同时对单价予以修正；

d. 当各子目的合价累计不等于总价时，应以各子目合价累计数为准，修正总价。

C. 工程量清单中的投标报价有其他错误的，评标委员会按以下原则对投标报价进行修正，修正的价格经投标人书面确认后具有约束力。投标人不接受修正价格的，评标委员会将否决其投标。

a. 在招标人给定的工程量清单中漏报了某个工程子目的单价、合价或总额价，或所报单价、合价或总额价减少了报价范围，则漏报的工程子目单价、合价和总额价或单价、合价和总额价中减少的报价内容视为已含入其他工程子目的单价、合价和总额价之中。

b. 在招标人给定的工程量清单中多报了某个工程子目的单价、合价或总额价，或所报单价、合价或总额价增加了报价范围，则从投标报价中扣除多报的工程子目报价或工程子目报价中增加了报价范围的部分报价。

c. 当单价与数量的乘积与合价（金额）虽然一致，但投标人修改了该子目的工程数量，则其合价按招标人给定的工程数量乘以投标人所报单价予以修正。

d. 修正后的最终投标报价若超过最高投标限价（如有），评标委员会将否决其投标。

e.修正后的最终投标报价仅作为签订合同的一个依据，不参与评标价得分的计算。

④报价详细评审

A.评标委员会按照招标文件规定的量化因素和分值进行打分，并计算出综合评估得分（即评标价得分）。

B.投标人得分分值计算保留小数点后两位，小数点后第三位"四舍五入"。

C.评标委员会发现投标人的报价明显低于其他投标报价，使得其投标报价可能低于其成本的，应要求该投标人作出书面说明并提供相应的证明材料。投标人不能合理说明或不能提供相应证明材料的，评标委员会将认定该投标人以低于成本报价竞标否决其投标。

⑤投标文件相关信息的核查

A.在评标过程中，评标委员会将查询政府相关部门数据库，对投标人的资质、业绩、主要人员资历和目前在岗情况、信用等级等信息进行核实。若投标文件载明的信息与政府备案的信息不符，使得投标人的资格条件不符合招标文件规定的，评标委员会将否决其投标。

B.评标委员会应对在评标过程中发现的投标人与投标人之间、投标人与招标人之间存在的串通投标的情形进行评审和认定。投标人存在串通投标、弄虚作假、行贿等违法行为的，评标委员会将否决其投标。

⑥投标文件的澄清和说明

A.在评标过程中，评标委员会可以书面形式要求投标人对所提交投标文件中含义不明确的内容、明显文字或计算错误进行书面澄清或说明。评标委员会不接受投标人主动提出的澄清、说明。投标人不按评标委员会要求澄清或说明的，评标委员会将否决其投标。

B.澄清和说明不得超出投标文件的范围或改变投标文件的实质性内容（算术性错误修正的除外）。投标人的书面澄清、说明属于投标文件的组成部分。

C.评标委员会不得暗示或诱导投标人作出澄清、说明，对投标人提交的澄清、说明有疑问的，可以要求投标人进一步澄清或说明，直至满足评标委员会的要求。

D.凡超出招标文件规定的或给发包人带来未曾要求的利益的变化、偏差或其他因素，在评标时皆不予考虑。

⑦评标结果

A.除评标委员会得到授权直接确定中标人外，评标委员会将按照得分由高到低的顺序推荐中标候选人，并标明排序。

B.评标委员会完成评标后，应向招标人提交书面评标报告。

29. 如何组成联合投标体?

我们国家当下的社会结构形态是由计划经济改革转变而来的。在计划经济时代,建设工程领域的设计单位属于事业单位,施工单位属于企业单位,归属不同的社会管理体系。1998 年颁布的《建筑法》对建筑行业实施资质管理,自然地将设计资质授予设计单位,施工资质授予施工单位,两种不同的资质,将两种单位的业务以法律的形式进行了区分。

《建筑法》立法之时,也考虑到建设工程领域的复杂性,因此为建设工程领域设计单位与施工单位的联合提供了法律支撑。《建筑法》第二十七条规定:"大型建筑工程或者结构复杂的建筑工程,可以由两个以上的承包单位联合承包,共同承包的各方对承包合同的履行承担连带责任。"所谓连带责任,是指两人以上共同依法承担的责任,权利人有权请求部分或全部人员承担责任。连带责任人的责任份额根据各自责任大小确定,难以确定责任大小的,平均承担责任。承担责任超过自己责任份额的连带责任人,有权向其他连带责任人追偿。

招标人是否接受联合体投标,一般在资格预审公告、招标公告或者投标邀请书中载明。对投标人来讲,应当准确了解招标人对联合体投标的接受与否。招标人接受联合体投标并进行资格预审的,联合体应当在提交资格预审申请文件前组成。资格预审后联合体成员增减或变更成员的,会导致投标无效。联合体各方在同一招标项目中以自己名义单独投标或参加其他联合体投标的,会导致相关投标均无效。

招标人接受联合体投标的,两个以上法人或其他组织可以组成一个联合体,以一个投标人的身份共同投标。联合体各方均应当具备承担招标项目的相应能力,国家有关规定或者招标文件对投标人资格条件有规定的,联合体各方均应当具备规定的相应资格条件。联合体各方应当签订共同投标协议,明确约定各方拟承担的工作和责任,并将共同投标协议连同投标文件一并提交招标人。中标的联合体各方应当共同与招标人签订合同,就中标项目向招标人承担连带责任。

对于建设工程总承包项目,设计单位和施工单位组成联合体的,应当根据项目的特点和复杂程度,合理确定牵头单位,并在联合协议中明确联合体成员单位的责任和义务。联合体各方应当共同与建设单位签订工程总承包合同,就工程总承包项目承担连带责任。工程总承包单位可以采取直接发包的方式进行分包,但以暂估价形式包括在总包范围内的工程、货物分包时,属于依法必须进行招标的项目范围,且达到国家规定规模标准的,应当依法招标。

为了促进开展工程总承包活动,国家新政鼓励设计单位申请取得施工资质。已取得工程设计综合资质、行业甲级资质的单位,可以直接申请相应类别施工总承包一级资质。鼓励施工单位申请取得工程设计资质,具有一级及以上施工总承包资质的单位,可以直接申请相应类别的工程设计资质。

对于政府项目采取竞争性谈判选择建设工程施工单位的方式，同样可以接受联合体参与竞标。两个以上的自然人、法人或其他组织可以组成一个联合体，以一个供应商的身份参加政府采购。所谓的供应商，是指向采购人提供货物、工程或者服务的法人、其他组织或者个人。以联合体形式参加政府采购，参加联合体的供应商应当向采购人提交联合协议，载明联合体各方承担的责任和义务。联合体各方应当共同与采购人签订采购合同，就采购合同约定的事项，对采购人承担连带责任。联合体中有同类资质的供应商，按照联合体分工承担相同工作的，应当按照资质较低的供应商确定资质。以联合体形式参加政府采购活动的联合体，各方不得再单独参加或者与其他供应商另外组成联合体，参加同一合同项下的政府采购活动。

30. 建设工程竞争性谈判方式竞标如何适用？

《政府采购法实施条例》第二十五条规定："政府采购工程依法不进行招标的，应当依照政府采购法和本条例规定的竞争性谈判或者单一来源采购方式采购。"以法律的形式确认了政府采购工程的特殊形式。

采用竞争性谈判方式采购建设工程的，应当遵循下列程序：

（1）成立谈判小组。谈判小组由采购人的代表和有关专家共三人以上的单数组成，其中专家的人数不得少于成员总数的三分之二。

（2）制定谈判文件。应当明确采购项目已经批准的预算、商务条件、采购需求、谈判程序、竞标人的资格条件、竞标报价要求、评标方法、评标标准以及拟签订的合同文本等。

谈判文件要求投标人提交竞标保证金的，竞标保证金不得超过采购项目预算金额的 2%。投标保证金应当以支票、汇票、本票或者金融机构、担保机构出具的保函等非现金形式提交。竞标人未按照谈判文件要求提交投标保证金的，投标无效。谈判小组应当自中标通知书发出之日起 5 个工作日内退还未中标供应商的投标保证金，自政府采购合同签订之日起 5 个工作日内退还中标供应商的投标保证金。

（3）确定邀请参加谈判的供应商名单。谈判小组从符合相应资格条件的供应商名单中确定不少于三家的供应商参加谈判，并向其提供谈判文件。谈判文件的提供期限自谈判文件开始发出之日起不得少于五个工作日。谈判小组可以对已发出的谈判文件进行必要的澄清或者修改。澄清或者修改的内容可能影响谈判文件编制的，谈判小组应当在投标截止时间至少十五日前，以书面形式通知所有获取谈判文件的潜在投标人；不足十五日的，谈判小组应当顺延提交投标文件的截止时间。

（4）谈判。谈判小组所有成员集中与单一供应商分别进行谈判。在谈判中，谈判的任何一方不得透露与谈判有关的其他供应商的技术资料、价格和其他信息。谈判文件有实质性变动的，谈判小组应当以书面形式通知所有参加谈判的供应商。政府采购竞标评标方法分为最低评标价法和综合评分法。最低评标价法，是指竞标文件满足谈判文件全部实质性要求且竞标报价最低的供应商为中标候选人的评标方法。综合评分法，是指竞标文件满足谈判文件全部实质性要求且按照评审因素的量化指标评审得分最高的供应商为中标候选人的评标方法。采用综合评分法的，评审标准中的分值设置应当与评审因素的量化指标相对应。谈判文件中没有规定的评标标准不得作为评审的依据。

谈判文件不能完整、明确列明采购需求，需要由供应商提供最终设计方案或者解决方案的，在谈判结束后，谈判小组应当按照少数服从多数的原则投票推荐 3 家以上供应商的设计方案或者解决方案，并要求其在规定时间内提交最后报价。

谈判小组应当从政府采购评审专家库中随机抽取评审专家。政府采购评审专家应当遵守评审工作纪律，不得泄露评审文件、评审情况和评审中获悉的商业秘密。谈判小组应当按照客观、公正、审慎的原则，根据采购文件规定的评审程序、评审方法和评审标准进行独立评审。谈判小组应当在评审报告上签字，对自己的评审意见承担法律责任。对评审报告有异议的，应当在评审报告上签署不同意见，并说明理由，否则视为同意评审报告。

（5）确定成交供应商。谈判结束后，谈判小组应当要求所有参加谈判的供应商在规定时间内进行最后报价，采购人从谈判小组提出的成交候选人中根据符合采购需求、质量和服务相等且报价最低的原则确定成交供应商，并将结果通知所有参加谈判的未成交的供应商。谈判小组应当自评审结束之日起二个工作日内将评审报告送交采购人。采购人应当自收到评审报告之日起五个工作日内在评审报告推荐的中标或者成交候选人中按顺序确定中标或者成交供应商。谈判小组应当自中标、成交供应商确定之日起二个工作日内，发出中标、成交通知书，并在省级以上人民政府财政部门指定的媒体上公告中标、成交结果，竞争性谈判文件随中标、成交结果同时公告。

31. 电子招标投标方式如何适用？

随着电子通信、网络技术的发展，电子招标投标也进入了建设工程领域。电子招标投标活动是指以数据电文形式，依托电子招标投标系统完成的全部或者部分招标投标交易活动。现行的电子招标投标系统根据功能的不同，分为交易平台、公共服务平台和行政监督平台。交易平台是以数据电文形式完成招标投标交易活动的信息平台。公共服务平台是满足交易平台之间信息交换、资源共享需要，并为市场主体、行政监督部门和社会公众提供信息服务的信息平台。行政监督平台是行政监督部门和监察机关在线监督电子招标投标活动的信息平台。

招标人或者其委托的招标代理机构在使用的电子招标投标交易平台进行招标投标时首先应当注册登记，还应当与电子招标投标交易平台运营机构签订使用合同，明确服务内容、服务质量、服务费用等权利和义务，并对服务过程中相关信息的产权归属、保密责任、存档等作出约定。

招标人或者其委托的招标代理机构应当在资格预审公告、招标公告或者投标邀请书中载明潜在投标人访问电子招标投标交易平台的网络地址和方法。依法必须进行公开招标项目的上述相关公告应当在电子招标投标交易平台和国家指定的招标公告媒介同步发布。并及时将数据电文形式的资格预审文件、招标文件加载至电子招标投标交易平台，供潜在投标人下载或者查阅。数据电文形式的资格预审公告、招标公告、资格预审文件、招标文件等应当标准化、格式化，并符合有关法律法规以及国家有关部门颁发的标准文本的要求。

招标人对资格预审文件、招标文件进行澄清或者修改的，只能通过电子招标投标交易平台以醒目的方式公告澄清或者修改的内容，并以有效方式通知所有已下载资格预审文件或者招标文件的潜在投标人。

投标人应当在资格预审公告、招标公告或者投标邀请书载明的电子招标投标交易平台注册登记，如实递交有关信息，并通过电子招标投标交易平台运营机构验证。通过资格预审公告、招标公告或者投标邀请书载明的电子招标投标交易平台递交数据电文形式的资格预审申请文件或者投标文件。

电子招标投标交易平台应当允许投标人离线编制投标文件，并且具备分段或者整体加密、解密功能。投标人必须按照招标文件和电子招标投标交易平台的要求编制并加密投标文件。未按规定加密的投标文件，电子招标投标交易平台将会拒收并提示。投标人必须在投标截止时间前完成投标文件的传输递交，并可以补充、修改或者撤回投标文件。投标截止时间前未完成投标文件传输的，视为撤回投标文件。投标截止时间后送达的投标文件，电子招标投标交易平台将会拒收。电子招标投标交易平台收到投标人送达的投标文件，将即时向投标人发出确认回执通知，并妥善保存投标文件。

电子开标必须按照招标文件确定的时间，在电子招标投标交易平台上公开进行，所有投标人均应当准时在线参加开标。开标时，电子招标投标交易平台将会自动提取所有投标文件，提示招标人和投标人按招标文件规定方式按时在线解密。解密全部完成后，将会向所有投标人公布投标人名称、投标价格和招标文件规定的其他内容。

因投标人原因造成投标文件未解密的，视为撤销其投标文件；因投标人之外的原因造成投标文件未解密的，视为撤回其投标文件，投标人有权要求责任方赔偿因此遭受的直接损失。部分投标文件未解密的，其他投标文件的开标可以继续进行。招标人可以在招标文件中明确投标文件解密失败的补救方案，投标文件应按照招标文件的要求作出响应。

电子评标应当在项目招标投标交易所在线进行。根据国家规定应当进入依法设立的招标投标交易场所的招标项目，评标委员会成员应当在依法设立的招标投标交易场所登录招标项目所使用的电子招标投标交易平台进行评标。评标中需要投标人对投标文件澄清或者说明的，招标人和投标人应当通过电子招标投标交易平台交换数据电文。评标委员会完成评标后，应当通过电子招标投标交易平台向招标人提交数据电文形式的评标报告。依法必须进行招标的项目中标候选人和中标结果应当在电子招标投标交易平台进行公示和公布。招标人确定中标人后，应当通过电子招标投标交易平台以数据电文形式向中标人发出中标通知书，并向未中标人发出中标结果通知书。招标人应当通过电子招标投标交易平台，以数据电文形式与中标人签订合同。

32. 建设工程如何选择计价方式？

建设单位在建设工程项目前期策划过程中，对建设工程选择何种计价方式作为竞争项，是建设工程项目全生命周期内所有决策之中最重要的决策，没有之一。目前，在建设工程市场中较为常用的建设计价方式为单价固定、总价固定、成本加酬金。

（1）单价固定

单价固定，是指发承包双方约定以工程量清单及其综合单价进行合同价款计价、调整和确定的建设工程施工计价方式。所谓综合单价是指完成一个规定清单项目所需的人工费、材料和工程设备费、施工机具使用费、企业管理费和利润，以及一定范围内的风险费用。

（2）总价固定

总价固定，是以施工图纸为基础，在工程任务内容明确，发包人的要求条件清楚，计价依据确定的条件下，发承包双方依据承包人编制的施工预算商谈确定合同价款。当合同约定工程施工内容和有关条件不发生变化时，发包人付给承包人的工程价款总额就不发生变化；当工程施工内容和有关条件发生变化时，发承包双方将根据变化情况和合同约定，调整合同价款，但对工程量变化引起的合同价款调整，一般遵循以下原则：

1）若合同价款是依据承包人根据施工图自行计算的工程量确定时，除工程变更造成的工程量变化外，合同约定的工程量是承包人完成的最终工程量。发承包双方不能以工程量变化作为合同价款调整的依据。

2）若合同价款是依据发包人提供的工程量清单确定的，发承包双方依据承包人最终实际完成的工程量（包括工程变更及工程量清单错、漏）调整确定合同价款。

采用工程量清单方式招标形成的总价合同，在双方依照工程量清单所形成的总价合同的基础上下浮一定的比例，作为总价合同的固定金额。

（3）成本加酬金

成本加酬金是承包人不承担任何价格变化和工程量变化风险的合同计价方式。不利于发包人对工程造价的控制，通常在下列情况下才选择成本加酬金方式。

1）工程特别复杂，工程技术结构方案不能预先确定，或者尽管可以确定工程技术和结构方案，但不可能进行竞争性的招标活动并以总价合同或单价合同的形式确定承包人。

2）时间特别紧迫，来不及进行详细的计划和商谈，如抢险、救灾工程；成本加酬金有多种形式，主要有成本加固定费用、成本加固定比例费用、成本加奖金等等。

《政府投资条例》第九条规定："政府采取直接投资方式、资本金注入方式投资的项目（以下统称政府投资项目），项目单位应当编制项目建议书、可行性研究报告、初步设计，按照政府投资管理权限和规定的程序，报投资主管部门或者其他有关部门审批。"

这表明政府投资的项目必须要在初步设计完成之后才能够立项，根据建设工程的实施流程，项目初步设计完成之后，可以编制项目概算，项目概算确定之后，才能纳入政府预算。初步设计完成之后，政府项目要进行招标投标，只能选择单价固定计价方式，不能选择总价固定计价方式，若要选择总价固定计价方式，则必须等到施工图完成后，在施工图预算形成的工程造价基础上，编制固定总价招标方案。

需要特别指出的是，单价项目是指工作量清单中以单价计算的项目，即根据合同工程图纸（含设计变更）和相关工程现行国家计量规范规定的工程量计算规则进行计算，与已标价工程量清单相应综合单价进行价款计算的项目。总价项目是指工程量清单中以总价（或计算基础乘费率）计价的项目，此类项目在现行国家计量规范中无工程量计算规则，不能计算工程量，如安全文明措施费、夜间施工增加费，以及总承包服务费、规费等。可以说单价项目对应着综合单价，但是总价项目绝非对应着合同总价，总价项目中的"项目"指的是工程项目清单中的子项目，这一点对建设工程领域新人特别应当注意。

33. 如何认识 BIM 在招标投标中的运用?

我国《建筑信息模型应用统一标准》GB/T 51212—2016 给 BIM 下的定义是："在建设工程全生命周期内,对其物理和功能特性进行数字化表达,并以此设计、施工命名的过程和结果的总称。"用通俗的语言表述就是,BIM 是通过技术翻模手段将现行的建设工程施工图转换为电子三维模型,并通过动态模型的构建对建设工程加强管理的过程。目前常用的 BIM 建模软件有三款:一是 Autodesk 公司的 Revit 建筑、结构和设备软件,常用于民用建筑;二是 Bentley 建筑、结构和设备系列,Bentley 产品常用于工业设计(石油、化工、电力、医药等)和基础设施(道路、桥梁、市政、水利等)领域;三是 ArchiCAD,属于一个面向全球市场的产品,是最早的一个具有市场影响力的 BIM 核心建模软件。

建设工程项目每一个投资人,都希望自己投资的项目不仅能够实现预期的利益回报,而且还希望竣工后的工程尽善尽美,犹如一个无瑕疵的艺术品,但是在骨感的现实下,建设工程项目往往都成为遗憾的艺术品。我们知道建设工程项目一旦进入实施阶段,施工完毕的部分便成为永久性的建筑,投资人即使发现了一些不尽人意之处,也无力再行改变。为了将这种遗憾降到最低,投资人采取的对策通常是不断地修改图纸、不停地在临场指挥,其目的就是为了让最终建成的建筑物,能与自己想象中的或者说期待中的建筑物,最大限度地接近。

建设工程施工图,本可以完整地体现未来建筑的全貌,但是对于建设工程的投资人而言,其通常都不具有建筑施工行业专业背景,因此,他们基本上看不懂施工图,也不会去看施工图。施工图中所呈现出来的未来建设工程的面貌,投资人是无法将其与脑海中的模型进行比较,无法提前修正图纸与脑海中的模型的不符之处。这便是所谓建设工程项目都是遗憾的艺术症结所在。

BIM 是根据建设工程项目的施工图翻模成为数字化的三维模型,对于工程技术人员而言,BIM 模型可以检测不同专业的建设工程设计出现的碰撞问题,通过 BIM 在设计阶段可以形成对建筑工程设计图纸的检验,提高设计质量;对于投资人而言,通过将设计施工图翻模成为立体的三维模型,使得不具有建设工程施工专业背景的投资人,能够通过三维模型很清晰地看到未来所建成的项目的内外观以及建筑内外界空间之间的关系,相当于整个建设工程先通过电子模拟技术在电脑中建造一遍。无论对建设单位还是施工单位,对加强项目的管理,都提供了直接的场景对接平台。

BIM 模型的应用,不仅仅体现在建筑物的外观,建筑物内部的每一根钢筋、每一立方米的混凝土,乃至每一扇门、每一个螺钉都能够在 BIM 中体现出来。这为招标人选择固定总价的方式招标,提供了坚实的技术基础;为招标人选择综合单价计价模式,提供了具有可靠性的工程量清单。BIM 提供的人、材、机精准的消耗量，为招标人编制招标文件、编制标底提供了可靠的依据。

　　BIM 作为一种新技术，在我们国家仍然处在学习、推广的阶段，将其运用到建设工程管理过程中，从目前 BIM 的普及程度上看，仍然存在着一定的差距，但是将 BIM 技术运用到建设工程的招标投标过程中，应该说已经是一项成熟的技术。

第 5 章

建设工程
合同风险管控

1. 建设工程合同如何定性？

在当前世界，所有国家的法律体系均三分天下，民法、刑法、行政法。民法调整的是平等主体之间的民事法律关系；行政法调整的是行政主体与行政相对人之间的法律关系，主体之间法律地位不平等。这是全世界法治国家同行的立法准则。2021 年 1月 1 日，我们国家的《民法典》实施。《民法典》在各国的法律体系中都处在民事法律最高的阶位，是建立市场经济的基础性法律。

我们国家的《民法典》第三编合同设专章规范建设工程合同。第七百八十八条规定：
"建设工程合同是承包人进行工程建设，发包人支付价款的合同。建设工程合同包括勘察、设计、施工合同。"这是建设工程合同的性质属于民事合同最坚实的法律依据。

但是，我们国家的市场经济是从计划经济改革、转变而来。所谓计划经济，就是社会生活的各个方面都纳入行政权力管理范围之内。在计划经济年代，没有市场经济存在的空间。进入改革开放之后，建立社会主义市场经济，因此，我们国家改革的第一步就是放开市场搞活经济，具体的做法是政府的行政权力从市场中退出。经过 40多年的改革开放实践，我们国家的市场经济活力得到充分的激发，社会经济得到蓬勃的发展，所取得的社会主义建设成就有目共睹。

改革带来的巨大红利，给高层进一步将改革向广度和深度推进注入了信心。2004年，国家开启了公共事业单位改革的尝试，引入市场机制，促进公共事业单位机制的转变。2013 年，出台《国务院关于加强城市基础设施建设的意见》（国发〔2013〕36号），提出了在基础设施建设里进行机制创新，其本质是"创新基础设施投资项目的运营管理方式，是将投资、建设、运营和监管分开，形成权责明确、制约有效的市场化管理体制和运行机制。改革现行城市基础设施建设事业单位管理模式，向独立核算、自主经营的企业化管理模式转变。"这意味着要将过去由国家投资、建设、运营、监管的基础设施建设推向市场，进行企业化运作。为了落实基础设施投资的创新机制，2014 年《国务院关于加强地方政府性债务管理的意见》（国发〔2014〕43 号）出台，政府和社会资本合作（PPP）模式应运而生。

无论是公共事业设施还是基础建设都是属于公共资源，《行政许可法》第十二条规定："下列事项可以设定行政许可，有限自然资源开发利用、公共资源配置以及直接关系公共利益的特定行业的市场准入等，需要赋予特定权利的事项。"第五十三条规定："本法第十二条第二项所列事项的行政许可的，行政机关应当通过招标、拍卖等公平竞争的方式作出决定，但是法律、行政法规另有规定的，依照其规定。"

公共资源所对应的社会产品为公共产品，包括纯公共产品和准公共产品，政府具有向社会提供公共产品的法定职能，因此，无论是纯公共产品还是准公共产品，政府都会为公共资源转化为公共产品，提供财政资金支持。《政府采购法》规定，使用财政性资金的采购活动属于政府采购法调整的范围。《政府采购法》第四十三条规定："政府采购合同适用合同法。采购人和供应商之间的权利和义务，应当按照平等、自愿的原则以合同方式约定。" 为了保障政府在民事活动中的完全民事行为能力，《政府采购法》第六条规定："政府采购应当严格按照批准的预算执行。"

对一些大型的建设工程项目而言，其工期有的长达两三年甚至更长。本级人大批准的政府的预算是当年的预算，不可能对项目未来几年的预算一并批准，因此，在政府采购工程时，项目的全额预算不可能都得到批准的，充其量只能纳入中长期预算。为了解决这一冲突，2021 年，发布《国务院关于进一步深化预算管理制度改革的意见》（国发〔2021〕5 号）规定："有关部门负责安排的建设项目，要按规定纳入部门项目库并纳入预算项目库。实行项目标准化分类，规范立项依据、实施期限、支出标准、预算需求等要素。建立健全项目入库评审机制和项目滚动管理机制。做实做细项目储备，纳入预算项目库的项目应当按规定完成可行性研究论证、制定具体实施计划等各项前期工作，做到预算一经批准即可实施，并按照轻重缓急等排序，突出保障重点。"

这表明为了协调法律与现实的冲突，对于建设工程项目的政府采购，可以先采购，后申请预算，以便"做到预算一经批准即可实施"。在这种机制下，采购只能安排本预算年度的预算，不可能对项目的全生命周期的预算整体安排，因此，如果项目的全生命周期内某一年，一旦政府不能安排预算或者不能足额安排预算，则直接会导致项目运行的停止。对于这一种情况的发生，采用民事诉讼的方式解决，由于政府是行政主体，所以民事判决书对行政主体的政府没有执行力。鉴于这种法律现实，最高人民法院将建设工程类的政府采购合同定义为行政合同，政府与承包商发生合同纠纷，按照行政诉讼程序解决。

因此，在建设工程领域的市场里，就会出现两种性质的合同：一种是以非经营性项目和准经营性项目为基础的行政合同；另一类是以经营性项目为基础的民事合同。

2. 建设工程施工合同实质性内容有哪些？

《民法典》第七百九十五条规定："施工合同的内容一般包括工程范围、建设工期、中间交工工程的开工和竣工时间、工程质量、工程造价、技术资料交付时间、材料和设备供应责任、拨款和结算、竣工验收、质量保修范围和质量保证期、相互协作等条款。"我们注意到，对建设工程施工合同的内容法律的用词是"一般包括"而不是"应当"。这意味着该条款载明的合同内容不是每一项都必须作为施工合同的内容，而是可以由交易双方自行选择。

《民法典》2021 年 1 月 1 日实施，是我们国家民事法律阶位最高的法律，其颁布实施，并不意味着之前的民事法律均失去效力，为了保持法律的稳定性、持续性，《民法典》第七百九十条规定："建设工程的招标投标活动，应当依照有关法律的规定公开、公平、公正进行。"据此，现行的《招标投标法》仍然可以与《民法典》对接，发挥其法律效力。

《招标投标法》第四十六条规定："招标人和中标人应当自中标通知书发出之日起三十日内，按照招标文件和中标人的投标文件订立书面合同。招标人和中标人不得再行订立背离合同实质性内容的其他协议。"本条中的"实质性内容"，新颁布的《民法典》并没有给予明确。

为了将《民法典》与涉及建设工程领域各部法律有效对接，《司法解释（一）》于 2021 年 1 月 1 日与《民法典》同时生效。该司法解释第二条规定："招标人和中标人另行签订的建设工程施工合同约定的工程范围、建设工期、工程质量、工程价款等实质性内容，与中标合同不一致，一方当事人请求按照中标合同确定权利义务的，人民法院应予支持。"将建设工程实质性内容定义为："工程范围、建设工期、工程质量、工程价款等。"

工程范围。建筑工程合同中载明的工程范围有着两层含义：第一层指的是承建商所承包的建设工程的物理边界，比如承建一个住宅小区，住宅小区红线范围内都属于承包的工程范围，如果住宅小区内部有八栋楼，承包人只承包其中的 2 号、5 号、7 号楼，则承包范围为 2 号、5 号、7 号楼，它指的是承包的一个物理区域；第二层指的是承包范围内需要完成的具体工作事项，比如说承包区域范围内的土建、安装、园林、绿化等等。承包范围的大小直接关系到建设工程承包商的投标报价。通常情况下，承包的工程范围大，承包商的利润就会高，承包的工程范围小，则利润就少。因此，招标投标之后形成的建设工程施工合同，要改变工程范围势必会影响到承包商的实质性利益，导致双方利益失衡。故司法解释将工程范围确定为实质性内容。

建设工期。建设工程施工合同是由招标投标过程的投标与中标形成的。在招标投标过程中，一般都是将合同总价作为竞争项，因此在招标投标时，招标人都会设定工期，以便于各竞标人价格的竞争。每一个建设工程的投资人都希望以最低的成本实现最高的回报。在我们国家目前劳动力价格偏低的情形下，通过压缩工期，给予劳动者有限加班工资，实现提前投入使用所获得的利益，为投资者乐此不疲。因此在建筑工程施工中，普遍出现的投资人要求加快施工进度就基于此。盲目地追求加快施工进度的直接后果往往是恶性安全生产事故的频发，为了从根本上遏制此类恶性事故的发生，通过司法解释的形式否定中标后工期变更。

市场经济条件下，每一个员工都希望自己所在的企业生命之树常青，保证企业生命之树常青的根本在于企业为社会提供产品的质量；每一个员工都希望自己所在的企业为社会提供的产品能够生命之树常青，要做到这一点也必须使产品的质量得到保证；每一个员工都希望自己所在的企业在市场竞争中能够不断地实现利润最大化，要实现这一点仍然是要依靠产品的质量，因此产品的质量是一个企业在市场竞争中能够得以生存、发展的根本保证。建设工程领域也不例外，不仅如此，建设工程质量在建设工程合同中还有与其他合同不同的重要性，就是只要建设工程质量合格，即使合同无效，承包商仍然可以参照合同向发包人主张工程款。

建设工程施工领域市场竞争异常激烈，采取最低价竞标方式，使所有投标人利润摊薄。对于非经营性项目，一些投标人为了增加自己的竞争力，在投标前或者投标后向发包人承诺让利，有的直接出具承诺书，有的签订补充协议，有的承诺购买承建房产、无偿建设住房配套设施、向建设单位捐赠财物等等。投标人以这种让利的形式中标之后，一旦发现利润达不到自己的心理价位，就会采取拖延工期、停工、偷工减料等手段力争弥补亏损，从而引发各种纠纷。为了杜绝这种恶意竞争，司法解释将工程价款确定为实质性内容。

3. 施工合同文本如何适用?

在国内的建设工程市场，只要我们稍加观察，就能够很容易发现，市面上常用的建设工程类合同文本主要有四个版本：第一，为住房和城乡建设部及国家工商总局推荐的《建设工程施工合同（示范文本）》；第二，为国家发展改革委协同八部委发布的《标准施工招标文件》；第三，为住房和城乡建设部及国家工商总局共同颁布的《工程总承包合同（示范文本）》；第四，是 FIDIC 合同条件。这四个版本放在一起比较，我们很快就能够发现它们的合同结构是一致的，合同文件都是由协议书、通用条款和专用条款组成。FIDIC 合同条件是由国际咨询工程师联合会于 1958 年正式出版的建设工程类合同文本，目前该文本是在国际上使用最为广泛的建设工程类合同文本。改革开放之后，我们国家加入了国际咨询工程师联合会，为了将国内建设工程建设管理与国际接轨，国家引进 FIDIC 合同条件文本，形成了 1999 版的《建设工程施工合同（示范文本）》，在此基础之上不断本土化，又推出了《标准施工招标文件》和《工程总承包合同（示范文本）》。

目前在国际范围内广泛使用的 FIDIC 合同条件是由国际咨询工程师联合会于 1999 年出版的四种合同标准格式的总称。四种标准格式分别为：第一种《施工合同条件》，主要是用于业主负责设计、承包商负责施工的建设工程类项目；第二种《生产设备和设计施工合同条件》，主要适用于承包商按照业主的要求设计和提供生产设备或其他工程；第三种是《设计采购施工（EPC）/交钥匙工程合同条件》，这种情形是由承包商进行全部设计、采购和施工，提供一个交钥匙工程；第四《简明合同格式》，这种合同主要适用于投资额较小的建设工程项目。

FIDIC 合同条件中的协议书，其作用主要是给决策层审阅，主要内容包含合同的基本条件，诸如合同的项目名称、工程的地址、范围、质量、工期、价款等等，是决策层所关心的内容。

通用条款主要是给建设工程领域内的专业人士进行审核、选择、使用的条款。由于建设工程领域所涉及的行业非常广泛，比如房屋建设、基础设施、炼油厂、码头等等，通用条款的通用性就是将不同行业的建设工程存在着共性的内容进行提炼、总结、规范，从而形成普遍适用的条款。对通用条款的内容以及风险的把控，通常建设工程类的专业人士就能够对其进行有效地识别和防范。

专用条款是建设工程结合到具体的施工项目，行业内的专用合同条款是非建设工程领域专业人士对此条款内容不具有风险识别能力，因此，专用条款必须由本项目行业内的建设工程专业人士来进行编写。其编写的原则有两条：第一是要遵循建设工程领域所形成的共有的规范、经验以防范风险；其次，还必须将通用条款中的内容与本行业建设工程的特点相结合，使通用条款中的内容对本行业的建设工程更具有针对性、完整性和适应性，因此，专用条款是对通用条款的修正、补充、完善和细化。因强调专用条款的行业特殊性而否定通用条款在建设工程领域普遍的经验总结，会使项目的合同风险管控成为无本之木、无源之水；不分青红皂白地将通用条款的内容盲目、机械地套用于任何一个具体行业的建设工程项目，必定会使通用条款的内容缺乏针对性，不能够对项目实施有针对性的风险管控。

这四个版本的合同文本，当前最大的共同点是合同的结构都是由协议书、通用条款和专用条款构成；他们最本质的区别是我们国家的法律体系将通用条款定位为格式条款。此举极大地削弱了通用条款在合同体系中的法律地位，使通用条款的效力失去了稳定的法律基础。使得对通用条款合同文本的理解和适用形成了人为的混乱局面，引发业内对通用条款权威性的质疑，这些都不利于建设工程行业规范的发展，应当引起业内合同管理人员的高度重视。

4. 合同文件范围如何确定？

建设工程施工活动所涉及的专业面广，技术含量高，施工时间长，因此，对建设工程的建设单位和施工单位来讲，都存在较大的不确定性。为了能够使双方对未来的工作成果具有较为稳定的预见性，《民法典》第七百八十九条规定："建设工程合同应当采用书面形式。"从法律上保证整个建设工程活动有据可依。建设工程合同包含勘察合同、设计合同和施工合同，这里我们以建设工程施工合同为例观察合同文件范围。

建设工程施工合同，住房城乡建设部和国家工商总局先后推出了三个版本的示范文本，分别是GF—1999—0201、GF—2013—0201、GF—2017—0201。

住房和城乡建设部及国家工商管理总局2017年修订颁布的《建设工程施工合同（示

范文本）》（GF—2017—2011）（以下简称《示范文本》），由协议书、通用条款、专用条款构成合同主要内容，但是作为一份建设工程施工合同，协议书、通用条款和专用条款约定的内容通常不足以覆盖施工过程中现场情况不断变化引起的双方权利义务的调整，因此，协议书第 6 条合同文件构成载明：

"6、合同文件构成

本协议书与下列文件一起构成合同文件：

（1）中标通知书（如果有）；

（2）投标函及其附录（如果有）；

（3）专用合同条款及其附件；

（4）通用合同条款；

（5）技术标准和要求；

（6）图纸；

（7）已标价工程量清单或预算书；

（8）其他合同文件。

在合同订立及履行过程中形成的与合同有关的文件均构成合同文件组成部分。

上述各项合同文件包括合同当事人就该项合同文件所作出的补充和修改，属于同一类内容的文件，应以最新签署的为准。专用合同条款及其附件须经合同当事人签字或盖章。"

从以上条款内容我们可以发现，建设工程施工合同指的是根据法律规定和合同当事人约定对双方具有约束力的文件。合同的文件包括合同协议书、中标通知书（如果有）、投标函及其附录（如果有）、专用合同条款及其附件、通用合同条款、技术标准和要求、图纸、已标价工程量清单或预算书以及其他合同文件。

合同协议书是指构成合同的由发包人和承包人共同签署的称为"合同协议书"的书面文件。中标通知书是指构成合同的由发包人通知承包人中标的书面文件。投标函是指构成合同的由承包人填写并签署的用于投标的称为"投标函"的文件。投标函附录是指构成合同的附在投标函后的称为"投标函附录"的文件。技术标准和要求是指构成合同的施工应当遵守的或指导施工的国家、行业或地方的技术标准和要求，以及合同约定的技术标准和要求。图纸是指构成合同的图纸，包括由发包人按照合同约定提供或经发包人批准的设计文件、施工图、鸟瞰图及模型等，以及在合同履行过程中形成的图纸文件。已标价工程量清单是指构成合同的由承包人按照规定的格式和要求填写并标明价格的工程量清单，包括说明和表格。预算书是指构成合同的由承包人按照发包人规定的格式和要求编制的工程预算文件。其他合同文件是指经合同当事人约定的与工程施工有关的具有合同约束力的文件或书面协议。

我们将 2017 版合同文件构成与 2013 版合同文件构成进行对比，可以发现，合同文件构成内容完全相同，说明 2017 版完全吸收了 2013 版对合同文件构成的安排。

住房和城乡建设部及国家工商行政管理总局《建设工程施工合同（示范文本）》（GF—1999—0201）对合同文件构成条款如下：

"六、组成合同的文件

组成本合同的文件包括：

1. 合同协议书

2. 中标通知书

3. 投标书及其附件

4. 本合同专用条款

5. 本合同通用条款

6. 标准、规范及有关技术文件

7. 图纸

8. 工程量清单

9. 工程报价单或预算书

双方有关工程的洽商、变更等书面协议或文件视为本合同的组成部分。"

1999 版至 2013 版，经过 14 年的时间跨度，我们国家的市场经济改革的深入也体现在了示范文本之中。2013 版"中标通知书"和"投标书及其附件"后面增加的括号"（如有）"的表述，说明我们国家对建设工程领域招标投标文件范围的放开。民营投资建设工程项目可以直接发包的范围不断扩大，对此类建设工程就没有规范的招标投标相关文件，体现在示范文本中就是"（如有）"。1999 版中的"工程量清单"到 2013 版修改为"已标价工程量清单或预算书"，也说明我们国家对建设工程工程量清单的认识不断深入、准确。这些变化，均收入 2017 版文本中。

需要特别强调的是尽管《民法典》规定建设工程合同应当采用书面形式，并不意味着只有书面的建设工程合同才能证明建设单位与施工单位形成建设工程合同关系。合同的三种形式：书面、口头、行为，仍然适用于建设工程全过程建设单位与施工单位权利义务的形成。

5.《建设工程施工合同（示范文本）》如何适用？

《建设工程施工合同（示范文本）》是目前在国内建设工程领域使用得最为广泛的合同文本。目前使用的是 2017 版（GF—2017—0201），《建设工程施工合同（示范文本）》是由住房和城乡建设部及国家工商总局联合编制推荐的合同文本。

2017 版合同文本，由协议书、通用条款和专用条款构成。通用条款共计 20 条，具体为一般约定发包人、承包人、监理人、工程质量、安全文明施工与环境保护、工期和进度、材料与设备、实验与检验、变更、价格调整、合同价格、计量与支付、验收和工程试车、竣工结算、缺陷责任与保修、违约、不可抗力、保险、索赔和争议解决。观察通用条款的 20 条，可以将它们做进一步的分类，分为以下五类：

第一，一般约定；

第二，主体，发包人、承包、监理人；

第三，质量，工程质量、安全文明施工与环境保护、材料与设备、试验与检验、验收和工程试车、缺陷责任与保修保险；

第四，工期，工期和进度；

第五，价款，变更、价格调整、合同价格、计量与支付、索赔、不可抗力、竣工结算和争议解决。

通过这进一步的分类，我们可以关注到在通用条款之中没有合同范围的约定，这是因为合同范围在协议书中已经进行了约定。那么质量、工期、价款这些建设工程施工合同的实质性条款属于我们分类中的第三、四、五类。合同主体为第二类，建设工程承包交易的双方，一方将权利或义务转让给他人，属于合同债权债务的转让。债权的转让，只要通知对方当事人即具有法律效力；债务的转让必须要经过合同相对人的同意。据此，我们可以发现，建设工程施工合同中的条款，只有"一般约定"的内容，从形式上讲不属于合同实质性条款。我们进一步观察"一般约定"包括：词语定义与解释、语言文字、法律、标准和规范、合同文件的优先顺序、图纸和承包人文件、联络、严禁贿赂、化石文物、交通运输、知识产权、保密、工程量清单错误的修正。该等条款中涉及质量、工期、价款的内容，只能在专用条款中进行细化和调整，不得通过补充协议进行修改。

6. 《标准施工招标文件》如何适用？

改革开放开启了我们国家由计划经济向市场经济转变的历程。实行市场经济是我们国家前无古人的伟大创举，没有现成的经验可以借鉴。因此，在改革开放初期，我们的经济改革是"摸着石头过河"。经过 20 多年的改革，我们国家的经济发展逐渐形成了由三驾马车拉动的格局：第一出口，第二消费，第三投资。投资的重点领域就是基本建设投资，基本建设投资范围分为政府投资和民间投资。民间投资建设单位与施工单位所采用的合同文本为《建设工程施工合同（示范文本）》，对于政府投资建设工程项目，没有针对性的文本。随着我国基础设施和公共事业领域投资的加大，政府作为投资主体的项目逐渐增加，因此如何规范好政府投资项目的运作，就成为社会经济发展中的一个新的焦点。

为了适应社会经济发展的需要，规范政府投资行为，2007 年由国家发展改革委员会领衔，联同财政部、建设部、铁道部、交通部、信息产业部、水利部、民用航空总局、广播电影电视总局共同制定发布了针对政府投资项目的 56 号令《标准施工招标文件》，为政府投资的基础设施和公共事业项目的招标投标、谈判、签约提供了规范性参考文本。

编制该文本的初衷是为了规范政府投资项目《标准施工招标文件》中的通用条款，作为各部委进行基本建设投资项目施工的参考，各部委结合各自行业的具体特点，重点关注合同专用条款、工程量清单、图纸、技术标准条件。56 号令特别强调各行业制定《标准施工招标文件》中的专用合同条款，可对《标准施工招标文件》中的通用合同条款进行补充、细化。除通用条款明确规定条款可作出不同约定外，补充和细化的内容不得与通用条款强制性规定相抵触，否则抵触内容无效。当然，从法律层面上考察，56 号令只是部门的规章，其无权决定合同条款的效力性，但是从 56 号令的表述，我们也可以清楚地感受到九大部委为规范政府投资项目的建设工程合同的决心。

《标准施工招标文件》由四卷组成：第一卷由招标公告、投标人须知、评标办法、合同条款及格式、工程量清单等五章组成；第二卷由图纸组成；第三卷由标技术标准和要求组成；第四卷由投标文件格式组成。本部分所观察的合同条款及格式是属于《标准施工招标文件》中第一卷第四章的内容。

《标准施工招标文件》第四章合同条款及格式由协议书、通用条款、专用条款三部分组成。通用条款包括一般约定、发包人义务、监理人、承包人、材料和工程设备、施工设备和临时设施、交通运输、测量放线、施工安全、治安保卫和环境保护、进度计划、开工和竣工、暂停施工、工程质量、试验和检验、变更、价格调整、计量与支付、竣工验收、缺陷责任与保修责任、保险、不可抗力、违约、索赔、争议的解决等 25 条。

我们观察到《标准施工招标文件》合同条款总共 25 条与《建设工程施工合同（示范文本）》不同，《建设工程施工合同（示范文本）》只有 20 条。《标准施工招标文件》是在 1999 版《建设工程施工合同（示范文本）》的基础上提炼、完善而成，因此更具有操作性。

我们对这 25 条进行分类，很容易将其分为五类，具体如下：

第一，一般约定；

第二，主体：发包人义务、监理人、承包人；

第三，质量：材料和工程设备、施工设备和临时设施、交通运输、测量放线、施工安全、治安保卫和环境保护、工程质量、试验和检验、竣工验收、缺陷责任与保修责任、保险；

第四，工期：进度计划、开工和竣工、暂停施工；

第五，价款：变更、价格调整、计量与支付、不可抗力、违约、索赔、争议的解决。使用九大部委预算资金安排的建设工程投资项目，应当选用《标准施工招标文件》并且按照《标准施工招标文件》规定的法则编制合同文件。

7. EPC 合同文本适用条件为何?

FIDIC 是国际咨询工程师联合会首个字母的法文缩写词，FIDIC 组织成立于 1913 年，该组织成立的目的是促进组织成员共同的职业利益，并且在联合会成员各组织之间分享有价值的信息。

1999 年 FIDIC 组织首次推出 EPC 合同文本。合同文本的封面以银色为基色，业内也称之为银皮书。银皮书是在红皮书和黄皮书的基础上形成的一种全新的文本，红皮书即为《土木工程施工合同》，黄皮书即为《机电工程合同标准格式》。这两款合同文本首先出版于 20 世纪 70 年代，出版之后受到了世界各国的广泛的好评，其受到广泛好评的本质，不仅仅在于合同文本的行业的专业性，更重要的在于对业主方和承包方之间风险分担平衡机制的设计。

红皮书和黄皮书在使用过程中，市场上就出现了新的需求。一些业主希望能够多出一点费用,减少承担的风险。作为承包方,为了减少自身的风险,在接受这一种商业模式时,往往会要求业主方提供所有的相关的建设工程的基础资料文件，以减少未来不确定性所带来的风险，为此，业主方通常也会尽其所能地为承包方提供已经掌握的文件。承包商在充分了解了项目现存的基本情况之后，在愿意接受此种承包方式时，业主方与承包方便会签订一个固定价合同。这种合同的签订，并不一定意味着对于业主方就具有商业性。

这种固定总价的合同并不包含承包方承担未来可能发生的所有风险。诸如战争、飓风、不可抗力等风险，还是可以由业主和承包方之间通过谈判达成风险分配。这种新的商业模式的出现，将红皮本和黄皮本合同项下属于业主方的风险转移给了承包方，减轻了业主方承担的项目风险，所增加的费用也为业主方所能接受，因此为业主方广泛采纳和应用。但是这种商业模式的结构与红皮书和黄皮书的商业结构并不相同，项目的业主方和承包方并没有认识到新的商业模式与黄皮书和红皮书的差异，因此他们会在红皮书或者黄皮书的基础上自行作一些条款的调整，这种调整不能有效地平衡业主方与承包方之间的风险分配，从而引发大量纠纷，有损 FIDIC 合同文本的声誉，为了满足建设工程市场对这一合同文本的需求，FIDIC 组织编制了 EPC 合同条件。

EPC 英文全称为 Engineering-Procurement-Construction，也称交钥匙工程。EPC 模式通常包含着施工单位融资的内容，而这种融资往往是从市场上融资，对于资金方来讲，会更加关注建设工程项目的成本控制和竣工时间，由此，资金方也会对 EPC 项目的承包人提出工程成本控制和工期的要求。因此，EPC 项目无论是业主方还是资金方都对承包人提出总价与工期固定的要求。

由于 EPC 合同选择的是固定总价模式，该固定总价所对应的标的物为业主的"业主需求"。因此，业主在选择这种模式时，必须在"业主需求"中对项目的功能性和适用性做到充分、准确的描述。承包人将会依据"业主需求"对项目前期的基本情况进行充分调研，从而形成针对"业主需求"的商业报价。承包人将会依据其自身的设计水平和施工能力，对项目进行满足功能的设计与施工，以实现最终项目的功能满足"业主需求"。"业主需求"在本质上构成了未来工程完成竣工验收的状态，也就会成为双方签订合同的标的物。合同签订之后，业主所要做的就是尽可能减少对承包商的干预，保证工程款的支付；承包人所应遵循的就是要在合同约定的期限内，保质保量完成合同约定的施工内容。

尽管 EPC 模式受到了世界各地的欢迎，但并不是所有的项目都适合 EPC 模式。2017 年，FIDIC 银皮书进行了修改，在承袭了 1999 版银皮书的基础上，对银皮书的适用范围进行了调整，指出以下三种情形，不适宜使用 EPC 模式。

第一，承包人没有足够的时间和信息去仔细研究、核实业主需求，或者完成设计、风险分担研究及评估；

第二，如果建设工程包含着大量的不明的地下工程，或者许多工作是在施工场地之外完成，而承包人不能够检查的；

第三，业主更愿意全面监督管控承包人的工作，审查绝大多数的施工图。

8. 建设项目工程总包合同与 EPC 合同有何差异?

2020 年 11 月 25 日，《住房和城乡建设部　市场监督总局关于印发建设项目工程总承包合同（示范文本）的通知》（建市〔2020〕96 号），该文废除了《建设项目工程总承包合同示范文本（试行）》（GF—2011—0216），自 2021 年 1 月 1 日起实施《建设项目工程总承包合同（示范文本）》（GF—2020—0216）。新文本时隔十年出台表明了国家层面一直对建设项目工程总承包推进的重视与决心。

新版的《建设项目工程总承包合同（示范文本）》仍然延续着 FIDIC 合同条件的结构，由协议书、通用条款和专用条款构成。通用条款共计 20 条，分别为一般约定、发包人、发包人的管理、承包人、设计、材料工程设备、施工、工期和进度、竣工试验、验收和工程接收、缺陷责任与保修、竣工后试验、变更与调整、合同价格与支付、违约、合同解除、不可抗力、保险、索赔和争议解决。合同的章节布局并不能够体现合同的思想与商业意图，真正能够体现合同的思想与商业意图的是合同中的具体条款。

《建设项目工程总承包合同（示范文本）》，其对标的是 FIDIC 合同条件中的 EPC 模式，国家层面推行建设项目工程总承包，也是希望能够实现设计、施工或者设计、施工、采购一体，提高项目综合管理能力，促进建筑业的升级改造，实现与国际接轨，以利于企业走出去参与国际竞争。

希望通过借助建设项目工程总承包模式来提升建筑施工企业在市场中的工程承揽能力，以便参与国际竞争，出发点固然很好，但是在我们国家建筑工程市场发育尚不成熟、尚不规范的情形下，希望通过在国内市场经济环境中练出能够在国际市场竞争中具有竞争力的建筑企业，还有待时日的验证。

EPC 合同的实质条件是工期固定、价格固定，业主方支出更高的价格以实现更少的费心。项目在实施过程中，由于承包人的原因，造成了业主的损失，通常由承包人以自身的财产乃至为承包人提供的担保财产，履行对业主的赔偿责任。这是市场经济的基本法则。

在我们国家，目前似乎还不具备这种建设模式的思维方式。规模较大的 EPC 项目，在当下更多地属于政府投资项目。对政府投资的项目，投资成本的考评体系与市场投资考评体系不同，市场投资考评体系是通过承包方承担违约责任，来平衡业主方和承包方之间的利益。对政府投资项目，即使承包方对业主给予了足额的赔偿，在政府的考评体系下仍然会认定政府项目的管理者管理失职，进而对项目管理者作出负面评价。为了防止此类情形的发生，每一个政府项目的管理者都会对项目进展的每个环节亲力亲为、尽心尽力地履行项目管理职责，以保证项目顺利进行。而这恰恰就是与 EPC 模式相悖的管理方式。

这一种情形在我们国家未来相当长的一段时间内还将存在。不可能因为推行工程总承包模式而迅速改变政府对项目投资的管理绩效评价方式。因此，建设项目工程总包合同文本中并没有对建设项目总包进行工期、价格固定的安排，这也是《建设项目工程总承包合同（示范文本）》(GF—2020—0216) 文本对现实的妥协。

失去了工期固定与总价固定的建设项目工程总承包，便失去了 EPC 模式的灵魂。

9. 如何理解情势变更原则?

情势变更原则在我们国家首先是在 2009 年出台的《最高人民法院关于适用〈中华人民共和国合同法〉若干问题的解释（二）》（法释〔2009〕5 号，简称《合同司法解释（二）》）中提出的，第二十六条规定："合同成立以后客观情况发生了当事人在订立合同时无法预见的、非不可抗力造成的不属于商业风险的重大变化，继续履行合同对于一方当事人明显不公平或者不能实现合同目的，当事人请求人民法院变更或者解除合同的，人民法院应当根据公平原则，并结合案件的实际情况确定是否变更或者解除。"

《民法典》将情势变更原则上升为法律，成为《民法典》的一大亮点。《民法典》第五百三十三条规定："合同成立后，合同的基础条件发生了当事人在订立合同时无法预见的、不属于商业风险的重大变化，继续履行合同对于当事人一方明显不公平的，受不利影响的当事人可以与对方重新协商；在合理期限内协商不成的，当事人可以请求人民法院或者仲裁机构变更或者解除合同。人民法院或者仲裁机构应当结合案件的实际情况，根据公平原则变更或者解除合同。"

2009 年最高人民法院将情事变更原则列入《合同法司法解释（二）》之时，便引起了学术界和实践者的广泛争议。在广泛的争议中，《最高人民法院关于正确适用〈中华人民共和国合同法〉若干问题的解释（二）服务党和国家工作大局的通知》（法〔2009〕165 号）对情事变更原则采取了谨慎适用的对策。2021 年 1 月 1 日实施的《民法典》又将情势变更原则上升为法律。说明高层对情势变更原则在当下中国的适用，具有难以回避的作用。既然难以回避，我们就有必要对情势变更原则做一仔细的观察。

因为是一个原则，所以原则本身很难反映出原则的内涵。《民法典》第五百三十三条本质上是对情事变更原则的诠释。对法律原则的诠释，使用的字词应当使法律原则能够更为简单、清晰、明了地被大众理解、接受，才能称得上对原则进行了有效的诠释。

我们观察五百三十三条可以发现它里面用了"合同的基础条件"这一词，用了"商业风险"这一词。那么何为"合同的基础条件"？何为"商业风险"？在《民法典》中并没有给出定义。为了诠释我们不甚明白的"情势变更"引出了两个我们不甚明白的词——"合同的基础条件"和"商业风险"。这显然违背了词语解释的基本逻辑。因此，第五百三十三条对情事变更原则的诠释，仍然处在一种不确定的状态之中。这种不确定状态的最终稳定性，将会由每个具体案件的法官进行决定。也就是说，合同基础条件的认定以及商业风险的认定，属于法官的自由裁量权。我们国家现在推行的是依法治国。依法治国，一方面是要建立完整、有效、成体系的法律制度，另一方面是要限制行政和司法的权力。第五百三十三条情事变更原则的设立，不能够使公民通过该条款对自己的民事法律行为进行有效的预期，相反是增大了法官判案的自由裁量权，有悖于依法治国的原则。我们相信，最高人民法院近期会出台对《民法典》的司法解释，对五百三十三条进行进一步完善。

我们说市场经济条件下的风险分为市场风险、专业风险、道德风险与法律风险。《民法典》第五百三十三条载明的"合同基础条件发生了当时订立合同时无法预见的，不属于商业风险的重大变化"，既然不属于商业风险，就只能属于专业风险、道德风险或法律风险。法律风险很容易理解，有时候也称之为法律、政策风险，即由政府政策变动所引发的合同基础条件的变化。在这种情形下，可以适用情势变更原则。专业风险最为典型的就是前几年风靡全国的 PPP 项目，PPP 项目入官方项目库，需要通过官方聘请的专家评审；退库，也需要经过官方认定的专家评审。入库与退库当然构成 PPP 合同的基础条件的变化，适用情势变更原则。这种条件的变化给双方造成的损失，由合同当事人承担。道德风险，譬如施工单位的一名工作人员，应对工作状态不满，纵火烧毁建筑物，造成建筑物的毁损。施工单位负责承建一幢新的建筑，事发之后，施工单位还必须承担对建筑毁损的修复，这构成合同的基础条件发生变化，也不属于商业风险，应当属于情势变更原则。这三种风险都适用情势变更原则。在这里我们就会发现一个很有趣的问题，由道德风险引发的施工人员纵火导致的业主单位和施工单位的损失，除了合同双方可以依据情势变更原则进行处分之外，还可以通过民事的手段，向情事变更的制造者——纵火者追究责任。但是，专业风险或法律风险的引发情势变更者，即合同当事人没有向其主张赔偿因情势变更造成损失的法律路径。我们相信，这一法律漏洞，很快就会被堵上。

10. 如何识别效力性强制性规定？

我们国家的改革开放，实际是一个不断对经济松绑的过程，其管理模式也由对经济的行政管理转化为法治化管理。因此，我们国家颁布的法律都保留着对经济活动较为严格管理的历史痕迹。1999 年颁布的《合同法》也不例外。《合同法》第五十二条规定如下：

"有下列情形之一的，合同无效：

（一）一方以欺诈、胁迫的手段订立合同，损害国家利益；

（二）恶意串通，损害国家、集体或者第三人利益；

（三）以合法形式掩盖非法目的；

（四）损害社会公共利益；

（五）违反法律、行政法规的强制性规定。"

随着我国法律体系的完善，对经济管束较为严格的强制性规定无处不在，法院在审理经济纠纷案件时，大量的合同依据《合同法》五十二条认定为无效。大量合同的无效，不利于市场经济的参与主体对经济活动未来结果的预判，也不利于市场经济健康发展。为此，最高人民法院 2009 年出台《合同法司法解释（二）》第十四条规定："合同法第五十二条第（五）项规定的'强制性规定'，是指效力性强制性规定。"

效力性强制性规定在我国司法实践中是一个全新的概念，为此，最高人民法院提出注意区分效力性强制规定和管理性强制规定。违反效力性强制规定的，人民法院应当认定合同无效；违反管理性强制规定的，人民法院应当根据具体情形认定其效力。最高人民法院还特别强调人民法院应当综合法律法规的意旨，权衡相互冲突的权益，诸如权益的种类、交易安全以及其所规制的对象等，综合认定强制性规定的类型。如果强制性规范规制的是合同行为本身即只要该合同行为发生则绝对地损害国家利益或者社会公共利益的，人民法院应当认定合同无效。如果强制性规定规制的是当事人的"市场准入"资格而非某种类型的合同行为，或者规制的是某种合同的履行行为而非某类合同行为，人民法院对于此类合同效力的认定，应当慎重把握，必要时应当征求相关立法部门的意见或者请示上级人民法院。

这表明《合同法司法解释（二）》颁布之时，法院内部对"效力性强制性规定"和"管理性强制性规定"的认知并不统一。随着这一概念的提出，审判实践中又出现了另一种倾向，有的人民法院认为凡是行政管理性质的强制性规定都属于"管理性强制规定"，不影响合同效力。

为了纠正这种错误认识，最高人民法院再次发文指出，人民法院在审理合同纠纷案件时，要依据《民法总则》第一百五十三条第一款和《合同法司法解释（二）》第十四条的规定慎重判断"强制性规定"的性质，特别是要在考量强制性规定所保护的法律类型、违法行为的法律后果以及交易安全保护等因素的基础上认定其性质，并在裁判文书中充分说明理由。

下列强制性规定，应当认定为"效力性强制性规定"：强制性规定涉及金融安全、市场秩序、国家宏观政策等公序良俗的；交易标的禁止买卖的，如禁止人体器官、毒品、枪支等买卖；违反特许经营规定的，如场外配资合同；交易方式严重违法的，如违反招标投标等竞争性缔约方式订立的合同；交易场所违法的，如在批准的交易场所之外进行期货交易。关于经营范围、交易时间、交易数量等行政管理性质的强制性规定，一般应当认定为"管理性强制性规定"。

2021 年实施的《民法典》将《民法总则》第一百五十三条吸纳，全文如下：

"第一百五十三条　违反法律、行政法规的强制性规定的民事法律行为无效。但是，该强制性规定不导致该民事法律行为无效的除外。

违背公序良俗的民事法律行为无效。"

11. 如何化解合同当事人之间的认识偏差?

建设工程合同金额大、工期长、涉及专业广、技术含量高，因此在合同履行中，合同参与方就很容易对合同内容的理解发生偏差。为了最大限度地减少合同参与各方意思表示的偏差，对合同中一些常用的重要名词进行定义，或者对词的内涵和外延进行专门的解释就显得非常重要。

FIDIC 合同条件对合同中所采用的名词就进行了定义与解释，这种方式为世界各国在编制建设工程合同时广泛借鉴。我们国家的建筑工程合同也引进了这种良好的方式。我们以建设项目工程总承包合同为例，对词语定义解释进行近距离的观察。

建设项目工程总承包合同由协议书、通用合同条件、专用合同条件构成。第二部分通用合同条件的第 1 条为一般约定，一般约定名下有 14 条，其中 1～5 条都是对合同中的名词进行定义，尽管各子条款的名称不同，但合同条款编号为 1.1～1.5 条的内容，仍是对 62 个名词进行了定义与释义。其他条款中也存在着对合同的词语进行定义与解释，比如，第 6.5.2 条"取样"就是对取样的定义；第 7.1.6 条水路和航空运输，在该条款中对"道路"和"车辆"进行了定义。

　　对合同中使用的词语进行专门定义，可以最大限度化解合同当事人之间对合同内容理解的偏差，但并不是合同中已经定义的名词，就能够有效地维护合同当事人的合法权益，有力地保障双方都能够有效地预见未来的结果。比如合同中定义的法律，合同 1.3 条约定："合同所称法律是指中华人民共和国法律、行政法规、部门规章以及工程所在地的地方法规、自治条例、单行条例和地方政府规章等。合同当事人可以在专用合同条件中约定合同使用的其他规范性文件。"

　　我们说在合同中对重要的词语进行定义，可以使合同当事人取得共识，但是这种对词语的定义，词语的内涵和外延是不能够超出法律对词语的定义，比如对法律的定义就是如此。我们国家《立法法》规定经全国人民代表大会通过的，由国家主席签发主席令公布的规范性文件属于法律；经全国人民代表大会常务委员会通过的，由国家主席签发主席令公布的规范性文件属于法律，这是《立法法》对法律的定义。依据《立法法》的定义，经国务院通过的，由总理签发的国务院令，属于行政法规，不属于法律的范畴。但是，最高人民法院通过司法解释，将法律、行政法规作为法院裁判案件的依据，行政法规尽管不是立法法意义上的法律，但是取得了"法律"的地位。

　　国家目前的法律系统对诉讼案件裁判的依据，只有法律、行政法规和司法解释。工程所在地的地方法规、自治条例、单行条例和地方政府规章等，既不属于《立法法》定义的法律，也不属于最高人民法院认定的法律，故不可能作为法院裁判合同各方纠纷的依据。在合同中，将该等文件定义为法律，不能够改变法院体系对法律的既有定义，因此，该合同文本中对法律扩充定义起不到扩大法律词语内涵的作用。如果合同各方需要将工程所在地的地方法规、自治条例、单行条例和地方政府规章以及地方政府的文件作为双方履行合同的依据，可以在专用合同条件中，将具体的文件名称、编号载入，约定其为合同的一部分。尽管地方性文件不能够作为法律在合同中适用，但是可以作为合同中的条款实现对合同当事人约束的目的。

　　在民事活动中，我们的权利来源于法律、合同与判决。在签订合同时，判决可以暂不考虑，法律与合同是我们履行合同项下的义务依据。我们说约定不能违背法定，需要适用地方政府的政策，不能盲目地认为工程所在地的地方政府文件合同当事人都应当执行。只有将地方政府的政策载入合同之中，合同当事人才能够享受到地方政府的红利。

12. 合同中的格式条款如何认定？

　　《民法典》关于格式条款规定如下：

　　"第四百九十六条　格式条款是当事人为了重复使用而预先拟定，并在订立合同时未与对方协商的条款。

采用格式条款订立合同的，提供格式条款的一方应当遵循公平原则确定当事人之间的权利和义务，并采取合理的方式提示对方注意免除或者减轻其责任等与对方有重大利害关系的条款，按照对方的要求，对该条款予以说明。提供格式条款的一方未履行提示或者说明义务，致使对方没有注意或者理解与其有重大利害关系的条款的，对方可以主张该条款不成为合同的内容。"

对格式条款的观察，我们很容易联想到保险合同、医疗手术合同、手机开户合同、银行开户合同等等。该类合同都是由市场中的强势者提供合同文本，通常也不允许修改，消费者也没有选择权，只能按照其提供的文本签约。在这种情形下，通过格式条款的立法安排，保护市场经济中零散小户消费者的合法权益，当然可圈可点。

在我们建设工程领域，最高人民法院将《建设工程施工合同（示范文本）》中的通用条款认定为格式条款，使我们不得不对格式条款进行特别观察。

《民法典》第四百九十六条第一款是对格式条款的定义，载明"格式条款是当事人为了重复使用而预先拟定，并在订立合同时未与对方协商的条款。"从格式条款的定义中，我们可以得出满足格式条款的三个条件：第一，重复使用；第二，预先拟定；第三，签订时未与对方协商。

在建设工程领域，能够重复使用《建设工程施工合同（示范文本）》的主体最典型的代表就是建设单位，虽说建设单位重复使用《建设工程施工合同（示范文本）》，但此文本并非开发商拟定，而是选用官方推荐的示范文本。官方之所以要拟定示范文本，其根本目的就是为了平衡建设工程领域建设方与承包方的市场地位，维持市场竞争的公平性。官方之所以要推荐、普及示范文本，就是要通过示范文本规范建筑市场发承包双方在建设工程活动中的行为。示范文本因为是建设工程主管部门颁发推荐的文本，因此为国内建设与承包方所熟知，对于具体的建设工程项目，业主方与承包方可能不会对通用条款作具体的调整，但一定会在专用合同条款中对通用条款作出选择、废除、修改、细化的约定。因此，从法律对格式条款的定义上看，《建设工程施工合同（示范文本）》只有重复使用满足法律对格式条款的定义，其他两项均不满足，故将《建设工程施工合同（示范文本）》中的通用条款认定为格式条款存在对法律理解的偏差。

将《建设工程施工合同（示范文本）》中的通用条款认定为格式条款，从法律上否定了《建设工程施工合同（示范文本）》的合法性，使行政主管部门寄希望规范行业行为的文本成为一纸空文。最高人民法院将《建设工程施工合同（示范文本）》认定为格式条款，并不能否定示范文本对行业的示范指导作用。因此，市场上就出现将通用条款的各条款原文填入专用条款之中，以保证其免遭格式条款之嫌；更有甚者将通用条款直接更名为专用条款，在专用条款前一行载明，本合同通用条款与《建设工程施工合同（示范文本）》相同。

我们认为，认定合同文本是否属于格式条款除了应当满足以上所说的三个条件之外，还应当考察文本的出处，市场主体为了维护自身市场垄断地位而拟定的重复使用的文本涉嫌格式条款，官方为了规范市场经济秩序而推荐使用的合同文本，当然要重复使用，而且使用面越广越好。《建设工程施工合同（示范文本）》是官方正式发文推荐使用的合同文本，属于政府的行政行为，最高人民法院将示范文本通用条款认定为格式条款，涉嫌以司法权干预行政权，本身就缺乏法理基础。

当然司法裁判权掌握在最高人民法院手中，我们在选择使用各种官方示范文本时，还是应当高度重视最高人民法院的价值取向，避免通用条款落入格式条款的窘境，给项目的顺利推进带来人为障碍。

13. 如何理解合同条款内容的冲突？

对合同内容理解出现分歧，是市场经济活动中最常发生的纠纷，建设工程领域也不例外。对合同内容理解的分歧主要由四方面构成：第一，对合同的词句理解分歧；第二，对合同不同的条款内容冲突发生选择上的分歧；第三，对合同中的霸王条款的履行与否发生分歧；第四，对合同不同文字版本条款之间出现理解的分歧。

我们按照先易后难的顺序，对合同内容的解释逐一观察。

第四，对合同不同文字版本条款之间出现理解的分歧。对于合同文本采取两种以上文字订立的，不同文本之间条款内容理解发生不一致时，按照文本所约定的效力高的文字文本意思进行解释。两种以上文字订立的合同，两种文字具有同等效力的，出现合同条款理解上的分歧，应当根据合同相关条款性质、目的以及诚信原则解释。

为了避免这种理解上可能产生的分歧，通常情况下都选择自己的母语作为不同文字合同文本最终解释的依据。如果不能够选择自己的母语作为合同最终解释的依据，则应当选择英文文本作为合同最终解释的依据。

第三，对于霸王条款效力的甄别。所谓霸王条款，指的是业主单位利用其在市场中的优势地位，将不利于承包方的合同条件强加给承包方，从而引起合同双方权利义务失去平衡。本着合同是当事人之间的法律之原则，霸王条款载入合同经当事人签字盖章之后，霸王条款就成为承包人的义务，形成既成事实。对霸王条款无论如何解释，都会对承包人利益造成侵害，因此，对于霸王条款不在于如何去解释，而在于如何去否定它的效力。我们知道民事主体的权利来源于法律与合同，霸王条款成为合同中的一部分，要通过重新签协议否定它，当然是不可能实现的，因此，承包人要否定霸王条款，只有依据法律。

在建筑工程领域中《民法典》、《建筑法》、《招标投标法》以及最高人民法院相关司法解释，都是承包人否定建设工程合同中霸王条款的有力武器。当然要在茫茫的法律海洋中，找到破解具体项目霸王条款的法律依据，只有资深的专业律师才能胜任。

第二，条款之间发生冲突。可以依据合同中所约定的合同文件的效力阶位来确定合同条款的选择；同一效力阶位的条款之间发生冲突，可以首先排除违反法律规定的条款。比如最近审核的一份建设工程合同，第4.1.1条标题为遵守法律，条款为："承包人在履行合同过程中，应遵守法律并保证发包人免于因承包人违反法律而引起的任何责任。" 第16.2条法律变化引起的调整约定："本款补充。在合同实施期间，本合同工程勘测设计费用不随国家政策调整或新颁布的法律、法规、标准或市场因素变化的发布进行调整。"

第4.1.1条与第16.2条就发生冲突，第16.2条是约定不按照新颁布的法律、行政法规调整，这种冲突选择哪一条款使用自然不言自明。在建设工程合同审核过程中，稍具专业能力的律师，就能将此类冲突条款化解在签约之前。

第一，合同词句理解冲突。对同一条款的内容发生争议，双方各执一词，争执不下。《民法典》第一百四十二条规定："有相对人的意思表示的解释，应当按照所使用的词句，结合相关条款、行为的性质和目的、习惯以及诚信原则，确定意思表示的含义。无相对人的意思表示的解释，不能完全拘泥于所使用的词句，而应当结合相关条款、行为的性质和目的、习惯以及诚信原则，确定行为人的真实意思。"

这意味着载入合同条款中的词句，当双方对该词句的内容理解发生分歧之时，无论解释还是不解释，对于双方当事人而言，对该条款内容的解释，已经失去了左右能力。对该条款的解释权已经由双方当事人转移到了裁判法官手中，法官可以完全抛开双方当事人的争辩，结合相关条款、行为的性质和目的、习惯以及诚信原则确定条款的真实意思。

对于合同的当事人而言，无论其是故意还是疏忽，一旦出现合同条款意思表示不清，需要进一步解释，等待双方的是合同未来的走向已失去了自己所期待的预判。

14. 建设工程总承包合同之业主要求应当包含哪些内容？

我们国家推行建设工程总承包，旨在促进设计与施工深度融合，提高整个建设工程的投资社会效益。建设工程总承包的具体模式是对标FIDIC合同条件的EPC模式。EPC模式不同于FIDIC合同条件下的其他模式的，最重要的一个特征就是总价固定。这个固定的总价对应的标的物是EPC模式中业主出具的业主需求，EPC项目的承包人所完成的建设工程满足了业主需求载明的条件，则完成了EPC合同项下承包人的义务。

EPC合同中的业主需求体现在我们国家的建设项目工程总承包合同中，就是发包人要求，《建设项目工程总承包合同（示范文本）》GF—2020—0216第1.1.1.6条约定："指构成合同文件组成部分的名为《发包人要求》的文件，其中列明工程的目的、范围、设计与其他技术标准和要求，以及合同双方当事人约定对其所作的修改或补充。" 示范文本附件《发包人要求》做了更为详细的说明，《发包人要求》应尽可能清晰准确，对于可以进行定量评估的工作，发包人要求不仅应明确规定其产能、功能、用途、质量、环境、安全，并且要规定偏离的范围和计算方法，以及检验、试验、试运行的具体要求。对于承包人负责提供的有关设备和服务，对发包人人员进行培训和提供一些消耗品等，在发包人要求中应一并明确规定。

总承包合同也认识到了发包人要求的重要性，因此，除了笼统地对发包人要求进行描述外，还从以下十一个方面对发包人要求的内容做了进一步描述：第一，功能要求；第二，工程范围；第三，工艺安排或要求（如有）；第四，时间要求；第五，技术要求；第六，竣工实验；第七，竣工验收；第八，竣工后试验（如有）；第九，文件要求；第十，工程项目管理；第十一，其他要求。

尽管在总包合同中对发包人要求用较大篇幅进行描述，十一项下都有若干子项，以期待发包人能够完全、真实、准确地表达自己对项目的要求。但是，建设工程总承包适用于各种类型、各种行业的建设工程项目，因此，不同行业项目的参数、功能、用途、质量、环境、安全都不一致，为了最大限度地使每个行业的发包人能够最大限度地提出准确的发包人要求，国家各行业从建设工程规范标准编制入手，提出了2021年工程建设规范标准编制项目工作计划，要求各相关部委在2021年12月31日前，完成下达的工程建设规范标准编制工作。2021年工程建设规范标准编制项目工作计划涉及工程建设国家强制性标准81项，工程建设标准21项，行业标准5项，翻译标准27项，国际标准1项，专项工作50项，以满足建筑工程总承包发包人要求的基础性条件。诸如：

（1）炼油化工工程项目

适用于以石油、天然气、煤及其产品为原料，生产、储存各种石油化工产品的炼油化工工程项目。主要技术内容：炼油化工工程项目规划选址、建设规模、项目构成、工艺、公用工程及辅助生产设施、储运系统、环境保护、职业安全卫生、消防、抗震、自动控制和应急救援等方面需要强制执行的技术措施。

（2）风力发电工程项目

适用于路上和海上风电场工程。主要技术内容：建设规模、功能、性能、选址与布局，以及规划、设计、施工、运行维护、更新改造及拆除等方面需要强制执行的技术要求。

这些基础性的国家标准规范实际上构成建设项目设计任务书的具体设计指标，使建设项目设计任务书的编制具有合法合规的依据，构成发包人要求的法律性基础。将发包人要求用工程的语言表述就是项目方案设计、初步设计。初步设计达到法定的深度，则成为施工图设计的基础。我们国家的建设工程总承包政府项目就是从施工图设计开始承包。

从以上观察我们可以发现，建设工程总承包是一种好的商业模式，但是并不适用于每一个行业中的每一个项目。我们在采用建设工程总承包模式时，应当首先选择技术规范较为成熟的项目，在此基础之上，才会有一个较为成熟的初步设计，为施工图的设计乃至施工图设计减少变更提供一个良好的技术条件。一个成熟的初步设计，构成建设工程总承包发包人要求的核心内容，也是发包人与承包人商业谈判的实质性内容。

15. 如何判定建设工程设计深度边界?

在建设工程领域，传统的施工方式是设计由业主委托，施工由业主选择施工单位。施工单位只需要按照业主提供的工程图纸进行施工，即可完成合同项下的义务。施工单位与业主之间的责任边界就是施工图纸。

建设工程总承包则不然。建设工程总承包是承包方承包了业主的设计与施工之范围，因此，承包方与业主之间的责任界面的划分就不是图纸与施工之间的界限，而是承包方承担的工程设计内容与业主方承担的工程设计内容责任界面的划分。在建筑工程总包模式下，有效地划分业主承担的设计内容与施工单位承担的设计内容，就成为建设工程总承包模式能否顺利实施的原点。

我们知道建设工程设计分为方案设计、初步设计和施工图设计。由于我们国家长期实行的是设计与施工相分离模式，因此，从设计与施工相分离的模式转向设计与施工相融合的模式，采取先易后难的推进策略，是比较符合国内建设领域的具体情况，也是国家倡导工程设计和工程施工相融合的主流形式。在此，划分施工图设计与初步设计的工作边界的重要性就显得尤为重要。

建设工程是百年大计，涉及基本的社会公共安全。所以，我们国家对从事建设工程勘察、设计活动的单位实行严格的资质管理，建设工程勘察、设计单位只能够在其资质许可的范围内承揽建设工程勘察、设计业务。国家禁止建设工程勘察、设计单位，超越其资质许可的范围或者以其他建设工程勘察、设计单位的名义承揽建设工程勘察、设计业务。禁止建设工程勘测、设计单位允许其他单位或个人以本单位的名义承揽建设工程勘察、设计业务。不仅建设工程勘察、设计单位需要具备资质，实施勘察、设计具体工作的人员也必须具备相应的资格。以此保障建设工程勘察、设计工作的专业性与可靠性。

国务院颁布的《建设工程勘察设计管理条例》第二十六条规定："编制建设工程勘察文件，应当真实、准确，满足建设工程规划、选址、设计、岩土治理和施工的需要。编制方案设计文件，应当满足编制初步设计文件和控制概算的需要。编制初步设计文件，应当满足编制施工招标文件、主要设备材料订货和编制施工图设计文件的需要。编制施工图设计文件，应当满足设备材料采购、非标准设备制作和施工的需要，并注明建设工程合理使用年限。"该行政法规将建设工程设计以法律的形式分为方案设计、初步设计和施工图设计，并明确指出初步设计文件应当满足编制施工图文件的需要。因此，作为建设工程总包单位，只要按照初步设计完成施工图设计工作，其权益就能得到法律的保障。

在具体项目的实施过程中，初步设计究竟要设计至多深，才能达到法律所规定的"满足编制施工图文件的需要"？如果初步设计深度与施工图设计要求发生冲突，责任边界具体在哪里？2016年住房和城乡建设部出台《建筑工程设计文件编制深度规定》（建质函〔2016〕247号）对建设工程方案设计、初步设计和施工图设计的深度做了详细的规定。

（1）对三阶段设计深度及原则规定如下：

"1.0.5 各阶段设计文件编制深度应按以下原则进行（具体应执行第2、3、4章条款）：

1 方案设计文件，应满足编制初步设计文件的需要，应满足方案审批或报批的需要。

2 初步设计文件，应满足编制施工图设计文件的需要，应满足初步设计审批的需要。

3 施工图设计文件，应满足设备材料采购、非标准设备制作和施工的需要。"

（2）对初步设计中的结构设计规定如下：

"3.5.2 设计说明书。

2 设计依据。

1）主体结构设计使用年限；

2）自然条件：基本风压，冻土深度，基本雪压，气温（必要时提供），抗震设防烈度（包括地震加速度值）等；

3）工程地质勘察报告或可靠的地质参考资料；

4）场地地震安全性评价报告（必要时提供）；

5）风洞试验报告（必要时提供）；

6）建设单位提出的与结构有关的符合有关标准、法规的书面要求；

7）批准的上一阶段的设计文件；

8）本专业设计所执行的主要法规和所采用的主要标准（包括标准的名称、编号、年号和版本号）。"

（3）对施工图设计中的结构设计规定如下：

"4.4.3 结构设计总说明。

2 设计依据。

1）主体结构设计使用年限；

2）自然条件：基本风压，地面粗糙度，基本雪压，气温（必要时提供），抗震设防烈度等；

3）工程地质勘察报告；

4）场地地震安全性评价报告（必要时提供）；

5）风洞试验报告（必要时提供）；

6）相关节点和构件试验报告（必要时提供）；

7）振动台试验报告（必要时提供）；

8）建设单位提出的与结构有关的符合有关标准、法规的书面要求；

9）初步设计的审查、批复文件；

10）对于超限高层建筑，应有建筑结构工程超限设计可行性论证报告的批复文件；

11）采用桩基时应按相关规范进行承载力检测并提供检测报告；

12）本专业设计所执行的主要法规和所采用的主要标准（包括标准的名称、编号、年号和版本号）。"

通过比较初步设计之结构设计依据和施工图设计之结构设计依据可以发现，设计依据中都包含一项"工程地质勘察报告"，施工图设计所依据的工程地质勘察报告就是初步设计所依据的工程地质勘察报告，因此，因地质勘察瑕疵所造成的设计变更首先应该是初步设计变更，初步设计变更所引发的施工图设计变更责任应当由负责初步设计的业主方承担。

建设工程总承包模式，承包方取得了建设工程的设计权。如果业主仍按传统的方式管理总承包模式，不断地修改初步设计，逼迫总包方修改施工图，总包方可以依据《建设工程勘察设计管理条例》第二十八条对抗业主方的不当行为。

该条款规定："建设单位、施工单位、监理单位不得修改建设工程勘察、设计文件；确需修改建设工程勘察、设计文件的，应当由原建设工程勘察、设计单位修改。经原建设工程勘察、设计单位书面同意，建设单位也可以委托其他具有相应资质的建设工程勘察、设计单位修改。修改单位对修改的勘察、设计文件承担相应责任。施工单位、监理单位发现建设工程勘察、设计文件不符合工程建设强制性标准、合同约定的质量要求的，应当报告建设单位，建设单位有权要求建设工程勘察、设计单位对建设工程勘察、设计文件进行补充、修改。建设工程勘察、设计文件内容需要作重大修改的，建设单位应当报经原审批机关批准后，方可修改。"

从该条款我们可以看到，业主单位修改设计，必须经过原勘察、设计单位书面同意。对于不涉及结构安全的变更，作为总包方的施工图设计单位，可以拒绝业主方设计变更的要求。对于建设结构出现瑕疵必须进行设计变更的，总包方可以要求业主追究具有资质的勘察、设计单位及个人的责任，并对设计变更部分与业主进行新的商业谈判。

16. 如何做好建设工程材料设备之采购？

当前我们国家主推的建设工程总承包模式是设计、施工或设计、施工、采购等阶段实行总承包。我们已经观察过设计、施工阶段的总承包模式，在这篇文章中，我们就关注设计、施工、采购阶段的总承包模式，聚焦采购。

FIDIC 合同条件下的 EPC 模式，是业主方基于"退财消灾"的考虑，是想更多地从建设工程管理的事务性之中解脱出来，即使能够多付一些自己能承受的费用也在所不惜。以此为出发点，探索出的一种工程承包方式。其思想的基础是业主要从繁琐的事务性工作之中解脱出来，而非对这个项目追求投资回报最大化。国内的建设工程总承包业主方选择建设工程总承包模式并非基于这一初衷。国内的建设工程业主方仍然沿袭传统的建设工程施工总承包管理思路，选择建设工程总承包的初衷，不是要将自己从繁琐的事务中解脱出来，相反，是为了追求利润最大化，哪怕自己再多投入些精力也不足为惜。在传统的建设工程施工总承包中，普遍存在的业主方直接指定建设工程分包方或者某些材料实行甲供，也就自然而然地沿袭到建设工程总承包的模式之中。

国家推行建设工程总承包是为了提高建筑工程领域整个行业的社会效益，发包人要求固定价格之后，由承包人以实现"发包人要求"为中心，充分挖掘自身的专业优势与资源优势组织设计、施工、采购，提高整个项目的社会产出效益，从而实现国家推行建设工程总包模式的目的。

如果在我们探索性地推行建设工程总包模式过程中，再加入建设工程业主的直接分包以及某些材料的甲供，无疑会增加当下推进建设工程总包模式的难度。为新模式的推进，人为地制造障碍。但是，在未来一段期间内，我们的建设工程总承包模式，能够像 FIDIC 合同条件下的 EPC 模式一样，业主不对项目进行直接分包，不对项目的材料实行甲指，看来还需要有一个转变的过程。

承包方为了有效地保障建设工程总承包范围内的采购质量，比较可行的方式，是将所有的采购物资分为两类：一类为标准件，另一类为非标件。总包方在采购标准件时，应当在采购合同中列明采购物品的名称、品牌、型号、数量、质量、原产地等基本信息，并且必须标明所采购物品的国家标准及代码；如果该物品非国家标准，则应当列明该物品的行业标准及代码；如果不是行业标准，则应标明该物品之企业标准及代码，以此保证所购标准件的质量。对于采购非标件，则有必要将非标件分为两类：一类是种类物；另一类为单一物。对种类物，应当通过先生产样品，再封存样品的方式来保证所购种类物的质量；如果是单一物，则可以通过加工承揽的方式定制物品。通过设计的图纸以及图纸上标明的材料的选用来保证所定制物的功能与质量。对于超大规模的单一非标物的采购，总承包方应当通过竞争的方式选择具有资质的设计单位，通过竞争的方式选择能够保障产品质量的生产加工单位，并且必须安排监制工程师到生产企业跟产，全过程地跟踪、监督定制物的生产质量，以保障所订之物能够按时、保质地满足工程施工进度的需要。

业主方普遍认为，建设工程项目中采购存在较高的利润，其从市场上了解的情况似乎总能印证自己的判断。对于大型的建设工程开发商固然如此，材料采购中，是其项目施工中的一项利润来源。但是，对于单一项目的业主而言并非完全如此，其无法达到大开发商的采购量，因此自然也得不到大开发商的采购价格，其自己采购所节省下来的微薄利润，一旦在采购过程中出现变故，不能按时、保质将甲供料提交给承包人，造成工期延误，所获得的微薄利润尚不足以支付给承包人的索赔。

业主方无论是对建设项目进行直接分包还是对材料进行甲供，都应当充分地衡量自身参与项目实施的风险管控能力。盲目地追求各商业点的利益最大化，往往会陷入得不偿失的境地。

17. 如何认定合同的效力？

改革开放使我们国家的社会结构和经济基础都发生了深刻的变化，这种变化随着改革开放的不断深入还不停地演变。在这种大的社会经济环境下，法律也悄声无息地随之发生改变，以适应社会经济发展的需求。在民事活动中，合同无效的认定就是一个较为典型的代表。合同是当事人之间的法律，在市场经济条件下，合同能够使市场经济的参与主体，对其民事活动的未来有一个较为稳定的预判，这种较为稳定的预判性就是规范的市场经济机制，是推动经济不断向前发展的基础，因此，合同效力的认定都有法律和行政法规规定。

1999 年实施的《合同法》关于合同无效规定如下：

"第五十二条有下列情形之一的，合同无效：

（一）一方以欺诈、胁迫的手段订立合同，损害国家利益；

（二）恶意串通，损害国家、集体或者第三人利益；

（三）以合法形式掩盖非法目的；

（四）损害社会公共利益；

（五）违反法律、行政法规的强制性规定。"

2021 年实施的《民法典》删除了《合同法》第五十二条，没有采取一刀切的形式规定合同无效，而是从合同无效的反面——合同有效的方面进行规范。规定如下：

"第一百四十三条　具备下列条件的民事法律行为有效：

（一）行为人具有相应的民事行为能力；

（二）意思表示真实；

（三）不违反法律、行政法规的强制性规定，不违背公序良俗。"

从两种不同的立法技术使用，我们可以观察到《合同法》更多的是通过对民事活动违法行为的否定来规范当事人的行为，《民法典》则是强调何种民事活动具有合法性，至于何种民事活动属于违法，并没有给出明确的规定。这意味着按照《民法典》第一百四十三条规定的民事法律行为固然合法，不按照这一法律规定的民事行为不一定就属于违法，既然不一定是属于违法行为，作为公民而言就可以去实施，从而体现出"法无禁止皆可为"的民事立法思想。因此，我们说《民法典》这一不动声色的修改，从根本上改变了法律对合同无效认定的基点。

按照《民法典》第一百四十三条第（三）项之规定：不违反法律、行政法规的强制性规定，不违背公序良俗的民事法律行为属于合法有效行为，违背这一条款的行为是合法还是违法，法律没有给出明确的规定，因此就存在合法与违法两种情形。进一步观察究竟何种行为合法，何种行为不合法？《民法典》第一百五十三条给出了答案。该条款规定："违反法律、行政法规的强制性规定的民事法律行为无效。但是，该强制性规定不导致该民事法律行为无效的除外。违背公序良俗的民事法律行为无效。"该条款告诉我们，违法的行为不一定都一概无效，只有违背效力性强制性规定的行为才无效；只有违背公序良俗的行为才一概无效。

在具体的民事活动中，判断一份合同是否有效，不能按照过去的思路认为只要违背了法律、行政法规强制性规定即为无效，而应当是按照违背的是效力性强制性规范还是管理性强制性去判断合同的效力。当然这种判断合同效力性的难度更大，技术强度更高，对法官提出了更高的专业要求，对代理律师引导、说服法官认定效力性、管理性强制性规定提出了全新的挑战。

当下如何判断一个法律规范是效力性强制性规范还是管理性强制性规范，无论在法律事务界还是学术界都还没有一个统一清晰的认识，还存在一个实践摸索、总结、提炼的过程。为了能对效力性强制性规范和管理性强制性规范有一个直观的认识，我们通过《招标投标法》第四十六条近距离观察。该条款规定如下：

"第四十六条　招标人和中标人应当自中标通知书发出之日起三十日内，按照招标文件和中标人的投标文件订立书面合同。招标人和中标人不得再行订立背离合同实质性内容的其他协议。"

该条款由两句组成。第一句"招标人和中标人应当自中标通知书发出之日起三十日内，按照招标文件和中标人的投标文件订立书面合同。"在法律规范表述中，"应当"即为必须，属于强制性规范，违背即违法。在建设工程实务中，招标人与中标人超过三十日，在第三十五天才签订合同，该合同是否有效？若认定无效，同一份合同文本，仅因为晚五天签订即为无效，而且合同当事人双方对合同的内容均无异议，双方也从头至尾按照合同履行，法律一味认定该合同无效，不利于民事活动当事人对合同未来的预期，影响经济活动的稳定性，有悖立法的初衷。若认定有效，法律使用的是"应当"表述，将违背"应当"表述的内容认定为有效，有损法律的权威性，同时也对法律的理解带来混乱。引入管理性强制性规定概念该等困惑迎刃而解。违背"三十日"的强制性规定属于管理性强制性规定，不会导致合同无效，但是可能会遭到法律的惩罚，比如缴纳罚金等处罚。第二句"招标人和中标人不得再行订立背离合同实质性内容的其他协议。"该条款属于效力性强制性规范，因为签订背离合同实质性内容的协议，改变了合同当事人在签订合同之时对合同未来的预期，打破了签约时双方之间的利益平衡，合同是当事人之间的法律，其效力应当得到法律的保障，因此，签订的"背离合同实质性内容的其他协议"无效。

我们判断效力性强制性规范和管理性强制性规范的认定，会是未来相当长一段时间内合同当事人双方争议的焦点，当事人务必选择具有专业背景的资深律师，才能在具体的案件中，实现自己期待的目标。

18. 建设工程施工合同不得触碰的红线有哪些？

《民法典》2020 年 5 月 28 日经第十三次全国人民代表大会第三次会议通过，一经颁布引起了建设工程领域广泛的关注，尤其是蕴含着效力性强制性规定和管理性强制性规定的第一百五十三条如何在建设工程领域内适用？更是建设工程的发承包方与专业律师关心的重点。为了将建设工程领域的法律法规与《民法典》有序对接，最大限度减轻新旧法律衔接引起的社会震动，最高人民法院在《民法典》正式实施之日，也公布了《司法解释（一）》。该司法解释将最高人民法院 2005 年 1 月 1 日实施的《司法解释》与 2019 年 2 月 1 日实施的《司法解释（二）》有机融合在一起，并实现了与《民法典》的无缝对接。

《司法解释（一）》没有对效力性强制性规定和管理性强制性规定进行司法解释，而是直接列明建设工程施工合同无效的情形，杜绝了建设工程施工实操中理论问题的纷争。

《司法解释（一）》规定："承包人向发包人承接工程，具有以下三种情形之一者，合同无效：（一）承包人未取得建筑业企业资质或者超越资质等级的；（二）没有资质的实际施工人借用有资质的建筑施工企业名义的；（三）建设工程必须进行招标而未招标或者中标无效的。"

对于承包人因转包、违法分包建设工程与他人签订的建设工程施工合同，《司法解释（一）》结合《民法典》相关条款规定："具备以下情形之一者，合同无效：（一）承包人将工程分包给不具备相应资质条件的单位的；（二）分包单位将其承包的工程再分包的；（三）承包人将建设工程主体结构的施工外包的；（四）承包人将其承包的全部建设工程转包给第三人或者将其承包的全部建设工程肢解以后以分包的名义分别转包给第三人。"

《司法解释（一）》不仅规定了建设工程施工承包合同无效的具体情形，而且也规定了承包方转包、分包合同无效的情形。除《司法解释（一）》规定的情形之外，对其他法律、法规明确规定建设工程施工合同无效的情形，应当说才能认定为效力性强制性规定，即法律直接表述为合同无效的情形。例如，《民法典》第一百五十三条第二款："违背公序良俗的民事法律行为无效。"其他针对合同效力的强制性规定，本着《民法典》尽量维护合同有效性的原则出发，应当认定为管理性强制性规定。

对于发包人没有经过建设工程规划审批而与承包人签订建设工程施工合同效力的认定，《司法解释（一）》也给出了明确的规定。对于该种情形，承发包双方没有纠纷，能够顺利完成合同约定的权利义务，本着司法"不告不理"的民事诉讼原则，法律对此种情形不主动干预。一旦有一方向法院主张合同无效，则法院将认定合同无效。当然在一方起诉前，发包人取得建设工程规划许可证的例外。

但是，对于政府"先上车、后买票"的项目，建设工程已经进入了实施阶段，无论哪一方以建设工程没有办理政府审批手续为由而主张建设工程施工合同无效，也无论是否存在书面的合同，人民法院都将不予支持。

我们国家对建设工程施工企业是实行资质管理的，所有的施工企业都必须在其资质许可的范围内承接建设工程施工业务。这本无可非议。但是施工企业申请资质便出现了悖论：没有资质，不能承接相应的建设工程施工业务；没有业绩，不能申报相应资质的评审。因此，施工单位为了能够申报更高一级的资质，必须在资质不够的情形下承接更高一级资质业务以形成申报资质评审的业绩。为了解决建设工程实践中的这一悖论，《司法解释（一）》广开一面，第四条规定："承包人超越资质等级许可的业务范围签订建设工程施工合同，在建设工程竣工前取得相应资质等级，当事人请求按照无效合同处理的，人民法院不予支持。"

19. 如何化解霸王条款?

《司法解释（一）》第二条从根本上解决了发包人和承包人在签订中标合同之后，发包人与承包人另行签订背离合同实质性内容协议的效力。但是在过往的经历中，我们可以发现在建设工程领域已经出现了规避该条款的策略。具体的做法是，发包人在招标之时，就将一些不公平的条款安排在招标文件之中。这些严重不平等的条款就是我们通常意义上所说的霸王条款。

招标文件通常包含着招标公告、招标办法、合同文件、工程量清单等法律性文件。当霸王条款安排在合同文本之中，投标人以该合同文本为蓝本编制投标文件递交给发包人，该行为法律上称之为要约，发包人宣布投标人中标为承诺。经过招标投标程序，以要约与承诺的方式形成的建设工程施工合同具有法律效力。合同中载明的霸王条款会被认定为投标人发出的要约，投标人必须承担合同中霸王条款所约定的义务。

在建设工程领域，这类施工合同中的霸王条款屡见不鲜，成为建设工程施工合同管理久治不愈的顽疾，给施工单位带来了巨大的困惑。

根据我们国家现在的建设工程领域的市场状况，我们可以将霸王条款分为市场项目霸王条款和政府项目霸王条款。市场项目的发包人是企业，若发包人在他的招标文件及合同文本中设置的霸王条款过于苛刻，一流的建设工程施工单位会基于发包人的实力来做出是否投标的选择。对于一般的发包人而言，就必须要面对一流施工单位放弃投标的风险。剩余的投标单位通常会报出较高的价格，以对冲霸王条款所带来的风险。较高的投标价、二流的投标人也不是发包人期待的中标人。在这种情形下，发包人往往容易面临流标的风险。发包人为有效防止这种情形的出现，市场项目的发包人就会对霸王条款的安排有所顾忌，通盘考虑霸王条款所隐含的利益与风险的平衡。因此，市场项目中的霸王条款相对来讲不如政府项目霸王条款更加普遍、更加刚性、更加不合理。

对于政府项目而言，其背后是政府的信誉以及支付能力。因此，尽管项目招标文件中的合同条款存在诸多条件苛刻的霸王条款，由于项目存在较高的利润，施工单位仍然是趋之若鹜。不少项目施工单位中标后，发现完全按照合同中的霸王条款履行，项目将面临亏损。针对这种境况，我们建议从以下三方面来化解霸王条款所形成的合同风险。

（1）违背强制性规定审查

我们的权利来源于法律与合同，当合同中约定的内容明显损害我们权益之时，就应当考虑合同相对人侵害我们的权益是否具有合法性。具有合法性，则不构成对我们权益的侵害，是我们参与交易应当付出的代价；不具有合法性，则侵害了我们的合法权益。本着"约定不能违背法定"的民事活动原则，违背法律效力性强制性规定的合同条款无效。因此，我们可以将合同中的霸王条款与相关法律进行比较，可以清除一批霸王条款。

（2）格式条款

招标人无论是将载有霸王条款安排在合同文本的通用条款还是专用条款中，都是发包人反复使用的、没有与投标人协商的、不可以更改的合同条款，因此，通过招标投标形式签订的建设工程施工合同，文本中的霸王条款都构成格式条款。剥夺投标人权利、增加投标人义务的条款依法均属于无效条款。在此，亦可清除一批霸王条款。

（3）超出招标投标审批范围

我们还会遇到招标公告载明的项目范围与中标合同载明的项目范围不一致的情

况。两者都属于招标文件，究竟以何者为准？我们说，所有的强制招标投标项目其招标的范围、形式依法都必须经过政府项目主管部门批准，合同载明的项目范围中不在政府审批的招标范围之内的合同内容，属于本次招标范围之外的新项目。中标人不履行该部分义务，不构成违约。以此种方式形成的霸王条款不具有约束力。

20. 如何防范合同"陷阱"条款？

过去二十多年，房地产一直是作为我们国家的支柱产业，拉动着社会经济高速的发展。在整个发展过程中，房地产企业、施工企业也在行业发展过程中不断地丰富完善自己。跨行业组合、上下游产业渗透，使得规模较大的房地产开发企业都成立了自己的施工单位，而以施工为主业的规模较大的企业也都成立了自己的房地产开发公司。各房地产开发企业所使用的建设工程施工文本，有的是在国家示范文本的基础上不断修改、补充、完善起来的具有本企业特色的施工合同；有的房地产开发企业干脆就另起炉灶，形成了自己所专用的建筑工程施工合同文本。无论是以《建设工程施工合同（示范文本）》形成的建设工程施工合同，还是房地产企业自身编制的建设工程施工合同，在不断地完善、丰富、改进之后的方向都是指向最大限度地扩充房地产企业的权利、维护房地产企业在建设市场中的优势地位。

在这种市场氛围下，房地产企业的决策者们对建设工程施工合同文本质量的判断，往往不是将这个合同文本发包人和承包人之间风险分配的合理性是否充分作为判断合同文本的优劣，而是以合同文本中对其自身权利是否得到充分拓展作为判断合同文本质量高低的依据。当这种合同文本用在其自家的施工企业的项目中，固然不存在什么问题。但是，这种文本一旦用在其通过市场方式选择的施工单位身上，就会发生意想不到的后果。

其一，大型房地产开发企业领导及其公司的各部门员工长期使用本公司审定的标准文本，已经对文本形成了固有的信任。只是这种信任，不是建立在市场经济交易中的商业基础之上，而是建立在开发商和自家的施工企业长期使用该合同文本的可靠性上。因此，房地产开发公司的领导和员工都会当然地认为其公司的合同文本经过长期建设工程项目实践的检验，从来没出过纰漏，具有当然的严密性与合法性。

其二，该合同文本用在通过市场方式选择的非自身的施工企业之时，房地产开发企业的相关人员会当然地沿袭对自家施工单位的管理模式，对合同文本中"充分"保护其合法权益的合同条款，即承包人眼中的霸王条款，是否能在建筑工程合同履行中成为其合法权利，已经失去了判断力。只会一味地坚持过去形成的对合同文本的信任。当然，在此种情形下，即使有个别员工对合同文本中霸王条款的合法性和合理性提出考证，也不会得到房地产企业的认同。此时，我们看到，合同文本中所谓的"扩充"

房地产开发企业权利的条款，不仅不能成为房地产开发企业可以期待的利益，反而成为房地产开发企业的合同陷阱。当双方一旦发生争议，进入诉讼阶段，经过开发商盲目完善、扩充、丰富自身权利的合同条款，也就是承包人所称的霸王条款，都将逐条被清理。房地产开发企业会茫然地发现，自己一以贯之坚持履行的合同条款，居然会是无效条款。自己坚守合同的行为，最终将自己陷入了违约的境地。

我们的权利来源于法律与合同，"约定不得违背法定"是签订民事合同的基本原则。在选择、编制合同文本之时，并非将天下所有有利的条款都揽入己方名下就是好的合同文本。真正意义上的好合同，应当是一份令当事人双方都能够有效预见未来的文本。这对建设工程项目发包人尤为重要。

21. 基准日的确定对建设工程合同有何作用？

基准日这一法律概念在建设工程施工合同中是不可回避的概念。此概念在各施工合同之间的区别，在于有的合同对基准日有明确的定义，有的合同没有将基准日作为一个专门的名词来进行定义，但这都不影响基准日作为一个基本的概念在每一个建设工程施工活动中的存在。

我们国家建筑工程领域的改革，同样也是从计划经济向市场经济领域转变。在计划经济条件下，建设工程结算实行的是定额制，用通俗的语言表述就是据实结算。据实结算的"实"包括两方面的内容：一个是实际完成的工程量之"实"；第二层意思是价，完成工程量所对应的价格，价格之"实"指的是将地方定额站所发布的当地建设工程材料价格作为取价的依据。因为"量"是按照已经完成的实际工作内容计算，"价"也是按照每个月定额站所颁布的价格进行取价，因此，在定额制的计价体系内是不存在基准日的概念的。由此导致在建设工程领域历史愈悠久的企业，其对基准日的概念或许就越淡薄。

随着市场经济的发展，建设工程领域结算也悄然地发生了变化。基本原则仍然是据实结算，只不过在市场经济条件下，据实结算的内涵已经发生了变化。对于工作量而言，据实结算的"实"没有发生变化，仍然是按照承包人实际完成的应予计量的工作量计量；对于计价而言则发生了根本性的变化，此时据实结算之"价"已经不是按照定额站每月颁布的价格信息作为取价之"实"，而是以投标人的投标报价作为工程结算取价之"实"。因此，同为据实结算，但这个"实"在计划经济体制下和市场经济体制下有了本质区别。

在此对我们国家建设工程领域常用的建设工程合同文本关于基准日的安排做一梳理。1999 版 FIDIC 合同条件，将基准日定义为：递交投标书截止日期前 28 天的日期。《建设工程施工合同（1999 版示范文本）》，没有基准日的定义。

2008 版《标准施工招标文件》将基准日定义为：投标截止时间前 28 天的日期。

2012 版《标准施工招标文件》将基准日的定义：投标截止时间前 28 天的日期。

2013 版《建设工程施工合同（示范文本）》将基准日的定义为：招标发包的工程以投标截止日前 28 天的日期为基准日期，直接发包的工程以合同签订日前 28 天的日期为基准日期。

2017 版《建设工程施工合同（示范文本）》将基准日的定义为：招标发包的工程以投标截止日前 28 天的日期为基准日期，直接发包的工程以合同签订日前 28 天的日期为基准日期。

2020 版《建设项目工程总承包合同（示范文本）》将基准日定义为：招标发包的工程以投标截止日前 28 天的日期为基准日期，直接发包的工程以合同签订日前 28 天的日期为基准日期。

通过观察我们可以发现，国家发展改革委发布的《标准施工招标文件》对基准日的定义完全一致，在该文本中之所以没有体现出直接发包的工程基准日如何定义，因为国家发展改革委发布的文本针对的是政府投资项目，政府投资项目不适用直接发包，必须依法招标投标。

住房和城乡建设部发布的示范文本，1999 版没有基准日的定义，而 1999 版 FIDIC 合同条件却有基准日的定义，并非 1999 版在翻译、编制之日错漏了基准日，而是因为 1999 年的时候，我们国家的建设工程是以定额作为工程结算的依据，所以不具备吸纳 FIDIC 合同条件基准日概念的市场条件。2003 年，我们国家开始推行清单计价，2008 年颁布清单计价国家标准，2008 年国家发展改革委颁布的文本随即加入基准日定义，2013 年清单计价修改后重新颁布，住房和城乡建设部推出与之配套的示范文本，同样引入基准日概念。

基准日，它决定着建设工程施工合同结算时取价的时点。在一个建设工程项目中，基准日不发生争议，说明双方存在合意。一旦发生争议，这种争议所涉及的争议额一般来讲都比较巨大，双方都难以退让。

比较常见的问题是双方在招标文件中或者合同中，都明确规定投标人的投标报价以当地当期的信息价作为投标报价的基准，这种表述在招标文件中本身也不存在什么瑕疵。但是如果在招标投标期间，恰好当地的材料价格发生了突变，则纠纷不可避免？纠纷产生的根本原因在于没有在合同中或者招标文件中约定基准日。

我们知道，中国幅员辽阔，各地的经济发展水平不一，社会管理能力也参差不齐，在某些地区，当地的建设工程信息价是一季度发布一次；在某些地区建设工程信息价是每个月发布一次。我们以某地四月份招标投标项目为例，来观察基准日在招标投标活动中的作用。

譬如，4 月 19 日为投标截止日，那么根据示范合同的约定，其投标的基准日为 3

月 22 日，招标文件规定，本项目的投标价格以当地当期的信息价作为取价的依据，那么在结算之时，以 3 月 22 日的信息价为基准形成的报价作为结算的依据，无论当地政府是按季度发布一次，还是一个月发一次信息价依据，取价依据都非常清晰。一个季度发布一次的，以第一季度当地政府发布的信息价为依据；一个月发布一次的，以三月份发布的信息价为依据。因为合同中对基准日有明确的规定，这样双方也不至于发生纠纷。反之，没有对基准日做明确的规定，如果说是 4 月 10 日，主料价格发生了暴涨，投标单位会提出，当时投标的时候是按当期的信息价作为投标报价的依据，投标时是 4 月 15 日，4 月份的信息价尚未公布，我们是参考 3 月份的信息价报的价，要求按照 4 月份的信息价调整投标报价。纠纷由此引发。

22. 如何适应填平原则下的市场环境？

《民法典》合同编完全吸纳了原《合同法》关于违约赔偿的原则——填平原则。所谓填平原则，就是合同违约方给予守约方赔偿的金额，正好等于守约方所遭受的实际损失，使守约方的利益回到违约方违约之前的状态。与填平原则相对应的赔偿原则是惩罚性赔偿原则，所谓惩罚性赔偿原则是违约方赔偿了守约方遭受的实际损失之后，还要另外给付守约方一部分赔偿金，作为对违约方违约行为的惩罚，以维护市场经济秩序。

填平原则与惩罚性原则是两种不同的违约赔偿原则，不同的违约赔偿原则，会形成不同的市场生态。我们通过一个案例来观察，在填平原则下的违约赔偿制度，会形成一种什么样的市场生态环境。

前两年我们国家推行绿水青山就是金山银山的环境保护政策。这本是一个很好的政策，可是，一些地方对新政策理解不够，对如何处理好保护绿水青山与保持社会经济平稳发展的关系认识不足，从本位出发，片面、机械地理解保护好绿水青山，采取一刀切的方式，禁止在当地挖采河砂，其直接后果就是建筑市场砂石价格暴涨，引发市场混乱。譬如某地，甲开办了一个砂场，日出而作，日落而息，虽说不能够取得巨大的利益，但是整个砂场也可以正常地运营。突然某一天，天刚亮，甲在睡意朦胧中被人叫醒，来者要求将砂场所有的存量砂全部采购，所出的价格为 150 元 /m³，甲被这突如其来的买主丙弄得不知所向，昨天还跟一位买主乙签订了一份砂石供应合同，100 元 /m³，总共 100t，为何一夜之间砂石价格涨得如此之高？甲也不得其解，见丙方购买心切，因此决定将砂场的所有存量砂都出售给丙方。日头还未爬上枝梢，乙方便来到了砂场提货。甲方告知已经没货了，现场的所有存量都已经出售给了丙方。乙方大怒，痛斥甲方违背诚实信用原则，要求甲方继续履行合同，否则，要求甲方赔偿 100t 的砂料差价 50 元 /m³。甲方一时六神无主，四下打听寻找高人，以求应对之策。

高人问：你卖给乙方价格多少？

答：100 元 /m³。

问：合同约定了违约条款吗？

答：有，违约金为 10 元 /m³。

高人指点：你按 10 元 /m³ 赔给乙方，应该说无大碍。

甲方心生欢喜，照此回复乙方。不料乙方坚决不同意，扬言要通过诉讼的手段，让甲方承担其违约责任。甲方在乙方的威逼下无计可施，无奈只好再次请教给高人。高人了解情况之后，要求甲方接通乙方电话。

高人说道：乙方，买卖不在仁义在。如果你接受每立方米 10 元的赔偿，你和甲方仍然是朋友，今后仍然好做生意；如果说你不接受每立方米 10 元的赔偿，请你到法院去诉讼。我现在就可以告诉你，我们国家的违约赔偿原则是填平原则，你在这个合同交易过程中产生了哪些实际损失？你所遭受的实际损失只是到砂场来了两趟，两趟的市内往返交通费、中午误餐费、我可以足额地赔给你。你告诉我，还有什么实际损失？如果说要诉讼，我可以很明确地告诉你，每立方米 10 块钱的违约金你都拿不到了，我会向法庭主张违约金约定过分的高，要求法官调低。你要不信，就去试一试。

过了两天高人接到甲方电话，双方和平解决，甲方向乙方赔偿每立方米 10 元，双方了结。

高人之所以能够笃定地告诫乙方，是因为高人深知我们国家的合同违约赔偿制度是填平原则，在这一原则下不可能赔偿其实际交易的差价，因为这不是乙方受到的实际损失，只是乙方所期待的利益。在这种赔偿制度的调节下，市场主体在遵守契约与追求自身利益最大化的冲突中，自然就会选择利益最大化。反映到社会经济生活当中，就是引发道德风险，使整个市场缺乏良好的营商环境。

23. 发包人的责任边界如何确定？

当下我们国家的建筑工程市场依然属于卖方市场，这意味着发包人在市场中占据着绝对的优势地位。

建筑领域是我们国家开放程度最大，竞争最为激烈的市场，几乎与国际建筑工程市场实现了并轨。国际上有一些先进的建设工程施工理念、模式和方法，很快就会在国内的建设工程项目中出现，这一方面给我们带来了新思想、新模式、新方法，更加有力地激发国内的建设工程市场的活力；另一方面，由于国内建设工程市场发展时间本身就比较短，自有的一些机制尚未完善、定型，再加上外来的新模式的冲击，使整个建筑市场处在更大的变化、动荡之中。

这种情形集中体现在建设工程的合同文本之中，尽管住房和城乡建设部、国家发展改革委都出台了指导性合同文本，但是在实践操作中，类似指导性合同文本常常被改得面目全非，以最大限度地维护发包人的利益。

我们说，在民事活动中，民事主体的权利来源于法律与合同。但是，并非合同中所约定的权利都能够成为当事人的合法权利，"约定不得违背法定"，这是民事法律的基本原则。《民法典》合同编第十七章对建设工程发包人的责任做了明确规定，具体如下：

第八百零三条：发包人未按照约定的时间和要求提供原材料、设备、场地、资金、技术资料的，承包人可以顺延工程日期，并有权请求赔偿停工、窝工等损失。

第八百零四条：因发包人原因致使工程中途停建、缓建的，发包人应当采取措施弥补或者减少损失，赔偿承包人因此造成的停工、窝工、倒运、机械设备调迁、材料和构件积压等损失和实际费用。

在许多建筑工程合同里都能够看到通常所称的霸王条款，诸如甲方供应的材料，如果出现了延期提供的情形，承包人应当通过赶工的形式赶回工期，发包人不支付承包人停工、窝工损失，并不另行支付赶工费等等约定。尽管这是一条霸王条款，对承包人来讲具有明显的不公平性。但是，承包人应当关注《民法典》第八百零三条条款中，法律在赋予承包人权利的时候，适用的词语是"可以"，而非"应当"。"可以"用在法律条款中意味着该条款是属于任意性规范，与之对应的是"强制性规范"，法律条款中使用的词为"应当""不得"等。任意性规范，即承包人有权利选择要求发包人顺延工程日期，请求赔偿停工、窝工的损失，只是说承包人有这个权利，可以选择，也可以不选择。法律给予了承包人选择权，而承包人在合同中放弃了选择权，会是什么后果呢？

观察《民法典》第八百零四条，该条款法律在赋予承包人权利之时，使用的是"应当"这一词，我们可以判断第八百零四条属于效力性强制性规定。如果建设工程合同中约定了因发包人的原因导致停工、缓建，减免发包人责任的霸王条款，因为该等约定违背了第八百零四条效力性强制性规定，该等霸王条款不具有法律效力。

这里需要强调的是，第八百零四条所表述的是发包人的原因，导致工程停工、缓建，造成损失，发包人应当赔偿承担责任。第八百零三条所表述的是，发包人未按照时间和要求提供原材料而导致工程停工、窝工。从本质上说，仍然是属于由于发包人的原因导致工程停建、缓建。但是，第八百零三条所表述的"因发包人原因"是第八百零四条"因发包人原因"中的一种特殊情形。本着"特别法优于一般法"的法律适用原则，因发包人未按照约定的时间和要求提供原材料、设备、场地、资金、技术资料等等所造成的停工、窝工等损失，不适用于第八百零四条，只能适用与其对号入座的第八百零三条。这是我们在界定发包人权利时，必须要准确把握的。

在具体的建设工程项目建设过程中，我们时常能够看到甲方的代表对建设工程的管理，缺乏基本的专业度。在此种情形下，发包方要对建设工程的进度和质量做到心中有数，就必须抓住承包人的施工组织设计以及工程质量检测机构。

建设工程合同中固然会约定比较清晰的工程形象进度节点。但是，如果发包人仅仅按照合同中约定的形象进度去检查承包人的工作，往往发包人发现工程施工进度落后于合同约定的形象进度节点之时，为时已晚。为了对建设工程的施工进度进行实时地控制，业主方应当要求承包方进场之后提供项目工期内的全年的、每季度的、每月的、每周的，乃至每天的施工组织设计，报甲方批准或者备案。甲方依据承包人提交的施工组织设计，来考评承包人的工程进度业绩。

对于建设工程质量，无论是具有专业背景的，还是缺乏专业背景的建设工程的参与者，都难以通过肉眼做出有效判断。对建设工程质量具有权威性、发言权的，是合同中载明的建设工程质量监 / 检测单位。建设工程质量监 / 检测单位，通常是发包人依法依规选择的施工项目所在地官方认可的具有相应资质的机构。发包人应当与建设工程监 / 检测单位在建设工程监 / 检测委托合同中明确载明监 / 检测的目的、内容、范围、工作成果、响应机制等内容，按照合同约定的内容要求，由监 / 检测单位提供相关的检测合格的报告，作为建设工程施工最终合格的法律依据。

作为发包人掌控着建设工程施工组织设计与建筑工程质量监 / 检测报告，可以依据这两份文件对建设工程的质量和进度进行核实、检查。《民法典》第七百九十七条规定："发包人在不妨碍承包人正常工作的情形下，可以随时对作业进度、质量进行检查。" 因此，无论是建设工程施工合同还是建设项目工程总承包合同，发包方都有权利在不影响承包方正常工作的情形下，随时进入施工现场，对建设工程的进度和质量进行检查。

我们进一步观察可以发现，《民法典》第七百九十七条所规定的发包人具有的检查权是工程进度检查权和质量检查权，没有安全检查权。因此，建设工程施工项目现场的安全责任，是由现场的掌控者——承包人承担。发包人对现场的施工安全依法不承担责任。当然，我们也注意到官方近来多次发文提出：建设单位是建设工程安全第一责任人。这里我们所要说明的是官方所发的文属于行政文件，对国有企业或者政府项目投资的发包人具有约束力。这种约束力来源于对国有企业或者政府投资项目的领导人进行行政处分。对于市场项目的发包人，其所应当承担的建设工程项目施工的安全责任，最终仍然是由法律确定。

24. 承包人责任边界如何认定?

《民法典》第七百八十八条规定："建设工程合同是承包人进行工程建设，发包人支付价款的合同。" 从法律对建设工程合同的定义，我们可以观察到，承包人所承建的建设工程，无论建设工程自身是否具有合法性，都不影响承包人承揽该工程进行施工活动的性质。"发包人支付对价"缺少"应当"两字，加上"应当"两字，该条款属于强制性规范，只要承包人干了活，发包人就必须付款；缺少"应当"两字，意味着即使承包人完成了建设工程施工，依法并不能拿到工程款。即使缺少"应当"两字，也没有豁免发包人的支付对价的义务。这说明建设工程合同是双务合同，发包人和承包人彼此都负有权利和义务。

属于双务合同，那么承包人的首要义务就是要保证建设工程施工满足合同约定，通过甲方的竣工验收。对于因承包人的原因导致建设工程质量不符合约定的，发包人有权请求施工人在合理期限内无偿修理或者返工、改建。造成损失的，施工人应当承担违约责任。因此，在建设工程合同中，承包人所承担的违约责任都必须是基于"因承包人的原因"；非承包人的原因，承包人依法不承担赔偿责任。《民法典》第七百九十九条规定："验收合格的，发包人应当按照约定支付价款，并接受该工程。"因此，如果承包人所承建的建设工程经验收不合格，承包人就不能达到发包人支付相应工程价款的条件，属于法律上的"条件未成就"。因此，也无权获得工程款。

承包人在建设工程施工过程中，因为自身的原因使建设工程的工期无法满足合同约定的时间节点，或者工程施工的质量达不到合同约定的质量标准，经过整改仍然无法达到合同约定。在这种情形下，发包人如何有效地保障在建工程能够按期竣工交付，或者说如何化解建设工程项目延期交付所面临的风险，就成为摆在发包人面前极具挑战的问题。

要使承包人能够按期、保质地完成合同约定的工程建设任务，通常的手段有两种：第一是履约保证金；第二是工程进度款付款比例。所谓履约保证金，是由承包方向发包人提供的，为其能够按照合同保质、保量地履行合同项下的义务所提供的金钱担保。承包人在合同履行过程中，一旦出现担保范围内的事项，则发包人就可以依据合同担保条款的规定，直接扣减承包人缴纳的保证金。承包人缴纳的保证金被扣除之后，承包人必须在合同约定的时间内将保证金的差额补足。否则，承包人构成违约。发包人可以按照合同约定的违约条款进行处理。第二是进度款支付比例，发包人在合同中约定的进度款支付比例，应当作出有效的评估，使得承包人在施工过程中所获得的工程进度款，仅仅能够维持其对该工程的资金投入需求。万一出现由于乙方自身的原因导致建设项目工程进度和质量严重达不到合同约定的标准，只要发包人解除合同，承包人必处在亏损的状态。在这种市场调节力的作用下，承包人在承接建设工程项目之时，就会慎重地考虑自身的技术能力和管理水平，也不敢贸然地承接风险较大的工程。对于发包人而言，在招标投标阶段就将能力水平欠佳的潜在投标人拦在承接项目之外。

对于建筑工程项目的发包人而言，在工程款支付过程中，要高度关注工程款的支付比例，严防超付工程款。一旦出现超付工程款的情形，则发包人对整个建设工程项目的管理便失去了基本的控制权。

25. 如何用好合同解除规则?

合同是双方当事人真实意思的表示。无论合同内容是什么，都表明在签订合同之时，合同当事人的利益，在签约时点上达成了平衡。由于建设工程合同履行期限长、涉及专业面广、参与者众多，因此在履行过程中，就比其他合同更容易出现合同当事人利益失衡的状况。当这种失衡使一方当事人感到已经无法实现合同目的之时，解除合同就成为一种必然的选择。

合同在履行过程中，双方利益失衡到什么程度才达到解除合同的条件，这是由双方当事人在合同中进行约定。在我们现行的官方文本通用条款中，都有关于合同解除条款的约定。但是，在某些企业自己编制的建设工程施工文本中，有的就会遗漏有关合同解除条款的约定，或者说是发包人利用其市场优势地位刻意地回避合同解除条款，以保证自己在整个合同履行期间的利益优势。对于处在弱势地位的承包人而言，必须牢记我们的权利来自法律和合同。如果合同中的条款限制了承包人应有的权利，那就要考虑通过法律来维护自己的合法权益。

即使签约合同文本中没有对有关解除合同的条款约定，本质上说不影响合同主体解除合同的权利。我们说解除合同的方式有两种：一种是约定解除；一种是法定解除。所谓约定解除就是合同中载明了合同解除的条件。当合同解除条件成就时，合同解除。所谓法定解除，是指法律所规定的合同解除的条件成就。建设工程施工合同，即使合同中没有约定解除条款，但是只要满足法定解除条件，当事人仍然有权利解除合同。《民法典》有关合同法定解除规定如下：

"第五百六十三条　有下列情形之一的，当事人可以解除合同：（一）因不可抗力致使不能实现合同目的；（二）在履行期限届满前，当事人一方明确表示或者以自己的行为表明不履行主要债务；（三）当事人一方迟延履行主要债务，经催告后在合理期限内仍未履行；（四）当事人一方迟延履行债务或者有其他违约行为致使不能实现合同目的；（五）法律规定的其他情形。"

需要强调的是，当事人一方明确地以自己的行为表示不履行主要债务，所谓"明确"表示，对建设工程施工合同而言，必须要书面表示。书面的文件必须要加盖与签约文本同一枚印章。以自己的行为表示不履行，对于发包人主要表现在不能够按照约定履行支付工程款的义务；对于承包人而言，主要表现在现场开始拆卸施工机械、设备等行为。一方当事人口头或者是书面表示愿意履行合同，但是没有实际行动，并且经催告后在合理期限内仍不履行合同，也属于法定解除的条件之一。对于守约方发现合同相对人履约能力不足以保障项目合同约定的进度，就应当早做打算。如果在合同中对"合理期限"没有做出明确的约定，能享有解除权的一方，应当在知道或应当知道解除事由之日起一年内行使合同解除权，否则，合同权利消灭。

合同解除权在法律上称之为形成权，所谓形成权是指权利人单方意思的表示就可以使已经成立的民事法律关系发生变化的权利。通俗地说，是权利的形成不依赖于合同相对人的意思。行使合同解除权，当事人一方依法发出的解除合同通知书到达对方时合同解除，并不需要征得合同相对人的同意。相对人对解除合同有异议的，必须在收到解除合同通知书之日起三个月内，向合同中约定的人民法院或者仲裁机构提出确认解除合同效力的请求。超过三个月的诉讼时效，解除合同通知书发生法律效力。

合同解除是建设工程活动中的一项重大民事法律行为，将深刻地改变合同当事人双方的利益配置，因此，无论是发包人还是承包人要行使这一权利时必须要慎重，事先做好合同解除后法律后果的安排。严禁随意解除合同。每一个解除合同的行为，都应该在适当的时机，选择适当的依据而为之。

26. 见索即付保函效力如何识别?

履约保函是建设工程合同得以顺利实施的基本保障手段。所谓"良好的开端就成功了一半"，指的就是建筑工程施工项目，在签约前就合同双方履约担保与反担保都做了切实有效的安排。

我们国家传统的担保方式为一般担保和连带责任担保。所谓担保是为了保障债权的实现，保证人和担保人约定，当债务人不履行到期债务或者发生当事人约定的违约情形时，由担保人履行债务或承担合同责任。合同在履行过程中出现担保合同约定的违约情形时，债权人不能直接向一般保证人主张债权，而应当向债务人主张债权，并且只有合同纠纷经过人民法院审判或者仲裁机构仲裁之后，并就债务人的财产依法强制执行，仍不能履行债务时，一般保证人才承担保证责任。连带责任的债务人不能履行到期债务，或者发生当事人约定的情形时，债权人可以直接请求债务人履行债务，也可以请求保证人在其保证范围内承担责任。保证人承担了保证责任之后，可以向债权人进行追偿。

随着我们国家改革开放的发展，国际上通行的一种见索即付保函逐渐在国内市场出现。见索即付保函业务起源于国际商事交易习惯，见索即付保函对保护债权人的利益，保障交易的安全和合同义务的顺利进行，避免或减轻合同履行中发生的风险，在国际贸易中发挥着不可替代的作用。

见索即付保函规则基于国际商会（International Chamber of Commerce，ICC）1992年4月正式公布的第485号出版物《见索即付独立保证统一规则》（*Uniform Rules For Demand Guarantees*），其所建立的见索即付保函规则不仅为国际银行、保险公司等金融机构以及国际借贷、项目融资、工程承包、融资租赁企业提供了从事见索即付保函业务的统一规则，而且为律师、法院和仲裁机构提供了解决相关争议的专业依据。

见索即付保函根据其与基础合同的关系，可分为从属性保函和独立保函。从属性保函的效力依附于基础合同，是基础合同的附属性合同，保函和基础合同之间是一种主从关系。传统的保函大多属于这一类型。我们国家的担保法律制度中的担保属于这一类型。

独立保函是根据基础合同的需要而开立的，但开立后其本身就与基础合同脱离了关系，基础合同的效力不影响独立保函的效力。独立保函与基础合同之间是一种彼此独立的法律关系，独立保函的付款责任仅以保函载明的条款为依据。我们国家的担保法律制度中，没有这一类担保，而且我们国缔结或参加的国际条约也没有相关规定。

1986 年 4 月 12 日第六届全国人民代表大会第四次会议通过，自 1987 年 1 月 1 日起施行的原《民法通则》第一百四十二条规定："涉外民事关系的法律适用，依照本章的规定确定。中华人民共和国缔结或者参加的国际条约同中华人民共和国的民事法律有不同规定的，适用国际条约的规定，但中华人民共和国声明保留的条款除外。中华人民共和国法律和中华人民共和国缔结或者参加的国际条约没有规定的，可以适用国际惯例。"该条款为国内涉外民事法律关系适用《见索即付独立保证统一规则》提供了法律依据。但是，2021 年 1 月 1 日实施的《民法典》废除了《民法通则》，使见索即付保函在国内的使用失去了法律依据。

由于我们国家的担保法律制度与《见索即付独立保证统一规则》中的见索即付保函制度不相容，我们建议在国内建设工程项目中，发包人原则上不要求承包人提供见索即付保函。一则国内商业银行开立的见索即付的保函费用远高于一般担保保函，形成的成本最终还是转化到工程成本，由发包人承担；二则国内商业银行开立的见索即付的保函，实现不了《见索即付独立保证统一规则》中见索即付保函的功能，徒有虚名。

27. 如何准确理解合同的相对性？

我们说合同是当事人之间的法律。这个法律仅仅是当事人之间的法律。非合同参与者，不受合同的约束，当然也不可能成为其他主体的法律。一个建设工程项目参与者众多，但是每一个具体的参与者在签订合同的时候，都有其相对的交易对手。诸多合同交织在一起同时履行，不排除各合同当事人之间权利义务存在交叉或者冲突，解决这些交叉与冲突的基本原则，就是合同的相对性。其实每一个项目参与者，都按照与交易对手签订的合同，履行自己的权利和义务。我们在数学领域存在着若 A=B、B=C，则有 A=C 的推导。在法律领域，甲与乙签订合同，乙与丙签订合同，不能得出甲与丙之间存在合同关系的结论。这一点法律与数学的思维逻辑完全不同。

在建设工程合同履行过程中，对合同的相对性的认识出现偏差，会使一个简单的问题复杂化，以至于发生完全失控的法律后果。我们不妨来观察一个案例。

开发商将建设工程项目发包给承包方，承包方将项目发包给分包方，分包方对项目再次分包给再分包方（图5-1）。为了便于表述，我们将开发商、总包方、分包方和再分包方分别由甲方、乙方、乙1、乙21表示。我们可以看到甲方乙方形成一个合同关系，甲方1与乙方1形成一个合同关系，甲方2与乙方2形成一个合同关系。甲乙双方所签订的合同属于建设工程施工合同，该合同到当地建设主管部门进行备案。

项目竣工验收通过之后，开发商与承包方进行工程结算，但是三年下来，工程竣工结算仍然没有完成，而开发商的房子已经全部售罄。一楼的商铺已经车水马龙，一派生意兴隆的景象。面对这种情形，乙21决定通过法律手段维护自己的合法权益。故乙21欲将分包方、承包方、开发商全部列为被告。这时，乙21的高人指出，承包方将工程发包给分包商，承包方收取2个点的管理费，分包方将工程再分包给你，又收取2个点的管理费。这样转两次手，你就损失了4个百分点，高人建议将开发商列为被告，按照开发商与承包方签订的中标备案合同作为结算的依据。这样甩掉两个中间商，至少可以多获得4个点的工程款。乙21完全接受了高人的指点，向法院提出了诉讼请求。

此案发生在2015年，按照当时的《司法解释》第二条规定："建设工程施工合同无效，但建设工程竣工验收合格，承包人请求参照合同支付工程价款的，应予支持。"

在本案中，分包方将所承接的建设工程进行再分包，甲方2与乙21所签订的合同均为无效合同，建设工程项目已经通过竣工验收。因此，满足《司法解释》第二条规定的无效合同主张工程款的条件，条款中"承包人请求参照合同支付工程价款"，此"承包人"指的是何人？"合同"指的是哪份合同？庭审中确认了乙21为实际施工人，属于《司法解释》第二条所规定的承包人，具有诉权。但是，参照"合同"是参照哪一份合同？是参照经过备案的合同还是参照甲方2与乙21签订的合同，对案件的走向就会发生根本性的变化。虽然《司法解释》第二十一条规定以"备案的中标合同作

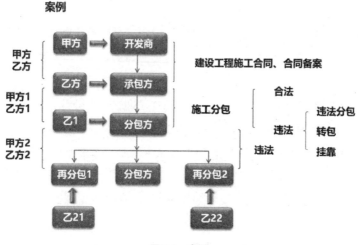

图 5-1　案例

为结算工程价款的依据"，但并不是所有参与工程项目的各参与方发生纠纷都是以备案的中标合同作为结算工程价款的依据。将《司法解释》第二条所指的参照"合同"想当然地认为是参照中标的备案合同，这种对合同的理解就属于失去了合同相对性的基础，属于望文生义。中标的备案合同，合同的主体是甲方与乙方，并没有乙 21。中标的备案合同是甲方乙方之间的法律，并不构成甲方与乙 21 之间的合同，乙 21 诉讼请求的错误就是没有认识到合同的相对性。《司法解释》所提到的所参照之"合同"必须是立足于合同的相对性基础之上。以此为基础，乙 21 只能按照甲方 2 与乙 21 之间的合同，向开发商主张权利。

乙 21 的诉讼请求由于违背合同的相对性，最终败诉也是情理之事。

28. 承包人如何提前介入项目前期？

建筑行业是我们国家经济发展的支柱行业。尽管是支柱行业，但是，建筑行业市场的竞争仍然异常激烈。如何在竞争激烈的市场中脱颖而出？对承包人而言，仅仅对所投标的项目进行充分的分析，已经不足以形成投标竞争优势。因此，对项目的整体把控，乃至直接介入项目前期工作，成为承揽建设工程项目的有效方式。当下，最便利、有效的介入建设工程前期工作的方法，就是承包人带上资金，由一个单纯的建设工程的承包人身份转变为该建设工程项目的投资人，至少是投资人之一。投资人即发包人，与承包人在建设工程市场上是两个完全不同的角色。承包人转型跨界成为投资人，其工作的内容和对项目的管理思维方式都发生了根本性的转变。这对承包人而言，在什么时点、什么阶段、以什么方式介入建设工程前期，都是对承包人投资专业水准的考验。我们不妨从投资人的角度来观察一个建设工程项目前期的主要工作节点。

以综合项目为例。所谓综合项目，俗称项目包。体现在我们项目开发中，有时又称之为片区开发项目、园区开发项目、新型城镇化项目、新农村建设项目、特色小镇项目、城市更新项目等，同时包含非经营性项目、准经营性项目和纯经营性项目两类以上的项目。单一的建设工程项目，项目的起点是招标公告的编制；对于综合性项目的起点，是概念性规划的编制。所谓概念性规划，是指在一片待开发的区域，对该待开发区域进行最基本的使用功能的确定。基于当地的经济发展水平和比较优势，决策该等开发区域究竟是要建立一个以旅游为中心的开发区，还是传统机械加工区，乃至以物流仓储为中心的产业片区等等，称之为对该等区域的概念性规划。概念性规划最大的特点是无中生有。概念性规划的标志性成果是项目建议书、蓝线图以及依据概规编制的方案设计。

项目建议书经地方政府认可之后，可以开展总体规划的编制工作。总体规划是依据批准的项目建议书编制完成可行性研究报告，并且依据可行性研究报告提出整个项目的投资估算。依据可行性研究报告，在蓝线图基础上形成的红线图得以基本确定。

红线范围内的土地征收、动迁工作开展具有法律依据。

总体规划经地方政府批准之后，可以着手编制控制性详细规划。其标志性工作成果是：第一，投资项目获得地方政府的立项；第二，项目完成了初步设计；第三，依据初步设计编制出了投资概算。立项是项目获得合法身份的行政审批程序。在我们国内所有的大型建设工程项目都必须经过立项程序。初步设计是指以方案设计为基础，满足控制性详细规划的由具有资质的设计单位出具的设计图纸。依据初步设计图纸编制出的工程量清单，以及依据当地市场价格所形成的材料清单单价，由具有相应造价工程师资质的专业人员编制的项目概算，是投资人控制项目投资的依据。对政府项目而言，概算超过估算10%以上的，应当重新编制可行性研究报告并报政府相关部门批准。

初步设计以及工程清单编制完成之后，可以进行建设工程项目招标投标。招标投标工作完成的标志性结果是开标，选择建设工程项目的承包人。中标的项目分为建设工程总承包和建设工程施工总承包。对于建设工程总承包项目，总承包人应当依据初步设计编制施工图设计以及施工图预算报发包人审批，依据经发包人批准的施工图施工；如果施工图是由发包人自己或发包给第三方进行设计，承包人这时为施工总承包，应当依据发包人提供的施工图编制施工图预算，报发包人批准，并按照经发包人批准的施工图预算施工。

对于单体的政府投资项目，政府直投项目的招标投标，应当在立项报告、初步设计和概算批准后进行；对市场项目，投资人根据自身风险承担的能力决定项目进行招标投标的时间节点。

第6章

第 **6** 章

建设工程
范围风险管控

施工合同的范围与内容如何确定？
工程总承包范围如何确定？
工程范围约定不明如何应对？
超出合法范围的工程是否施工？
工程范围变更权限制
工程范围中的内容变更如何认定？

1. 施工合同的范围与内容如何确定？

施工合同的范围与内容构成合同标的物的边界，合同范围和内容的变化，直接影响到发包人与承包人之间交易标的物的对价。因此，最高人民法院将建设工程合同范围条款认定为合同实质性条款，中标之后，任何一方当事人不得单方改变。

但在建设工程的施工实践中，发包人和承包人对建设工程范围和内容的表述往往不够重视，更多的是本身并不完全了解工程范围与工程内容的内涵与外延。因此，在合同文本中的表述，往往出现重合。我们来观察两个具体的合同文本有关工程范围和内容的约定。

图 6-1 是一个四线城市的只有建筑工程施工三级资质的施工单位与发包人签订的合同。图 6-2 是具有特级资质的央企与发包人签订的合同。我们可以观察到两个专业水准天壤之别的施工单位，对施工合同的范围与内容的理解，具有高度的一致性，即将两个概念混同。

对工程范围与内容的概念认识不足，当发包人将一些非施工合同范围的内容强加在施工合同之中，承包人能够本能地察觉出属于霸王条款，但是，找不到充足的理由说服发包人。我们的基本原则是，我们的权利来源于法律、合同。当合同中出现霸王条款时，就要通过法律去维护我们的合法权益。

调整我们建筑行业的法律规范是《建筑法》。该法规定，本法所称的建筑活动，是指各类房屋建筑及附属设施的建造和与其配套的线路、管线、设备的安装活动。将建筑活动的范围，通过立法的形式进行了界定。超出此范围的活动，都不属于建设工

工程内容：施工图纸中的土建和给排水及电气安装工程［详施工图及工程量清单］。

工程批准文号：

资金来源：___自___筹___

二、工程承包范围

承包范围：施工图纸中的土建和给排水及电气安装工程［详施工图及工程量清单］。

图 6-1　合同 1

---

5. 工程内容：████前保障性安居工程（██████）下的所有工程。

6. 工程承包范围：本合同项目下各单个工程项目建设施工直至竣工验收合格及整体移交后、质量缺陷责任期内的缺陷修复、保修等工作。

图 6-2　合同 2

程活动，都不能够出现在建设工程合同之中。为了使《建筑法》不仅仅局限于房屋建筑，规定了关于施工许可、建筑施工企业资质审查和建筑工程发包、承包、禁止转包，以及建筑工程监理、建筑工程安全和质量管理的规定，适用于其他专业建筑工程的建筑活动，具体办法由国务院规定。国务院依次授权、颁布的行政法规《建设工程质量管理条例》规定，建设工程是指土木工程、建筑工程、线路管道和设备安装工程及装修工程，包括新建、扩建、改建等活动。这一行政法规将装修工程纳入建设工程的范围。国务院《建设工程安全生产管理条例》规定，建设工程是指土木工程、建筑工程、线路管道和设备安装工程及装修工程，包含新建、扩建、改建和拆除工程等活动。从以上法律法规中，我们可以观察到建设工程活动是指新建、扩建、改建和拆除等活动，包括土木工程、建筑工程、线路管道和设备安装工程及装修工程。建设工程实施的是资质管理，土建、安装、装修、拆除承包人都必须具有相应的施工资质。法律禁止发包人将工程发包给没有相应资质的承包人。

合同文本中的建设工程的范围指的是承包人从发包人手中所接管的施工作业的物理空间，具体的技术指标体现在施工项目的红线范围之内以及建筑物的限高。超出此范围之外，发包人指令承包人进行施工或者合同文本中即使约定了的作业内容，都可以认定超过了合同约定工程的范围。对于超过施工合同范围的内容，本着"法无禁止皆可为"的民事法律原则，只要不违背法律、法规效力性强制性规定，则具有合法性。

合同文本中的工程内容指的是在工程范围之内为实现合同目的，承包人所从事的施工作业，包括土建、安装、装修、拆除等等。文字不足以表述可以通过表格的方式或工程图纸表述，如详见施工项目一览表或详见施工图等等。需要注意的是，施工内容与施工合同的内容不是一个概念，施工合同的内容一般包括工程范围、建设工期、中间交工工程的开工和竣工时间、工程质量、工程造价、技术资料交付时间、材料和设备供应责任、拨款和结算、竣工验收、质量保修范围和质量保证期、相互协作等条款。

2. 工程总承包范围如何确定？

建设工程总承包合同，相对于建设工程施工合同而言，承包人要承担更大的商业风险。本着市场经济风险越大回报越高的基本原则，承包人应该能够得到更高的回报。这是承包人乐意接受建设工程总承包模式的原动力。

建设工程总承包与建设工程施工总承包，另外一个区别在于工程总承包合同中工程的范围和内容集中体现在"发包人需求"的合同文件中。就同一个建设工程，招标文件中发包人所编制的"发包人需求"文件内容的不同，投标人的实施方案及投标报价也会随之发生变化。因此，这种商业模式不仅对投标人，对发包人也同样增加了选择总承包模式的风险。为了有效地推进建设工程总承包模式在我们国内建设工程市场的运用，国家层面倡导在建设工程初步设计阶段完成之后，再进行工程总承包发包，从而降低建设工程总承包发包人与承包人的商业风险。

有关工程总承包发包人初步设计完成之后"发包人需求"编制的依据和原则，我们在前面的文章中已经有过探讨。此处，我们仅聚焦于初步设计完成之前进行的建设工程总承包发包的情形分析。我们通过一个案例来观察。

浙商是我们国家市场经济中最活跃的一股力量。浙江商人都有一个共同的愿望，就是在当地事业发展起来以后，希望到上海投资办厂。一个浙江商人甲，计划到上海投资建设一个轴承加工厂。上海属于经济发达地区，当地的地方领导也比较具有超前意识，在 21 世纪初，就对上海的工业园区进行了功能定位。诸如化学工业园之招化工企业，机械加工工业园区只招生产加工企业，高科技工业园区只招科技开发企业等。开发区这样规划之后，对浙商甲到上海投资可选择的工业园区，一下就显得非常有限。这也倒便于其选择。甲与几个对口的开发园区洽谈下来之后，感觉每个园区对自己的投资都给予了极大的关注热情，最终甲选择了 A 园区。

甲上海投资两眼一抹黑，请求开发区的领导为其推荐实力强、信誉好的施工单位。园区很快向其推荐了三家长期在本园区从事工程建设的施工队伍。几轮谈下来，都没有结果。根本原因是甲深知自身对建筑工程不懂，因此，其选择了建设工程总承包方式，提出其项目固定总价 2000 万元，谁能接受谁做。三家施工单位没人敢接，至此，项目搁浅。

停滞一段时间之后，承包商乙发现，甲固然很精明，所出的价格偏低。但是，甲也有他的通达之处，其只提出要建办公楼、宿舍、厂房、配电房等等，对具体的建筑物也没有提出特别的要求，只要求与园区的其他工厂建的规模相仿就行。乙开始盘算，自己在该园区施工前前后后已经有近十年，承包的项目有七八个，所做的项目地质条件基本相同，如果能够用他人的图纸进行施工，就能省下设计费，如此一来，勉强可以保本。在此基础之上，甲与乙很快达成了固定总价合同，总承包的内容包括勘察、设计、土建、安装、简装修等等。

俗话说：天有不测风云。桩一开打就遇到暗浜。我们知道，上海是几千万年以来由长江带下来的泥沙堆积而成，形成之处，河道纵横。泥沙不断堆积，将河道掩埋于地下，成为干涸的地下河道，即暗浜。遇到暗浜就意味着要增加基础施工成本。这一项增加开支 80 万元。乙方独自承担，继续施工。在工程封顶之时，一位进城务工人员攀爬到主梁上扎红绸带，不知何故，脚下一滑，跌落下来，当场殒命。当年（2005 年）工伤死亡赔偿金 70 万元。质监站闻风而至，停工、整改、处罚一系列规定动作。这一场工伤事故，乙前前后后搭进去近 100 万元。

乙所接受的总承包方式为固定总价模式，总承包从勘察设计开始直至竣工验收交付，这种模式对总承包方风险较大，为我们国家现行的法律制度所不允。

3. 工程范围约定不明如何应对?

建设工程的范围与建设工程合同的标的物息息相关,对于非经营性项目和纯经营性项目而言,由于发包人具有相对的确定性,发包人对自己的诉求有着比较清晰、稳定的认识,因此,在这两类工程中工程范围发生争议,或者说表述不清,相对来讲双方的歧义比较容易发现,便于及时沟通解决。对于准经营性项目即 PPP 项目而言,由于 PPP 项目一般都成立 SPV 公司,建设工程合同由 SPV 公司作为发包人与承包人签订。PPP 项目与纯经营性项目及非经营性项目的最大区别就是,通常准经营性项目的承包人就是 SPV 公司的大股东。在这种商业结构中,对 PPP 项目的商业结构不了解或者说了解不够准确,就会想当然地认为 PPP 项目的发包就是由承包人将项目左手发给右手,将发包人与承包人角色混同。PPP 项目中,SPV 公司对自己角色定位不清,就容易导致与承包人签订的建设工程合同工程范围不明。

我们通过一个案例来观察 PPP 项目的工程范围约定不清的情形以及最终合同后果的处理。

某国企建设工程施工企业甲的董事长 D,经干部交流到某地县级政府担任行政主官。施工企业总经理 Z,经 D 推荐接替了 D 的职务,担任董事长。Z 对 D 的提携心怀感恩,在走马上任工作进入正常状态之后,便主动与 D 联系,表达前去拜访老领导的愿望。D 表示热烈欢迎。当然,Z 说是去拜访老领导,并不仅仅是基于私人情感,Z 将公司策划部、工程部、合约部等等相关部门的中层领导一行人都带上,一并前往。

D 作为一位从企业走出来的地方主官,一看这架势,自然心知肚明。Z 首先表达了对老领导的敬意,其次很坦诚地向 D 表达了愿意参加当地经济建设发展的迫切愿望,最后也期望老领导为公司开拓当地建设工程市场给予支持。D 空降当地,人生地不熟,同样希望借助自己过去的资源,为当地经济建设发展做一些事实。双方一拍即合。时值全国上下大力推广 PPP 项目,为了紧跟形势,双方草签了一份工业园区 PPP 项目的框架合同。

地方主官是曾经自己的老领导,又是政府项目,Z 回公司之后立即落实项目实施事宜,很快就组织了公司最强有力的施工队伍进场施工,工程进展也相当顺利。进场不足一年,已完成投资 7000 万元。正当 Z 踌躇满志,准备乘胜前进之时,D 告知 Z,其所实施的项目被上级政府财政部门从 PPP 库中移除,被认定为伪 PPP 项目。Z 百思不得其解,工业园区项目是政府项目,自己公司投入的 7000 万元是真金白银,项目竣工验收后找政府结算工程款天经地义,怎么一夜之间就成了伪 PPP 项目。于是下令停止施工,不再往工程中投一分钱。

经过现场调研,我们发现该项目没有规划许可证、没有立项、没有招标投标、没有 PPP 合同、没有 SPV 公司、没有建设工程施工合同,社会资本就企业甲一家,是一个典型的"先上车，后买票"的项目。项目的范围都没有明确约定。我们给甲提供建议，首先要使项目具有合法性，要趁 D 还在位之时，赶紧"补票"。否则，主官一换，该项目若被认定为违法项目，推土机一上，则投资 7000 万元将付之东流。

在 PPP 盛行之时，"先上车、后买票"的项目屡见不鲜，因不合规而移出 PPP 项目库的也为数不少。这类项目一旦停摆，违法项目应当如何处置？成为摆在 PPP 人面前的一道难题，尤其像本案，建设工程的发包人与承包人为同一人，工程的范围如何确定？

值得庆幸的是 2019 年实施的《司法解释（二）》规定，发包人能够办理审批手续而未办理，并以未办理审批手续为由确认建设工程施工合同无效的，人民法院不予支持，为 PPP 模式下手续不全的在建工程的合法性提供了法律依据。2021 年实施的《司法解释（一）》全文吸纳了《司法解释（二）》该条款的内容，使这一法律依据得以延续。

4. 超出合法范围的工程是否施工？

合同是当事人双方达成的契约，契约的达成是因为当事人双方在达成契约的这个时间点上利益实现了平衡。建设工程合同签约也不例外，所不同的是建设工程合同履行期较长，在整个合同的履行期内，项目自身、社会环境、市场价格等因素都会发生变化，影响双方达成合约时点形成的利益平衡。因此，建设工程合同的达成、履行就显得更加复杂。

我们国家当前的建筑工程市场仍然是卖方市场，发包人在建设工程招标投标市场中占据着绝对的优势地位。其追求自身利益最大化的常用做法，是将尽量多的工作内容加入合同条款之中，而对于合同价款则是尽其所能地压低。承包人为了能够承揽到工程，往往违心地接受合同条件。不仅如此，发包人通常还会在合同履行过程中不断地给承包人下达各种工作指令。在发包人强大的压力下，承包人如何能既接受发包人的条件，又能有效地维护自己合法权益，对承包人而言，是一个巨大的挑战。

建设工程合同最明显的一个特点，就是合同中存在着诸多的霸王条款。对于这些已经既成事实的合同条款，承包人要不要履行的唯一判断标准，就是霸王条款的合法性。不具有合法性的条款可以称之为霸王条款；具有合法性的条款，应当说不属于霸王条款，属于市场风险，只能以承包人自己的能力去承担。鉴别霸王条款最简单有效的方式，就是审查发包人是否有权利将霸王条款中约定的义务强加给承包人承担。判断发包人是否具有该项权利的法律性文件，就是发包人所持有的建设工程规划许可证。该许可证载明的各项建设指标即是发包人的权利来源，附图中的红线图即表明了发包人行使项目权力的边界。发包人将规划许可证范围之外的义务通过建设工程合同强加给承包人，该等霸王条款，不具有合法性。对承包人没有约束力，承包人有权拒绝履行。

发包人为了规避在合同中约定超过规划许可证范围之外的承包内容，通常会以补充协议的方式另行签约，以增加承包人建设工程合同内的义务。对这类补充协议，如果说发包人与承包人双方不产生纠纷，平和地履行完毕了建设工程合同和补充协议，本着"不告不理"的民事司法原则，法律也不予干预；如果双方当事人有一方对补充协议提出异议，则补充协议会被法院认定为无效协议。补充协议增加承包人义务是基于建设工程合同，承包人接受明显高于市场价格购买承建房产、无偿建设住房配套设施、让利、向发包人捐赠财物等条件，所形成的事实是承包人向发包人直接或间接降低工程价款，都属于增加了承包人的义务。

《民法典》第七百八十八条规定："建设工程合同是承包人进行工程建设，发包人支付价款的合同。"这表明对于建设工程的承包人，只要其从事了建设工程施工，发包人就应向其支付工程款，而无论发包人是否有权力发出施工指令。据此，我们观察到，作为承包人，对于发包人无论是在合同中约定的霸王条款还是合同履行过程中发出的霸王指令，其履行不履行不在于该等指令的合法性，而在于该等指令执行后工程款的支付性。因此，承包人对发包人霸王性指令的履行具有选择性，能够给予合适对价的，可以选择履行；不具有对价性的，可以以发包人指令违法为由拒绝履行。

以上我们所观察的是建设工程合同有效的情形。若建设工程合同无效，则以承包人实际施工的范围作为发包人与承包人认定的承包范围。更为极端的情形，"先上车、后买票"的项目，根本就没有规划许可证、建设工程合同，承包人的承包范围仍然是以承包人实际施工的范围作为发承包双方认定的工程范围。

5. 工程范围变更权限制

建设工程合同是承包人进行工程建设，发包人支付价款的合同。在这一定义的支配下，发承包人只要进行了施工作业，发包人就应当为其支付工程款。在这种理念的驱使下，承包人就会尽其所能地增加施工作业内容，乃至突破工程范围也在所不惜。承包人突破工程范围施工能否为发包人实现利益最大化暂且不论，这种作为直接不利的后果，就是发包人的投资预算被突破。这是发包人所不能接受的。在建设工程合同谈判以及履行过程中，发包人极度关注的指标，就是对建设工程造价的控制。为了不突破项目投资预算，发包人总是严格限制承包人随意增加工程内容，突破工程范围施工。

发包人对承包人施工范围严格管控最为有效的法律性文件，就是招标文件、初步设计图纸以及承包人在投标时提交的施工组织设计。承包人中标后，还应当依据施工图纸重新编制、调整施工组织设计。施工组织设计中的施工现场平面布置图，最直观地体现出承包人的施工区域是否突破了项日红线图。施工方案体现着承包人完成项目施工的措施计划。《建设工程施工合同（示范文本）》中通用条款一般的约定为，承包人在合同签订后 14 天内，最迟不晚于开工前 7 天，向监理人提交详细的施工组织设计，并由监理人报送发包人，发包人和监理人应在监理人收到施工组织设计后 7 天内确认或提出修改意见。对发包人和监理人提出的合理意见和要求，承包人应自费修改完善。根据工程实际情况需要修改施工组织设计的，承包人应向发包人和监理人提交修改后的施工组织设计。发包人、监理对施工组织设计的审批，不免除承包人施工组织设计中存在瑕疵承担的责任。施工组织设计未经发包人和监理人的审批，承包人不得执行。

如果说建设工程施工合同承包人会尽其所能地扩大施工范围、增加施工量，以追求自身利益最大化。对于建设工程总承包合同而言，情况则恰恰相反。建设工程总承包的商业模式，是建立在工程总承包价格固定的情形下，为实现自己的利益最大化，这意味着发包人将尽其所能不断扩充承包内容，突破工程范围，最大限度地追求投资效益最大化。

建设工程选用总承包模式价格固定。如果发包人对工程变更部分同意计价，则该总承包固定总价合同，名义上是固定总价合同，本质上计价方式与施工总承包一致。发包方与总承包方不会有实质性的矛盾冲突。如果发包人以总包合同固定总价为由，拒绝给予合同中的变更部分进行计价。这时承包人面临着巨大的压力。

我们说建筑工程总承包，无论是官方推荐的模式还是发包人和承包人双方自行约定的形式，无论从哪个阶段开始计算总承包内容，作为总承包，至少应当有一个阶段包括设计。这样总承包人就享有建设工程的设计权。根据国务院《建设工程勘察设计管理条例》第二十八条规定："建设单位、施工单位、监理单位不得修改建设工程勘察、设计文件；确需修改建设工程勘察、设计文件的，应当由原建设工程勘察、设计单位修改。经原建设工程勘察、设计单位书面同意，建设单位也可以委托其他具有相应资质的建设工程勘察、设计单位修改。"

由此可见，工程总承包与施工总承包不同。施工总承包，发包人的指令承包人必须执行；工程总承包，总包人享有设计权。总包人按照施工图施工，施工图的设计权在总包人手中，发包人要修改施工图依法必须经过总承包人同意，未经总承包人同意，发包人无权委托其他设计单位对施工图进行修改。这有效制约了发包人的肆意变更权。当然，如果发包人愿意对其提出的设计变更支付相应的对价，承包人大可不必对发包人需求予以拒绝。如果发包人不愿意为其设计变更支付对价，则无论其变更是在合同约定的工程范围之内，还是工程范围之外，承包人都有权利拒绝变更。即使发包人委托其他的具有相应资质的设计单位完成设计，未经总包人同意，总包人都有权利拒绝按照发包人提供的施工图施工。

6. 工程范围中的内容变更如何认定?

《司法解释(一)》第二条规定:"招标人和中标人另行签订的建设工程施工合同约定的工程范围、建设工期、工程质量、工程价款等实质性内容,与中标合同不一致,一方当事人请求按照中标合同确定权利义务的,人民法院应予支持。"该条款中的工程范围与官方推荐的示范文本中的工程范围不同,示范文本中有工程范围条款,也有工程内容条款。《司法解释(一)》中的工程范围包含合同文本中的工程范围和合同内容。

对于发包人发出的变更指令,只要发包人同意计价,承包人都会全力地予以配合,按照发包人的指令组织施工。在建设工程领域纷繁复杂的合同履行过程中,不排除发包人在施工过程中,全身心地追求项目完美,不断地发出变更指令。当进入工程结算阶段,突然发现工程造价远远突破工程预算。为了转嫁工程签证给自己增加的投资成本,认定工程签证属于另行签订的建设工程施工合同,便以《司法解释(一)》第二条为依据,要求按照中标合同确定双方的权利义务。

我们要关注的是,《司法解释(一)》第二条所规定的"另行签订的建设工程施工合同",这个另行签订的施工合同,不是发包人在承包人中标之后,与承包人所签订的任何一份合同或者协议,而是针对《招标投标法》第四十六条所规定的"背离合同实质性协议"之协议。"另行签订的建设工程施工合同"的签约目的是为了规避《招标投标法》。不是基于规避法律,而是为了满足建设工程实施过程中的完善、细化、补充施工作业之需要而形成的合同性文件,均不构成《司法解释(一)》第二条所称的"另行签订的建设工程合同"。即使发包人与承包人因为过多的零散性文件而通过签订一份文件对零星事务进行归总和约定,本质上亦不构成"另行签订的建筑工程施工合同"。

因此,在我们国家目前的法律体系下,建设工程合同履行过程中,只要发包人发出变更指令,承包人按照指令执行,工程符合质量要求,就可以获得工程款。这是由发包人原因引起的工程范围的变更,对于因承包人原因所引起工程范围的变更则不同。按图施工是建设工程承包人履行合同义务的基本原则。承包人未经发包人同意擅自变更施工内容,属于一种严重的违约行为。发包人可以要求承包人停止施工、恢复原样。同时可以依据合同约定提取承包人的履约保证金。发包人在对工程范围变更进行风险管控之时,发现承包人有擅自施工的行为,必须在第一时间清晰明了地说:"NO",并且发出整改单。发包人对承包人擅自施工的行为不及时予以纠正,一旦工程通过竣工验收之后,发包人再提出承包人未按图施工之事,则为时已晚。发包人对建设工程竣工验收的确认,就是在法律上接受了承包人超过工程范围擅自施工的内容。双方以自己的行为达成了新的合意,构成了新的协议。推而广之,在建设工程施工项目中，不排除会存在签证单遗失的情形。譬如，某酒店项目竣工验收之时，发包人发现房间吊顶安装的射灯比施工图中多装了三只，发包人提出异议，要求承包人提供工程变更签证单。承包人无法提供。发包人发出整改单，并要求承包人承担工程延期交付的违约责任。承包人提出，确实是增加了三只射灯，但不是一间客房增加了三只射灯，而是每一间客房都增加了三只射灯。虽没有变更单，现场的发包人代表、监理人是否曾对不照图施工提出过异议，发出过整改单？施工过程中不制止，竣工验收完成之后，即视为双方以自己的行为达成了新的合意，构成了新的协议。无变更单施工亦合法。

第 **7** 章

建设工程项目
工期风险管控

1. 工期延误如何归责？

建设工程的工期是承包人施工作业能力和投入产出效率的体现，同时也是发包人投资效率的硬性指标。因此，工期在建设工程招标投标中是承包人的一项核心竞争指标。《建设工程施工合同（示范文本）》第 1.1.4.3 条规定，工期是指在合同协议书约定的完成工程所需的期限，包括按照合同约定所做的期限变更。这意味着在建设工程施工合同中所约定的工程期限，并非是一成不变的承包人最终完成工程施工任务的时间，还包括施工过程中双方对建设工程工期的调整与确认。

我们说，风险是未来损失发生的不确定性。建设工程工期自身的不确定性，直接导致工程造价的不确定性，具体体现在发包人投资概算控制的不确定性和承包人工程造价结算的不确定性。因此，工期是建设工程发承包双方风险管控的主战场。

建设工程工期的计算，是从工程的开工日至工程通过竣工验收之日止。工程提前竣工，双方当然皆大欢喜，不容易发生纠纷；工程延期竣工，实际施工的工期就要参照合同约定的工期。形成的时间差是发包人向承包人支付工期顺延的窝工费、停工费，还是承包人向发包人支付延期竣工的违约金。这是通常建设工程合同由工期引发的纠纷，双方争议的焦点。

由发包人的原因导致工期延误，应当由发包人承担工期延误责任，赔偿承包人产生的停工、窝工、倒运、机械设备调迁、材料和构件积压等损失和实际费用。发包人的原因通常是指发包人未按照约定的时间和要求提供原材料、设备、场地、资金、技术资料等，《建设工程施工合同（示范文本）》通用条款列明了发包人导致工期延误的具体原因：（1）发包人未能按合同约定提供图纸或所提供图纸不符合合同约定的；（2）发包人未能按合同约定提供施工现场、施工条件、基础资料、许可、批准等开工条件的；（3）发包人提供的测量基准点、基准线和水准点及其书面资料存在错误或疏漏的；（4）发包人未能在计划开工日期之日起 7 天内同意下达开工通知的；（5）发包人未能按合同约定日期支付工程预付款、进度款或竣工结算款的；（6）监理人未按合同约定发出指示、批准等文件的；（7）专用合同条款中约定的其他情形。

因承包人原因导致工期延误的赔偿责任，应当由承包人承担。通常包括以下情形：（1）没有办理法律规定应由承包人办理的许可和批准，并将办理结果书面报送发包人留存；（2）由于自身管理不当致使建设工程质量不符合约定，经过修理或者返工、改建后，造成逾期交付的；（3）没按法律规定和合同约定采取施工安全和环境保护措施，办理工伤保险，确保工程及人员、材料、设备和设施的安全，发生生产安全事故的；（4）没按合同约定的工作内容和施工进度要求，编制、执行施工组织设计和施工措施计划的；（5）在施工过程中，侵害发包人与他人使用公用道路、水源、市政管网等公共设施的权利，对邻近的公共设施产生干扰的；（6）没按照合同约定负责施工场地及其周边环境与生态的保护工作；（7）没按合同约定采取施工安全措施，确保工程及其人员、材料、设备和设施安全的；（8）将发包人按合同约定支付的各项价款用于本工程之外的；（9）没按照法律规定和合同约定编制竣工资料，完成竣工资料立卷及归档，并按专用合同条款约定的竣工资料的套数、内容、时间等要求移交发包人的。

工期是贯穿建设工程全过程的刚性指标，一旦发现工期延误，无论是发包方还是承包方都应当第一时间发现、分析、固定引发工期延误的原因并归责。诱发工期延误实现工期索赔，是施工单位既有的惯性思维。在建设工程承包这一交易中处在市场优势地位的发包人，不能够准确地把握建设工程的施工节奏，判断产生工期延误的承包人意图，意味着其已经失去了合同履行过程中的市场优势，投资风险已经显现。

2. 开工日期如何认定？

开工日期是建设工程施工合同中的实质性数据指标，是整个建设工程工期计算的原点，也是整个工程前期谈判与进入工程实施的结合时间点。故《建设工程施工合同（示范文本）》1.1.4.1 条对开工日期专门进行了定义。该条款规定，开工日期包括计划开工日期和实际开工日期。计划开工日期是指合同协议书约定的开工日期；实际开工日期是指监理人按照约定发出的符合法律规定的开工通知中载明的开工日期。

计划开工日期实际上是合同文本中载明的开工日期。此开工日期来源于招标公告中载明的拟开工日期。投标人依据招标文件编制投标文件，需要对招标文件的内容作出实质性响应，对于拟开工日期这一实质性指标当然必须无条件响应，一旦中标，该日期就顺理成章地载入合同文本，成了计划开工日期。该日期通过要约与承诺形成，具有法律效力，发包人与承包人都应当遵守。但是，建筑工程施工合同与其他类型的合同不一样，合同所载明的开工日期尽管具有法律效力，双方应当严格执行。然而，在建设工程实务中，无论是发包人还是承包人都很难将自己的工作进度恰好安排在合同载明的开工日期开工。为了回避在合同尚未履行之前就导致违约，从而引出监理开工日期的概念。

为了将计划开工日期与开工日期有机对接，一般情况下，发包人会以合同的形式约定，要求承包人在合同签订后 14 天内，至迟不得晚于合同载明的开工日期前 7 天，向监理人提交工程开工报审表及详细的施工组织设计，经监理人报发包人批准后执行。发包人和监理人应在监理人收到施工组织设计后 7 天内确认或提出修改意见。对发包人和监理人提出的合理意见和要求，承包人应自费修改完善。根据工程实际情况需要修改施工组织设计的，承包人应向发包人和监理人提交修改后的施工组织设计。监理人应在计划开工日期 7 天前向承包人发出开工通知，工期自开工通知中载明的开工日期起算。此开工日期即为监理开工日期。

计划开工日期在工程实践中没有实际的价值，仅仅作为开工日期计算的参考点。通过发包人与承包人在合同中对开工日期程序的约定，形成监理开工日期。如果监理发出开工通知时，工程处在一种合法的状态，则监理开工日期即为工程开工日期；如果工程开工尚不具备法定的条件，诸如没有获得规划许可证、没有获得施工许可证等等，则取得行政许可的时间为工程开工日期。承包人有权利以工程施工不具备法定条件为由，拒绝开工；如果工程尚不具备法定的开工条件，承包人经发包人同意已经实际进场施工的，则以实际进场施工时间为开工日期；如果承包人进场施工后，发现现场不具备施工技术条件，以实际进场施工时间为开工日期，由于发包人的原因导致现场不满足施工条件的，工期顺延，由于承包人原因不满足施工条件的，工期不顺延。

发包人或者监理人未发出开工通知，亦无相关证据证明实际开工日期的，建议分析开工报审表，开工报审表中有详细的施工进度计划，正常施工所需的施工道路、临时设施、材料、工程设备、施工设备、施工人员等落实情况以及工程进度的安排。施工进度计划是为实现项目的工期目标，承包人编制的对各项施工过程的施工顺序、起止时间和相互衔接关系所作的具体策划和统筹安排，结合水电表记录的用量变化、施工日志、第一次施工例会纪要、报监报检等资料，可以将实际开工日期锁定在尽可能准确的时段内。

无论是发包人还是承包人，一旦发现实际开工日期模糊，应当在下一次召开的工程例会上及时予以确认，并记载于会议纪要之中。这便是对出现的风险适时控制。

3. 如何认定工程竣工日期？

工程项目通过竣工验收可以说是建设工程施工企业在整个建设工程施工活动中所追求的里程碑目标。工程经验收合格，意味着承包人完成了合同项下的义务，所剩下的就是享有合同中的权利——收取工程款。工程通过竣工验收不仅增加了承包人的业绩，而且承包人还可以将投入在工程项目中的人才、机械、设备投入新的工程项目中，使公司进入新一轮的良性循环。

工程竣工验收对承包人如此重要，但是，究竟何为竣工验收，一度在建设工程领域形成混乱。认为承包人完成建设工程项目施工有之，认为通过了发包人的认可即为工程竣工有之，认为建设工程发包人实际投入使用为工程竣工亦有之，众说纷纭。体现在建设工程实务中就是纠纷。好在改革开放已经 40 余年，在市场经济的磨练中，全行业对竣工验收基本达成了共识。鉴于工程竣工验收不是一个法律概念，《建设工程施工合同（示范文本）》1.1.4.2 条规定，竣工日期包括计划竣工日期和实际竣工日期。计划竣工日期是指合同协议书约定的竣工日期；实际竣工日期按照本合同约定确定。第 13.2.3 条约定，工程经竣工验收合格的，以承包人提交竣工验收申请报告之日为实际竣工日期，并在工程接收证书中载明；因发包人原因，未在监理人收到承包人提交的竣工验收申请报告 42 天内完成竣工验收，或完成竣工验收不予签发工程接收证书的，以提交竣工验收申请报告的日期为实际竣工日期；工程未经竣工验收，发包人擅自使用的，以转移占有工程之日为实际竣工日期。我们的权利来源于法律与合同，《建设工程施工合同（示范文本）》通过合同条款对竣工验收日期进行了清晰的定义。从词义中排除了分歧。

建设工程要通过竣工验收，承包人应当在自检达标之后，向发包人提出竣工验收申请报告。建设单位收到建设工程竣工报告后，将组织设计、施工、工程监理等有关单位进行竣工验收。建设工程竣工验收应当具备下列条件：①完成建设工程设计和合同约定的各项内容；②有完整的技术档案和施工管理资料；③有工程使用的主要建筑材料、建筑构配件和设备的进场试验报告；④有勘察、设计、施工、工程监理等单位分别签署的质量合格文件；⑤有施工单位签署的工程保修书。

建设工程竣工验收，一般按照以下程序进行：

（1）承包人向监理人报送竣工验收申请报告，监理人应在收到竣工验收申请报告后 14 天内完成审查并报送发包人。监理人审查后认为尚不具备验收条件的，应一次性通知承包人在竣工验收前还需完成的具体工作内容，承包人应在完成监理人通知的全部工作内容后，才能再次提交竣工验收申请报告。

（2）监理人审查后认为已具备竣工验收条件的，应将竣工验收申请报告提交发包人，发包人应在收到经监理人审核的竣工验收申请报告 28 天内审批完毕并组织监理人、承包人、设计人等完成竣工验收。

（3）竣工验收合格的，发包人应在验收合格后 14 天内向承包人签发工程接收证书。发包人无正当理由逾期不颁发工程接收证书的，自验收合格后第 15 天起视为已颁发工程接收证书。

（4）竣工验收不合格的，监理人应按照验收意见发出指示，要求承包人对不合格工程返工、修复或采取其他补救措施，由此增加的费用和（或）延误的工期由承包人承担。承包人在完成不合格工程的返工、修复或采取其他补救措施后，应重新提交竣工验收申请报告，并按本项约定的程序重新进行验收。

（5）工程未经验收或验收不合格，发包人擅自使用的，视为工程竣工验收合格。

需要特别指出的是，"工程未经验收或验收不合格，发包人擅自使用的，视为工程竣工验收合格。"并没有免除承包人对工程质量瑕疵应当承担的保修责任。其法律意义是承包人在所承建的工程存在质量瑕疵的情形下，不用整改便通过了竣工验收。在保修期内，仍然要对竣工验收前未整改的瑕疵部分，承担保修责任。

4. 如何用好施工组织设计？

建设工程施工合同签订之后，合同中有明确的开工时间、竣工时间以及各形象进度时间节点。对于一份建设工程施工合同而言，对工期的约定，没有法律障碍。但是对于投资人而言，各形象进度时间节点之间相距几个月的时间，如何保证在时间节点到来之时，承包人的施工进度能够达到形象进度要求，这是投资人必须控制的风险。在每个形象工程时间节点跨度之间几个月的时间里，承包人每个月施工进展多少，每周进展多少，乃至每天进展多少，才能使形象进度时间节点得到保障，这是投资人力图化解的风险。施工组织设计可以有效化解投资人之投资风险。施工组织设计是建设工程实施的纲领性文件，建设工程施工合同记载着发包人与承包人欲达到之目的，而有效地实现这一目的程序就是施工组织设计。

施工组织设计是以施工项目为对象编制的，用以指导施工的技术、经济和管理的控制性文件。我们说它是建设工程实施纲领性文件，并不意味着施工组织设计完成之后，就铁板一块，不可挑战。恰恰相反，施工组织设计是依据建设工程项目实施情况的变化而不断调整，以期能够最有效地利用资源实现合同目的的动态文件。在投标阶段，投标人依据发包人提供的招标文件编制施工组织设计；中标之后，中标人要以投标施工组织设计为基础，结合中标合同与施工图纸编制施工组织设计。对于群体性的工程项目编制的是施工组织总设计，起到对整个项目的施工过程统筹规划的作用；对单位工程编制的是施工组织设计，以对单位工程的施工过程起指导和约束作用；分部（分项）工程编制的是施工方案，以具体指导其施工过程。

施工组织设计的基本内容通常包括编制依据、工程概况及特点、施工部署、资源配备、施工准备、施工方案和技术措施、现场管理控制措施、进度计划、主要经济技术指标、施工现场平面布置等内容。

（1）施工组织设计的编制应符合下列原则：

1）必须执行工程建设程序，遵守现行有关法律、法规。

2）采取有效措施，满足招标文件或施工合同中有关工程造价、质量、进度、安全、环境保护等方面的要求。

3）采用先进的施工技术，积极推广新技术、新工艺、新材料和新设备，贯彻工厂预制和现场制作相结合的方针，提高建筑产品工业化程度。

4）采用科学的管理方法，坚持合理的施工程序和施工顺序，采用流水施工和网络计划等方法，合理配置资源，科学布置现场，采取有效季节性施工措施，实现均衡施工，达到合理的经济技术指标。

5）与质量、环境和职业健康安全三个管理体系有效结合。

6）采取必要的技术管理措施，大力推广绿色施工。

（2）施工组织设计以下列文件作为编制依据：

1）与工程建设有关的国家法律、地方法规和文件。

2）国家现行的规范、规程、标准、有关技术规定和技术经济指标。

3）建筑工程所在地区行政主管部门的批件、建设单位或上级主管部门对施工的要求、施工企业主管部门下达的施工任务计划。

4）招标投标文件、工程承包合同或协议书。

5）经过审查的工程设计文件。

6）工程所涉及范围内的现场条件、工程地质及水文地质、气象等自然条件的报告。

7）与工程有关的社会资源供应情况的报告。

8）施工企业的生产能力、施工经验、机械设备状况、技术水平、企业内部管理文件及制度。

（3）施工组织设计编制完成，并非承包人径直执行，而是要由投资人或投资人授权的监理总工程师批准后，承包人才能执行。施工组织设计的编制和审批应符合下列规定：

1）施工组织设计（施工方案）的编制应由组织工程实施的企业负责。

2）规模大、工艺复杂的工程、群体工程或分期施工的工程可分阶段编制、报批施工组织设计。

3）施工组织总设计及单位工程施工组织设计应报企业总工程师或总工程师授权的技术负责人审批；分部（分项）工程施工方案由项目负责人审批；重点、难点分部（分项）工程施工方案应由企业技术部门审批。

4）由专业公司承担的工程项目施工组织设计（施工方案），应由专业公司技术负责人审批；有总承包单位时，尚应由总承包单位审批。

（4）施工组织设计应实行动态管理：

1）施工组织设计应随主客观条件的变化及时调整、修改不适用的内容，并经原审批部门同意后实施。

2）项目施工过程中当发生以下情况之一时，施工组织设计应进行修改：

①当工程设计有重大修改，并涉及工程地基基础、主体结构、装饰装修工程的重大变更时；

②当项目管理体系有重大调整时；

③当项目的主要施工方法进行重大调整时；

④当项目主要施工配置有重大调整时；

⑤项目因故停工三个月以上，再行复工建设时；

⑥当项目周边的施工环境有重大改变时。

3）在工程项目实施前，应进行施工组织设计交底，在工程项目实施过程中，应对施工组织设计的执行情况进行检查、分析并适时调整，施工活动结束后，应对施工组织设计进行总结分析。

4）施工组织设计及其总结分析应作为施工技术资料在工程竣工验收后归档。

5. 项目施工组织总设计应包含哪些内容？

施工组织设计是对建设工程施工各类施工组织设计的统称，一般包括项目施工组织总设计、单位工程施工组织设计、分部（分项）工程施工组织设计、专项工程施工组织设计。本着建设工程投资四级管理的原则，对于群体项目，投资人对建设工程施工组织设计的管控深度应当达到分部（分项）工程施工组织设计层面，即承包人向投资人提交的施工组织设计应包含项目施工组织总设计、单位工程施工组织设计、分部（分项）工程施工组织设计，而非仅含项目施工组织总设计。

投资人对项目风险管控，审查项目施工组织总设计，主要关注以下四方面。

（1）工程概况

投标人对工程概况的陈述，可以反映出投标人对所投标项目的熟悉程度，体现出投标人对项目的总体把控能力。

在项目施工组织总设计中承包人应说明下列项目主要情况：①项目名称、性质和建设地点；②项目规模、结构形式及其他专业设计概况；③项目的建设、设计和监理等相关单位的情况；④交易方式选择、资金来源；⑤基于项目特点的表述。

（2）总体施工部署

施工部署是指对工程项目实施过程做出的统筹规划和全面安排，包括：工程开展顺序的确定、主要施工方案的制定、施工任务划分与组织安排、施工准备计划等。在项目施工组织总设计中对项目总体施工做出的部署应包括：

1）进行总体布局。①确定工程项目实施总目标；②根据工程项目实施总目标的要求，确定项目分期分批施工的合理程序；③确定单位工程开竣工时间；④确定项目独立或部分交付的工作计划；⑤划分项目施工任务。

2）聚焦核心要点。在进行项目总体施工部署时，应对项目施工的重点、难点进行分析，并提出应对措施。

3）构建组织机构。在项目总体施工部署中应明确项目管理组织机构及其职能：①确定管理组织的结构形式；②制定管理制度及岗位职责；③确定管理人员。

4）组织调配资源。在项目总体施工部署中应包括以下总体施工准备工作：①技术准备；②物资准备；③现场准备；④人力资源准备；⑤资金计划。

5）利用新兴技术。在项目总体施工部署中应对新技术、新工艺、新材料和新设备的开发及推广应用做出说明。

（3）总体施工方案

1）在总体施工方案中应确定项目总体施工程序。

2）在总体施工方案中应确定项目主要施工方法。

3）在总体施工方案中应确定拟投入的主要施工机械设备。

4）在总体施工方案中应确定高危作业内容及安全施工方法。

（4）施工总进度计划与资源配置计划

1）在项目施工组织总设计中应制定项目施工总进度计划：①根据施工合同、协议书或招标文件编制项目施工总进度计划；②绘制施工横道图并进行流水施工排序优化；③绘制施工网络图并确定关键工作和关键线路。

2）综合劳动力需要计划中应包括下列内容：①施工阶段的划分；②各施工阶段总劳动量；③各施工阶段所需专业工种名称；④按照项目施工总进度计划确定各施工阶段劳动力需要量计划，包括劳动力来源、进城务工人员数量、进城务工人员管理方案。

3）主要工程材料、设备需要计划应包括下列内容：①施工阶段的划分；②各施工阶段所需主要工程材料、设备名称和种类；③按照项目施工总进度计划确定各施工阶段主要工程材料、设备需要量计划。

4）主要施工机具需要计划应包括下列内容：①施工阶段的划分；②各施工阶段所需主要施工机具名称、型号和功率；③按照项目施工总进度计划编制各施工阶段主要施工机具需要量计划。

6. 施工现场平面布置图有何作用？

施工现场平面布置图是施工组织设计文件中的核心内容之一。施工现场平面布置图是在施工用地范围内，将各项生产、生活设施及其他辅助设施进行规划和安排所形成的平面图。施工用地范围不仅仅包括所承建项目红线范围内的土地，还包括为完成项目的施工，在项目周边地区另外临时租赁的直接服务于项目施工的土地范围。就一个具体的建设工程施工项目，不同的承包人所设计的施工现场平面布置图是不完全相同的。施工现场平面布置图的设计体现着承包人的专业技术水平和现场的施工管理能力。

（1）对于施工总平面布置，应当满足以下要求

1）设计原则：①平面布置合理，施工场地占用面积少；②合理组织运输，避免二次搬运，保证运输方便畅通；③施工区域的划分和场地的临时占用，应符合施工流程的要求，减少各工种之间的干扰；④充分利用既有建筑、构筑物和原有设施为施工服务，降低临时设施占用费用；⑤临时设施应方便生产和生活；⑥符合环保、安全、防火等要求；⑦遵守当地主管部门、建设单位关于施工现场安全文明施工的相关规定。

2）设计要求：①根据项目总体部署，绘制现场不同施工阶段的总平面布置图；②施工总平面布置图应按一定的比例绘制。

3）体现内容：①项目施工用地范围内的地形状况；②相邻的地上、地下既有建筑物、构筑物及其他设施位置和尺寸；③全部拟建的建筑物、构筑物和其他基础设施的定位尺寸；④临时施工设施：生产、生活设施，包括：加工设施、运输设施、存贮设施、供水设施、供电设施、排水设施、通信设施及办公、生活用房等；施工现场必备的安全文明、消防、保卫和环境保护设施。

（2）对于单位项目施工现场平面布置图，应当满足以下要求

1）应按照施工总平面布置图并结合施工组织总设计，按不同施工阶段分别绘制施工现场平面布置图。

2）施工现场平面布置图应反映以下内容：①拟建建筑物与相邻的地上地下既有建筑、构筑物及其他设施的位置关系，拟建建筑物的定位坐标、轮廓尺寸、层数、±0.00标高、室外地坪标高等；②水源、电源和热源的位置，供电线路、闸箱位置，水源供水干管、支管位置，暂设锅炉房位置，供热管路等；③垂直运输设备的定位；④现场临时道路的布置；⑤材料、加工半成品、构件、机具的堆放位置及面积；⑥生产、生活临时设施的用途、位置和面积；⑦安全文明、消防、保卫和环境保护设施的设置；⑧施工现场以外的环境应适当标注。

（3）对于分部分项施工平面布置图，设计应当达到以下深度

1）在施工总平面布置图和本单体施工平面布置图设计的区域内，结合单位施工组织设计，绘制施工现场平面布置图。

2）施工现场平面布置图应反映以下内容：①临时用水、用电、用热管路布置；②垂直运输设备定位；③材料、设备堆放位置及面积；④半成品加工区位置及面积；⑤生产、生活临时设施的用途、位置和面积；⑥安全文明、消防、保卫和环境保护设施布置；⑦其他辅助性设施布置。

施工平面布置图，以图纸的方式将建设工程承包人的管理能力，直观地体现了出来。

作为投资人，可以不理解平面布置图为什么要这样设计，但是，必须有能力识别现场的实际施工平面布置与承包人提交的施工平面布置图之间的差异。这种差异就反映出承包人对施工现场管理的瑕疵，即使现场布置对平面设计图的修改更有利于施工的展开，这同样体现出承包人在设计施工平面布置图时，缺乏对项目未来优化施工的预见性，专业能力不足。因此，对于投资人而言，现场任何与施工平面布置图不符的迹象，都是风险即将来临的前兆。只要发现现场实际布置与平面布置图不同，必须发出整改单，要求承包人整改并说出理由。通过施工平面布置图这个窗口，将项目投资的风险化解在萌芽状态。

7. 如何判断工地状态是否满足施工条件？

建设工程施工项目，无论项目大小都会涉及诸多专业的交叉施工，而不同的专业所应当具备的施工条件不同，因此在项目实施过程中，经常会因为施工条件不满足而导致工期延误。

施工现场状况不满足施工条件造成的原因是多方面的，有的可能是发包人的原因，有的可能是承包人的原因，亦有可能是非发承包双方的原因。一个成熟的承包商应当对其投标的工程项目现场施工所应当具备的必要条件具有清晰、准确的判断力。因此，在合同谈判中，应当清晰地界定各方应当为项目的实施所提供的必要的施工条件及应当承担的相应责任。

项目处在不同的阶段，现场所需要具备的施工条件也不同。总体而言，可以将项目的施工条件大致分为三个层面：第一，项目开工所具备的施工条件，也称总体施工条件；第二，单位项目施工条件，即在合同中或者施工组织设计中所定义的单位项目施工应当具备的条件；第三，分部分项工程进行施工所应当具备的施工条件。我们逐一进行观察。

（1）总体施工条件

就项目总体而言，下列情形可以归属为现场应当具备的施工条件：①项目建设地点气象及其变化状况；②项目施工区域地形和工程水文地质及其变化状况；③相邻的地上、地下建（构）筑物及地上、地下管线情况等；④相邻的道路、河流、暗浜等；⑤其他不利自然条件及其危害程度；⑥建筑材料、工艺设备供应状况；⑦当地交通运输方式及其服务能力状况；⑧当地供电、供水、供热和通信能力状况；⑨社会劳动力和生活服务设施状况；⑩专业分包单位信誉和能力状况。

总体施工条件是否满足，直接关系到施工项目是否能够按时开工。因此，发包人与承包人应当在合同中约定项目总承包或项目施工总承包发包人与承包人各自所应提供的施工条件以及时间节点，对准确地判定开工日期具有重大的现实作用。

（2）单位项目施工条件

单位项目施工条件对外应当具备的条件为建筑用地范围、地形、地貌、气象、地上或地下建（构）筑物，现场周围道路、交通状况，市政基础设施状况等内容。

对内应具备的施工条件为：1）技术准备：①应包括一般性准备工作、施工方案编制计划、试验检验及设备调试工作计划、样板制作计划、新技术推广计划等。②一般性准备工作应包括组织图纸会审、设计交底、施工过程所需技术资料的配备及人员培训等。③主要分部分项工程在施工前应单独编制施工方案。施工方案可根据工程进展情况，分阶段编制完成。施工组织设计中应对将要编制的各主要施工方案制订计划。④试验检验及设备调试工作计划应依据现行国家规范、标准中的有关要求及工程规模、进度等实际情况制定。⑤应根据施工合同要求并结合工程特点编制样板制作计划。⑥应结合工程实际情况，依据国家有关政策法规和管理规定，积极推广应用新技术，制定新技术推广计划。2）施工现场准备应根据现场施工条件和工程实际需要，准备现场生产、生活临时设施及施工机具设备。3）资金准备应根据施工进度计划编制资金使用计划。

对外施工条件应当由发承包双方在合同中约定，对内的施工条件属于承包人应当准备的条件。

（3）分部分项施工条件

分部分项工程应根据承包人投标书中分部分项的内容进行确定。分部分项工程进行分包，发包人、承包人、分包人各自应承担的对外施工条件，由各方在分包合同中约定。对外施工条件通常包括：①现场供水、供电、供热等能力状况；②总承包单位服务能力状况；③施工场地及交通运输情况；④施工现场周边相关环境状况。

对内施工条件是指根据施工合同、协议书或招标文件、设计文件、施工现场环境条件等，对工程特点和施工难点有针对性地进行施工组织和技术准备以及实现有效管理的过程。对内的施工条件，很明显应当由承包人与分包人承担。

8. 什么是关键线路?

关键线路是现代工程管理学中的一个专业术语，指的是双代号网络计划中由关键工作组成的线路或总持续时间最长的线路；单代号网络计划中，由关键工作组成，且关键工作之间的时间间隔为零的线路或总持续时间最长的线路。关键工作是指网络计划中机动时间最少的工作。

网络计划图是有向、有序的赋权图，按项目的工作流程自左向右绘制，在时序上反映完成各项工作的先后顺序。节点编号必须按箭尾节点的编号小于箭头节点的标号来标记。在网络图中只能有一个起始节点，表示工程项目的开始。一个终点节点，表示工程项目的完成。从起始节点开始沿箭头方向顺序自左往右，通过一系列箭线和节点，最后到达终点节点的通路，称为线路。

工程网络计划编制一般按照以下步骤进行。第一准备阶段：确定网络计划目标；第二工程项目工作结构分解：工作分解结构、编制工程实施方案、编制工作明细表；第三编制初步计划：分析确定逻辑关系、绘制初步网络图、确定工作持续时间、确定资源需求、计算时间参数、确定关键线路和关键工作、形成初步网络计划；第四编制正式网络计划：检查与修改网络计划、优化确定正式网络计划；第五网络计划实施与控制：执行、检查、调整；第六收尾：分析、总结。

关键工作和关键线路的确定应符合下列规则：第一，总时差最少的工作应为关键工作。第二，自始至终全部由关键工作组成，且关键工作间的间隔时间为零或总持续时间最长的线路为关键线路，一般用粗线、双线或彩色线标注。第三，当不需要计算各项工作的时间参数，只需确定网络计划的计算工期和关键线路时，可采用节点标号法，计算出各节点的最早时间，从而快速确定计算工期和关键线路。可以先计算各节点的最早时间及节点标号值，用节点标号值及其源节点对节点进行双标号，当有多个源节点时，应将所有源节点标注出来，网络计划的计算工期，即网络计划终点节点的标号值。第四，按标注的各节点标号字的来源，从终点节点向起点节点逆向搜索，标号最大的节点相连即可确定关键线路。

网络图是由左向右绘制，表示工作进程，并标注工作名称、代号和工作持续时间等必要信息，通过对网络计划图进行时间参数的计算，找出计划中的关键工作和关键线路。

当前的建设工程项目投资动辄几亿、几十亿乃至上百亿。如此庞大的投资项目，要进行有条不紊的推进，网络计划图设计不可少，关键线路更是把控项目风险的有效工具。但是，仅仅依靠人工技术编制网络计划图，寻找工程关键线路，几乎已经不可能。好在现代科技的发展已经开发出多款智能项目动态控制软件，非常容易进行进度计划编制、进度计划优化、关键线路确认、进度跟踪反馈、进度分析控制等各方面的工作。现在的软件技术可以同时优化、计划、管理和控制多个施工项目，可以多方案分析比较目标计划、跟踪和适时监控项目动态，为关键线路在工程建设中的应用提供了坚实的技术支撑。

项目的关键线路一旦确定，便成为发包人与承包人对标项目管理的刚性指标。承包人施工资源的配置与调度都必须以关键线路为指针。通过以上的观察，我们也可以发现，在建设工程施工过程中，并不是所有的工期调整都会影响到工程的关键线路，但是，关键线路上的任何一个时间节点的改变，都会直接影响整个工程的竣工日期。因此，当发生工期索赔纠纷之时，评判的标准就是看是否影响了当期的关键线路上的时间节点。影响了，责任方应当承担赔偿责任；没有影响，即使对某项工期发生了工期延误的事实，责任方也不须承担赔偿责任。

关键线路也分为项目总关键线路、单位项目关键线路、分部分项关键线路。根据项目的复杂程度，还可以继续分解关键线路。关键线路可以说是项目工期管理的灵魂。

9. 施工方案应当包含哪些内容？

建设工程施工项目实施方案包括总施工方案、单位工程实施方案、分部分项工程实施方案。分部分项工程的划分，按照《建筑工程施工质量验收统一标准》GB 50300中分部分项工程的划分原则进行划分。本篇我们以分部分项工程作为对象，进行观察。实施方案一般应当包含以下主要内容。

（1）工程概况

应阐明工程主要情况、专业设计简介、工程施工条件、工程特点与难点等工程概况。

工程主要情况应包括工程名称、性质和地理位置；工程的建设、设计、监理、总承包等相关单位的情况；工程的承包范围；工期、质量、安全、环境保护等要求。专业设计简介应依据建设单位提供的设计文件和承包范围编制。工程施工条件应包括下列内容：现场供水、供电、供热等能力状况；总承包单位服务能力状况；施工场地及交通运输情况；施工现场周边相关环境状况。应根据施工合同、协议书或招标文件、设计文件、施工现场环境条件等，对工程特点、施工难点、高危作业等进行简要的分析描述，并提出主要应对措施，至少应包括工程管理和施工技术两个方面。

（2）施工部署

1）工程施工目标应包括范围、进度、工期、质量、安全、文明施工、消防、环境保护等目标。

2）应建立项目管理组织机构，包括机构的设置、人员的专业资质、职责、分工和人数等等。

3）在施工部署中，应包括下列内容：确定施工顺序及划分施工流水段；针对工程难点，简述主要工程施工方法、技术措施、安全生产保障。

4）施工准备工作应包括下列内容：

①技术准备。第一，应包括图纸会审、设计交底的要求，施工所需主要规范、规程、标准和相关图集的配备及项目主要管理人员的培训和特殊工种人员上岗前资格审核、培训等；第二，应根据工程承包范围，在方案中提出试验、检验和测试工作计划，并对试验、检验和测试工作应遵循的原则及依据的标准和规定提出明确要求；第三，

应编制样板制作计划，包括样板制作名称、制作部位与完成时间等；第四，应根据工程承包范围，提出与总承包单位进行技术交接的内容、要求及完成时间等。

②施工现场准备。应根据现场情况，准备包括施工水源、电源、热源、生产、生活临时设施以及施工机具和工程物资等。

③应制定新技术、新工艺、新材料和新设备的应用推广计划，说明新技术、新工艺、新材料和新设备的使用技术要求及管理要点。

（3）施工方法

1）应根据所承包的施工内容优化选择相应的施工方法。

2）应根据项目所包含的工程内容，按照施工顺序描述主要施工方法；对易发生质量通病、易出现安全问题、施工难度大、技术含量高的施工部位以及新技术、新工艺、新材料和新设备的应用等，应重点说明保障质量的技术标准与施工工法。

3）应根据地区气候情况和工程进度计划，确定季节性施工方法，包括冬季、雨季、台风或夏季高温条件下的施工方法。

（4）施工进度计划

1）依据施工合同、协议书或招标文件，结合总承包单位的进度控制计划，确定施工进度计划。

2）施工进度计划应采用横道图或网络图表示，并明确标出关键线路。

3）施工进度计划及关键线路图应根据工程进展情况及时进行调整。

（5）施工资源配置计划

1）劳动力需要计划应包括下列内容：第一，按照施工进度计划，确定所需专业工种人员数量及需用时间；第二，绘制劳动力计划表；第三，对劳动力计划实施动态管理；第四，进城务工人员管理及进城务工人员工资保障措施。

2）应按照施工进度计划，分别制定主要材料、设备的需要计划，包括材料、设备名称、规格、使用部位、需要数量、进场时间、存放地点等。

3）应按照工程实际需要，确定主要施工机具的名称、型号、数量及进场和退场时间。

4）应按照工程实际需要，配备计量、测量、检测、试验器具，提出器具配置计划。

（6）施工现场平面布置

1）依据合同并结合施工总承包单位施工现场平面布置，绘制施工现场平面布置图。

2）施工现场平面布置图应反映以下内容：临时用水、用电、用热管路布置；垂直运输设备定位；材料、设备堆放位置及面积；半成品加工区位置及面积；生产、生活临时设施的用途、位置和面积；义明安全、消防、保卫和环境保护设施布置；其他辅助性设施布置。

10. 如何对工期进行有效控制?

进度控制是指针对施工进度计划，为保证项目施工进度目标的实现而展开的一系列活动，包括对进度及其偏差进行测量、分析和预测，必要时采取纠偏措施和计划变更。所谓保证项目施工进度，就是要保证按计划工期完工。要保证按计划工期完工，计划工期、施工计划、资源配置的科学性就是保证施工进度有效控制的先决条件。

（1）计算工期通常可以采用以下四种方法

1）参照以往的工程实践经验估算；

2）经过实验推算；

3）按定额计算，计算公式为：

$$D=\frac{Q}{R \cdot S}$$

式中：D——工作持续时间；

Q——工作任务总量；

R——资源数量；

S——工效定额。

4）采用"三时估算法"，计算公式为：

$$D=\frac{a+4m+b}{6}$$

式中：D——期望持续时间估算值；

a——最短估值时间；

b——最长估值时间；

m——最可能估值时间。

（2）施工计划的编制

在计算工期的基础上，编制建设工程项目各阶段施工计划。

1）对项目总体施工进度的控制，应当着眼于项目施工组织总设计。在项目施工组织总设计中承包人应根据施工合同、协议书或招标文件编制项目施工总进度计划，绘制施工横道图并进行流水施工排序优化、绘制施工网络图，并确定关键工作和关键线路。

2）对单位项目施工进度的控制，应根据施工合同、协议书或招标文件并结合施工组织总设计中的总进度计划，确定单位工程施工进度计划；施工进度计划可采用横道图或网络图表示，对于工程规模较大或较复杂的工程，应采用网络图表示；施工进度计划应根据工程进展情况及时进行调整。

3）对实施方案施工进度控制，应按照项目施工的技术规律和合理的施工程序，解决各工序之间在时间上的先后和搭接问题，做到安全施工、保证质量、充分利用空间、节约成本，实现合理安排工期的目的。控制措施应依据工程进度计划、施工方案、施工预算、施工资源供应情况等进行编制。控制措施应包括下列内容：第一，对项目进度总目标进行分解，合理制定不同施工阶段进度控制分目标；第二，针对不同施工阶段的特点，确定相应的进度控制主要内容和方法；第三，制定进度控制的具体措施，包括组织措施、技术措施、资源配置措施、交通组织措施、经济奖罚措施和各项管理制度等；第四，根据项目周边环境特点，处理好各种外部协作关系，制定相应的协调措施；第五，制定特殊情况下的赶工措施。

（3）资源配置

计算工期超过要求工期时，可通过压缩关键工作的持续时间来满足要求工期。计算工期的优化应按下列步骤进行：第一，计算并找出初始网络计划的计算工期、关键工作、关键线路。第二，按要求工期计算应缩短的时间。第三，确定各关键工作能缩短的时间。第四，选择关键线路，压缩持续时间，并重新计算网络计划的计算工期。当被压缩的关键工作变成非关键工作，则应延长持续时间，使之仍为关键工作。第五，当计算工期仍超过要求工期时，则重复前述四个步骤，直到满足工期要求或工期已不能再缩短为止。

当所有关键工作的持续时间都已达到其能缩短的极限而工期仍不能满足要求时，则应当对施工组织设计中的技术方案、组织方案进行调整。对关键线路中的关键工作进行进一步分解，增加单位关键工作的资源配置，使分解出的各项工作资源配置都达到饱和状态，直至满足关键线路的要求，从而形成有资源保证的计划工期。

当然，这是工期优先的施工进度控制，各节点关键线路资源的饱和投资意味着建设成本的欠经济性。一个有效的投资，应当以项目效益最大化为目标，而非为工期而工期。发包人盲目地压缩工期，以期求得效益最大化，承包人亦可以从关键线路的角度说服发包人，阐述工期悖论，以便双方在项目中都实现自己的效益最大化。

11. 非正常情形下工期如何认定？

我们在前面的论述中都是在讨论合同有效的情形下，工期管控的相关专业技术问题，本篇我们讨论几种非正常情形下的工期认定问题。

（1）合同成立但未生效

合同是双方当事人真实意思的表示，经双方签字盖章之后，合同成立并且生效，这是一般情况下的法律规定，但是，在某些特殊情形下，尽管双方已经签字盖章，合同仍然处在未生效的状态，这种情形通常出现在附条件的合同中，称为附生效条件的合同。该等合同自条件成就时合同生效。

建设工程领域，我们就曾遇到过这样的案例：发包人和承包人签订了建设工程施工合同，但是，合同中附有生效的条件，即合同约定在六个月内发包人取得建设工程规划许可证本合同生效。签订合同以后，依据法律规定，合同成立，但是尚未发生法律效力。承包人为了做实其承包该工程的事实，带领施工队伍进入施工现场完成了临建设施的搭建，也安排相关人员进场。半年后，发包人没有如期取得建设工程施工规划许可证，因此，合同不具备发生法律效力的条件，对当事双方不具有法律约束力。合同中所约定的开工日期、工期、竣工日期均未发生法律效力。

需要注意的是，建设工程施工合同未生效，并不意味着承包人为项目所做的一切工作都不具有法律效力。《民法典》第四百九十条规定："当事人采用合同书形式订立合同的，自当事人均签名、盖章或者按指印时合同成立。在签名、盖章或者按指印之前，当事人一方已经履行主要义务，对方接受时，该合同成立。法律、行政法规规定或者当事人约定合同应当采用书面形式订立，当事人未采用书面形式但是一方已经履行主要义务，对方接受时，该合同成立。"

建设工程临建设施的搭建，应当是建设工程施工合同的一部分。由于建设工程施工合同未满足合同生效的条件，因此承包人依据建设施工合同向发包人主张权利，没有法律依据。但是，承包人将临建设施的搭建作为一个独立的民事行为，依据《民法典》第四百九十条的规定向发包人主张权利，具有法律依据。

如果承包人有证据证明建设工程规划许可证在半年内没有获得批准，是基于发包人想将建设工程项目转让给第三者，而刻意地拖延建筑工程施工许可证的办理时间，导致在半年内没有办下来。在这种情况下，发包人为了自己的利益，不正当地阻止条件成就，依法应当视为条件成就，建设工程施工合同生效。发包人应当按照建设工程施工合同承担违约责任。

（2）合同无效

建设工程施工合同无效，自始没有法律约束力。其现实意义是就像从来没有签订过合同一样。因此，合同中有关工期的约定则为子虚乌有。

（3）合同解除

解除合同的法律途径有三种：第一，当事人在合同中约定解除合同的条件，条件成就时，合同自动解除。该种条款的安排，当事人一定要慎重，对可能引发的风险充分考量。第二，当事人可以设立合同解除权。当事人可以在建设工程施工合同中约定解除合同的事由。解除合同的事由发生时，享有解除权一方可以解除合同。合同中约定了解除权行使期限的，期限届满解除权人不行使的，该权利消灭；合同中没有约定解除权行使期限，自解除权人知道或者应当知道解除事由之日起一年内不行使，或者经对方催告后在合理期限内不行使的，该权利消灭。解除权人主张解除合同的，应当通知对方。合同自通知到达对方时解除；通知载明债务人在一定期限内不履行债务则合同自动解除，债务人在该期限内未履行债务的，合同自通知载明的期限届满时解除。对方对解除合同有异议的，任何一方当事人均可以请求人民法院或者仲裁机构确认解除行为的效力。第三，法定解除。法定解除前文中已经阐述，本篇不再赘述。

我们国家的法律体系，对合同解除日的认定非常清晰。据此，在合同解除日之后，合同无须履行，当事人容易达成共识。但是，在合同解除日之前，当事人的权利义务是否按照合同认定，法律并没有给出清晰的规定。这有赖于具体案件、解除合同的条件等等因素。

12. 工期延误如何救济？

建设工程项目的属性，决定了建设工程项目竣工日期与合同约定的竣工日期不一致属于大概率事件。工程项目提前竣工，承包人要求奖励金；工期延误，承包人主张停工、窝工费。因此，建设工程合同发生纠纷，有关工期的诉讼请求，终归会成为众多诉讼请求之一。

在我国的建设工程市场，工期延误长期以来一直是一种普遍存在的现象。对于政府项目而言，由于政府对建设工程项目管理专业性的先天缺陷，以及工程款准备的不足，导致政府项目工期延误大量存在。地方政府在政府项目实施过程中的工期延误处理中，对承包人的停工、窝工费用，一般都是应补尽补。对于社会项目，更多的是房地产开发项目。在我们国家 30 多年住房制度改革推动下，房价一路走高。工期拖延时间越长，商品房开盘时间就会延迟，出售的房价就越高。在这种利益的叠加下，承包人造成的工期延误，房地产企业一般都不予追究；对于因房地产开发企业的原因导致的工期延误，给予承包商停工、窝工的赔偿费用，也远远低于房价上涨的幅度，对于房地产开发企业来讲，给予承包人一定的停工窝工赔偿，也乐在其中。在这种大的市场环境下，给承包人形成了一种固定的思维模式，即工期延误的责任都应当由发包人承担。

随着我们国家《预算法》的深入贯彻执行，对政府投资项目的投资概算的控制越来越严厉；针对商品房价格已经进入了高位运行状态，国家一再强调"房子是用来住的"，过去 30 年高成长性的房价形成的市场环境基本已经不存在，企业的融资成本却不断增加。因此，对工期延误带来的利益已经不足以覆盖所造成的损失，工期延误，进入了当事人风险管控的议事日程。

为了改变承包人工期延误不受损失的固有理念，同时也保护承包人在建筑市场竞争中的弱势地位，2021 年实施的《司法解释（一）》第十条规定："当事人约定顺延工期应当经发包人或者监理人签证等方式确认，承包人虽未取得工期顺延的确认，但能够证明在合同约定的期限内向发包人或者监理人申请过工期顺延且顺延事由符合合同约定，承包人以此为由主张工期顺延的，人民法院应予支持。当事人约定承包人未在约定期限内提出工期顺延申请视为工期不顺延的，按照约定处理，但发包人在约定期限后同意工期顺延或者承包人提出合理抗辩的除外。"该条款在给予承包人"未取得工期顺延的确认"的情形下，给予了承包人较大的救济权利，有效地保护了处于弱势地位的承包人。作为承包人，也应当在此条款中看到，为了平衡发包人与承包人的权利，给予了发包人在合同中约定承包人提出工期顺延申请期限的权利。一旦合同中设置了此类条款，承包人在约定的期限内不提出工期顺延的申请，则视为承包人权利的放弃。最高人民法院设置此条款，就是为了提高承包人作为民事主体的权利意识，更多地依据合同保护、行使自己的权利，而不是一味地依靠政府协调。

对于发包人而言，由于其在市场中具有绝对的优势地位，因此，在建设工程施工合同中设置承包人工期顺延申请期限将会是专用条款中的固有条款。承包人在合同审阅过程中务必核实设定期限的具体日期，在发包人未按照合同约定的时间和要求提供原材料、设备、场地、资金、技术资料等时，在约定的期限内向发包人提出工期顺延并赔偿停工、窝工等损失的请求。

在建设工程实践过程中，不乏承包人对向发包人提出工期延误申请存在顾虑。认为工期才延误三五天就向发包人提出工期延误，不利于双方施工期间的合作。存在这种顾虑也不无道理。化解这一顾虑的良方就是看看合同中是否对承包人工期延误申请约定了期限。若约定了期限，承包人一定要遵守，这不是顾虑的问题，而是应当履行合同的问题。发包人对承包人的行为有不满情绪，承包人大可将合同拿出来，指着合同中的条款告知发包人：不是我要这样做，而是你的合同文本就是这样约定的。

第 8 章

建设工程
质量风险管控

1. 做好施工场地移交有何重要性？

施工场地的移交是建设工程施工合同签订之后，发包人与承包人履行合同第一次交手。施工场地移交顺利与否、手续是否健全，直接关系到未来合同的履行能否顺畅。中国人有句古话：好的开头就成功了一半。建设工程施工场地的移交，就能很好地诠释这一至理名言。

就长期合作的发包人与承包人而言，场地移交不是问题，双方心知肚明，已经形成了场地移交的固有认知与移交方式。对首次签约的交易对手则不然，应当谨慎对待，全面、认真地实施。

场地移交的对标日，是合同中约定的拟定开工日。然而，场地移交之日不是工程开工之日。场地移交之后，承包人还需要进场进行施工前的准备工作，如场内施工道路、管线铺设、临建搭建等等都需要时间。准备时间的长短，不仅直接影响到工程的开工日期，而且也是承包人专业技术水准的真实体现。场地移交的时间应当依据投标阶段承包人提交的施工组织方案中所载明的进场时间，结合双方签订的合同，重新编制、调整的施工组织设计，按照经发包人批准的施工组织设计中对进场日期的安排执行。

承包人进场之后，在施工准备期间，能否完成工程开工所应具备的基本施工准备工作，对于绝大多数发包人而言，都缺乏这方面的专业技术能力，无法做出准确判断。因此，发包人在专业上必须依赖监理给出的专业判断意见，以弥补发包人专业上的不足。

监理发现施工组织设计中的施工准备时间过长或者是时间不足，可以与承包人沟通，就施工准备期的问题进行论证。承包人若坚持自己的施工组织设计，监理人应当提示承包人施工组织设计中的缺陷或不足，以及可能存在的开工日期的风险。只要承包人的施工组织设计不违背法律、法规、强制性国家标准，监理人原则上应当尊重。但应当告知施工组织设计中存在的瑕疵或不足导致开工延误的风险以及可能存在的违约责任和应当承担的损失。

在工程实践中，经常会遇见监理人员的专业能力不足以发现承包人所提交的施工组织设计中存在的技术瑕疵。发包人发现监理人不具有足以承担专业技术责任的能力之时，应当及时通知监理单位更换监理人员，直至与监理单位解除监理合同。如果发包人容忍监理的专业技术水平不足以与承包人的专业技术水平匹配，这至少能说明两点：第一，发包人所聘请的监理单位的费用明显低于市场正常水平，因此，监理单位也没有动力派出能够满足监理市场正常服务的人员去项目。第二，发包人在自我意识上认为监理就是一种形式，没有实质性的作用。其所关注的重点是监理人员是否在岗，而并不关心监理人员在现场处理怎样的监理事务。

我们在建设工程实践中也经常能够观察到，承包人没有明确的施工组织设计、没有清晰的施工现场平面布置图，发包人一厢情愿地认为，早一天移交场地就能早一天开工。承包人接受场地之后，又提出施工场地接水、接电点不够，施工场地与现场临建错位，临时施工道路不便安排，乃至施工场地不足，要求在旁边另行租赁施工作业场地等等，会发生这一系列防不胜防的问题，可以很肯定地说，都不是现场状况的问题，而是发包人对承包人提交的施工组织设计及施工现场平面布置图审核不严的后果。一言敝之，是发包人的专业管理水平与承包人的施工管理水平不匹配的具体体现。

场地移交是建设工程施工合同实际履行的实质性起点。场地的移交，在法律上意味着风险的转移。如果说发包人及其专业代理人监理都没有能力发现施工组织设计中所存在的风险，那么，我们可以很坦率地说，项目未来的主动权将会由发包人转向承包人。

2. 如何识别银行保函的担保力？

建设工程项目的发包人在决定投资一个建设工程项目之时，通常都会根据自己的资金筹措实力以及项目能够带来的预期利益决定是否投资。我们国家的工程项目的投资管理制度要求项目投资人必须备足项目总投资金额的 30%。在这种投资机制下，承包人在建设工程开工初期不用担心发包人工程款的支付能力。只有完成的工程量达到或超过总投资的 30% 时，才会出现发包人不能支付工程款的风险。成熟的承包人在进场施工后，也会高度关注发包人的项目融资能力，当发现发包人融资受阻，缺乏工程款支付能力之时，可以随之采取措施，减少工程款拖欠支付之风险。

对于发包人而言，承包人尤其是第一次进行合作的承包人，能否按照合同约定的安全、进度、质量完成工程任务，具有更大的不确定性。为了化解发包人的风险，商业上通常采取承包人向发包人提交履约保证金的形式，来平衡双方的风险。承包人在合同履行过程中，不论是安全、工期、质量，只要没有达到约定的要求，发包人就可以从承包人提交的履约保证金中依约扣除违约金，实现对承包人的违约处罚，保障合同的顺利履行。

由于建设工程领域竞争比较激烈，承包人的利润比较薄，一般为 5% ～ 10%。如果扣除 2% 的质量保证金，承包人再缴纳 3% 的履约保证金，有的合同施工期间承包人还要垫资，如此一来，承包人就极其容易陷入工程亏损的境地，从而引发其他一系列的社会问题，为此，国家层面要求建设工程项目保函取消现金担保形式，推行银行保函的形式。

由现金担保改为银行保函，从法律层面上看，没有本质上的差异。但是，从市场层面上看，就出现了千差万别。能够与现金担保具有互换性的银行保函就是银行开具的独立的不撤销的银行保函。但是，这种保函的开立银行，都会要求保函开立申请人向其存足所担保金额的款项方予开立。因此，该保函业务在我们建设工程领域不具有操作性。

保函业务分为独立保函和从属保函。国内银行的保函业务，都是选择从属保函。从属保函是担保人在保函中对受益人的索赔及对该索赔的受理设置了相关前置条件，只有在保函载明的条件获得满足之后，担保银行才予以执行。在从属保函中，常见的前置条件一般分为以下几种：

（1）已履行基础合同义务。在保函中约定，受益人提出索赔请求时，由委托人提供证据证明自己已履行基础合同义务，或受益人先没有履行基础合同义务。在这种情况下，由委托人承担举证责任，如果委托人不能证明，则承担举证不能的不利后果，推定受益人的索赔成立，银行承担担保责任。

（2）举证责任。在保函中约定，受益人提出索赔请求时，同时提出证据证明自己已经履行了基础合同义务，或能够证明委托人没有履行基础合同义务。在这种情况下，受益人负有举证责任。如果受益人不能提供证据证明，则银行不予受理，由受益人承担不利责任。受益人提供的证据证明的程度，依据保函载明的条件。

（3）委托人同意或确认。在保函中约定，受益人提出的索赔请求，必须经委托人同意或确认，银行才能受理。

（4）裁判文书确定。在保函中约定，受益人的索赔请求，必须经过法院或者仲裁机构生效的裁判文书确定，担保银行仅凭仲裁机构的裁决或法院的判决来实施付款或免于付款责任。

以上这四种类型的保函条款，是中国金融机构在办理从属保函业务时经常采用的。保函的性质，不在于保函的名称是独立保函还是从属保函，而在于担保的事件发生后，担保人履行保函的条件。无论是独立保函还是从属保函，若设置保函执行前置条件，其背后都与银行开具保函所收取的费用息息相关。所以，无论是发包人还是承包人均不能以拿到一纸保函或反担保保函而沾沾自喜。

3. 如何发挥好发包人代表的作用？

我们说建设工程施工场地移交是建设工程施工合同实际履行实质性起点。施工场地移交，意味着发包人将场地管理权授予了承包人，同时发包人也从建设工程承揽交易的前台退到了幕后，取而代之的是对现场进行管理的发包人管理团队。发包人管理团队的组织形式法律没有强制性规定，因此，在实践中我们可以看到，有叫项目指挥部的，有成立项目领导小组的，也有成立项目公司的。但是，无论采取何种形式，项目管理团队中的甲方代表是发包人在工程项目管理中现场唯一合法代表。根据工程项目的专业复杂程度，发包人会在发包人团队中为发包人代表配置总工程师、项目经理、土建、安装、采购、资料等相关人员。以便发包人团队的整体专业水准能够与承包人的项目经理部有效对接。

　　发包人代表在建设工程施工合同履行的过程中，是一个关键性的人物。为此，《建设工程施工合同（示范文本）》第 1.1.2.7 条对发包人代表一词专门进行了定义。规定发包人代表是指由发包人任命并派驻施工现场在发包人授权范围内行使发包人权利的人。对发包人代表授权范围的约定，体现了发包人管理项目的能力。发包人对发包人代表的授权范围过大，容易引发道德风险，导致发包人对施工现场的状况失控，最终自己承担不利的后果。发包人对发包人代表授权范围过小，发包人代表在施工现场没有足够的指挥、调动、协调现场临时发生情况的权利，其在承包人项目经理面前不能形成足够的权威，容易导致现场指挥失灵的状况。因此，发包人对发包人代表授权范围大小的确定，会直接关系到建设工程项目推进的顺利程度。

　　对于发包人而言，并非将施工现场移交给了承包人，就万事大吉。将施工场地移交给承包人之时，还应负责提供施工所需的条件。外协条件包括：第一，将施工用水、电力、通信线路等施工所必需的条件接至施工现场内；第二，保证向承包人提供正常施工所需要的进入施工现场的交通条件；第三，协调处理施工现场周围地下管线和邻近建筑物、构筑物、古树名木的保护工作，并承担相关费用；第四，根据项目的具体情况在合同中约定的，应当由发包人向承包人提供的项目外协设施和条件。场地资料包括：提供施工现场及工程施工所必需的毗邻区域内供水、排水、供电、供气、供热、通信、广播电视等地下管线资料，气象和水文观测资料，地质勘察资料，相邻建筑物、构筑物和地下工程等有关基础资料，并对所提供资料的真实性、准确性和完整性负责。逾期提供，发包人将承担由此增加的费用和（或）延误的工期。而且通常因发包人原因造成监理人未能在计划开工日期之日起 90 天内发出开工通知的，承包人有权提出价格调整要求，或者解除合同。

　　施工现场移交之后，发包人代表代理发包人履行项目管理职能。发包人及其代理人不得对勘察、设计、施工、工程监理等单位提出不符合建设工程安全生产法律、法规和强制性标准规定的要求，不得压缩合同约定的工期。应当按照编制工程的概算，确保建设工程安全作业环境及安全施工措施所需的措施费。不得明示或者暗示施工单位购买、租赁、使用不符合安全施工要求的安全防护用具、机械设备、施工机具及配件、消防设施和器材。在施工许可证领取前，应当在当地政府部门办理工程质量监督手续。承包人在申请领取施工许可证时，应当提供建设工程有关安全施工措施的资料。未经审查批准的设计施工图不得使用。实行法定监理的建设工程，应当委托具有相应资质等级的工程监理单位进行监理。

　　需要特别强调的是，场地移交之后，发包人及其现场管理人员严格禁止自行安排施工人员进场作业。施工现场的所有施工作业，除发包人直接分包的项目外，发包人都应当通过给承包人下达指令，实现现场作业实施。在承包人按照合同施工的情形下，发包人所应做的正确事项，就是等待合同结果的出现。

4. 项目经理应做好哪些工作?

承包人设立的项目经理部是建设工程施工合同实施的中枢管理机构，是整个建设工程的质量、安全、进度、造价的管控者。自从发包人手中接管施工现场之后，工程上的千头万绪都由项目经理处理。一个项目经理能够有效地完成施工合同项下的义务，实现合同的目的，我们认为应当做好以下几方面的工作:

(1) 有针对性地编制施工组织设计

承包人在投标阶段，尚无法判断自己能否中标，发包人给予的投标时间很有限，因此投标文件中的施工组织设计更多地体现出承包人的通常管理思路与模式。对于发包人而言，其不知哪一位潜在投标人能够中标，因此，在招标阶段所能够提供给潜在投标人有关工程的资料同样具有宽泛性，一些涉及机密性的资料，发包人也不会向社会公开。中标后，项目经理第一项的工作就是根据中标的合同和施工图重新编制、调整施工组织设计，完成针对本项目的施工组织设计并且找出关键线路。在合同约定的时间内提交发包人审批，保障在合同约定的开工时间开工。施工组织设计是项目经理部管理项目的纲领性文件，是承包人和项目经理管理水平和施工能力的具体体现。一个专业、精准具有可执行性的施工组织设计，可以使项目经理从繁杂的事务性工作中解脱出来，集中精力从事更为重要的项目管理工作。

(2) 守住质量与安全底线

质量与安全是项目经理管理项目的看家功夫，是建设工程项目施工管理最基础性的工作。一个建设工程施工项目，工程的质量、安全出现了严重问题，就没有工程管理可言。为了守住这一底线，项目经理部施工组织应当达到以下的要求。

项目经理部应当明确项目经理、技术负责人和施工管理负责人的岗位职责。实行总承包的，总承包单位应当对全部建设工程质量负责；建设工程勘察、设计、施工、设备采购的一项或者多项实行总承包的，总承包单位应当对其承包的建设工程或者采购的设备的质量负责。总承包单位依法将建设工程分包给其他单位的，分包的内容中含管理费的，应当在分包合同中约定分包单位的管理人员以及其与发包人项目经理部人员的对接机制；不含管理费的，项目经理部人员对分包人直接管理。总承包单位与分包单位对分包工程的质量承担连带责任。

项目经理部必须按照工程设计图纸和施工技术标准施工，不得擅自修改工程设计，不得偷工减料。项目经理在施工过程中发现设计文件和图纸有差错的，应当及时提出意见和建议。项目经理部按照错误的图纸进行施工，即使施工图经过发包人批准，也不能免除项目经理部的责任。项目经理部必须建立、健全施工质量的检验制度，严格工序管理，做好施工记录。隐蔽工程在隐蔽前，施工单位应当通知建设单位和建设工程质量监督机构。对涉及结构安全的试块、试件以及有关材料，应当在建设单位或者工程监理单位监督下现场取样，并送合同约定的质量检测单位进行检测。

项目经理应当在施工组织设计中编制安全技术措施和施工现场临时用电方案，对下列分部分项工程的危险性进行识别，即使施工图没有特别注明，也应当依据自身的专业水准作出判断，是否需要编制专项施工方案，应及时与设计单位沟通确认。建设工程施工前，项目经理部负责项目管理的技术人员应当对有关安全施工的技术要求向施工作业班组、作业人员作出详细说明，并由双方签字确认。项目经理部对施工可能造成损害的毗邻建筑物、构筑物和地下管线等，应当采取专项防护措施。

项目经理部在使用施工起重机械和整体提升脚手架、模板等自升式架设设施前，应当组织有关单位进行验收，也可以委托具有相应资质的检验检测机构进行验收；使用承租的机械设备和施工机具及配件的，由施工总承包单位、分包单位、出租单位和安装单位共同进行验收。验收合格的方可使用。属于特种设备安全监察条例规定的施工起重机械，在验收前应当经有相应资质的检验检测机构监督检验合格。项目经理在选择专职安全生产管理人员时，应当查验其是否经建设行政主管部门或者其他有关部门考核合格，否则不得聘用。

（3）发掘索赔机会

索赔是建设工程施工最具价值的核心内容之一，直接关系到建设工程施工项目的经济效益。一个项目索赔金额的高低，体现了项目经理在施工管理中的商业敏感性与执行的艺术性，是项目经理综合能力的体现。

（4）引导合同效力方向

由于我们当下的建设工程市场还是处在一种过度竞争的情形之下。因此，位于市场经济竞争弱势地位的承包人，不得不在投标阶段就要考虑未来项目结算的走向。合同有效对己方有利，还是合同无效对己方更有利。在这种理念的引导下，项目经理从项目实施之际，就应当有意识地引导合同向有效或者无效的方向发展。合同有效，按照合同有效的方法管理工程；合同无效，按照合同无效的方法管理工程，并固定好相关证据，以便来时之用。

5. 建设单位如何对项目经理进行有效制约?

我们说市场是买卖双方决定交易价和量的机制。在建筑工程市场买卖双方达成交易之后，合同进入实施阶段，双方的交易并没有结束，而是转为甲方代表与项目经理的博弈。在建设工程市场，除了万达、万科、碧桂园这样强大的业主之外，更多的小业主在专业技术上还是不及施工单位。在专业水平不对等的情形下，甲方代表对项目管控通常会感到出力不从心。甲方代表对项目的管理目标非常清晰，是希望用最少的投资完成工程项目的建设；而施工单位也有明确的工作目标，就是最大限度地结算工程款。建设工程施工又是一项专业覆盖面广、劳动强度大、技术含量高的工作，依仗着技术的优势，施工单位比较容易挣脱甲方代表的束缚，在施工过程中去追求自身的利益最大化。为了平衡专业技术背景的差异所导致的管理上的失衡，住房和城乡建设部出台了《建筑施工项目经理质量安全责任十项规定（试行）》（建质〔2014〕123号），规定了项目经理在施工项目管理过程中的规定动作以及违规的具体处理罚则。对于甲方代表而言，其若跟不上项目经理的专业技术水平，可以坚守十项规定，牵制、消耗项目经理追求自身利益最大化的精力。

我们来观察《建筑施工项目经理质量安全责任十项规定（试行）》中的相关条款。

（1）安全。项目经理必须对工程项目施工质量安全负全责。从甲方代表的角度上看，这不是一句空话。质量安全保证依赖于两个方面：一则是人，二则是制度。据此，甲方代表必须亲自审核质量安全员的职业资格，依据工程规模核实安全员人数；要求项目经理将质量安全管理制度、操作规程上墙，并依据上墙的规章制度、操作规程考核项目经理。

（2）技术。项目经理必须按照工程设计图纸和技术标准组织施工。负责组织编制施工组织设计，负责组织制定质量安全技术措施，负责组织编制、论证和实施危险性较大分部分项工程专项施工方案。在甲方代表施工管理能力欠佳的情形下，甲方代表必须具备看懂关键线路图、看懂施工组织设计的基本专业能力；必须能够看懂施工图纸，看出现场施工与施工图不符之处。由此掌控施工实际进度。

（3）材料。项目经理必须组织对进入现场的建筑材料、构配件、设备、预拌混凝土等进行检验，未经检验或检验不合格，不得使用；必须组织对涉及结构安全的试块、试件以及有关材料进行取样检测。材料设备交由监理负责，一旦发现以次充好、偷工减料，立即对号入座，照章处罚。

（4）验收。项目经理必须组织做好隐蔽工程的验收工作，参加地基基础、主体结构等分部工程的验收，参加单位工程的竣工验收；必须在验收文件上签字，不得签署虚假文件。隐蔽工程的验收，项目经理依法必须通知甲方代表派员参加。没有履行通知义务的，勒令项目经理剥露，重新验收并照章处罚。

（5）机具。项目经理必须在起重机械安装、拆卸、模板支架搭设等危险性较大分部分项工程施工期间现场带班；必须组织起重机械、模板支架等使用前验收，未经验收或验收不合格，不得使用；必须组织起重机械使用过程日常检查，不得使用安全保护装置失效的起重机械。依据施工组织设计中安排的高危工作时点，甲方代表现场巡视项目经理带班作业，违反施工组织设计展开施工作业的，甲方代表勒令停工，并对项目经理实施处罚。

对项目经理质量安全违法违规行为进行处罚实行的是积分处罚法。住房和城乡建设部《建筑施工项目经理质量安全违法违规行为记分管理规定》：记分周期为 12 个月，满分为 12 分，自项目经理所负责的工程项目取得建筑工程施工许可证之日起计算。依据项目经理质量安全违法违规行为的类别以及严重程度，一次记分的分值分为 12 分、6 分、3 分、1 分四种。项目经理在一个记分周期内累积记分达到 12 分的，住房和城乡建设主管部门应当依法责令该项目经理停止执业 1 年；情节严重的，吊销执业资格证书，5 年内不予注册；造成重大质量安全事故的，终身不予注册。

6. 如何有效地发挥监理的作用？

《建筑法》设专章对建筑工程监理进行规范，第四章建筑工程监理第三十条规定："国家推行建筑工程监理制度。"以此为建设工程监理提供了法律依据。法律授权建设工程监理单位依照法律、行政法规及有关的技术标准、设计文件和建筑工程承包合同，对承包单位在施工质量、建设工期和建设资金使用等方面，代表建设单位实施监督，并对建设工程安全生产承担监理责任。我们观察到法律授予了监理单位对建设工程的质量、安全、工期、工程量确认的监理权。

法律设立监理制度的初心，是为了保障建设工程的投资人能够按照合同的约定获得建设工程产品，从整个行业的层面保障投资人的利益。但是，每一个投资人的专业水准不同，诸如：万达、万科、碧桂园等房地产大鳄，其自身的专业水准和能力足以承担对建设工程施工项目质量、安全、工期、工程量确认等方面的监督。实行建设工程法定监理，其必须另外支付一笔建设资金用于监理，增加了其投资成本。为此，在市场力量的驱动下，专业技术较为强大的业主方，就会聘请实力偏弱的监理单位，或者支付监理单位远低于市场价的费用，更有甚者仅仅支付监理单位的印章费，监理的实际工作都由其自有员工完成，以此降低企业投资成本。

对于实力偏弱的投资人，其本身实力就不济，因此想方设法地降低投资成本。发现自己选择的施工单位本身具有良好的施工资质，所承建的工程也在承包范围之内，想当然地认为施工单位完全有能力完成建设工程的施工，监不监理没有关系。于是乎也尽量选择资质低的监理单位，尽量选择价格低的监理单位。以满足法定监理的要求，最大限度地降低成本，实现投资利润最大化。

我们观察到无论是实力强的投资人还是实力弱的投资人在选择监理时，都作出了同一个选项，就是价格低。在这种市场机制的压制下，监理单位难以派出，甚至无法派出能够胜任监理基本工作的监理人员。有的监理单位干脆安排没有监理资格的人员顶岗。这种机制的危害性在每年国家公布的建设工程恶性安全事故案例中，能够很明显地反映出来。近些年国家公布的恶性安全事故案件，发生的地域不同，产生的原因不同，在诸多的不同中，都有一个共同的特点，就是监理环节的失控，形同虚设。

有人就会说，国家公布的建设工程恶性安全事故案件毕竟是少数，压低监理开支可是实实在在的实惠。事情果然是这样吗？当然，对于有实力的投资人，其规避了监理管理形式，在实体上其以自己的人员履行了监理的责任，这样操作对其投资项目的本质原则上不会发生实质性影响。但是，对于实力偏弱的投资人，由于其实力偏弱，所聘请的项目管理人员专业能力也偏弱，相应所支付的成本也偏低。我们说市场经济条件下，利润都在风险里。支付偏低的成本，意味着提高了人力资源收益，该收益所对应的同样是风险，该风险最直接的反映就是施工单位的索赔。投资人管理团队能力偏弱、监理单位能力偏弱，在这种情形下，施工单位发出的索赔，投资人都没有判断能力。投资人历尽千辛万苦省下的费用，被施工单位数以十倍地索赔，投资人还不知道。这便是市场机制作用的效果。

投资人盲目地压低监理费用，在实践中也是直接引发道德风险的诱因之一。监理单位同样是一个市场经济的参与主体，其所追求的同样是自身利益最大化。在其力保监理服务不亏无望的情形下，与施工单位联盟就成了不二的选择。投资人对监理人极尽压价，对施工单位同样也是极尽压价。

监理的商业本质是对投资人专业实力不足的资源配置。投资人根据自身专业的缺失程度选择与其匹配的监理服务，从而保障项目投资实现合同目的。投资人对自身专业度缺失判断失误，则为律师的服务打开了市场空间。

7. 提高项目利润的秘籍是什么？

市场经济这只看不见的手在我们日常经济生活中无处不在。相对于具体的建设工程项目而言，比较宏观，也比较抽象。在建工程项目中表现的形式也多种多样，为了比较直观、清晰地描述市场经济法则在具体工程施工过程中的体现，我们通过一个普通案例来观察。

某施工单位有五个项目部，每个项目部都有若干个项目经理。项目三部有五位项目经理，其中项目经理小刘对其隔壁桌的项目经理小王有意见。不是小刘一个人对小王有意见，而是项目部几个同仁对小王都有意见。原因是小王所做的项目总是比项目部同仁的利润率要高1～2个百分点。中国人有句话叫："见贤思齐"。小刘反省自己的条件，与小王进公司所受的实践相当、教育背景相当、所做的项目数量规模也相当，但是近几年来小刘从来没有过一个项目利润率高于小王的。为此，小刘非常困惑。

对于以工地为家的项目经理们，在工作中遇到了困惑，通常的解决方式就是聚在一起喝酒，一则抒发心中的不快，二则也是通过酒局寻找高人指点迷津。一来二往之中，小刘一天果真遇见了高人。小刘诚恳地向高人倾诉了自己在工作中的困扰。

高人问道："小刘，你工作多少年了？"

小刘答："十五六年了。"

高人自信满满地说："你工作了十五六年了，连这个问题都还没有搞清楚，可见你的社会阅历太浅。之所以出现你所说的这种情况，原因很简单，就是你们领导在分配工作的时候，将利润高的项目分配给了小王，所以你们项目部的其他人怎么干都干不过小王。"

小刘听后弱弱地答道："您说的这种情况，开始我们也这么认为，后面我们发现情况并不是这样。因为有一段时间我们公司的项目进来得特别多，有一次领导带回几个项目，让我们几个自己分，那次小王干的是我们挑剩下的活，结果结算出来，他的活还是比我们几个的利润率要高 1 ~ 2 个百分点，所以我才越想越困惑。如果说是因为领导分配工作造成的差异，那我也不会那么困惑了。"

高人听后，无言以对。

又一次，小刘在饭局中讨教自己在工作中的困惑。旁边一位高人说话了："小刘，其实我早就关注到了你的困惑。你想在工作中赶上和超过小王，当然很好。但是，你注意到没有，你每天上班早朝九晚五，周末带孩子老婆游玩；人家小王上班"996"。你和小王都下工地，你是每周回家一次；小王是两周回家一次。你上班的时候炒股票、看视频、刷淘宝；人家小王上班的时候联系业务、处理公务、学习技能。一分劳动，一分收获。没有小王付出的多，你当然不会有小王获得的回报高。"

经高人一番指点小刘若有所悟。暗下决心要像小王一样去工作。小王"996"，那咱"997"。小王两周回家一次；咱一个月回家一次，乃至三过家门而不入。几个项目做下来，小刘还是没有干过小王，这时小刘更加痛苦。不是说一分劳动一分收获吗？我付出的劳动就是比小王高，公司上下有目共睹。但是，我做的项目的利润率，就是没有小王高，经过几番财务核算，都是这个结果。这问题究竟出在哪了？

解决这个困惑，首先要了解清楚项目的利润率究竟是从哪里来的？在市场经济条件下，我们说每一个市场经济主体、每一个市场经济参与的劳动者，都希望在市场经济的活动中，实现自身利益的最大化。但是，这个最大化的利益究竟在哪里？市场经济告诉我们：利润都在风险里面。风险越大，利润越高。当风险相同的时候，则付出越多，回报越大。小刘之所以干不过小王，不是因为小刘的努力程度不及小王，而是因为小刘所承担的风险不及小王。在这种情形下，小刘无论付出多少劳动，也达不到小王的利润率。这就是市场经济的法则在一个具体的建设工程施工项目中的体现。

8. 项目经理如何进行自身的风险定位?

市场经济的定价法则是利润都在风险里面, 风险越大, 利润越高。既然如此, 市场经济的主体都去挑战高风险, 以便获得更多的回报。但是, 出现在我们面前的现实, 并非如此。残酷的现实告诉我们, 诸多挑战高风险的弄潮儿, 一时风光, 最终落得血本全亏的结局。

究竟哪些风险我们可以化解, 哪些风险我们不能化解? 这就是每一个风险管控人员必须回答的问题。对于项目上需要处理的事务, 项目经理部经常认识不一。有的认为没有风险, 有的认为存在风险; 有的对风险的存在达成共识, 对如何处置风险却认识不一; 有的风险能够有效化解, 从而获得更高的回报; 有的风险没有能够化解, 反被风险所吞噬。在各方意见不能形成一致的情形下, 单单依靠开会讨论是难以获得有说服力的答案的。为打破僵局, 我们只能换一种语言来讨论, 用数学语言来表述, 以期最大限度地达成共识。

正态分布图是对随机发生的事件进行的数学表述。风险的发生具有随机性, 因此风险发生的统计符合正态分布。

我们接着上篇小刘与小王的案例, 继续观察两位项目经理业绩上的差异在数学中的表示 (图 8-1)。在风险正态分布图中, 小刘与小王分别在图的 A 点和 B 点的位置。市场经济是建立在每一个人都是理性人的基础之上。作为一个理性人, 趋利避害是最基本的表现。

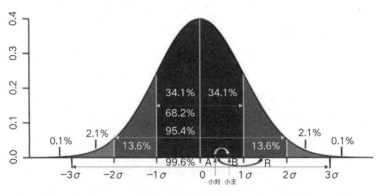

图 8-1 风险分布图

小刘通过学习, 认识到正态分布在工程管理项目中的指导作用, 找到了自己与小王的差距, 因此, 决定将自己承担风险的程度调整到与小王一样高, 即自己要从 A 点右移至 B 点。在这种情形下, 付出劳动更多者, 其获得的回报就会越高, 为实现"见贤思齐", 创造公平竞争的前提条件。小刘转而又想, 数学告诉我, 我将位置从 A 移到 B，就与小王实现了平等的竞争基础，若我将自己的风险位置从 A 点直接移动到 R 点，比在 B 点小王承担的风险还要大，那么，我不仅可以稳稳地超过小王，而且还不必费那么多精疲之苦。小刘真的做出这种选择，能够达到超过小王的目的吗？答案并不具有当然的唯一性。

我们说正态分布是基于大数据、概率论。就全社会或者说全行业的项目经理们，对风险的厌恶那是属于符合正态分布的。具体到每一个个体，其对风险的厌恶程度是不一样的。每一个个体在正态分布图中仅仅为 σ 坐标轴上的一个固定点。在数学上，我们可以将 A 点任意移到坐标轴上任何一个位置。但是，在工程实践中，不是一个项目经理想将自己的风险承受能力提高就能够提高得了的。小王在正态分布图中所对应的 B 点，能够顺利地完成建设工程施工任务。将小刘放在 B 点的位置，不排除化解不了 B 点的风险而被风险所吞噬的可能性。因此，对于项目经理而言，其要成为优秀者，不在于处在风险正态分布图中的哪个点，而在于知道自己处在哪个点。

9. 如何提升风险化解能力？

"千里之行，始于足下。"现在的项目经理都非常年轻，又有着良好的教育背景，我们国家又具有当前全世界最大的建设工程市场。年轻的项目经理们有着广阔的施展才华的空间，谁也不愿意固步自封，囿于所谓的固有风险偏好，更多的人更愿意不断地挑战自我，寻找自己最佳的风险承受点。

每一个项目经理，都希望自己承建的工程能够如约完成。每一个优秀的项目经理，都希望自己所做的项目，规模一个比一个大、难度一个比一个高。这是项目经理们的良好愿望。这种良好的愿望要能够付诸实施，在我们国家现有的经济环境下，还得有赖于市场的竞争。

我们再回到前面提到小刘与小王的案例。小刘与小王同为项目经理，在一起共事十几年。通过这十几年的积累，小王形成了比较优势。在这种格局中，小刘要打破这种格局，脱颖而出超出小王，没有一套切实可行的办法，基本是难以实现的。

小刘对标小王要做的第一步，就是找到自己与小王的差距。也就是小王相对自己的比较优势究竟在哪里？我们说小王的比较优势，体现在相对小刘风险化解能力比较强。我们知道，市场经济条件下，风险分为市场风险、专业风险、道德风险和法律风险。小刘希望提升自己的风险化解能力，不涉及法律风险。小刘提升自己的风险化解能力，有利于国家、有利于所在的企业、有利于自身职业发展，因此也不会存在道德风险。这只剩下市场风险与专业风险。小刘与小王同在一家公司，公司已经过了几十年的发展，可以说处在相对平稳的发展阶段。因此，公司所承接的项目蕴含的市场风险基本稳定。这里我们可以发现，小刘与小王之间的差异，主要体现在专业水平上。

我们经常说市场经济是由一只看不见的手掌控。但是，市场经济理论告诉我们，人并不是"上帝"的奴仆，只受看不见的手掌控。市场经济中还有一种力量可以制约看不见的手，这只"手"就是技术。

在建设工程领域，存在着同样的情况。小刘在现有的专业技术模式下，按部就班地追赶小王，要想超越小王，基本上属于小概率事件。因为小王不仅具有比较优势，更重要的是小王的努力程度也不亚于小刘。这种竞争的结局，小王的竞争优势不仅不会被削弱，相反还会进一步加大。小刘要能够超越小王，必须具有新的小王尚不具备的专业技能，以此实现对小王的超越。譬如，小刘和小王过去一直都做施工承包，BT 模式出现后，小刘抢先一步掌握 BT 项目模式。这时小刘对小王形成比较优势。同样，若小刘和小王都做 BT 项目，小刘率先掌握了 BOT 模式，在专业技术上又一次超越小王。以此类推，小刘都掌握了 PPP 模式，而小王还陶醉在施工总承包模式领先之中。此时，小刘做一个项目给企业带来的利润，是小王不能比拟的。这便是新技术对市场风险化解的力量。

10. 如何寻找自己的职业土壤？

我们说在职场中每一个员工都不简单，但是，体现在社会层面上，每一个员工之间都会存在差异。存在这种差异的根本原因，不是员工努力程度不够，也不是员工智商水平不足，而是该员工是否选择了适合自己职业发展的土壤。找到适合自己成长的土壤，每一个员工都能活成一道风景，其职业敏感性也能够得到充足的体现。

我们为人父母之后，经常能够听到来自社会对家长的评价，最多的就是不称职。这种评论乍一听似乎不可思议。孩子是亲生的，作为父母有什么称职不称职之说。但是，仔细一想会发现，确实存在这一类父母，孩子是亲生的，作为家长却不称职。作为一名家长称不称职最基本的判断标准，可以说是与孩子心灵感应的敏感性指标。一位与孩子沟通都会出现困难的父母，很难想象会是一位称职的家长。

职业选择也具有异曲同工之处。你可以选择一个职业，但是这个职业不见得适合你。就像能够为人父母，但不见得是称职家长一样。称职的家长，基于其与孩子之间存在心灵感应敏感性。这敏感性源于基因，起于亲情之爱。

我们常常能听到职场的抱怨，待遇太低，何来之爱？中华文明上下 5000 年，对"爱"这个词用得很少。只是在改革开放之后，"爱"这个词逐步进入人们的视线。对"爱"的理解，最容易达成共识的，就是年轻人的恋爱。全社会，对恋爱的认知基本趋于一致，即抱得美人归。美人是抱回来了，但是离婚率却居高不下。说"爱"是婚姻的基础，"爱"抱回来了，婚姻却没了，这与"爱是婚姻的基础"形成悖论。如果说"爱是婚姻的基础"这是社会形成的共识，那么"抱得美人归"是不是爱，就值得进一步观察。"抱得美人归"这一行为后果是获得，如果将获得定义为爱的话，我们就会生活在一个以获得为爱的世界里。在这个世界里，所有人都可以以爱的名义，大打出手，争名夺利。这是一个可爱的世界吗？显然不是。问题就出在将爱定义为获得上。获得的反义词为付出，我们将付出定义为爱。同样是抱得美人归，抱得美人归不是将美人抱回家的意思，而是将美人抱回家好好照顾一辈子的意思。将美人抱回家是获得；将美人抱回家好好照顾一辈子是付出。只有将美人抱回家好好照顾一辈子的爱，才是婚姻的基础，才能维持婚姻的稳定性，降低离婚率。所以爱不是获得，是付出。付出能得到什么呢？答：家庭和睦，天伦之乐。

　　准确理解了爱的内涵，就比较容易理解什么是爱我们的职业。我们说对职业的爱是从业者由衷地愿为选择的职业付出一生的时间、精力和心血。何为由衷地？所谓由衷地是从业者基于内在的喜爱而非功名利禄。基于功名利禄的选择，哪怕是从业一生，也不是付出，而是索取。基于功名利禄的从业者，时刻不会忘记自己期待的回报。走在康庄大道上，急于兑现自己的所得；遇到崎岖坎坷，轻则怨天尤人，重则打退堂鼓。无论处在职业发展的顺境还是逆境，都处在职业发展不利的境地。反观职业的喜爱者，爱好成了自己的职业。终日里陶醉在职业的海洋，享受畅游所带来的快乐。所以，可以坦然地面对"括囊，无咎，无誉"，做到"不以物喜，不以己悲"。别说996，就是晚上睡觉做梦，都会梦到未完的工作，远超"夕惕若厉"。这样坚守职业三年、五年、十年、二十年，无论哪个时段，都会比同时段的竞争者付出得更多。究竟能得到什么呢？得到的是更加坚实的专业基础、更加有效的化解风险的能力、更加精准的职业敏感性，一言蔽之，得到的是比较优势。

　　比较优势体现在两个方面：一方面来自与外界的潜在竞争对手比较；另一方面来自与自己的比较。我们不能保证每一位对职业无怨无悔的付出者，都能够在职场中永葆比较优势，不断胜出；但是，比较优势可以保证让我们遇见更好的自己。这是比较优势的价值。

11. 如何判断职业敏感性的商业价值？

　　中国有一句古话："男怕入错行，女怕嫁错郎"。每一个从业者都希望能够找到适合自己的职业，能够在职业发展过程中寻找自己的职业灵感，形成独具竞争力的职业敏感性。但是，并不是每一个人都那么幸运，一入行就进对门，就能感受到自己的职业敏感性带来的成就感。更多的职场人，不时地遇到灵魂拷问：究竟是在现有平凡的岗位上继续坚持，还是换一个职业，试试运气？

　　"三百六十行，行行出状元"。我究竟是哪个行业的状元？这对每一个职场人来讲，在入行之前，都是无法回答的问题。因此，选择职业所能依据最可靠的指标就是自己对所选择职业之爱。做自己喜欢做的事、国家最希望做的事，是在职场最终胜出的原点。一个人从事着自己都不爱的职业，还指望工作能够给其带来所期望的回报，只能是天方夜谭。

每一个职场人都有自己钟爱的职业，就像每一个少男少女都有自己的白雪公主或白马王子一样。白雪公主与白马王子许多人一生都没有遇到过，但是，钟爱的职业——三百六十行可以活生生地展现在每个人面前。因此，职场从不缺怀揣梦想的年轻人，为了自己的梦想无怨无悔地付出。

每一个年轻人都希望站在自己的人生舞台的中央，在镁光灯的聚焦下，享受全社会的掌声，就像芭蕾舞《天鹅湖》中的王子，占据着舞台中央，不仅享受全场的掌声，周围还都是美丽无比的天鹅。尽管《天鹅湖》中王子的职业岗位为观众们所羡慕，但并不是所有的观众都会去一展才华参与王子角色的竞争。这是因为要成为占据舞台中央的王子，需要具有成为芭蕾舞演员的基本条件，诸如：身高、体重、年龄、五官、长期的专业训练、对音乐舞姿的敏感性等等。这些众所周知的职业条件，形成职业壁垒，令王子岗位的觊觎者们不可逾越。

但是，在我们的身边不乏对王子岗位的痴迷者，他们怀揣对芭蕾舞事业的热爱，投身于艰苦的芭蕾舞基本功的训练中，相信自己经过不断的努力，终有一天会站在《天鹅湖》舞台的中央。年轻人有这种精神固然很好，与此同时，我们也不能忽视，在我们身边一些看似很好的人，其身体机能可能并不像你想象得那么好，比较典型的就是色盲。我们身边的亲人、朋友、同事存在色盲，不会影响与我们的友情，但是，一进入特定的行业，色盲就会成为一道不可逾越的职业障碍。遗憾的是我们这位王子岗位的痴迷者，肢体动作协调性欠佳，在平时的生活中，一点也体现不出来，对于练习芭蕾较为复杂性动作，则成为难以逾越的鸿沟。其要坚持下去，永远都不可能站在《天鹅湖》舞台的中央，或者不可能进入一流芭蕾舞剧院，或者根本就进不了芭蕾舞行业。其对芭蕾事业的热爱、对芭蕾事业的付出事倍功半，乃至付之东流。这便是霜坚、冰至的境地。

热爱芭蕾事业，愿意为芭蕾事业付出固然很好，但这一种热爱能否长久，这种付出能否坚持得住，光有意愿还是不够的，还必须要看是否具有职业敏感性。对于一个入对行的人，其职业敏感性最基本的判断标准就是在这个职业岗位上，社会对其的认可度，一定大于其坚持这个职业岗位所消耗的成本。无论我们心中多么热爱的事业，如果追求事业过程中为社会创造的价值尚不足以使自己立足于社会，这说明自己不具有职业敏感性。这行只能成为自己的爱好，而不能成为自己的事业。如果在追求所热爱事业的过程中，产生的收益大于成本，即使大于成本的收益非常有限，也具有职业敏感性。在爱的滋润下，职业的敏感性会不断地被激发，形成比较优势效应。传说中的"钱来找人"的景象，很快就要出现了。

芭蕾舞行业与建设工程领域，芭蕾王子与我们的项目经理，在职场的相互选择上完全是一样的。

12. 如何判断施工项目未来的凶险？

整个世界处在矛盾之中，建设工程领域当然也不例外。发包人与承包人本应携手并进，共同完成合同项下的工程建设。但是，发包人和承包人是两个独立的主体，有着各自的利益诉求。因此，在整个项目的建设过程中，也是一对矛盾体。

一句古话，叫作"来者不善，善者不来"。用在我们建设工程领域发包人通过招标投标的方式选择投标人，再贴切不过。在谈判的过程中，处于市场优势地位的发包人的真实意图通过招标文件展现出来。投标人更多的是迎合发包人，招标人并不能够充分地了解投标人的意图。但是，发包人可以通过与其他投标人之间的前期谈判，判断出各潜在投标人的善意，为自己未来选择中标人获取第一手资料。

因此，在前期谈判的时候，交易的双方都能够感受到对手的凶与善。凶与善体现在合同文本中最刚性的条款便是付款条件。付款条件可以说充分地体现发包人的真实意思，发包人提供的合同文本中凶与善在付款条件中表达得淋漓尽致。建设工程施工合同的付款条件通常包含以下十方面内容。

(1) 预付工程款的数额、回扣时间、抵扣方式；

(2) 安全文明施工措施费的支付计划、使用要求等；

(3) 工程量与支付工程进度款方式、数额及时间；

(4) 工程价款调整因素、方法、程序、支付及时间；

(5) 施工索赔与现场签证的程序、金额确定与支付时间；

(6) 承担计价风险的内容与范围及超范围的约定；

(7) 竣工结算编制与核对、支付及时间；

(8) 保证金的数量、预留及使用方式；

(9) 争议解决方法及时间；

(10) 与价款确认、支付有关的其他事项。

以上十方面内容可以从两个维度去判断发包人的善意。如果合同文本中的合同价款条件仅仅只有以上十条中不足一半，可以基本上将发包人断定在凶的范围之内；或者说所包含的条款数量超过半数，但是所载明的内容十分苛刻，这同样应当将发包人断定在凶的范畴之内。给发包人定性之后，承包人就应当选择相应的措施，在施工过程中维护自己的合法权益。我们说：兵来将挡，水来土掩。发包人出手不善，承包人再如何善也不可能感动发包人，获得所期待的后果。在此种情形下，承包人只有坚定索赔，与发包人针锋相对地形成对杀，才有可能在项目的最终与发包人打成平手。

发包人对自己合同文本的条件与市场平均水平的差距，要有一个相对准确的判断。而不在于自己的合同文本的条件是比市场平均水平更加宽松，还是更加苛刻。在合同条件相对宽松的情形下，承包人也会不断地发起索赔，令发包人应接不暇、疲于应付。

这类基本可以判定是承包人的一种经营手段。一旦发现这种苗头，发包人必须要组织专业力量，将承包人的索赔势头打压下去，使其放弃获得合同之外利益的念头。此类承包人更多的是试探发包人的专业能力。能力弱，则"撸草打兔子"；能力强，则见好就收。此类尚不能断定为来者不善者。

如果发包人的合同条件低于市场平均水平。这通常会遇到承包人凌厉的索赔攻势。低于社会平均水平的付款条件，承包人能够接受，意味着承包人一定在合同文本中发现了合同瑕疵。承包人在招标过程中所失去的利益，势必要通过索赔进行弥补，以维持其最基本的收益。这种对杀通常是你死我活的斗争。这是对发包人管理能力的严峻考验。此时的发包人采取通常的管理手段与方法，都不足以抵挡承包人的索赔攻势。发包人必须将在招标投标交易过程中，从承包人身上获得的额外利益的部分，拿出来组织足以能够与承包人抗衡的项目管理团队。不排除发包人拿出部分乃至全部在招标投标阶段从承包人身上获得的额外利益，来组织项目管理团队，也不能够对抗承包人的索赔攻势。这就是发包人选择最低价中标所必须面对的市场风险。

因此，我们说在技术上有凶善可言。但是，在利益上就无凶善可言了。这体现着市场经济的基本原则：利益都在风险里面。

13. 如何有效化解分歧？

在市场经济条件下，所有的资源都能够转化为货币。建设工程领域也不例外，建设工程领域的发包人和承包人之间发生的所有分歧，最终都能转化为计价的分歧，通过计价来解决。建设工程施工分歧，可以说在整个建设工程施工阶段，无处不在。从分歧产生的缘由上划分，可以分为技术分歧、商务分歧、证据分歧和法律分歧。

（1）技术分歧化解方式

建设工程项目成果是建立在现代工业基础上的建筑产品。因此，建筑工业标准贯穿于整个项目的施工作业之中，有国家标准、行业标准和施工企业内部标准。对施工作业、工法、施工程序发生分歧，国家标准无疑是首屈一指的化解分歧的依据。在施工活动中起着具体指导作用的施工组织设计中的具体施工措施，必须符合相应的施工标准。在施工组织设计与相应的标准发生冲突的时候，应当以施工标准作为解决双方分歧的依据，施工标准低于施工组织设计技术标准的除外。

施工组织设计是由施工单位根据自身企业的生产技术水平和项目的具体情况而编制，因此，有义务向发包人提供编制施工组织设计所依据的相应的技术标准。当发包人提供了更高级别的技术标准时，施工单位应当无条件地按照更高级别标准的技术指标调整施工组织设计，并承担由此造成的施工损失和工期延误损失。

在实际施工过程中，现场具备较施工组织设计更为简单、便利、高效的施工工法，能够达到同样的施工效果，作业班组也不得采用。而是应当按照施工组织设计进行施工，否则，认定施工单位偷工减料。对于现场施工没有相应标准的作业内容，施工单位应当在报送给发包人的施工组织设计中做出明确说明，且提出具体施工的技术措施，经发包人批准后实施。

（2）商务分歧化解方式

商务分歧是不存在技术分歧的，属于费用由谁承担的争议。这种分期解决的基本原则是合同中有约定的，按照合同约定执行；合同中没有约定的，按照最接近合同约定的条款执行；在合同中找不到可以参照履行的条款，应当按照发包人的批准执行。

对现有的合同文本中的条款中的词义发生分歧，应当按照所使用的词句，结合相关条款、行为的性质和目的、交易习惯以及诚信原则确定词义表示的含义。其解释的价值取向是有利于合同的履行，有利于共同完成合同的目的。

同时存在多份建设工程施工合同的情形下，应当按照中标的合同作为体现双方真实意思表示的依据。当诸份合同都无效时，则按照实际履行的合同作为双方当事人真实意思表示的依据；如果发包人和承包人之间的几份无效合同都无法佐证哪一份是实际履行的合同，则按照双方最后签订的合同，作为双方真实意思表示的依据。

（3）证据分歧化解方式

在双方产生的分歧中，从分歧对双方当事人的实体权利的影响角度，可以将分歧分为口舌之争与利益之争。所谓口舌之争，是基于双方在建设工程施工活动中的观点的分歧，不同的观点可以充分地表达，但是不能影响双方按照合同执行合同中的内容。利益之争则不然，利益之争直接关系到双方的利益分配。因此，当事人双方在感觉到分歧会引发实体利益增减之时，必须着手相应证据的收集与固定。分歧不见得要在发生后立即解决，但引发分歧产生的证据必须立即固定。没有固定证据的分歧，都是口舌之争，不会影响当事人双方利益的分配。证据的固定，是分歧解决的事实基础。

（4）法律分歧化解机制

官方推荐的建筑工程施工合同的相关文本，通用条款中的内容与我们国家现行的法律法规具有高度的吻合性。选择该类文本签订合同，在专用条款中加入明显与通用条款相违背的内容，当事人双方都会有所顾忌。采用非官方文本则不同，发包人从自身的利益出发，编制最有利于自己的合同文本。按照这种合同文本中的条款执行，无论如何解释，都只能解释出对承包人不利意思表示。要扭转这种被动局面，必须对建设工程法律有全面、深刻的了解。准确地发现合同文本中违背相关法律的条款，从而认定该等合同条款无效，对双方没有约束力。使承包人回到利益平衡的民事法律活动中来。

法律条款出现冲突时的化解原则是，下位法不得违背上位法，特别法优于一般法。

通过这四个步骤均不能够化解当事人双方的分歧时，诉讼便不可避免。当事人无论哪一方，在分歧处理的过程中，按照技术、商务、证据、法律的步骤充分地留下了证据，在诉讼中获得法院的支持，属于大概率事件。

14. 如何应对设计瑕疵？

建设工程施工项目施工单位的天职是照图施工。设计与施工单位本来不存在交集，一旦发生交集的时候，通常都意味着重大恶性安全事故的发生。设计失误、审图失误、施工失误实现了交集，最终导致恶性安全责任事故。因此，施工单位也不得不睁大眼睛盯紧设计图纸。

在社会活动中，事故发生不可避免。这并非是参与活动的主体不够谨慎，而是由于小概率事件终究会发生，是概率论所决定的。对于建筑工程设计，设计单位出现一些设计疏忽也无可厚非。我们国家为了保证设计的安全性，特别设置了施工图审查机制，以纠正设计中出现的严重错误，保证施工图纸的质量。如此，施工单位照图施工，无后顾之忧。但是，我们观察周围的项目，尤其是具有典型意义的项目，就会发现：我们所说的事故所固有的小概率事件，在一些典型的恶性案件中，常常体现出必然性。

一场恶性建设工程生产安全事故的背后，往往存在着设计单位与施工单位的交集。这两个本不存在交集的主体之所以能形成交集，推动它们产生交集的内在力，就是低廉的价格。低廉的设计费、低廉的审图费以及低廉的工程费。

业主以低廉的价格聘请设计单位，所谓低廉的价格是指明显低于市场的平均价。这种价格所购买的设计服务的质量，天经地义地低于社会的平均设计水平。因此，设计图纸中出现设计瑕疵也就在情理之中。每个主体都会有自己固有的思维方式，业主也不例外。他会以廉价的方式选择设计单位，同样就会以廉价的方式选择审图单位。低廉的审图费所购买到的审图服务，当然也是低廉的，以至于设计中的结构性瑕疵都没有能够审查出来。对于业主而言，拿到设计图、看到审图章，暗暗庆幸自己，在市场的博弈中又取得了胜利。

图纸转到施工单位，由于施工单位也是通过低价竞争的方式选择的，因此施工单位的技术实力不足以发现图纸中存在的瑕疵，想当然地照图施工，结果不幸出现，发生恶性的生产安全事故。国务院发布的建设工程施工领域恶性生产安全事故，时常能看到这种身影。反之，施工单位发现了施工图中的设计瑕疵，向业主报告。业主据此要求设计单位修改图纸。由于这种瑕疵的产生是基于业主方支付的低廉的设计费所造成的，因此图纸中的瑕疵并不是偶然的现象，而是与其价格相对应的体现。施工单位也是低价中标，价格本身就低廉还要身兼施工图的审核。审，要亏上加亏；不审，要承担恶性安全生产事故发生的风险。在这种情形下，施工单位最有效的解决方式就是向业主发出索赔。

施工单位发现的设计图纸存在的瑕疵可以分为两类：一类为结构性瑕疵，一类为非结构性瑕疵。结构性瑕疵是指施工图中存在违背法律、法规和国家标准强制性标准的内容。图纸经设计修改之后，还需要审图单位重新审图。我们说的施工单位照图施工，照图施工之"图"并不是业主提供的设计图纸，而是经过审图单位审核并加盖审图章的图纸。存在非结构性瑕疵的图纸，虽说不需要通过审图单位再审，但还是要通过设计单位的修改。施工单位按照修改过的图纸施工。

《建设工程勘察设计管理条例》第二十八条第二款规定："施工单位、监理单位发现建设工程勘察、设计文件不符合工程建设强制性标准、合同约定的质量要求的，应当报告建设单位，建设单位有权要求建设工程勘察、设计单位对建设工程勘察、设计文件进行补充、修改。"法律只规定了施工单位应当报告，但是并没有规定应当提前多长时间报告，也没有规定施工单位必须要具备多高的专业水准，对施工单位图纸中的瑕疵进行判断。因此，施工单位大可以在施工的当天向建设单位报告图纸中出现的瑕疵，理由是刚刚才发现，要求业主单位修改图纸。现场不具备施工条件，无论施工的作业面有多大，是分部分项的施工，还是一个班组的作业面，都立即予以停工，等待施工图纸，同时向业主发出停工、窝工以及产生的其他损失的索赔。通过这种方式制裁业主低价设计的行为。

15. 如何做好成本管理？

成本管理是指为实现项目成本目标而进行的预测、计划、控制、核算、分析和考核活动。该活动是在保证实现所确定的目标的前提下，对实现目标所投入的资源进行优化配置，提高产出效率。成本管理是一个动态的过程，其最终目的是提高实现目标的效率。建设工程施工企业的成本由各个工程项目部的成本和企业管理成本所构成。项目经理部在企业内部的管理层级中属于独立核算、自负盈亏的单位。因此，每一个项目经理在项目成本管理中起着举足轻重的作用。成本管理涉及项目经理部日常管理的各个方面，所谓麻雀虽小五脏俱全。项目经理部成本管理千头万绪的工作，应当扭住以下两点。

（1）实施全过程闭环管控

对建设工程施工项目的成本进行闭环管控的思路，是指导成本管理有效进行的理论指南（图 8-2）。

我们通过闭环管控机制来观察成本管理的实现方式。正常情况下，项目部会编制

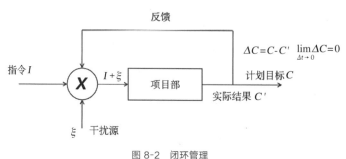

图 8-2 闭环管理

成本管理计划。项目经理部按照计划中的指令 I 配置生产要素安排组织施工，计划执行发生的成本为 C。在施工过程中发现实际施工的成本是 C' 而不是 C。C 与 C' 之间的差为 ΔC。出现偏差之后，感应部门立即将成本的差异反馈到决策部门，决策部门对形成的成本差进行梳理分析，发现之所以会产生成本差异，是因为在执行部门接受的实际指令为 $I+\xi$，项目的执行过程中遇到了干扰 ξ。这时，决策部门将干扰 ξ 消除，于是项目部收到 I 的指令而非 $I+\xi$ 的指令。这样，项目部执行的结果将是 C，与所计划的成本一致，从而实现对成本的有效控制。当然，在这个反馈过程中，反馈的时点 Δt 与 ΔC 存在正相关关系，Δt 趋近于 0，意味着反馈的时间越短，反馈越及时，ΔC 值越小，成本控制越有效。ΔC 值决定了对项目成本的控制效果。这种成本控制的思想应当贯穿到项目部的每一个员工头脑之中，使在工作过程中的每一个岗位的员工，都牢固地树立起信息反馈与信息处理的概念，及时处置、反馈工作中出现的偏差。项目经理能够准确有效地了解工地现场施工作业过程中的动态差异，就能对工程的成本实现有效控制。

（2）关键线路优化

闭环管控是各类项目进行有效动态管理的理论基础。这种理论基础要落实到建设工程施工过程中去，承载这一理论的工具就是施工组织设计中的关键线路。同一个建筑工程施工项目，不同的项目经理能编制出不同的关键线路，不同的项目经理同样能优化出不同的关键线路。关键线路体现着项目经理利用其所能调动的所有资源，对其所实施的建筑工程项目进行的最优化的资源配置措施，是成本管理的具体体现。

我们知道产品的成本是由直接成本和间接成本构成。建设工程通过竣工验收，则意味着项目经理部完成了其所建造的产品并交付客户，完成了买卖双方的交易。因此，建设工程的成本也分为直接成本和间接成本。直接成本包括材料成本、生产工人工资成本等等。要缩短工期，就必须加大单位时间的直接成本的投入，即安排更多的施工人员在作业面上施工。间接成本包括管理费等，一般按下面工期长度分摊，工期越短，

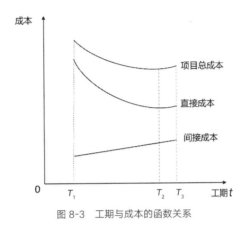

图 8-3　工期与成本的函数关系

发生的间接费用就越少。一般项目的总成本与直接成本、间接成本、项目工期之间存在一定的关系，见图 8-3。

图中 T_1 为最短工期，项目总成本最高；T_2 为最佳工期；T_3 为正常工期。当总成本最小工期短于要求工期时，就是最佳工期。进行时间－成本优化时，首先要计算出不同工期下最低直接成本率，然后考虑相应间接成本。成本增加率是指缩短工作持续时间每一单位时间所需要增加的成本。

成本增加率的计算是优化施工组织设计网络计划的有效方式。通过此方式进行优化能够为我们寻找到关键线路。成本增加率的计算与网络计划图各相关节点指标存在关联性，因此计算起来较为繁琐与复杂。目前有专门的计算软件来完成计算工作，可以帮助项目经理迅速找到关键线路，从而有效地组织生产、实现成本控制。

16. 如何守住工地现场质量管控底线？

我们国家的《建筑法》总共八章，其中实体内容性总共五章，包括：建筑许可、建筑工程发包与承包、建筑工程监理、建筑工程安全生产管理、建筑工程质量管理。可见，建筑工程质量管理是《建筑法》五个实体章节之一。不仅如此，除了《建筑法》以外，国家还颁发了一系列工程质量管理法规、政策。我们权且梳理如下：

（1）《建设工程质量管理条例》；

（2）《建设工程勘察设计管理条例》；

（3）《房屋建筑和市政基础设施工程施工图设计文件审查管理办法》（住房和城乡建设部令第 13 号）；

（4）《建筑工程施工许可管理办法》（住房和城乡建设部令第 42 号）；

（5）《建设工程质量检测管理办法》（建设部令第 141 号）；

（6）《房屋建筑和市政基础设施工程质量监督管理规定》（住房和城乡建设部令第5号）；

（7）《房屋建筑和市政基础设施工程竣工验收备案管理办法》（住房和城乡建设部令第2号）；

（8）《房屋建筑工程质量保修办法》（建设部令第80号）；

（9）《建筑施工项目经理质量安全责任十项规定（试行）》（建质〔2014〕123号）；

（10）《工程质量安全手册（试行）》（建质〔2018〕95号）。

我们去项目经理部通常都能看到上墙的各种规章管理制度，其中质量管理一定是不可或缺的一项。尽管上上下下如此重视，但是质量安全事故却总是在不经意间发生。因此，我们说法律、法规、政策、制度固然重要，但是要对建设工程质量进行实质性的控制，杜绝恶性事故的发生，最根本的因素不是制度，而是人。

涉及人自然就涉及成本，人数相同的情况下，个人能力越强，工资成本就越高；成本低的，又需要增加人手。这些都直接指向管理成本的增加，是低价中标的项目经理部所难以承受之累。在项目经理部究竟是要靠谁，靠什么样的人才能实现对建设工程质量的有效控制？我们通过一个案例——前面提到过的江西丰城案例来观察，看看这个项目是如何配置人员实施质量管理的。

国务院事故调查报告载明：丰城发电厂三期扩建项目是一个建设工程总承包项目，发包人是江西某能股份有限公司丰城三期发电厂，总承包单位为中南某设计院有限公司，施工单位为河北某工程有限公司。建设单位为建设项目成立了工程建设指挥部，履行建设方工程管理的职责；总承包方成立了总承包项目部；施工单位成立了现场项目部。从项目建设实施的组织结构看，这是一个组织规范的建设工程施工项目，令人信赖。

进一步观察我们就会发现：建设工程指挥部的指挥长，是由建设方的江西省某投资集团公司的工会主席担任。江西省某投资集团公司是一个体制内的公司，其公司的规模以及级别都决定了它的工会主席是一个专职的职位，而非小型企业由兼职人员担任。专职的工会主席其专业强项在工会而非工程管理，工会主席不具有这方面的专业水准，此项目最终出现严重的质量事故。总承包方成立了总承包项目部，委派了项目经理、总工程师、工程部经理、质量部经理等等。看似豪华的阵容中，项目经理仅为挂名，不在岗。因此对于总承包方项目部而言，属于无项目经理。施工单位也成立有自己的现场项目部。施工单位为了便于指挥、节省成本，委任了项目现场经理取代项目经理，而现场经理并不具备建设工程项目经理任职资格。

这么一个总投资76亿元人民币的建设工程项目，建设方代表缺乏基本的专业管理水平，总承包项目部没有项目经理，施工单位现场项目部也没有项目经理。在这种人员配置的结构下，建设工程质量的管理就是虚设，以至于在事故发生前混凝土试块检测结果已经显示现场施工的混凝土强度满足不了施工进度要求的载荷，施工单位的工程部经理得到了报告，却没能做出有效的反应。最直接的原因就是施工单位项目经理的缺失，而工程部部长不具备一个项目经理对风险产生所应当具备的职业敏感性。从而错失避免事故发生的最后机会，导致恶性质量事故发生，直接造成 73 名施工工人死亡，事故相关责任人锒铛入狱。

对这一恶性质量事故更进一步全面观察，便会发现还存在着更多的应当承担质量责任的部门和岗位失去了应有的监管作用。只要任何一个质量责任单位的质量岗位的人员履行其质量管控责任，就完全可以避免这种恶性事故的发生。工程质量管理是一个系统工程。该系统庞大而复杂，每一个处在质量管理环节中的责任人员都不可能完全明了其他岗位人员的尽职程度。因此，质量管控最可靠、最有效的方式就是在质量关口岗位的人员把好自己这道关。

对项目经理而言，对项目的质量管控不能够存在任何一丝一毫的等、靠、要思想，自己在岗尽职就是成本最低、最有效的质量管控方式。

17. 如何认定项目经理在工程中的安全责任？

建筑施工行业是技术含量高、施工危险性极大的领域。因此，国家对建筑工程施工安全历来高度重视，发布了一系列法律、法规、政策对施工安全保障进行规范。我们将其做一梳理，明列如下：

(1)《中华人民共和国建筑法》；

(2)《中华人民共和国安全生产法》；

(3)《中华人民共和国特种设备安全法》；

(4)《建设工程质量管理条例》；

(5)《建设工程勘察设计管理条例》；

(6)《建设工程安全生产管理条例》；

(7)《特种设备安全监察条例》；

(8)《安全生产许可证条例》；

(9)《生产安全事故报告和调查处理条例》；

(10)《房屋建筑工程质量保修办法》（建设部令第 80 号）；

(11)《建筑施工企业安全生产许可证管理规定》（建设部令第 128 号）；

(12)《建设工程质量检测管理办法》（建设部令第 141 号）；

(13)《建筑起重机械安全监督管理规定》（建设部令第 166 号）；

(14)《房屋建筑和市政基础设施工程竣工验收备案管理办法》（住房和城乡建设部令第 2 号）；

　　(15)《房屋建筑和市政基础设施工程质量监督管理规定》（住房和城乡建设部令第 5 号）；

　　(16)《房屋建筑和市政基础设施工程施工图设计文件审查管理办法》（住房和城乡建设部令第 13 号）；

　　(17)《建筑施工企业主要负责人、项目负责人和专职安全生产管理人员安全生产管理规定》（住房和城乡建设部令第 17 号）；

　　(18)《建筑工程施工许可管理办法》（住房和城乡建设部令第 42 号）；

　　(19)《危险性较大的分部分项工程安全管理规定》（住房和城乡建设部令第 37 号）；

　　(20)《建筑施工企业安全生产管理机构设置及专职安全生产管理人员配备办法》（建质〔2008〕91 号）；

　　(21)《建筑施工项目经理质量安全责任十项规定（试行）》（建质〔2014〕123 号）；

　　(22)《工程质量安全手册（试行）》（建质〔2018〕95 号）。

　　这一系列措施对防范建筑施工安全事故的发生，起到了良好的指导、规范作用。但是我们也能观察到，建筑工程安全责任事故每年还是会发生。为什么全国范围内布下了安全生产之网，安全生产责任事故还是不能禁绝，我们通过一个案例——2020 年广东省陆河县事故案来探究。

　　陆河县看守所迁建工程位于陆河县水唇镇牛皮坜，总建筑面积 14761.81m²，合同价格 8137 万元。2020 年 10 月 8 日 10 时 50 分，陆河县看守所迁建工程业务楼的天面构架模板发生坍塌事故，造成 8 人死亡，1 人受伤。

　　事故发生后，官方成立了事故调查处理小组。官方调查组最终认定，陆河县"10·8"较大建筑施工事故是一起生产安全责任事故。

　　项目参与主体陆河县看守所迁建工程业主单位陆河县公安局成立了陆河县看守所迁建工程领导小组，领导小组下设办公室，负责看守所迁建工程日常工作。陆河县公安局通过招标投标与广东某建筑有限公司签订建设工程施工合同。该公司中标以后与挂靠人员签订承包协议，挂靠人员再将该工程转包给包工头，由包工头（该工程项目施工的实际控制人）组织施工队进行实施，包工头将外架项目分包给小包工头，由小包工头组织施工队实施。

　　事故经过：2020 年 10 月 8 日 8 时 10 分左右，9 名混凝土工人在业务楼天面顶开始浇筑混凝土，泵车控制员在屋面上操作泵车，混凝土工人先浇筑天面飘板混凝土，由于泵车泵臂长度不够，9 名混凝土工人和泵车控制员转为浇筑天面构架四根框架柱混凝土，再浇筑天面构架梁和挂板，致使支撑体系失稳坍塌，8 名工人随同坍塌架体跌落至地面。

　　事故原因：违规直接利用外脚手架作为模板支撑体系，且该支撑体系未增设加固立杆，也没有与已经完成施工的建筑结构形成有效拉结；天面构架混凝土施工工序不当，未按要求先浇筑结构柱，待其强度达到 75% 及以上后再浇筑屋面构架及挂板混凝土，且未设置防止天面构架模板支撑侧翻的可靠拉撑。

责任追究：该事故追究刑事责任 6 人，包括：挂靠单位法定代表人、负责安全生产的副总、项目经理、包工头、小包工头、现场安全员。这里我们可以观察到，挂靠单位要想获得挂靠费，则法定代表人就应当承担刑事责任之风险，这是收取挂靠费所支付的代价。该项目有项目经理为什么还会发生如此严重的安全责任事故？其实这个项目经理只是挂靠单位办理相关政府审批手续之用，其本人根本没有参与项目的生产经营活动。为什么仍然要承担刑事责任呢？陆河 "10·8" 较大建筑施工事故调查报告载明，该项目经理明知单位将其项目经理证书用于该项目，在合同到期届满时，仍然与单位续签聘用合同，认定属于同意他人借用自己的建造师证书。小包工头、包工头作为该工程分包环节中的一环，难逃其责。施工安全员事发时虽在岗，但由于其不具备安全员的上岗资格，因此即使人在岗也应当承担刑事责任。

18. 如何做好信息管理工作？

我们说，风险是未来损失发生的不确定性。信息学奠基人美国科学家克劳德·艾尔伍德·香农（1916 ～ 2001）给信息下的定义是：信息是用来减少随机不定性的东西。依据信息这一定义，我们可以得到信息是用来减少风险的结论。因此，信息管理就是对风险进行化解，其遵循闭环控制的基本原理。信息管理，主要是通过信息采集、信息反馈、信息比较、信息采纳实现的。

（1）信息采集

建设工程项目在招标投标阶段，投标人向招标人提交的投标文件中就包含着商务标和技术标，其中技术标中就包含了中标人未来实施中标项目的施工组织设计。该文件是招标人对投标人施工技术水平评审的重要文件，也就是图 8-4 中的计划目标 R。

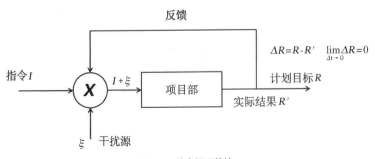

图 8-4　信息闭环管控

该计划目标不是一个终极的目标，而是贯穿整个施工网络图中的各个施工节点。作为建设工程项目信息管理，就是要实现在工程实施过程中，各个节点出现的施工结果与计划目标 R 内容差异最小化。因此，在计划目标已经存在的情况下，及时获取计划目标节点的实际结果 R' 就是信息管理的首要工作。我们称之为信息采集。

施工进度计划节点目标实施所呈现出来的信息量纷繁复杂，对这纷繁复杂的信息要进行有效的采集，第一采集者必须要有职业的敏感性；第二采集者必须要有与采集信息所匹配的专业性。职业敏感性不够，会使图中的 Δt 区域时间增加，直接的后果是导致 ΔR 增加，以致为消除 ΔR 所投入的成本也增加。信息采集缺乏专业性，会使对计划目标进行控制的相关数据被遗漏，使采集到的信息的真实性出现偏差，直接后果是影响对实际结果 R' 的纠正，使整个系统偏离计划目标而不能够得到有效修正，失去闭环控制的功能。

（2）信息反馈

当信息采集之后，所采集信息必须及时在 $\Delta t \to 0$ 的时间内反馈到项目的决策机构。而且，最终反馈信息所包含的内容必须真实，不受到干扰，也不在传递的过程中衰减。图 8-5 中所表示的只是一个最基本的闭环管控单元，在现实的项目管理中会有无数个闭环管控系统。控制学理论告诉我们，控制环节越多，系统的可靠性越低。对于大型的建筑工程项目，项目管理部要重视减少项目的实施环节，保障一线的真实信息能够在最短的时间内，准确地反馈到项目的最终决策者手中。

减少信息传递过程中的信息内容的变异，在建设工程施工项目信息管理过程中，首推以文字的形式反馈一线采集的现场信息。在当前信息发达的时代，项目经理部全体人员构建一个项目群，各岗位人员在群中提供所在岗位采集的信息；项目经理部的中层以上领导干部组建一个领导干部群，就项目中较为重要的事项进行信息的充分沟通，消除信息死角；项目部经理以及项目部的主要领导人员和重要岗位人员与建设单位甲方代表及核心成员、监理单位人员组建一个项目管理群，在项目管理群中，各项目参与方可以充分提供所获得的信息，增加施工过程中各主体所掌握信息的透明度，有利于各方集中资源、统一思想，共同实现合同目的。

（3）信息比较

项目经理部决策者在获得反馈信息之后，及时将所获得的反馈信息与计划目标进行比对，分析 R' 与 R 之间差异产生的原因。是信息采集者所采集的信息不够真实，还是反馈过程中信息发生了失真。决策者都应当做出清晰的判断，针对项目的实际情况进行调整，使 ΔR 在 $\Delta t \to 0$ 的过程中，ΔR 也趋于零。当出现 ΔR 无法消除，R' 的结果也是项目部所不能接受的情形时，应急方案就到了必须启动的时候。

（4）信息采纳

决策机构在对反馈的信息进行比较之后，并非机械地要将项目的实际结果 R' 修正为计划目标 R，而是综合实际结果 R' 对最终目标的影响以及项目修正必须投入的成本。若实际结果 R' 比 R 更优，决策机构此时就对手中所掌握的信息做出最终的选择，下达给项目部去执行。

19. 如何配置优质高效的项目团队管理？

"火车跑得快，全靠车头带。"建设工程项目施工单位的项目经理就是整个项目经理部的核心，是带动项目经理部完成合同项下义务，实现合同目的的"火车头"。承包人选择称职的项目经理，是项目经理部团队管理的原点。选择不具备任职资格的人员担任项目经理部的项目经理，则该项目及项目经理部无项目管理可言。

对于具有项目经理任职资格的建造师，在岗履行项目经理的职务，是消除建设工程现场发生恶性安全责任事故的保障。项目经理挂证缺岗，存在着刑事风险。陆河县"10·8"号案件中，尽管项目经理明确提出反对本单位将其项目经理证挂在事故项目，最终还是因为挂证而承担刑事责任。项目经理到岗履职，是项目经理对自己负责，同时也是对项目负责。这是项目经理必须坚守的底线。失去这一底线，所应支付的成本是人身自由与家庭幸福。

总工程师最基本的职责是保障设计单位对设计文件的交底，在项目经理部的执行中能够得到落实。作为一个项目总工程师，其无法选择设计单位，无法改变设计单位所完成的施工图的质量。尽管我们国家现行执行的是施工图强制审查制度，但是由于制度性的安排，施工单位按照审查过的施工图施工，没有发现施工图中存在的结构上的设计瑕疵，也应当承担相应的责任。因此，总工程师岗位的设置，不仅仅是指导土建安装工程师正确地理解施工图中的设计意图以及施工工序，更重要的是要杜绝施工图中可能存在的结构上的设计瑕疵。因此，总工程师是建筑工程施工图结构安全审查最后一道防线。

土建安装工程师在项目上的主要作用是指导、监督施工班组严格地按照项目经理部所编制的施工组织设计执行，按照项目经理部下发的施工进度、施工质量的要求进行施工，并严格按照施工工序和施工工法作业。土建安装工程师应当具备预见其按照施工组织设计安排下达的工作任务与施工现场实际形成的工作成果差异的能力，并具备处理这类差异的能力。当施工现场出现超出施工组织设计安排的施工内容时，应当立即暂缓施工，向项目经理报告。坚守按照施工组织设计施工的底线。

质量安全员必须持证上岗。工程施工现场所安排的安全员的数量，必须满足施工安全规范的要求。安全生产措施费属于不可竞争的项目，施工过程中所发生的费用，在工程结算之时，都可以据实结算。因此，项目经理应当毫无顾虑地以生产安全为基础，按照建筑工程安全生产规范，组织整个施工项目的安全生产经营活动。工程质量报检、报监应当按照国家、地方政府的相关规定不折不扣地执行，当质量检测报告结果出现异常，质检员应当持报告原件直接向项目经理报告。

对于建设工程施工项目，资料员应当持证上岗。资料员收集的每一份资料，都有可能在关键的时候发挥着举足轻重的作用。资料员对其所收集的任何一份文件都必须赋予流水号存档入册，进入资料员手中的原件一律不外借，需要使用的只能提供复印件或者拍照。建立项目经理部资料库的文件只进不出的底线管理制度。

承包人在对建筑工程项目经理部的团队建设中，应当坚守持证上岗的底线，在保证持证上岗的前提下，再进行项目经理部人力资源的优化。项目经理的专业能力强，工程师的业务能力强，总工程师的配置可以偏弱；总工程师的能力偏强，土建安装工程师的配置可以相对偏弱；总工程师与土建安装工程师的能力都强，则项目经理配置可以偏弱。以此整体降低项目经理部的管理成本。

项目经理同样可以按照这一原则调整其职权范围内管辖的人员，进行团队管理，使整个项目经理部处在经济高效的管理状态之中。

20. 项目经理如何做好沟通工作？

在建设工程项目中，发包人通过招标投标的方式选择承包人。从表面上看，发包人是通过招标投标方式选择了承包人，但是从本质上看，发包人不仅仅是选择了承包人，更重要的是选择了承包人的项目经理。因此，建设工程项目在前期谈判过程中，考察项目经理是前期谈判的重要内容之一。所有的投标人在投标的时候，其投标文件中项目经理人选必须是谈判时商定的人员，是对招标文件实质性地响应。一旦改变，会被发包人认定为未对招标文件做出实质性响应而直接定为废标。据此，可以说项目经理的专业水平代表着发包人和承包人对未来项目团队专业水平的定位。

项目经理一履职，就会发现与其搭档的甲方代表、总监理工程师、设计单位项目负责人等相关人员各自的专业背景不一，对本项目的专业理解深度也不同。这时，项目经理就遇到了第一项必须要面对的问题，专业背景差异导致的沟通障碍。对于甲方代表，法律没有对甲方代表的专业性做出强制性规定，本着"法无禁止皆可为"的法律原则，甲方派任何专业背景的人员担任甲方代表都具有合法性。因此，项目经理对甲方代表的专业水准无权提出任何异议，所能做的只能是为甲方代表提供好服务，用自己的专业水平，化解甲方代表在项目实施过程中的误解和疑虑。

甲方代表专业性不足，会加重项目经理与其沟通的工作难度，增加项目经理部的工作成本。平衡这种专业背景差异的有效方法之一就是索赔。项目经理相对于甲方代表具有明显的专业上的比较优势，因此，项目经理在向甲方提出索赔时，甲方代表往往还意识不到，或者说此索赔就是甲方代表专业不足所造成的。这种情形下，项目经理通过提供满足甲方代表需求的细致、周到、贴心的服务，所获得的是甲方也能接受的索赔，也达成了商业上的平衡。这种服务模式能够长期地持续下去。

项目经理从总监理工程师的专业水平和敬业程度，就可以基本判断发包人支付的监理费在市场什么水平。若总监理工程师的专业水平明显高于项目经理，此时项目经理的沟通方式，更多地应该是虚心地向总监理工程师学习，准确地体会总监工程师在监理过程中的一招一式，不断提升自己的项目管理水平。在这种项目中，项目经理实现的索赔可能会明显减少，但在工作的过程中，也是一种学习，使自己的能力得到了提升，这对项目经理来讲也是一种非常有价值的工作经历。索赔的减少换来的是工作经验的收获，对项目经理也是有意义的工作。若总监理工程师的专业水平偏弱，并不意味着项目经理可以偷工减料。恰恰相反，项目经理应当按照称职的总监理工程师监理的水平来进行施工作业。其对总监理工程师所形成的专业比较优势，就像对待发包人专业不足一样，通过索赔来平衡自己的付出。

设计单位从法律的角度上说，与承包人之间没有合同关系，原则上也没有业务往来。但是，由于在实践过程中，发包人的专业水平通常都同时低于设计单位和承包单位，因此设计交底都是由设计单位直接对项目经理部进行。为了保障质量、提高效率，发包人也愿意设计单位与承包人之间能够直接沟通。设计单位、设计团队的水平决定了施工图的质量。一个高水平的设计团队出的施工图，可以使承包人既省心又省力。专业水平偏弱的设计团队设计的施工图，项目经理部不能盲目照图施工，发现施工图纸存在瑕疵，项目经理应当实事求是地提出设计图中的设计瑕疵，向发包人陈明利害关系。图纸修改一旦发生，就成了项目经理当然的索赔。

项目经理是具有国家颁发的专门执业资格证书的专业人士。项目经理对甲方代表、总监理工程师、设计项目负责人的专业评估，也只限于资格证书的评价。发现不具有相应执业资格的人在相应的岗位上，应当以书面的形式向发包人和承包人提出。对资格缺失的岗位，项目经理应当及时组织力量进行弥补，弥补所产生的费用通过索赔平衡。对长期资格缺失的岗位，项目经理必须采取强有力的措施敦促整改，直至辞职。严厉禁止无证人员上岗或者挂证、缺岗，这是项目经理在专业上不予沟通的红线。

21. 如何管控设计变更?

在市场经济条件下，所有的资源都能转化为货币。因此，在建设工程领域项目之间的沟通，最终都能转化为成本，体现在利益之中。

在建设工程项目管理中，业主方所追求的是投资成本最低，而施工单位追求的是施工利益最大化。因此，业主方和施工单位之间的利益冲突是不可调和的。在通常情况下，业主方也能够清醒地认识到自身的专业水平难敌施工单位的专业水平。故在选择监理单位之时，更多的会选择与施工单位专业水平相匹敌的监理单位。在这种资源配置下，施工单位相对于监理单位的专业优势不明显，因此，施工单位要通过索赔的方式提高施工利润，就会面临艰巨的挑战。

施工单位在专业上相对于监理方不具备明显的比较优势的情形下，要获得有效的索赔、增加项目施工的利润，就只有加强自身管理水平。业主方与施工单位之间的利益分配，已经约定在合同的条款之中。但是，建设工程施工合同的特殊性，体现在合同双方利益的平衡，是在签订合同的时间节点之上。合同履行过程中，双方利益的平衡是一个动态的过程，在合同中不能够穷尽。建设工程合同业主方的优势地位，决定了业主方在签订合同之时，更希望用含糊的表述增加合同的不确定性，以扩大自己的决定权。施工单位在面对业主方相对优势的决定权时，也不能盲目地听命。要依据施工规则，加强对业主方指令的管理。

可以说，所有的建设工程项目都会发生设计变更和签证。因此，对于有经验的施工单位，通常将由发包单位发出的设计变更单设计成与施工单位发出的变更单的表格形式明显的不同。从视觉的直观角度上，就能够一眼判断出一份变更单发起是出自发包人，还是出自承包人。

业主单位的设计变更一经发出，承包单位就应当按照合同约定的索赔执行。承包人收到业主下达的变更指示后，认为不能执行的应当立即提出不能执行变更的理由；可以执行的，应当向业主方提交执行变更的具体措施。与业主方有关沟通文件往来的时间期限，一般合同的专用条款中都会约定。如果专用条款中没有约定，在《建设工程施工合同（示范文本）》GF—2017—0201 中通用条款第 10.4.2 条规定如下："承包人应在收到变更指示后 14 天内，向监理人提交变更估价申请。监理人应在收到承包人提交的变更估价申请后 7 天内审查完毕并报送发包人，监理人对变更估价申请有异议，通知承包人修改后重新提交。发包人应在承包人提交变更估价申请后 14 天内审批完毕。发包人逾期未完成审批或未提出异议的，视为认可承包人提交的变更估价申请。"

需要提醒的是，"视为认可承包人提交的变更估价申请"属于默示条款，因为是在通用条款中，因此存在被认定为格式条款而失去效力的法律风险。

为了弥补法律上的瑕疵，项目经理应当在周例会中对业主方发出的设计变更作专项提出，要求业主方对各项设计变更给予明确的回复。通常情况下，甲方代表在工程例会中只能够答复一部分，其他部分将交由发包人批准。项目经理应当做好业主方不能按时回复便向业主方提出索赔的准备。以此压迫业主方在约定的期限内给予回复。在发包人没有正式回复之前，每期的工程例会项目经理都应当按部就班地提出发包人没有回复的设计变更各项以及文件号或者流水号；对已经确认的设计变更部分，项目经理也应在工程例会中予以确认。工程例会甲方主要人员可能参加，也可能缺席。但都不能影响项目经理在会议中对设计变更确认的诉求。业主方不按照合同约定的期限召开工程例会，或者不按照合同约定的程序变更工程例会开会日期，项目经理可以将本期应当涉及的工程变更的内容，以书面报告的形式，发给业主方确认。

除此之外，项目经理可以在本项目部的施工日记中记录当日项目部与业主方设计变更进展状况以及项目部的具体行为和业主方的实际反映。

对施工单位提起的设计变更签证，其核心点在于业主方的认可。没有业主方的书面认可，施工单位不得擅自进行施工，否则，将承担所有的经济损失。

22. 如何化解职业风险？

"我们来自五湖四海，为了一个共同的目标走到一起来了。"建设工程项目也是这样。业主方、承包方、监理方、设计方、分包方、供应商等各个主体，因为建设工程项目而走到了一起。不同专业背景、不同职业经历、不同性格的人，共同合作完成建设工程施工任务，产生冲突和摩擦不可避免，化解这种冲突与摩擦的最有效的方式，就是所有的参建单位和参建人员尊重对方的专业，恪守自己的职业操守。

业主方在整个建筑工程施工过程中处于主导的地位，其发出的每一个指令，都会在建设工程施工过程中得到尊重和执行，因此，业主方应当更多地尊重设计单位和施工单位。设计单位和施工单位都是技术含量比较高的参建者，业主单位左呼右唤、朝令夕改地对设计单位和施工单位发号施令，其中增加的工作量，是作为外行的业主方难以估计的。业主方随心所欲、一意孤行，设计索赔和施工索赔便会随之产生。这不是设计单位和施工单位对业主方的对抗，而是业主方对设计单位和施工单位劳动成果缺乏基本尊重所应当付出的代价。

同样，作为处在乙方地位的承包人，尽管其工程管理水平相对于业主方来讲具有明显的比较优势，也必须清楚地明白，甲方派出的甲方代表，无论其专业水平高或是低，都是甲方代表，在现场代表着甲方对建设工程项目进行管理，项目经理对甲方代表在现场做出的不妥指令，应当将建设工程管理中的专业术语，转化为甲方代表能够听得懂、理解得了的方式表述；在甲方代表仍不能理解的情况下，项目经理应当找到甲方能够与自己进行专业沟通的相关人员进行专业对接；在甲方的团队中，没有对建设工程领域熟悉的专业人员，项目经理应当按照合同的约定或者建议甲方的监理人员、设计人员，或者甲方的咨询机构一并参与讨论研究，以期获得最有利于项目进展的决策。

项目经理应当依据施工组织设计以及甲方对项目推进的理解认同程度，组织现场施工作业。忽视甲方的意见，一味地按照合同的约定、按照甲方批准过的施工组织设计组织施工，即使施工组织进度满足了甲方的施工组织计划，产生的最终效果，或许并不能令甲方满意。甲方在整个建设工程实施过程中的地位，应当得到乙方的尊重。乙方在整个施工过程中，应当立足于"牝马贞"，立足于以甲方为中心、坚持以满足甲方的需求为服务导向，坚守"括囊，无咎，无誉"的职业定位，跟随甲方的节奏，完成建设工程施工任务。

良好的职业操守不是无源之水、无本之木，是建立在职业的基础之上的。职业不存，操守安在？乙方对甲方的"牝马贞"不是建立在乙方自我的修养之上，而是建立在甲方"元、亨、利"的基础之上。因此，甲方对乙方的尊重的内在体现，就是对乙方所付出的劳动与服务给予兑现。在市场经济条件下，所有付出的边际效用都是相等的，这是市场经济的基本规律。甲方单位在项目中没有配置与施工单位相对接的专业技术人员，从投资的角度上说，甲方的项目管理费得到了节省，而甲方专业上的缺口却是由乙方项目经理及其团队来进行补位的。本着市场经济的基本原理，项目经理对甲方专业缺失的补位付出的成本，应当由甲方从省下的项目管理费中承担。这才具备甲乙双方在专业上相互尊重的经济基础，这种相互尊重才能够长期维护下去。

我们都知道："天上不会掉馅饼"，但是，我们常常会忽视"天上也不会掉操守"。认为每一个项目参与方、每一个项目参与者都会当然地在其位置上最大限度地发挥自己的能力，最大限度地弥补他人工作中出现的缺失，而自己坐享其成。其"成"如何定价？答曰：是由市场定价。而市场定价的原则是什么？风险！我们时刻也不能忘记。

23. 如何化解施工作业纷争？

在建设工程施工合同中，发包人与承包人就工期发生分歧，可以通过施工组织设计关键线路协调；对工程质量发生分歧，可以通过监理旁站以及第三方质量检测解决；对工程量发生分歧，可以通过施工图纸、旁站以及现场实体测量来解决。对于施工过程中采取哪一种工序或者施工工艺更有效率、更能够保障工程质量，就只有通过技术方案来解决分歧。

建筑工程施工项目是技术含量高、资金密度大、劳动力密集、多工种同时交叉作业的集合体。在整个施工过程中，保障技术规范落实到施工的每一道工序，是保证施工质量的必要条件。尽管施工单位的技术能力处在相对优势的地位，但是并非施工过程中施工单位可以完全按照自己的意愿选择施工作业方式。施工单位必须严格按照项目技术管理措施组织施工。

项目技术管理措施包含技术规格书、技术规划管理、施工组织设计、施工措施、施工技术方案等，其中，技术规格书指的是业主方的技术要求，是施工单位编制施工组织设计、施工措施、施工技术方案的依据。技术规格书一般包括下列内容：分部分项工程实施所依据的计划，工程的质量保证措施，工程实施所需要提交的资料，现场小样制作、产品选送与现场抽样检查复试，工程所涉及材料、设备的具体规格、型号与性能要求以及特种设备的供应商信息，各工序标准、施工工艺与施工方法，分部分项工程质量检查验收标准。

技术管理规划是施工单位根据招标文件要求和自身能力编制的，拟采用的各种技术和管理措施，以满足业主的招标要求。项目技术管理规划一般包含下列内容：技术管理目标与工作要求；技术管理体系与职责；技术管理实施的保障措施；技术交底要求，图纸自审、会审、施工组织设计与施工方案、专项施工技术、新技术的推广与应用、技术管理考核制度；各类方案及措施报审流程；根据项目内容与项目进度需求，拟编制技术文件、技术方案、技术措施计划及责任人；新技术、新材料、新工艺、新产品的应用计划；对设计变更及工程洽商实施技术管理制度；各项技术文件、技术方案、技术措施的资料管理与归档。

施工单位依据招标文件、施工合同编制的技术管理规划和依据技术规格书所编制的施工组织设计、施工措施、施工技术方案应当经过业主方的批准之后才可以实施。在现场的施工过程中，经常会出现不同的两个施工班组 A 和 B 在不同的施工作业面上从事同样的作业，却采取不同的施工工序。监理发现之后，对 B 组的施工工序予以认可，要求 A 班组予以纠正。A 班组认为其所采用的施工工序符合本施工班组的施工习惯，有利于提高施工效率，又不影响施工质量，因此不接受监理的意见。监理找到项目经理，要求项目经理纠正 A 班组的施工工序。项目经理认为，经过业主方批准的施工组织设计中，并没有该作业的具体施工工序安排，因此只要施工班组的施工能够满足工程的质量要求，具体的施工工序由施工班组决定。监理认为，施工单位必须按照经过批准的施工组织设计组织施工作业，施工单位所提交的施工组织设计中没有明确规定的内容，属于漏报，不影响业主方就该部分向施工单位下达具体指令的权利，所以，施工单位应当按照监理现场指定的施工方式作业。这时，项目经理拿出业主技术规格书指出，技术规格书中不含有该部分的技术要求，说明对该部分如何施工作业，业主方没有特殊的要求。只要施工单位采取符合规范的施工工序和工艺，施工的结果能够满足质量要求，业主方就不应当提出异议。监理一定要坚持自己的施工作业工序，应当给项目部下达明确具体施工工序的指令，项目经理可以执行。

从这里我们可以观察到技术规格书在建设工程施工过程中的重要价值。把 A 组的行为，认定为工序错误予以纠正，业主方可以对施工单位进行处罚；把 A 组的行为认定为对施工组织设计的细化，意味着业主单位承担变更索赔的成本。因此，业主单位提供给施工单位的技术规格书越详细、技术性越准确，对施工单位的管理就能够越规范、越有效。当然，也意味着业主单位在技术规格书编制过程中，要投入更高的成本。这就是市场经济化解技术风险的规律。

24. 如何认清挂靠的风险?

我们国内的建筑工程市场可以说是开放程度最高、竞争最激烈、最有待规范的市场之一。在这个市场中,有一个非常奇特的现象,那就是能够拿到项目的主体往往没有相应的施工资质;有施工资质的主体往往又拿不到项目。这种项目与合法的施工主体之间的信息不对称性,在市场力量的作用下,催生出一种独具特色的联合模式——挂靠。

挂靠的法律实质是具有施工资质的主体,将其施工资质出租给没有相应资质的主体,去承接建设工程项目。我们说市场经济条件下,所有的资源都能转化为货币。有资质的主体将其证照出租给无照主体收取租赁费,此乃天经地义。因此,被挂靠人就会向挂靠人收取一定的费用,美其名曰管理费。通常情况下为合同金额的2%。

在我们当下的建筑市场的机制下,并非挂靠人向被挂靠人支付了管理费,就完成了他们之间的交易。相反,他们的交易才刚刚开始。在国内建筑工程市场激烈的竞争下,施工单位垫资、垫全资司空见惯。因此,挂靠人承接到了施工项目之后,还必须用自己的资金垫资完成施工项目。绝大多数的挂靠人都没有如此大的实力,仅凭自身的资金实力完成施工任务,因此挂靠人必须对外融资。然而,挂靠人连承接工程的资质都没有,怎么能够到外界融得巨额资金,完成工程项目的施工?其所能依靠的唯一的力量,还是被挂靠人。

被挂靠人作为有资质、有实力、有业绩的施工主体,通常情况下,也不是对所有挂靠人的挂靠请求都给予接受,也会对挂靠人的实力、信誉、过往的业绩进行考核。最基本的评价方式就是挂靠人的自有资金。挂靠人能够自筹所承接项目合同金额30%的资金,一般能够达到被挂靠人同意挂靠的基本标准。在此情形下,挂靠人所需要被告人融资的金额,也就是剩余的70%。

被挂靠人有资质、有实力、有业绩,理所当然地被列入金融机构的优质客户名单。金融机构争先恐后地将授信额度授予被挂靠人。开出的资金成本为长期银行贷款利率5%。被挂靠人自身的施工队伍所承接的施工项目,远远消化不了其所获得的授信额度。正好挂靠人存在资金需求,于是被挂靠人顺水推舟地将从银行获得的5%的资金转借给挂靠人,资源得到有效利用。当然,被挂靠人不可能按照从银行获得资金成本出借给挂靠人,通常会增加10%。这时,我们就可以观察到:被挂靠人接受挂靠人的挂靠并不是简单地收取合同额2%的管理费,而是获得2%加上70%里面的10%的收益。被挂靠人实际上在一个挂靠项目中所获得的收益是9%,相当于其完成一个项目所获得的纯利润。市场经济比较优势的原理会指引着被挂靠人不断地选择挂靠,不断地收缩自己实际施工的项目,以实现利益最大化。

有的施工单位在挂靠的路上狂奔的时候,主营业务建筑工程施工的收益份额越来越小，挂靠带来的收益份额越来越大，其并没有感觉到挂靠带来的风险，而认为是企业升级转型、华丽转身、超常规发展。何谓超常规发展？我们说企业是社会的细胞，企业超常规发展着实很难判断优与劣。但是，我们作为一个具体的自然人，如果某一天身上的某一个细胞突然超常规发展，这意味着什么？在医学上定义为癌症。挂靠可以使企业在短时间内业绩井喷、收益激增，重点是风险可控否？失控的业绩井喷是末路狂奔，收益激增是巨大风险来临的前兆。

25. 如何认识 SPV 公司?

建设工程项目投资额度大、建设工期长、技术含量高，因此所面临的风险也就比较高。为了化解投资风险，投资人通常选择项目公司的方式进行投资，以隔离项目投资的风险与投资人其他经营活动的风险。

纯经营性项目的建设工程投资，也就是我们最常见的房地产开发项目的项目公司，本质上就是一个项目公司，为项目的开发而设立的运作平台。过去 30 年，我们国家房地产行业高速发展，房地产开发项目公司模式已经非常成熟，这里不再赘述。由于政府投资项目是在严格的预算管控之下，目前国内的法律并没有强制规定项目开发主体必须采用项目公司模式，因此政府开发的项目更多的是选择指挥部、领导小组等形式。其根本原因在于政府直接投资的项目不需要对外融资，所有的投资资金都由政府的预算安排，因此对政府投资项目的主体，我们也没必要关注太多。对于准经营性项目，项目的业主是政府，但是项目的运作主体是社会资本。这就是准经营性项目——政府与社会资本合作（PPP）项目主体基础结构。PPP 项目的政府性体现在项目的准公共产品的性质，它的市场性体现在项目全过程的商业风险都是由社会资本承担的。因此，社会资本必须自筹资本金，自己完成项目融资。PPP 项目的运作主体即政府与社会资本的联合体，可以是社会资本，也可以是项目特殊目的公司（SPV 公司）。由于 PPP 模式在我们国家当下仍然是一种尚处在探索阶段的商业模式，因此选择较为明晰规范的模式，有利于 PPP 项目的顺利推进。据此，我们聚焦观察 PPP 项目的特殊目的公司。

SPV 公司是 PPP 项目的运作平台，既然是公司就受到我们国家现行的《公司法》调整。SPV 公司通常采用的是有限责任公司的形式，有限责任公司的股东可以是 PPP 项目的承包方、运营方、资金方、政府方等等。按照《公司法》的规定成立有限责任公司，SPV 公司的股东以 PPP 项目的投资人为首选。SPV 公司仅为 PPP 项目的运作平台，SPV 公司的注册资本金与 PPP 项目的资本金、总投资额没有关系。PPP 项目的资本金出资由 PPP 合同约定，融资也由 SPV 公司承担。

SPV 公司承建方可以作为大股东，资金方、运营方也可以作为大股东，政府方不能作为大股东。因为政府作为大股东，则被认定为 SPV 公司的实际控制人，SPV 公司的财务报表将与政府的财务报表合并，SPV 公司的负债将转为政府的负债。此债务就是中央政府大力清理的政府隐性债务。

SPV 公司作为 PPP 项目的发包人，通过对外发包选择承包商、运营商和融资商。在这里有一个特别值得提醒的环节，就是当 SPV 公司选择承建方为大股东时，此时作为发包人的 SPV 公司与作为 PPP 项目工程承包中标的承建方，这一对交易对手在 PPP 项目的招标投标过程中出现了竞合。此时的承建方必须清楚，尽管其同时也是 SPV 公司的大股东，SPV 公司对承包方支付的工程款项，绝不是由大股东承包方支付，而是由股东构成的 SPV 公司进行支付。这层法律关系必须清晰，不能混淆。建设工程的工程款一部分来自 PPP 项目的资本金，一部分来源于 PPP 项目的融资，实现工程款的支付。绝非各投资人按比例承担所有的工程款的支付负责，也非承建方直接向政府结算工程款。

SPV 公司成立之后就在法律上取代了社会资本的地位。因此，政府与社会资本的合作此时就是政府与 SPV 公司的合作。SPV 公司与政府是不是股东，都不影响政府与社会资本合作的性质。PPP 项目政府出不出资本金，也不影响政府与社会资本合作的性质。这些在 SPV 公司构建之时，每一个 PPP 参与主体都应当清晰、明白地掌握。

26. 如何运作 SPV 公司？

前几年 PPP 如火如荼，全国上下一哄而上，结果一地鸡毛。终其原因主要是管理混乱。之所以会形成普遍性的混乱，是因为对 PPP 管理机制的分析、理解、研究不够透彻，整体上处在摸着石头过河的阶段。经济上摸着石头过河，就意味着成本的付出，巨大的成本支付之后，不能够得到所期待的经济效果，所有的经济行为都将无疾而终。

PPP 模式管理的复杂性在于一个 PPP 项目同时存在两个层级的管理组织。通常情况下，这两个管理组织之间还存着人员、主体乃至职能交叉。处于底层的管理层级，我们称之为 SPV 公司管理层级，在这个管理层级之上，还存在一个 PPP 项目的管理层级。

SPV 公司是有限责任公司，在政府与社会资本合作之中，其属于社会资本方。它的运作方式应当按照我们国家现行的《公司法》运作。《公司法》规定，公司的最高权力机构是股东会。现行的《公司法》已经改变了传统的公司股东同股同权的规定，公司股东在公司股东会中的表决权，由股东在公司章程中规定。这意味着小股东对公司的实际控制权在法律上成为可能。在 PPP 初期，许多地方政府为了对 PPP 项目进行有效控制，都会在 SPV 公司章程中规定，政府持股代表具有一票否决权。章程中如此规定，在法律上具有合法性。但是，如此规定，实际上确定了地方政府在 PPP 公司里面的实际控制权。按照财务会计的有关规定，实际控制人控制的公司的财务报表，必须与实际控制人财务报表合并。如此一来,SPV 公司的负债就会合并到政府的负债之中,由此增加了政府的隐性负债。《公司法》上的合法性成为《会计法》上的违法性。如此设计的 SPV 公司的管理机制,存在合法合规性的障碍。

SPV 公司代表的是社会资本方,因此 SPV 公司的决定并不当然地成为 PPP 项目的决定。PPP 是政府与社会资本合作,这种合作没有一个具体的合作主体。我们国家没有民事合作法,因此 PPP 项目的成立、实施、运营所依据的只能是 PPP 合同。政府对 PPP 项目的实际控制权,可以体现在 PPP 合同中,而不能体现在 SPV 公司的章程之中。由于没有 PPP 法律,所以政府如果要对 PPP 项目进行有效管理,可以将一票否决权安排在 PPP 合同之中,既实现对 PPP 项目的有效控制,又不会增加政府的隐性债务。

"万事开头难",PPP 项目在前期或者说在建设期,存在着大量与政府各部门进行沟通、协调的具体工作。如果将 SPV 公司定位在政府与社会资本合作的主体之上,与政府各部门之间的协调都由 SPV 公司去面对,作为本质上是社会资本方的 SPV 公司,当然没有足够的力量去协调政府各部门之间的事务。PPP 合同中所约定的实施机构,通常也只是政府方的代表而已,其根本没有能力去沟通、协调跨部门之间的事务。要对政府各部门之间的事务进行有效的沟通,唯一的办法是成立一个项目领导小组,由地方政府的主官担任负责人,发展改革、财政、主管部门、环保、土地、规划、城建、税务、实施机构、SPV 公司、咨询公司、项目律师共同成立项目领导小组,该领导小组才是实质意义上的 PPP 项目的主体。在这个主体的领导之下,SPV 公司再去与各个相关政府部门对接,才能有效推进项目的进展。

我们在实践中所遇到的 PPP 项目,许多都没有成立项目领导小组;成立了领导小组的,往往形同虚设,不处理具体的项目事务;处理项目事务的,又没有形成一个良好的处理项目事务的机制。这种管理模式的后果,是政府各个相关部门直接面对 SPV 公司发号施令。我们说 SPV 公司只是 PPP 项目中代表社会资本方的主体,并不是 PPP 项目的主体。SPV 公司要执行政府相关部门直接下达的指令,心有余而力不足;不执行,又被认为合作不利。因此,必须要有一个实际的主体进行缓解,这一主体就是 PPP 领导小组。

27. 如何规范施工队伍的管理?

我们国家的经济改革是从计划经济体制转变为市场经济体制。在计划经济体制下,施工单位作为一个纳入计划内的具有编制的组织,实行的管理机制是所有的机械设备、管理人员、施工人员都是施工单位的资产和正式员工。有工程没工程都同样要给员工发放工资,因此,无经济考核可言。

进入市场经济以后,施工单位承接不到施工项目,也要为所有员工开支,施工单位不堪重负，纷纷解体。在尚未解体的施工单位中，也在不断地寻找适合市场经济发展的建筑施工企业的组织结构模式。为了适应市场经济的要求，2004 年建设部发布了《房屋建筑和市政基础设施工程施工分包管理办法》（建设部令第 124 号），开始在建筑施工领域推行建筑工程施工分包制。分包管理制度将建设工程分包分为专业分包和劳务分包。所谓专业分包是指，具有建筑工程相应专业资质的企业从发包人手中承接与其资质相适应的建筑工程项目。劳务分包是指劳务作业单位从施工总包或者专业分包手中承接劳务分包业务。市场经济条件下，分工可以提高效率。因此，专业分包和劳务分包受到施工总承包单位的普遍欢迎。需要特别注意的是，施工总承包单位不得将建设工程施工项目的主体工程进行分包，必须自行进行施工作业。

如何认定建设工程施工项目的主体工程是由施工总承包单位自行完成？这种自行完成如果是建立在施工单位自己的施工队伍基础之上，则施工单位的施工队伍，同样会面临施工单位承接建设工程施工项目不足之时所承担的成本。为此，建设部令第124 号规定，建筑工程施工项目管理机构中的项目经理、总工程师、质量管理人员、安全管理人员是施工单位的雇佣人员，即可认定为该建设工程项目施工是由施工单位自行完成。所谓本单位的雇佣人员是指与施工总承包单位有合法的人事或劳动合同、工资以及社会保险关系的人员。

这里我们可以观察到，官方对建设工程施工单位的改革方向，是将建筑工程施工企业的管理职能与建设工程施工企业的施工作业职能相对分离。施工项目的管理职能由施工总包单位和专业分包单位履行，施工项目的施工作业由劳务分包单位履行。经过十几年建筑工程施工分包的推行，目前我们国内的建筑工程市场，基本上能够满足建筑施工总包单位对专业分包和劳务分包的需求。

建筑工程施工企业的收益由人、材、机、管理费、利润构成，人是施工队伍的核心。目前全国普遍开展了建筑工程施工项目全员实名制管理，全员工资通过地方政府规定的银行进行代发，这样使得分包单位或者劳务分包单位希望通过压缩施工人员的工资以增加工程利润的空间基本消除；施工材料采购是建筑工程施工项目主要利润来源之一，建筑施工领域实行的增值税管理改革，使施工材料的采购由第三方实施的路径被切断；在市场经济发展的今天，主要机械设备完全由施工单位自备已经不是市场的主流，更多的施工单位已经选择了轻资产运作，对施工需要的机械设备，通常采用临时租赁的方式来解决。此外，国家对项目经理也采取了最严格的管理方式，一位持证项目经理只能够在一个建筑工程项目中任职。

在市场经济规律的引导以及政府一系列改革推动下，建筑工程市场的施工队伍新模式初现端倪。施工单位以持证项目经理为核心，总工程师、质量管理员、安全管理员为基础，即构成施工单位自行的施工队伍，至于具体的施工作业人员是与施工单位建立了雇佣关系的人员还是劳务分包单位的人员，都不影响工程为施工单位自行组织实施施工的性质，也为法律政策所接受。当然，这"四大员"每月在岗期间必须达到当地政府的最低要求，否则，会被认定为"挂证"。

28. 如何做好施工单位劳动用工管理？

我们国家的建设工程劳务市场也是伴随着改革的发展经历着制度性的变化。2005年，建设部发布了《关于建立和完善劳务分包制度发展建筑劳务企业的意见》（建市〔2005〕131号），该意见设立了劳务分包资质管理制度。在之后的十余年里，劳务分包制度对建筑劳务市场的发展起到了积极的推动作用。在市场经济作用下，劳务分包制度也不断地丰富和完善。经过十多年的市场整合，2016年2月18日，住房和城乡建设部发布《关于宣布失效一批住房城乡建设部文件的公告》（住房和城乡建设部公告第1041号）公告中建市〔2005〕131号文名列其中。这意味着劳务分包资质制度在我们国家建设工程劳务市场完成了它的历史使命。

劳务资质取消之后，国家希望建立以市场为导向、以关键岗位自有工人为骨干、劳务分包为主要用工来源、劳务派遣为临时用工补充的符合建筑行业特点的用工方式。通过对建筑工人实现公司化、专业化的管理，使建筑工人权益保障体系逐步完善，最终实现建筑工人就业高效、流动有序、职业技能培训考核评价体系完善、建筑工人权益得到有效保障，形成一支知识型、技能型、创新型的建筑工人大军。

在行业发展上，改革建筑施工劳务资质，大幅降低准入门槛。国家鼓励有一定组织管理能力的劳务企业引进人才、设备向总承包和专业承包企业方向发展，鼓励大型劳务企业充分利用自身优势，搭建劳务用工信息服务平台，为小微专业作业企业与施工企业提供信息交流渠道，引导小微型劳务企业向专业作业企业转型发展，进一步做专做精，大力发展专业作业企业。鼓励和引导现有劳务班组或有一定技能和经验的建筑工人成立以作业为主的企业，形成专业优势，参与市场竞争。

国家推行建立建筑工人全员实名制管理制度。对建筑企业所招用的建筑工人，从就业、培训、技能和权益保障等方面，以真实身份信息认证方式进行综合管理。进入施工现场的建设单位、承包单位、监理单位的项目管理人员及建筑工人均纳入建筑工人实名制管理范畴。建筑工人实名制信息有基本信息、从业信息、诚信信息等基本信息，包括建筑工人和项目管理人员的身份证信息、文化程度、工种技能等级和基本安全培训等信息。从业信息通常包括工作岗位、劳动合同签订、考勤工资支付和从业记录等信息。诚信信息应包括诚信评价、举报投诉良好及不良行为记录等信息。

总承包企业对所承接项目的建筑工人实行实名管理负总责，分包企业对其招用的建筑工人实名制管理负直接责任，配合总承包企业做好相关工作。总承包企业应以真实身份信息为基础，采集进入施工现场的建筑工人和项目管理人员的基本信息并及时核实，实时更新，真实、完整记录建筑工人工作岗位、劳动合同签订情况、考勤工资支付等从业信息。建立建筑工人实名制管理台账，按照项目所在地建筑工人实名制管理要求，将采集的建筑工人信息及时上传相关部门。建设单位按照工程进度，将建筑工人工资按时足额支付至建筑企业在银行开设的工资专用账户。

建筑企业应配备实现建筑工人实名制管理所必需的硬件设施设备。施工现场原则上实行封闭式管理，建立进出场门禁系统，采用人脸、指纹等生物识别技术进行电子打卡。不具备封闭式管理条件的工程项目，应采用移动定位、电子围栏等技术实施考勤管理。相关电子考勤和图像影像等电子档案保存期不少于两年。

国家对当前建设工程劳务人员的管理，突破了企业用工合同具有相对性的原则，"一棍子插到底"，使所有的违法用工形式无处可逃。为了给予企业用工最大的自主性和灵活性，同时又保证建设工程施工质量，明确了建设工程管理机构的项目经理、技术负责人、质量员、安全员为企业自有员工，该项目即认定为企业以自有队伍施工的边界。使建筑施工企业与劳务分包企业有了更多的市场合作空间。

第 **9** 章

建设工程
计价风险管控

1. 我国的建设工程造价体系是如何变迁的?

我们国家进行社会主义建设,在中华民族的历史上是一件前无古人的事业。因此,新中国成立初期,中国的社会主义事业如何进行建设,没有现成的道路可走。只有学习、借鉴社会主义的老大哥——苏联的经验模式。说是学习、借鉴,更多的还是采用"拿来主义"。苏联当时所建立的是计划经济体系,因此,我们国家也随之建立起计划经济体制。

建设工程领域的计划经济体现在工程建设项目概预算的定额制度。在这种制度下,建筑工程的人、材、机、管理费等所有的价格都由国家统一规定。建设产品的价格是通过计划分配的建设工程项目按照定额消耗而形成的计划价格,定额中一项作业所含的人、材、机的消耗量和与之对应的价格均有明确规定。在计划经济体制下,国家是投资人,施工单位是国家经营的单位,材料、机械都由国家经营的单位提供,在当时我们国家的生产力水平相对较低,建设工程实施过程中更多的是以劳动力为核心,使用的是人挖肩扛的作业方式,作业技术含量偏低的情况下,定额制对推行建设工程行业的发展,也起到了积极的促进作用。改革开放之后,我们国家在建设工程领域引进先进的施工作业方式和先进的工程管理经验,建设工程领域的作业技术含量迅速提高,建立在计划经济基础上的定额制,无法适应国内高速发展变化的建设工程领域市场化的需求。

1978年党的十一届三中全会之后,我国开启了改革开放的历程。百废待兴,建设工程领域也一样。由于对改革的认识不清,对市场经济了解不够,采取的是"摸着石头过河"的改革策略,建设工程要上马,必须要有概预算,于是以"文革"前发布的《全国建筑安装统一劳动定额》为基础,1979年国家编制并颁发了《建筑安装工程统一劳动定额》。为了能够使之因地制宜地实施,各省、自治区、直辖市相继设立了定额管理机构,企业配备了定额人员,并在此基础上编制了本地区的《建设工程施工定额》。1981年,国家建委组织编制了《建筑工程预算定额》(修改稿),各省、自治区、直辖市在此基础上于1984年、1985年先后编制了适合本地区的建筑安装工程预算定额。由此,我们国家建立了投资、建造以定额为计价基准的建设工程计价体系。

随着我国建筑领域市场化发展不断地深入,建设工程的投资主体由单一的政府投资转为多元化的投资主体。在市场竞争的推动下,业主将招标投标方式作为施工单位承接建设工程施工项目的主要方式。定额制的建设工程各子项目工程量之额度与价格的刚性,使得按照定额进行建设工程招标投标报价,体现不出市场竞争主体的实力,招标投标方式发挥不了对市场参与者进行优胜劣汰的作用。此矛盾倒逼着建筑领域管理方式的改革。

1990年成立了中国建设工程造价管理协会,其目的就是为了推动建设工程造价改革。1992 年，全国工程建设标准定额工作会议以后，我国的建设工程造价管理从量、价统一的定额管理开始向量、价分离的方向转变，即"量"还是按照定额统一额度，"价"定额不再规定实行放开，逐步建立以市场机制为主导，由政府职能部门实行协调、监督，与国际惯例全面接轨的工程造价管理机制。一个良好的机制，必须要有与之相适应的人才队伍才能实现。1996 年国家人事部和建设部确定设立注册造价工程师制度，组织实施全国造价工程师执业资格考试，1999 年建设部实施工程造价咨询单位资质行政许可，通过对人与单位的资质管理，为将来建设工程造价实行量价分离做好人才准备。

2003 年，建设部发布《建设工程工程量清单计价规范》GB 50500—2003，以国家标准的形式，确定了建设工程造价量价分离的实施依据，是我国建设工程造价由计划经济的定额制转向市场经济体制自主定价的里程碑。为了紧跟市场，不断完善清单计价规范，2008 年对清单计价规范修正后重新发布为《建设工程工程量清单计价规范》GB 50500—2008。2013 年 7 月，在此修改后的《建设工程工程量清单计价规范》GB 50500—2013 正式实施。经过十年的摸索、推广、修正，《建设工程工程量清单计价规范》已经成为我国建设工程市场招标投标报价的主要形式，有力地配合了《招标投标法》的实施，为从根本上大幅降低了建设工程发承包双方的市场风险，建立一个良好的建设工程营商市场环境成为可能。

2. 如何运用定额解决工程量之纠纷？

我们国家的建筑工程定额是计划经济时代创立的，延续至今。今天的定额与过去相同的方面是指在正常的施工条件和合理劳动组织、合理使用材料及机械的条件下，完成单位合格产品所必须消耗资源的数量标准，其中的资源主要包括在建设生产过程中所投入的人工、机械、材料和资金等生产要素；不同的是今天的定额除了规定的数量标准、具体的工作内容、质量标准和安全要求等以外，价格不再有强制执行力，仅供参考。

定额有很多种分类，按照适用范围可以分为全国性定额和地方性定额。20 世纪90 年代初，国家开始推行建设工程定额量价分离之后，在 1995 年发布了全国性定额《全国统一建筑工程基础定额》，该定额是完成规定计量单位分项工程计价的人工、材料、施工机械台班消耗量标准；是统一全国建筑工程预算工程量计算规划、项目划分、计量单位的依据；是编制建筑工程（土建部分）地区单位估价表确定工程造价、编制预算定额及投资估算指标的依据；也是作为制定招标工程标底、企业定额、投标报价的基础。基础定额是依据现行有关国家产品标准设计规范和施工验收规范、质量评定标准、安全操作规程编制的，并参考了行业地方标准以及代表性的工程设计施工资料和其他资料。地方性定额依据全国性定额，结合本地区的建筑工程市场具体情况，由当

分部分项工程和单价措施项目清单与计价

工程名称：A项目

序号	项目编号	项目名称	项目特征表述	计量单位	工程量	金额（元）			
						综合单价	合价	其中	
								定额人工费	暂估价
				土（石）方工程					
2	010101003001	挖基础槽沟土方	1. 土的类别：三类 2. 挖土深度：4.0m 3. 弃土运距：现场内运输堆放距离为50m，场外运输距离为3km	m³	500				

图 9-1　A 项目清单计价表格

地政府发布。1995 年之后，国家就没有再发布新的基础定额，各省级政府建设主管部门根据各自的情况，都在不断地更新地方性定额。

《建设工程工程量清单计价规范》发布之后，工程量清单报价成为建筑工程市场投标报价的主流，但这并不意味着定额制的衰退。定额制仍然是清单计价制不可或缺的技术支撑。我们通过一个案例来观察定额与清单计价的关系（图 9-1）。

图 9-1 是 A 项目招标工程量清单分部分项工程和单价措施项目清单与计价。项目编号为 010101003001，作为工程量清单报价中的一项，该项符合招标清单编制的规范，投标人只要将金额项下的各项空白表格填报完毕，就完成了该项工程量清单的报价。一旦中标，编号为 010101003001 项目的工程造价即锁定，双方不会再在此项目上对工程的内容和工程金额发生争议，但这只是理论上的。

在实际施工中，往往并不是完全能够按工程量清单中所载明的项目特征进行施工的，比如本项目特征表述为 3 项。土类别为三类，意味着施工场地为三类土。但是，在实际施工过程中，无法保证施工场地内所有区域的土都是三类土。可能有的地方是一类土，有的地方是二类土，有的地方则是四类土。三类土在定额中只是作为计价的一个取费标准参数。尽管通过招标投标程序，该子项的金额已经确定，但是，由于土方类别三类是选择的一个基准项，故在建设工程实际计价、结算之时，要根据现场实际土的类别进行调查。定额中将土分为一、二、三、四类，选择以三类为基准土，并且提供了三类土与一、二、四类土计价换算的具体系数。这样第一灵活解决了现场土类的差异性，第二解决了发包人和承包人就不同类型的土计价差异分歧发生的可能性。

　　我们在此仅以此例来说明定额对清单计价的效用。据此，我们可以看到，当发包人和承包人之间就工程造价发生纠纷之时，双方首先要对发生纠纷的清单项目做出精确判断。究竟属于工程量清单项目编号下哪一项发生了分歧，通过项目特征表述来甄别分歧的产生原因。项目特征表述不足以厘清差异时，应当借助定额对项目特征表述进行进一步地清晰和完善，以聚焦双方的差异点。我们国家第一部《建设工程定额》是 1955 年发布实施，经过几十年的不断修改完善，当前我们国家的基础定额配合地方性定额已经完全覆盖了建设工程施工过程中通常发生的分歧点。可以坦然地说，建设工程发包和承包方之所以会发生诸多的争议，最根本的原因还是缺乏对清单计价规则和国家定额的准确理解。坦率地说，进入空白地域，基本上属于不可能发生的小概率事件。

3. 如何认识清单计价规范在工程计价中的作用？

　　20 世纪末，我国加入了 WTO。市场的开放使得建筑工程定额制的计价体系与国际上通行的工程量清单计价体系在建筑工程市场形成的冲突不可调和。2003 年，发布了《建设工程工程量清单计价规范》GB 50500—2003（简称"03 规范"），开启了我国建设工程造价量价分离的先河，一改定额制报价体系一统天下的局面，实现了国内建筑工程领域报价体系与国际接轨，为建立市场化的建设工程市场提供了技术保障。

　　在当时的社会背景下，该规范的推出，更多地是体现出建设工程领域造价改革开放的姿态，一种全新的建设工程计价体系的出现，对于规范的编制人员以及广大的一线造价工程师都是一个全新的课题。由于实行清单计价，在国内也没有现成的经验可以借鉴。因此，该规范作为一本刚起步的清单计价规范，主要侧重于工程招标投标中的工程量清单计价，对工程合同的修订、工程计量与计价支付、工程价款调整、索赔和竣工结算等方面缺乏相应的规定。表现在实践中，难以为国内建设工程市场所接受。

　　在 03 规范与定额制并行的几年里，国家就开始着手对 03 规范进行修订。2008 年发布了修订后的《建设工程工程量清单计价规范》GB 50500—2008（简称"08 规范"），扩展了规范的使用范围，将 03 规范主要侧重于工程招标投标中的工程量清单计价扩展为适用于工程量清单计价活动。将工程计价活动贯穿于建设工程计价全过程。从 08 规范的主文来讲，08 规范应该说基本上可以满足建筑市场清单计价的需求。但是，由于对工程量清单计价的规范性和复杂性认识还不足，附录部分没有调整，使得具体项目适用 08 规范所使用的往来文件、文本格式各异，文件所含的内容也千差万别，对规范的理解花样百出，大大削弱了 08 规范的规范性。为此，2013 年发布了修订后的《建设工程工程量清单计价规范》GB 50500—2013（简称"13 规范"），对 08 规范的主文和附录都做了特别的修正、充实、完善，使得 13 规范具有了直接的可操作性。

13 规范它不仅仅是一个计价的规范，它实际上是一个计价体系。13 规范共设置 16 章 54 节 329 条、11 个附录。有 9 个国家标准计算规范与之配套。13 规范《建设工程工程量清单计价规范》为母规范，各个工程量计价规范配套了工程计价标准体系，分别是《房屋建筑与装饰工程工程量计算规范》GB 50854—2013、《仿古建筑工程工程量计算规范》GB 50855—2013、《通用安装工程工程量计算规范》GB 50856—2013、《市政工程工程量计算规范》GB 50857—2013、《园林绿化工程工程量计算规范》GB 50858—2013、《矿山工程工程量计算规范》GB 50859—2013、《构筑物工程工程量计算规范》GB 50860—2013、《城市轨道交通工程工程量计算规范》GB 50861—2013、《爆破工程工程量计算规范》GB 50862—2013。

13 清单计价将其使用范围扩展到建设工程发承包及实施阶段的计价活动。适用的范围为房屋建筑与装饰装修、仿古建筑工程安装工程、通用安装工程、市政工程、园林绿化工程、矿山工程、构筑物工程、城市轨道交通工程、爆破工程的计价活动，贯穿于工程量清单编制、招标控制价编制、招标投标价编制、工程合同价款的约定、工程施工过程中工程计量与合同价款的支付、索赔与现场签证、合同价款的调整、竣工结算的办理和合同价款争议的解决以及工程造价鉴定等活动，涵盖了工程建设发承包以及施工阶段的整个过程。

《建设工程工程量清单计价规范》是住房和城乡建设部、国家质量监督检验检疫总局于 2012 年 12 月 25 日发布，2013 年 4 月 1 日实施的国家标准。国家标准有强制性条款和推荐性条款，强制性条款必须执行，推荐性条款可以参照执行。发包人与承包人将推荐性条款引入合同文件之中，则推荐性条款对双方都具有约束力；没有引入合同之中，推荐性条款的性质属于交易习惯的范畴，在双方合同中没有约定的情形下，发生纠纷可以参照国家标准的推荐性条款分配双方的交易风险。

4. 工程量清单计价规范中的术语有何作用？

国家推行《建设工程工程量清单计价规范》GB 50500—2013（简称"13 规范"）是为了建立以市场为导向的建设工程造价机制。建设工程造价是一项技术含量很高的专业，国家专门设有造价工程师资质制度，以保证建设工程造价的规范性。对于建设工程从业者，固然不需要每个人都具备建设工程造价工程师的专业背景和职业资格，但是，对于一个基本合格的建筑工程从业者，对建设工程的一些基本术语应当有较为清晰的了解。这些行业术语集中体现在 13 规范之中。13 规范对 53 条术语进行了定义，庞大的术语定义为建设工程造价的统一性和精确性提供了技术支撑。我们对工程量清单术语进行观察。

工程量清单是指载明建设工程分部分项工程项目、措施项目、其他项目的名称和相应数量以及规费、税金项目等内容的明细清单。工程量清单分为招标工程量清单和标价工程量清单。所谓招标工程量清单是投标人购买招标人的招标文件中所附带的工程量清单。该工程量清单中报价一栏处在空白状态，有待于投标人填报。已标价工程量清单顾名思义，是指投标人已经在招标工程量清单中的报价栏中，将价格按照招标公告的要求填入报价而形成的工程量清单。建设工程的总体造价由分部分项工程项目费、措施项目费、其他项目费、规费和税金构成。分部分项工程是分部工程和分项工程的总称，分部工程是单项或单位工程的组成部分，是按结构部位、路段长度及施工特点或施工任务，将单项或单位工程划分为若干部分的工程；分项工程是分部工程的组成部分，是按不同的施工方法、材料、工序及路段长度等将分部工程划分为若干个分项或项目的工程。措施项目是指为完成工程项目施工，发生于该工程施工准备和施工过程中的技术、生活安全、环境保护等方面的项目。在这里我们可以观察到，建设工程项目与清单计价之项目，尽管所用的词是同一个词"项目"，但是它们的内涵和外延是完全不同的。在建筑工程计价范畴内，所称的计价项目均指在清单计价的名目下，具有唯一项目编码的计价单位。建设工程造价构成的每一个最小的计价单位都含有一个唯一的项目编码，该编码由 12 位阿拉伯数字表示，1 至 9 位为统一编码。其中，1、2 位为相关工程国家计量规范代码，3、4 位为顺序码，5、6 位为分部工程顺序码，7～9 位为分项工程项目名称顺序码，10～12 位为清单项目名称顺序码。每一个清单项目对应一个综合单价。综合单价是指完成一个规定清单项目所需的人工费、材料和工程设备费、施工机具使用费和企业管理费、利润以及一定范围内的风险费用。该清单项目之对价已包含了投标人完成该清单项目下描述的项目特征的施工作业所应当承担的商业风险，清单项目以外的风险不在工程量清单项目报价的范畴之内。

术语将建设工程的合同计价定义为三种形式：单价合同、总价合同和成本加酬金合同。单价合同指的就是以工程量清单综合单价作为报价元素的计价方式，其基本特征是单价保持固定不变，工程量按照承包人实际完成的应当予以计量的工程量确定。总价合同是为了满足发包人能够较为准确地控制工程造价的需求而使用的一款合同。其计价方式通常是建立在施工图已经完成的基础上，根据施工图预算而确定的合同总价。在施工图不发生变化的情况下，整个工程结算金额不予调整。成本加酬金模式更多的是使用在业主和施工单位要进行一种全新的建设工程施工模式，双方对工程的技术、材料、施工工艺都不能够给予较为清晰的预判的情形下而采用的一种计价模式，具有较为明显的摸索、探索、积累经验的工作性质。工程量清单报价中各清单项目应消耗多少的工程量，由投标人根据自己的企业定额确定，这体现了企业的施工能力和技术水平。价格通常是按照工程造价信息价进行报价。工程造价信息价是当地官方工程造价管理机构根据调查和测算发布的建设工程人工、材料、工程设备、施工机械台班的价格信息以及工程造价指数、指标。投标人根据发包人指定的具体某一时点的工程造价信息进行报价，使各投标人的市场竞争力具有可比性。

5. 何为工程量清单计价方式？

我们说市场经济是法治经济，市场竞争是有序的竞争。为了构建竞争有序的建设工程市场，《建设工程工程量清单计价规范》GB 50500—2013 将建设工程的施工工程量进行最小单位化的划分，将其划分为最小的作业项目，基础项目统一规定，特殊项依序增减，而对应的价格予以放开。在工程量进行细分最小化的前提下，各投标人对每个最小单位的项目进行报价，逐级统计，从而形成最终的项目报价，达到实现市场有序竞争的目的。投标人对建设工程项目的招标文件进行实质性的响应，应当按照招标人提供的招标工程量清单中的各项清单项目进行报价，不按照这一规则报价或者说擅自调整招标工程量清单中的工程量清单项目内容，投标人将面临着被废标的风险。因此，建设工程发承包双方对建设工程的造价构成必须有清楚的了解。建设工程的造价由分部分项工程费、措施项目费、其他项目费、规费和税金构成。各项的构成详见图 9-2 ～图 9-7。

> **《建设工程工程量清单计价规范》GB 50500—2013**

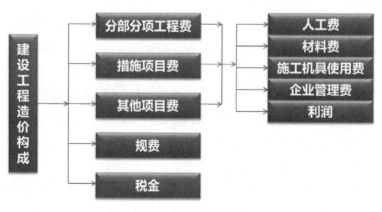

图 9-2　建设工程造价构成

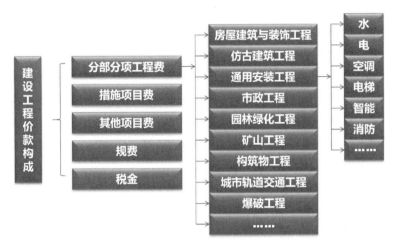

图 9-3　分部分项工程费构成

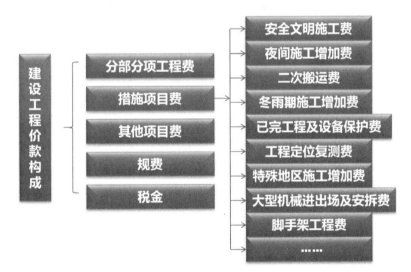

图 9-4　措施项目费构成

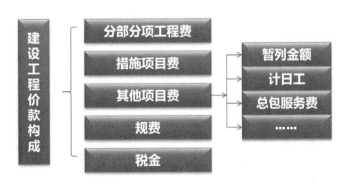

图 9-5　其他费用构成

图 9-6　规费构成

图 9-7　税金构成

　　按照《建设工程工程量清单计价规范》GB 50500—2013 编制招标投标文件进行招标投标，发包人能够通过工程量清单所确认的工程量，以及投标人给出的报价，清晰、准确地选择有竞争力的潜在投标人。潜在投标人依据投标文件中按照工程量清单、图纸所编制的施工组织设计组织施工，招标人在招标投标之时，就能基本判定项目未来的履行，实现合同目的的可靠性。

　　如发包人不按照《建设工程工程量清单计价规范》GB 50500—2013 编制招标文件，而选择综合单价报价的方式进行招标投标，由于其招标文件的不规范性，使其在招标投标过程中不能选择出对其利益最大化的施工单位，同时，在未来建设工程结算时，由于招标文件缺乏规范性，对最终的结算金额也就缺乏应有的预见性，因此发包人要承担更大的市场风险。一旦发生纠纷，发包方退而求其次希望按照规范的清单计价方式计价，由于在编制招标文件之时就没有按照《建设工程工程量清单计价规范》进行编制，因此双方履行的建设工程施工合同，不具备按照清单计价规范计价的基础事实，项目结算将进入司法鉴定。由于合同的纠纷是由发包人的招标文件不规范所造成的，此发包人在最终的司法裁判中所获得的利益，按照我们国家现行的司法体制，不会高于按照规范的方式编制招标投标文件所应获得的利益。因此，发包人选择非规范性的清单计价方式进行招标投标，第一受害人就是发包人自己。其次，招标文件必须由具有造价资质的专业人员编制，清单编制应当有注册造价工程师的签名与盖章。招标文件的清单编制严重违背《建设工程工程量清单计价规范》，意味着造价工程师的失职、造价咨询机构的违约。发包人可以依法向造价咨询机构主张损失赔偿，注册造价工程师也会受到相关管理部门的处罚，直至吊销执照。因此，非规范性的工程量清单招标文件的编制，对甲方和甲方聘请的造价咨询机构都存在着巨大的市场风险。

6. 计价风险如何分配？

我们国家当下的市场经济仍然是一个处在由计划经济向市场经济转化过程之中的市场经济。看不见的手在这个市场经济中发挥了其应有的作用。但是，在这个市场中，我们时常还能感受到有另一只手——政府之手，时常出没在市场之中。

市场经济告诉我们：市场是买卖双方决定交易价和量的机制。市场交易价和量的决定权在于交易双方的博弈，不存在第三方力量的影响，因此，整个市场处在充分的竞争状态之中。在这种竞争状态下，各市场主体都能实现各自利益的最大化。但是，我们国家目前的市场化程度，还远远不能达到充分竞争的状态。

不能达到充分竞争状态，市场的利益就会失衡。体现在建设工程市场就是承包人的合法权益得不到有效保护。为了平衡市场参与主体的利益，《建设工程工程量清单计价规范》GB 50500—2013 第 3.4.1 条规定："建设工程发承包，必须在招标文件、合同中明确计价中的风险内容及其范围，不得采取无限风险、所有风险或类似语句规定计价中的风险内容及范围。"该条款在 08 规范中是推荐性条款，13 规范中将其升格为强制性条款。

我国的建筑工程市场一经开放引入竞争，业主就处在市场的优势地位。在不充分竞争的市场机制下，市场竞争逐步演变为价格竞争。不充分的竞争必然会引发竞争力集中，最终某些承包人因不堪价格的压力引发道德风险，卷款而逃，从而引发社会问题。每年年底国家都要花出大量的时间和精力来解决进城务工人员工资的问题，其根本意图在于维护社会的稳定。第 3.4.1 条以强制性条款的形式否定了强加在承包人头上的无限风险，为承包人能够公平地与发包人进行市场议价，提供了法律支撑。

13 规范根据国家法律、法规、规章和政府政策发生变化；省级或行业建设主管部门发布的人工费调整；由政府定价或政府指导管理的原材料等价格进行调整引发的风险分配给发包人列为推荐条款。对于市场价格波动影响合同价款的规范规定，双方有约定按照约定；没有约定的，承包人采购材料和工程设备的，应在合同中约定主要材料、工程设备价格变化的范围和幅度，没有约定，且材料、工程设备单价变化超过 5% 的，超过部分的价格，应当按照 13 规范附录 A 的方法计算和调整材料、工程设备费。

在招标投标过程中，经常还会遇到一个困惑。发包人的工程量清单中出现了缺、漏、错项。对于一个合格的投标人而言，是否要在招标投标答疑过程中向发包人提出？提出过多，投标人必然要投入较大的时间、精力和资源，是否能中标尚不得而知；不提出，一旦中标，发包人认为作为一个合格的投标人，应当能够审查发现招标文件中的瑕疵，在给予了纠正的机会和程序之后，承包人没向发包人提出招标文件中存在的瑕疵，依据招标公告，承包人已将瑕疵中的成本计入报价清单项目价格之中，发包人不予调整。这种困惑令承包人始终处于纠结之中，难以有应对的良策。13规范第4.1.2条规定："招标工程量清单必须作为招标文件的组成部分，其准确性和完整性应由招标人负责。"该条款同样是强制性条款。将招标人招标工程量清单中的缺、漏、错项的风险承担分配给了招标人，使承包人应对招标工程量清单中的瑕疵风险，有了法律依据。

7. 如何确认清单项目中包含的风险范围？

我们说建设工程清单项目是建工程项目最小的计价单元，由项目编码确定。清单项目所对应的价格就是综合单价，综合单价包含着完成该项目特征表述项下的所有的工作内容以及应当承担的商业风险（图9-8）。

项目编号为010103002001的清单项目，是A项目中的一部分。项目名称为余方弃置，意味着多余的土方要外运做抛弃处置。项目特征表述载明弃土的运输距离为3km，计量单位为立方米，总工程量为100m³。综合单价项下所应填报的价格为1m³弃土运距3km的价格。投标人一旦中标，该综合单价即为固定单价，不得调整。这是综合单价报价的基本原则。

合同在实施过程中，准备执行余方弃置项目之时，突然发现在工地3km之内的弃土场地被相关单位关闭，弃土必须另寻场地。最近的纳土场地距工地5km。由于承包人在投标的时候是按照3km/m³进行的报价，项目执行中实际弃土距离要改为5km，

分部分项工程和单价措施项目清单与计价表

工程名称：A项目

序号	项目编号	项目名称	项目特征表述	计量单位	工程量	金额（元）			
						综合单价	合价	其中	
								定额人工费	暂估价
土（石）方工程									
4	010103002001	余方弃置	弃土运距：3km	m³	100				

图9-8　A项目清单计价表格

在此种情形下，发包人应当对超过 3km 的部分——2km 给予承包人补偿。发包人和承包人可以通过现场签证解决，这通常都不会存在异议。

　　容易发生争议的是，承包人在执行余方弃置项目之时，发现了有更近距离的纳土场地，弃土距离只有 2km。在此种情形下，节省下来的 1km 运土费用，发包人是否可以扣减。发包人最充分的理由就是：运距增加，给予承包人补偿；运距缩短，相应的缩短距离对应的费用，发包人予以扣回。这是基于交易的公平性。

　　如何化解这一类争议，是发承包双方应关注的重点。我们说建设施工合同的当事人是发包人与承包人。建设工程招标投标也称之为建设工程发包与承包。建设工程承包施工与建设工程施工有没有区别？区别在哪里？建设工程承包制是承包人在工程量和总价确定的情形下，结余归己、亏损自担的商业模式。而建设工程施工模式只是施工方与建设方据实结算、多退少补的商业模式。因此，承包制的建设工程施工项目的承包人所承担的商业风险比据实结算的建设工程施工人所承担的商业风险更高，因而应该获得更多的回报。了解了这两种商业模式的不同交易结构，就比较容易解决弃土距离减少应当如何应对。承包人按 3km/m³ 报价，意味着在 3km 运费的总价之内，完成工程任务之后的结余部分归承包人所有，若亏损也由承包人承担。因此，弃土距离改为 2km、1km 乃至更近，节省下来的费用按照承包制的商业模式，应当归承包人所有。增加了 2km 运程，因为增加 2km 的工作内容不在 A 项目的 010103002001 清单项目范围之内，清单项目之内的各种风险都包含在综合单价之中，未包含在清单项目内的工作内容，发包人要求实施，属于另外增加的工作内容，不在承包人承担风险的范围之内。因此，发包人应当另行支付对价。

　　反之，如果按照发包人的思路，超过 3km 的部分，发包人给予造价补偿；低于 3km 的部分，发包人应予扣回。这种计价方式就不成为建设工程承包方式，而是据实结算方式。《建筑法》第 3 章的标题就是"建设工程的发包和承包"，意味着在我国建设工程施工领域，业主方和施工方之间的法律关系、商业模式是建设工程发承包关系。处理建设工程施工合同中的任何问题，都不能离开甲乙双方是发包人和承包人这一基础法律关系。

8. 建设工程人工费如何计价？

　　《建设工程工程量清单计价规范》GB 50500 规定建设工程的造价由分部分项工程费、措施项目费、其他费用、规费和税金组成。其中分部分项费用、措施项目费、其他费用由人工费、材料费、机械台班费、管理费和利润构成。清单项目的报价即综合单价包含人工费、材料费、机械台班费、管理费、利润。由于综合单价是固定单价，因此，我们有必要进一步观察综合单价究竟综合进了哪些价格要素？这些价格要素又包含着哪些风险？市场经济条件下，所有的纠纷都是利益的纠纷。因此，对建筑工程承包合同我们要对价格构成有足够的了解，才可以在纷繁复杂的建设工程计价之争中保持清醒的认识，将风险化解在萌芽状态。本篇我们观察人工费。

建设工程领域招标投标报价的人工费与投标人实际结算的人工费不同，也与其他行业的人工费不同，这充分体现了现阶段建筑行业中国特色社会主义市场经济的特点。一般行业的人工费都由两部分组成：一是直接支付给劳动者的劳动报酬；二是为劳动者缴纳的社会保险金。《建设工程工程量清单计价规范》GB 50500 将劳动报酬与社会保险分离，人工费仅指支付给劳动者的报酬，社会保险金在规费中计价。对于整个建设工程施工项目，承包人需支付的人工费用仍然是人工费和社会保险金之和。

建设工程造价的构成随着行业的发展也会作出相应的调整，人工费也是如此。2013 年，建设部发布《建筑安装工程费用项目组成》（建标〔2013〕44 号），对建设工程施工项目人工费规定如下。

人工费：是指按工资总额构成规定，支付给从事建筑安装工程施工的生产工人和附属生产单位工人的各项费用。内容包括：

（1）计时工资或计件工资：是指按计时工资标准和工作时间或对已做工作按计件单价支付给个人的劳动报酬。

（2）奖金：是指对超额劳动和增收节支支付给个人的劳动报酬，如节约奖、劳动竞赛奖等。

（3）津贴补贴：是指为了补偿职工特殊或额外的劳动消耗和因其他特殊原因支付给个人的津贴，以及为了保证职工工资水平不受物价影响支付给个人的物价补贴，如流动施工津贴、特殊地区施工津贴、高温（寒）作业临时津贴、高空津贴等。

（4）加班加点工资：是指按规定支付的在法定节假日工作的加班工资和在法定日工作时间外延时工作的加点工资。

（5）特殊情况下支付的工资：是指根据国家法律、法规和政策规定，因病、工伤、产假、计划生育假、婚丧假、事假、探亲假、定期休假、停工学习、执行国家或社会义务等原因按计时工资标准或计时工资标准的一定比例支付的工资。

以上人工费是建设工程施工项目各清单项目所对应的综合单价中人工费所包含的内容。人工费总额由承包人控制，承包人给予生产工人的工资高，所能用于奖金部分的人工费就少，这是承包人对人工费所应承担的风险。承包人安排的加班时间多，总工期可以缩短，从而减少人工费支付额度，但是要增加支付加班费，这是承包人应当承担的人工费风险。人工费与工期有着直接的关联性，建设工程施工项目的总人工费对应的是建设工程施工工期。发包人要求缩短工期，则改变了建设工程施工合同人工对应的施工工期，意味着承包人要增加资源投入以提高工作效率才能缩短工期，由此，增加的费用应当由发包人承担。

9. 工程项目材料费包含哪些风险?

关于材料费风险分配,《建筑安装工程费用项目组成》(建标〔2013〕44 号)做如下规定:

材料费: 指施工过程中耗费的原材料、辅助材料、构配件、零件、半成品或成品、工程设备的费用, 内容包括:

(1) 材料原价: 指材料、工程设备的出厂价格或商家供应价格。

(2) 运杂费: 指材料、工程设备自来源地运至工地仓库或指定堆放地点所发生的全部费用。

(3) 运输损耗费: 指材料在运输装卸过程中不可避免的损耗。

(4) 采购及保管费: 指为组织采购、供应和保管材料、工程设备的过程中所需要的各项费用, 包括采购费、仓储费、工地保管费、仓储损耗。

工程设备是指构成或计划构成永久工程一部分的机电设备、金属结构设备、仪器装置及其他类似的设备和装置。

从以上规定, 我们可以观察到:

材料原价, 使用的是"原价"这一词, 而非"价格"。说明所有的材料必须是"一手货", 不能是"二手货", 即使是承包人其他项目上没有使用完毕的剩余材料也不得使用。一旦发现使用在工地上, 发包人通常有两种解决的方式: 第一, 折价, 所折之价当然是要令发包人满意, 发包人满意意味着承包人无利可图, 还要承担该类材料质量瑕疵所应当承担的保修责任, 承包人得不偿失; 第二, 拆除重做, 材料成本、工期延误、人员工资都包含在此清单项目、分项项目、分部项目报价之中, 这属于包含在承包人综合单价报价中的风险。我们在招标文件中、合同文本中都看不到建设工程施工材料必须使用全新的出厂材料的表述, 不是文件存在漏洞, 而是在合同的综合单价的组价中已经将其包含在内了。所有的具有资质的造价工程师都会按照《建筑安装工程费用项目组成》(建标〔2013〕44 号)对建设工程施工项目综合单价进行组价。违背这一原则进行组价, 造价工程师会被投诉、造价机构资质会面临被吊销的风险。

施工单位购买的材料和设备必须按照建设工程施工合同约定的材料名称、规格、品牌、型号进行采购。承包人改变采购材料中的任何一项指标, 意味着更改了清单项目下的标的物。即使改变的材料对原材料具有完全的可替代性, 也违背了市场是买卖双方决定交易价和量的机制的属性, 市场不会因为承包人提供的替代品完全能够替代合同约定的材料, 乃至比合同约定的材料质量、性能更加优异, 而否定承包人的违约性。这是合同无因性性质的体现, 合同的约定必须无条件履行, 民事主体的动机不会改变民事法律行为的性质。

运杂费、运输损耗费、采购及保管费所对应的都是承包人所采购的材料所发生的费用。在我们工程实践中，存在着大量发包人提供材料的情形，通常称之为甲供材料。甲供材料运至现场，无论甲方与供应商在采购合同中如何约定，只要甲方安排承包人卸货，将甲供材料搬运至工地仓库，甲方就应当另行向承包人支付运杂费。尽管综合单价中已经包含了运杂费，但此运杂费所对应的材料是标价工程量清单中具有项目编码的材料。甲供材料因为是发包人直接供货，标价工程量清单中是没有甲供材料的项目编码的，因此，综合单价中的运杂费，不含甲供材料的运杂费。保管费同样如此。

10. 建设工程项目机械台班费报价包含哪些内容？

13 规范中的机械台班费风险分配，在《建筑安装工程费用项目组成》（建标〔2013〕44 号）中明确规定如下：

施工机具使用费：是指施工作业所发生的施工机械、仪器仪表使用费或其租赁费。

（1）施工机械使用费：以施工机械台班耗用量乘以施工机械台班单价表示，施工机械台班单价应由下列七项费用组成：

1）折旧费：指施工机械在规定的使用年限内，陆续收回其原值的费用。

2）大修理费：指施工机械按规定的大修理间隔台班进行必要的大修理，以恢复其正常功能所需的费用。

3）经常修理费：指施工机械除大修理以外的各级保养和临时故障排除所需的费用，包括为保障机械正常运转所需替换设备与随机配备工具附具的摊销和维护费用，机械运转中日常保养所需润滑与擦拭的材料费用及机械停滞期间的维护和保养费用等。

4）安拆费及场外运费：安拆费指施工机械（大型机械除外）在现场进行安装与拆卸所需的人工、材料、机械和试运转费用以及机械辅助设施的折旧、搭设、拆除等费用；场外运费指施工机械整体或分体自停放地点运至施工现场或由一施工地点运至另一施工地点的运输、装卸、辅助材料及架线等费用。

5）人工费：指机上司机（司炉）和其他操作人员的人工费。

6）燃料动力费：指施工机械在运转作业中所消耗的各种燃料及水、电等。

7）税费：指施工机械按照国家规定应缴纳的车船使用税、保险费及年检费等。

（2）仪器仪表使用费：是指工程施工所需使用的仪器仪表的摊销及维修费用。

从以上规定我们可以观察到，机械台班费由施工机械使用费和仪器仪表使用费两部分构成。仪器仪表使用费相对简单，施工机具使用费则由七项构成。这细分的七个子项目，看似已经非常详细了，但是，在编制机械台班费用时，并不是造价工程师径直按照这七个子项目结合具体的施工工地机械台班使用量来编制，而是要按照 2015

年住房和城乡建设部颁布的《建设工程施工机械台班费用编制规则》（建标〔2015〕34 号）进行编制。

《建设工程施工机械台班费用编制规则》是我们国家第一部全国统一的建设工程施工机械台班编制规则。该规则统一了施工机械名称、规格、编码、台班费用组成及计算方法，是各地区（部门）编制本地区台班定额的基础。规则包括 6 章 47 款，附录 A 包括 12 个章节 953 条机械子目。机械编码由 9 位构成，第 1、2 位为施工机械类别总编码，第 3、4 位为施工机械分类编码，第 5、6、7 位为施工机械名称编码，第 8、9 位为施工机械的顺序编码，取消了施工机械特型、大型、中型、小型的划分。规则的内容分为编制规则、施工机械基础数据和施工机械台班参考单价三部分。其中编制规则是费用项目计算的规则和方法，基础数据是生成台班单价的必要数据，参考单价是各地区各部门确定建设工程施工机械台班单价的参考。

从机械台班费的构成与编制我们可以领略到建设工程造价的复杂性与严密性。造价中每一笔能够进入综合单价的金额，都能够追本溯源找到出处。同理，工程上的任何一项纠纷，我们都可以将其分解到人、材、机、管理费、利润名下，逐一还原，追溯到编码以及编码项下的内容与引发争议事实的差异，从而归类责任，化解纷争。

11. 建设工程项目管理费包含哪些内容？

我们说 13 规范中综合单价包含了人、材、机、管理费、利润，这里的管理费包含什么内容？《建筑安装工程费用项目组成》（建标〔2013〕44 号）也有明确规定。

企业管理费：是指建筑安装企业组织施工生产和经营管理所需的费用，内容包括：

（1）管理人员工资：是指按规定支付给管理人员的计时工资、奖金、津贴补贴、加班加点工资及特殊情况下支付的工资等。

（2）办公费：是指企业管理办公用的文具、纸张、账表、印刷、邮电、书报、办公软件、现场监控、会议、水电、烧水和集体取暖降温（包括现场临时宿舍取暖降温）等费用。

（3）差旅交通费：是指职工因公出差、调动工作的差旅费、住勤补助费，市内交通费和误餐补助费，职工探亲路费，劳动力招募费，职工退休、退职一次性路费，工伤人员就医路费，工地转移费以及管理部门使用的交通工具的油料、燃料等费用。

（4）固定资产使用费：是指管理和试验部门及附属生产单位使用的属于固定资产的房屋、设备、仪器等的折旧、大修、维修或租赁费。

（5）工具用具使用费：是指企业施工生产和管理使用的不属于固定资产的工具、器具、家具、交通工具和检验、试验、测绘、消防用具等的购置、维修和摊销费。

（6）劳动保险和职工福利费：是指由企业支付的职工退职金、按规定支付给离休干部的经费，如集体福利费、夏季防暑降温费、冬季取暖补贴、上下班交通补贴等。

（7）劳动保护费：是企业按规定发放的劳动保护用品的支出，如工作服、手套、防暑降温饮料以及在有碍身体健康的环境中施工的保健费用等。

（8）检验试验费：是指施工企业按照有关标准规定，对建筑以及材料、构件和建筑安装物进行一般鉴定、检查所发生的费用，包括自设实验室进行试验所耗用的材料等费用，不包括新结构、新材料的试验费，对构件做破坏性试验及其他特殊要求检验试验的费用和建设单位委托检测机构进行检测的费用，对此类检测发生的费用，由建设单位在工程建设其他费用中列支，但对施工企业提供的具有合格证明材料进行检测不合格的，该检测费用由施工企业支付。

（9）工会经费：是指企业按《工会法》规定的全部职工工资总额比例计提的工会经费。

（10）职工教育经费：是指按职工工资总额的规定比例计提，企业为职工进行专业技术和职业技能培训，专业技术人员继续教育、职工职业技能鉴定、职业资格认定以及根据需要对职工进行各类文化教育所发生的费用。

（11）财产保险费：是指施工管理用财产、车辆等的保险费用。

（12）财务费：是指企业为施工生产筹集资金或提供预付款担保、履约担保、职工工资支付担保等所发生的各种费用。

（13）税金：是指企业按规定缴纳的房产税、车船使用税、土地使用税、印花税等。

（14）其他：包括技术转让费、技术开发费、投标费、业务招待费、绿化费、广告费、公证费、法律顾问费、审计费、咨询费、保险费等。

从以上我们可以观察到，建设工程项目管理费包含14项。这意味着涵盖了项目管理所应当发生费用的各个方面。预示着承包人希望从企业管理费方面寻找子项目缺失而主张索赔，基本上没空间。同理，对于发包人而言，事无巨细的项目管理费已经记入了综合单价之中。一旦工期由于发包人的原因造成延误，延误期间的管理费也是按此标准计算，由发包人承担。

12. 施工单位如何获取合同之外的利润？

《建筑安装工程费用项目组成》（建标〔2013〕44号）将利润定义为施工企业完成所承包工程获得的盈利。这里很明确，施工企业完成的工程的模式是承包工程施工而非施工工程。承包的商业模式是在承包的价格范围之内，完成承包工作任务，结余的归承包人所有；创收部分的收益分配由发包人和承包人在合同中规定，这是承包模式的基本特性。承包的定价是建立在市场经济的基础之上，以风险作为定价的依据。因此，建设工程承包项目的结算不是"据实算价"。结算价既不是按照施工期间的市场材料价计算施工所消耗的材料费用，也不是按照工程实际形成的工程量来计算工程量费用。施工工程结算是建立在计划经济的基础之上，价格按照施工期间的材料价格计算，工程量按照施工单位实际完成的工程量计算，在此基础之上，计算出施工单位所获得的工程款。"据实结算"给人一种天然的公平感，但是在这种公平感的背后，所有的商业风险都由业主方承担。业主方为了减少自身承担的市场风险，选择承包模式。一旦选择承包模式，则"据实结算"的基础便不复存在。

研究承包模式的商业结构，我们就会发现：在我们国内的建设工程市场，存在着一个商业悖论。一方面市场的承包价格即拦标价普遍偏低，施工单位按照拦标价进行施工组织设计，在测算之时，就能发现项目利润空间非常有限。市场风险如此之大，为什么施工单位对建设工程项目却蜂拥而上？对这一问题做进一步的观察，我们就能发现：在我们国内的建设工程市场，建设工程招标投标之后，所谓的中标价并不当然地等于发包人和承包人最终的结算价。而结算价，是承包人最终利益所在。这意味着承包人在结算工程价款之时，结算价格普遍要高于结算价格。这是建设工程市场得以维系的基石。由此可知，施工单位要获得高额的利润，结算就必须突破招标所确定的拦标价。

国内当前的建设工程市场，有效突破拦标价的方式通常有四种：第一，不平衡报价；第二，霸王条款清理；第三，工程索赔；第四，诉讼。

第一，不平衡报价。不平衡报价是指在不突破招标拦标价的前提之下，通过对分部分项工程中的清单项目的综合单价报价金额高低的选择，实现既突破拦标价，又可以在工程结算之时能够获得更多利润的一种报价方式。这种报价方式是建立在工程量清单计价基础之上的报价。其有效性的基础是建立在投标属于要约，开标属于承诺的法律基础之上。因此，不平衡报价受到法律的保护，属于承包人的合法权益。不平衡报价成功的决定因素在于投标人对工程造价的商业性理解和造价技术水平的高低，是专业创造价值在建设工程领域的具体体现。

第二，霸王条款。由于发包人的专业技术水准普遍地弱于承包人，发包人为了有效维护自身的合法权益，防止决算金额超过拦标价，通常会在合同中安排一些明示的剥夺承包人合法权益或者增加承包人义务的条款。本着合同是当事人之间的法律的原则，霸王条款是发包人利用自身在市场经济中的优势地位，对承包人合法权益进行侵害的条款。化解该类条款的方法就是找到与该霸王条款相冲突的法律条款。本着约定不得违背法定的基本原则。该等霸王条款属于无效条款。当然，在浩如烟海的法律条文中，找到霸王条款所违背的法律之具体条款，化解风险，必须具备深厚的法律功底与对建设工程施工造价的深刻理解。

第三，工程索赔。索赔是承包人自认在建设工程施工过程中自身的权益受到了损害，而向发包人提出赔偿的行为。有索赔自然就有反索赔。索赔是发包方与承包方建设工程施工管理能力和水平的具体休现，是双方市场博弈的最终结果。高水平的索赔在完成之后，都可以不让对方发现；赤裸裸的索赔，往往是引发工程诉讼的导火索。

第四，诉讼。诉讼是建筑工程承包人实现期待利润的最后手段。建设工程造价高、争议标底额大。因此，谈到诉讼，不可避免地会涉及律师。这里特别需要强调的是，建设工程施工诉讼是法律技术含量、施工技术含量、工程造价技术含量相当高的一项综合复杂性的工作。仅仅懂法律的律师，不懂建设工程、不懂造价是不能够帮助承包人实现利润的。不论是发包人还是承包人，都必须清醒地认识到这一点。

13. 定额在清单计价中有何作用？

定额是指在正常施工条件下，完成规定计量单位的合格建筑安装工程所消耗的人工、材料、施工机具台班、工期天数及相关费率等的数量基准。

定额是官方发布的建设工程计量基准，住房和城乡建设行政主管部门负责全国统一定额管理工作，指导监督全国各类定额的实施，定额管理具体工作由各主管部门所属建设工程造价管理机构负责。

国家发布的《全国统一建筑工程基础定额》是完成规定计量单位分项工程计价的人工、材料、施工机械台班消耗量的标准，是统一的全国建筑工程预算工程量计算规划、项目划分、计量单位的依据；是编制建筑工程（土建部分）地区单位估价表确定工程造价、编制概算定额及投资估算指标的依据；也可作为制定招标工程标底、企业定额和投标报价的基础。定额在我们国家的管理体系中属于技术标准，是具有造价资质的工程人员计量建设工程的基础性依据。

基础定额是按照正常的施工条件，当期多数建筑企业的机械装备程度、合理的施工工期、施工工艺、劳动组织为基础编制的，反映了全社会消耗水平。基础定额是依据现行有关国家产品标准、设计规范和施工验收规范、质量评定标准、安全操作规程编制的，并参考了行业地方标准以及有代表性的工程设计、施工资料和其他资料。定额反映的是全国的平均水平，直接适用于全国各地的建设工程项目，会出现较为明显的差异性，因此，国家发布的称之为基础定额，具体适用的定额，由各省级、部级单位编制适合本地区、本部门的定额。这样，就使定额具备了针对性与适用性。

定额的编制是针对综合单价报价所对应的清单项目中所应包含的工作额度，综合单价由人、材、机、管理费、利润构成。因此，定额主要是对工程建设中所消耗的人、材、机清单项目的消耗内容和具体额度进行统一规制。

第一，人工工日消耗量的确定。基础定额人工工日不分工种技术等级，一律以综合工日表示。内容包括基本用工、超运距用工、人工幅度差、辅助用工，其中基本用工，参照现行全国建筑安装工程统一劳动定额为基础计算，缺项部分参考地区现行定额及实际调查计算。凡依据劳动定额计算的，均按规定计入人工幅度差，根据施工实际发生的，不计入幅度差。

第二，材料消耗量的确定。基础定额中的材料包括主要材料、辅助材料、零星材料等。凡能计量的材料、成品、半成品均按品种、规格逐一列出数量，并记录相应损耗，其内容和范围包括：从工地仓库、现场集中堆放点或现场加工地点至操作或安装地点的运输损耗、施工操作损耗、施工现场堆放损耗。混凝土、砌筑砂浆、抹灰砂浆及各种胶泥等均按半成品消耗量以体积（m³）表示，各省级单位可按当地材料质量情况调整配合比和材料用量。施工措施性消耗部分，周转材料按不同的施工、不同材质分别列出一次性使用量和一次性摊销数量。

第三，施工机械台班消耗量的确定。挖掘机、打桩机械、吊装机械、运输机械分配按机械、用量或性能及工作对象，按单机或主机与配合辅助机械，分别以台班消耗量表示。随工人班组配备的中小型机械及台班消耗量含在相应的定额项目内。定额中的机械类型、规格是按常用机械类型确定的，各省、自治区、直辖市、国务院有关部门如需重新选用机型、规格，可按照选用的机型、规格调整台班消耗量。定额中均已包括材料、成品、半成品从工地仓库、现场堆放地点或现场加工地点至操作安装地点的水平和垂直运输所需的人工和机械消耗量。如发生再次搬运的，应在建筑安装工程定额中二次搬运项下列支。

以上仅是粗略地对定额人、材、机项下的计算方式的思路性介绍。从中我们可以发现，定额计量是一套庞大的计算体系，这一计量体系，尽管不构成国家强制性的标准，但它是国家认同的造价工程师资格获得所必须掌握的专业技术，其差异性在于每个省、自治区、直辖市以及行业管理部门都会制定相应的地方、行业定额。造价工程师们对其所在的地区的造价构成及计算方式都非常熟悉，但是在进行跨地区专业对接时，就会存在着天然的障碍。以本地地区的定额思维跨地区沟通，往往是建设工程计量纠纷产生的根源之一。

14. 工程消耗量争议如何化解？

住房和城乡建设部发布的《房屋建筑与装饰工程消耗量定额》TY 01-31-2015 共17 章，包括土石方工程，地基处理及边坡支护工程，桩基工程，砌筑工程，混凝土及钢筋混凝土工程，金属结构工程，木结构工程，门窗工程，屋面及防水工程，保温、隔热、防腐工程，楼地面装饰工程，墙、柱面装饰与隔断、幕墙工程，天棚工程，油漆、涂料、裱糊工程，其他装饰工程，拆除工程，措施项目。

国家有要求，地方则积极行动。上海市住房和城乡建设委员会于 2016 年 12 月 20 日发布的《上海市建筑和装饰工程预算定额》SH 01-31-2016 包含以下内容：第 1 章土石方工程，第 2 章地基处理与边坡支护工程，第 3 章桩机工程，第 4 章砌筑工程，第 5 章混凝土及钢筋混凝土工程，第 6 章金属结构工程，第 7 章木结构工程，第 8 章门窗工程，第 9 章屋面及防水工程，第 10 章保温、隔热、防腐工程，第 11 章楼地面装饰工程，第 12 章墙、柱面装饰与隔断、幕墙工程，第 13 章天棚工程，第 14 章油漆、涂料、裱糊工程，第 15 章其他装饰工程，第 16 章附属工程，第 17 章措施项目，最后是附录。

纵观定额的主编、参编单位，均是上海市一流的施工单位、咨询单位、金融机构，有着丰富的建设工程造价经验，可以说代表着上海市建设工程市场工程量计算的主流算法，同时也得到了地方政府建设工程最高管理机构上海市住房和城乡建设委员会的认可。

住房和城乡建设部 2019 年发布《房屋建筑与装饰工程消耗量定额》(征求意见稿)，内容包括：土石方工程，地基处理及边坡支护工程，桩基工程，砌筑工程，混凝土及钢筋混凝土工程（含模板工程），金属结构工程，木结构工程，门窗工程，屋面及防水工程，保温、隔热、防腐工程，楼地面装饰工程，墙、柱面装饰与隔断、幕墙工程，天棚工程，油漆、涂料、裱糊工程，其他装饰工程，拆除工程，措施项目共 17 章。除拆除工程外，其他几章与《上海市建筑和装饰工程预算定额》SH 01—31—2016 标题完全相同，说明房屋建筑与装饰工程新建、扩建、改建所消耗之工程量定额框架已经稳定。所不同的是征求意见稿面向全国，各地区所涉及的内容都要体现，因此，内容更为广泛、详尽。譬如，同为第一章土方工程，上海版为 18 项工作内容，50 个定额编号，而征求意见稿为 30 项工作内容，121 个定额编号。这表明上海地区的土石方的构成复杂性，远低于国内总水平，上海的定额对本地区更具有针对性与实用性。

地方政府按照国家的标准、要求编制的建设工程消耗量定额，从法律效力层面上讲，仅是一个地方政府部门的文件，效力层级并不高。但是，从技术上讲，建立在当地技术经济水平之上的，由造价工程师们支撑的建设工程消耗量定额，属于当地交易习惯，属于公序良俗，其适用的效力性不容撼动。

15. 政府项目材料调差的依据何在?

计划经济条件下，建筑工程定额中既包括工程量，也包括价格。在计划经济的定额制体系下，建设工程结算是按照成本加酬金的方式，其成本按照定额套计，利润按照定额确定的利润率，从而形成整个建筑工程的总造价。在计划经济体系下，投资人是国家，施工单位也是国家单位，采取这种计价结算方式，对投资人和施工单位来讲，都不会损害自身的实体利益。说话说：肉都烂在锅里。建筑业实行市场化改革之后则不然。改革之后，建设工程施工主体改变为以市场主体为主力军，而市场主体有其自身固有的利益，建设方仍然是政府方为主力军。利益主体发生了改变，而计价的方式没有发生改变。我们就能够比较容易地发现建设工程市场定额制体系下施工单位稳赚不赔。因此，建设工程市场成了各类市场主体争先进入的蓝海。

随着我国市场经济的发展，尤其是房地产行业的兴起，大量的市场主体进入房地产领域投资房地产开发。房地产开发商们首先感受到了定额制的不平等性。与此同时，国家作为一方投资主体，也感受到了定额制的弊端。在官方和民间投资主体的共同推动下，国家决定采用国际通行的量价分离的市场报价方式，建立具有价格市场机制的建筑工程市场。于是在 2003 年推出了国家标准《建筑工程工程量清单计价规范》GB 50500—2003。

21 世纪初，房地产刚刚成为国家的支柱产业之一。随着大量的资金涌入，房地产行业迅速发展。随之带来的是各种建材、施工设备、人才的紧缺。在市场力量的作用下，价格不断上涨是很明显的趋势。采用清单报价机制，价格由施工单位依据自身的市场竞争力组价。综合单价一经报出，即构成要约与承诺，不断改变。这对能够明显感觉到材料价格不断上涨的建筑工程施工企业来说无疑是巨大的风险。因此，施工企业普遍不愿意接受清单报价机制，仍然普遍性地沿袭定额报价制。为了倡导全行业进行建筑工程计价体制改革，使用清单报价机制。官方出具文件，要求政府投资的项目优先采用清单报价机制。官方也清楚地认识到建筑工程市场计价机制放开之后，政府也没有能力控制市场的价格。为了消除施工单位的后顾之忧，推进清单计价制落地实施，财政部、建设部于 2004 年 10 月 20 日联合发布《建筑工程价款结算暂行办法》（财建〔2004〕369 号）。该暂行办法总共六章 29 条。其中第二章专章规定了"工程合同价款的约定与调整"，明确建设工程的价款是可以调整的。政府身体力行以打消施工单位的后顾之忧。

369 号文是 2004 年发布，看起来距今较远，但是从另外一个角度看，2004 年就已经发布的一份政府文件，至今没有修改，没有废除，说明这个文件有着强大的生命力，符合我国建筑工程市场发展的内在要求。该文件明确提出建设工程价款结算是指对建设工程的发承包合同价款进行约定和依据合同约定进行工程预付款、工程进度款、工程竣工价款结算的活动。既不是将建设工程价款结算定义为一个点，也不是定义为一个面，而是定位在从招标投标开始到工程款结算完毕的整个过程，至今对建设工程管理都具有极其现实的指导意义。369 号文的接收和执行单位为党中央有关部门、国务院各部委、各直属机构、有关人民团体、各中央管理企业、各省、自治区、计划单列市财政厅（局）、建设厅（局、委）、新疆生产建设兵团财务局，以上单位都是执行 369 号文的主体。在这里我们可以发现，政府投资的项目以及中央管理企业即央企施工单位都必须执行 369 号文。非央企施工单位承接政府投资的建设工程项目，地方政府的财政部门为执行 369 号文的主体。

我们的权利来源于法律和合同，369 号文载明："从事工程价款结算活动，应当遵循合法、平等、诚信的原则，并符合国家有关法律、法规和政策"。当下，许多建筑企业在施工过程中遇到材料价格的大幅波动，要求政府给予材料调差。政府的官员通常会堂而皇之地告知：调价可以，拿依据来。施工单位可以提交 369 号文，这就是政府项目最强有力的调价依据。

16. 如何对清单项目的工程量进行调差?

工程量调差与价格调差不同。价格调差具有双向性，对承包人和发包人具有同等适用性，即价格出现异常大幅上升或者大幅下降，都会引发价格调整。而工程量调差则不然，工程量调差是工程量增加了要给予调整，已完成工作任务后工程量未达到合同约定的量，则不予调低。这是基于发包人和承包人之间的关系是建立在工程承包法律关系基础之上的。

工程的调差对建筑工程结算影响最大的莫过于不平衡报价。不平衡报价是在保证招标人控标价不被突破的前提下，调整投标文件中的综合单价，以期既不突破控标价，又能够在决算的时候获得更多结算款项的投标报价方式。寻找不平衡报价的机会点，就是判断招标工程量清单项目下的工程量，如清单总量与实际施工完成的工程量存在较大的差异，且招标工程量清单中载明的工程量明显低于未来施工可能发生的工程量，这时就出现不平衡报价的机会。投标人可以将该工程量异常的清单项目的综合单价提高，压低其他清单项目的综合单价，以实现总的工程造价不突破控标价。投标人中标后，在工程实施过程中，发现工程量清单中所载明的工程量与图纸中体现的应当完成的工程量差额较大，由于在该清单项目报价之时，投标人所选择的是相对高价的综合单价，本着要约与承诺的合同成立要件，此时的综合单价不能调整，而工程量必须按照图纸施工完毕。在这种情形下，增加的工程量乘一个金额较高的综合单价，就会给投标人带来合同金额之外的利益。这便是不平衡报价的价值。不平衡报价将招标工程量清单中载明的工程量调整为施工图载明的工程量，这种工程量之间的差异调整，我们称之为工程量调差。

当然并不是每一个建筑工程施工项目，施工单位都能够有效地进行不平衡报价，增加自己的承包所得。即使没有不平衡报价，在建设工程施工活动中，工程量调差也是无处不在。我们通过一个表格来观察工程量调差的发生过程以及应对方式。表格摘自上海市住房和城乡建设委员会 2016 年 12 月 20 日发布、2017 年 6 月 1 日起实施的《上海市建筑和装饰工程预算定额》SH 01-31-2016（图 9-9）。

表格中，项目一栏的纵向是生产要素消耗量，横向项目名称为预拌混凝土（泵送）施工作业。在此名称项下又分为三种作业方式：第一，垫层；第二，带形基础；第三，

工作内容：混凝土浇捣、抹平、看护、浇水养护等全部操作过程

定　额　编　号		单位	01-5-1-1	01-5-1-2	01-5-1-3
项　　目			预拌混泥土（泵送）		
			垫　层	带形基础	独立基础、环形基础
			m³	m³	m³
人工	00030121　混凝土工	工日	0.3554	0.2980	0.2250
	00030153　其他工	工日	0.1228	0.0307	0.0270
	人工工日	工日	0.4782	0.3287	0.2520
材料	80210401　预拌混凝土（泵送型）	m³	1.0100	1.0100	1.0100
	02090101　塑料薄膜	m³		0.7343	0.7177
	34110101　水	m³	0.3209	0.0754	0.0758
机械	99050920　混凝土振捣器	台班	0.0615	0.0615	0.0615

图 9-9　工程量调差示例

独立基础、环形基础。我们可以看到表中定额编号为 01-5-1-1 的定额项目为垫层。其项下作业所使用定额编号为 02090101，名称为塑料薄膜的材料一栏为空白。这意味着在从事垫层作业之时，是不需要塑料薄膜的，所需要的材料仅仅是预拌混凝土和水。如施工单位在从事垫层作业之时，为了施工的便利或施工效果更好，把木板铺在施工完毕的作业面上，以对作业面进行保护，尽管是为了更好地完成施工任务，但是，使用木板所产生的材料消耗是不能计入工程成本的。因为，编号为 01-5-1-1 项目名称为垫层的施工作业定额中材料项目下没有木板这一项。即使施工单位实际使用了木板，也取得了更好的施工效果，由于定额编号中没够构成此项的工程量，故仍然不能够依据实际工作量进行调差。

17. 如何有效控制非经营性项目总造价？

经济学是一门非常复杂的学科。为了将这门复杂的学科进行有效的研究，经济学将社会产品分为公共产品和非公共产品，公共产品又分为纯公共产品和准公共产品。我们建设工程施工项目与之相对应的，为非经营性项目、准经营性项目和经营性项目。非经营性项目就是项目建成后为社会所提供的是公共产品，不能产生现金流。从经济学的观点上看，非经营性项目投资是不会产生投资回报的，其为社会提供的产品的公共性决定了非经营项目的投资主体只能是政府。

政府作为市场经济条件下公共产品的供给投资者身份特殊。我们国家改革开放首先提出的口号就是党政分开、政企分开。2007 年国家颁布的《物权法》第五十三条规定："国家机关对其直接支配的不动产和动产，享有占有、使用以及依照法律和国务

院的有关规定处分的权利。"说明法律给政府这一主体所赋予的所有权中没有收益权能。因为没有收益权能，因此政府作为民事主体，也没有从事民事经济活动的动力。2021年1月1日颁布的《民法典》废除原《物权法》第五十三条的规定。这意味着政府对其直接支配的财产，享有占有、使用、收益和处分的权利。为了控制政府在民事活动中利用其行政主体的地位干扰市场经济秩序，《民法典》专门将政府民事主体定义为特别法人。

我们知道，为了规范人类社会的活动，法律将我们的社会参与主体都进行人格化，设定了拟制人。将社会活动的主体分为自然人、法人和其他组织。自然人为具有完全民事行为能力人、限制民事行为能力和无民事行为能力人。完全民事行为能力人为成年人和16周岁以上能以自己的劳动收入为生活来源者；限制民事行为能力人为8周岁以上的未成年人；无民事行为能力人为不满8周岁以及不能辨别自己行为的成年人。我们说《宪法》规定法律面前人人平等。政府作为民事活动中的参与主体特别法人，若其享有比完全民事行为能力人更加多的权利，那么我们称之为这是一种特权，为法律面前人人平等所不容。因此，我们可以推定政府的民事主体法人地位的特殊性，在于其作为一个民事主体的权能比完全民事行为能力人有所缺失。

这种权能的缺失，恰恰来自政府主体自身身份的多样性。政府主体的天然身份是行政主体。行政主体的行为依据依法治国的纲略，应当受行政法的调整。尽管我们国家没有统一的一部行政法，但是单行的行政法不乏其数，譬如，政府的收入与支出由《预算法》调整，政府的投资行为由《政府投资条例》调整。《预算法》规定：政府全部的收入和支出都必须列入预算，政府必须按照经批准的预算开支，未列入预算的不得开支。在这里我们可以找到政府作为一个民事主体的特别之处。政府作为一个建设工程项目的业主方与建设工程施工企业签订工程承包合同。作为一般的民事主体政府与社会资本，双方都应当按照合同约定的内容全面履行，一方不按照合同履行即构成违约，依法应当承担违约责任。作为特别法人的政府则不同。业主方政府虽然与施工单位签订了建设工程施工承包合同，但是政府按照合同约定的付款是有前提条件的，是按照政府已经批准的预算支付。如果政府的预算没有批准，则政府与施工单位所签订的建设工程施工合同政府不能够履约，也不能够简单地认定为政府违约。特别的民事主体政府还有其行政主体的一面，按照行政法体系中的《预算法》的规定，未列入预算的不得开支。在这一行政、民事竞合法律关系中，作为民事主体的政府是处在违约状态，但是作为行政主体的政府，是坚持依法行政。

政府的投资都受《预算法》的调整。因此，施工单位在承接政府建筑工程施工项目之后，与政府进行工程量结算之时，其结算金额不得超过政府的预算，这是一条红线。超过预算的部分，无论其所完成的工程量是否经过政府方现场人员的同意、质量是否合格、功能是否满足，超过预算的这种行为本身就构成违背《预算法》的事实。超过预算这一部分的工程量所对应的工程款属于施工单位的违反《预算法》的利益，将不被法律所保护。施工单位要想这一部分的工程款能够转为企业合法权利的前提条件，是政府方对该项目超预算部分重新纳入政府预算之内。这是对政府项目计价，施工单位必须坚守的底线。

18. 如何理解《司法解释（一）》？

03 规范发布之时，为了配合 03 规范的实施，财政部、建设部联合发布了 369 号文。与之相配套的是最高人民法院出台了《司法解释》。《司法解释》将 369 号文中的一部分内容吸纳进去成为其内容的一部分。

我们的权利来源于法律、合同和裁判，裁判离我们尚远，暂且不谈。我们日常生活中权利的来源可以简化为法律与合同。《司法解释》是由最高人民法院颁布的。从规范性文件的效力阶位上看，其属于部门规章不属于法律的范畴。但是，《司法解释》在司法裁判过程中，对各级人民法院审判具体的建设工程施工案件，具有直接的"援引"作用，可以作为裁判案件的法律依据。因此，《司法解释》尽管在法律定义上不是法律，但是，在实际的司法裁判过程中，其能够发生法律的作用。

《司法解释》的发布实施，对推动工程量清单计价、规范建筑工程市场、解决建设工程纠纷起到了积极的促进作用。当然，在实践过程中，当中的一些瑕疵也得以暴露出来。为了进一步利用法律的手段规范建设工程施工市场，使各参与主体能够依据现有的法律体系，对施工过程的未来产生较为清晰的预见性，2019 年最高人民法院又颁布了《司法解释（二）》，对建设工程施工合同效力、工程结算、建设工程鉴定、建筑工程价款优先受偿权和实际施工人权利保护作出了新的规定、修改和完善。2021年 1 月 1 日《民法典》实施，为了维护建设工程施工市场的稳定性，有效解决《民法典》颁布之后建设工程领域各相关法律之间的有效对接，最高人民法院于 2019 年 12 月 25日发布了《司法解释（一）》，以《民法典》为上位法，将《司法解释》和《司法解释（二）》有机地结合在一起，使《民法典》与《司法解释（一）》实现了无缝对接。

《司法解释（一）》自 2021 年 1 月 1 日与《民法典》同日实施。《司法解释（一）》总计 45 条，涵盖建设工程施工合同效力认定、无效合同处理、解除合同条件、质量不合格工程处理、未完工程的工程款结算、工程质量缺陷责任、工程款利息、竣工验收、工期认定、工程计价、司法鉴定、优先受偿权等方面，是当前调整建设工程施工领域法律效力最具有实用性的规范性文件，可以认定为建设工程施工领域的法律。

《司法解释（一）》尽管对建设工程施工领域的纠纷处置进行了较为广泛的规范，但是，留心就能发现，其对建设工程的计价，仍然是坚持当事人意思自治的原则。这说明《司法解释（一）》对建设工程施工市场的规范，不是基于司法权对民事权的干预，而是建立在尊重"市场是买卖双方决定交易价与量的机制"的市场经济基础之上。这充分彰显了《司法解释（一）》的立法目的是为了构建、维护一个市场经济秩序的建设工程市场。这是在理解与适用《司法解释（一）》时，时刻不能忘记的原则。

19.《民法典》对建设工程计价如何规范？

《民法典》合同编设专章规范建设工程合同，可见建设工程合同在我们国家合同法体系中的地位。《民法典》合同编第 18 章第 788 条第一款规定："建设工程合同是承包人进行工程建设，发包人支付价款的合同。"该定义阐明了建设工程施工合同属于双务合同。《合同法》以合同当事人双方是否相互承担义务作为分类标准，将合同分为双务合同和单务合同。所谓双务合同是合同双方均向对方负有义务的合同；合同一方仅享有权利不承担义务，一方只承担义务不享有权利，为单务合同。买卖合同是典型的双务合同，一手交钱、一手交货。单务合同最典型的为赠予合同，赠予方将赠予物交付给受赠予方，受赠予方不负有向赠予方支付赠予物对价的义务。赠予人只负有赠予的义务，而没有获得对价的权利。

在建立了合同有双务合同与单务合同之分的概念之后，在建设工程施工过程中，业主方要求施工单位增加完成一项工作任务，却以该工作任务已经包含在合同的总价之中为由拒绝给予施工单位变更、签证。业主方有时还能够拿出合同中的条款，振振有词地告知施工单位，合同约定的这一部分工作就是不用支付的。面对业主方的这种诘难，施工单位最有效的方法就是告知业主单位，《民法典》中关于建设工程施工合同规定的是双务合同，而非单务合同。只要施工单位完成了业主方增加的施工任务，无论合同中是否约定该部分工作计价与否，都不影响施工单位向业主方追加工程款的权利。这是建设工程施工合同的双务性决定的。

《民法典》合同篇第 18 章对建设工程施工合同的计价有三个条款用同一个词"约定"来表述。

第七百九十九条规定："建设工程竣工后，发包人应当根据施工图纸及说明书、国家颁发的施工验收规范和质量检验标准及时进行验收。验收合格的，发包人应当按照约定支付价款，并接收该建设工程。"该条款规定，建设工程合同有效，建设工程质量合格，发包人按照约定支付价款。第七百九十三条第一款规定："建设工程施工合同无效，但是建设工程经验收合格的，可以参照合同关于工程价款的约定折价补偿承包人。"该条款规定，建设工程合同无效，质量合格，发包人按照约定支付价款。第八百零六条第三款规定："合同解除后，已经完成的建设工程质量合格的，发包人应当按照约定支付相应的工程价款；已经完成的建设工程质量不合格的，参照本法第七百九十三条的规定处理。"该条款规定，合同解除，质量合格，也是按照约定支付价款。

　　从以上《民法典》的规定我们可以观察到，建设工程价款支付只有两个条件：第一为质量合格；第二为按照约定支付。质量验收的标准是合格，按照国家标准执行；约定一是指金额，二是指付款日期。金额的多少，是按照约定执行。施工单位在投标之时，为了中标而故意选择低价中标，企图通过调整投标综合单价改变工程计价的不利局面，有悖法律规定。

　　我们整个国家的经济体制改革，是从计划经济体制向市场经济体制的过渡，最终建立完善的社会主义市场经济。市场经济的本质是买卖双方决定交易价与量的机制，不是行政手段，更不是法律。不论是立法的《民法典》还是司法的《司法解释（一）》都没有染指市场中的价格，这不是偶然的，这体现了官方对市场经济的敬畏，是我们建立社会主义市场经济的基石。

20. 国家标准如何规范调价计价方式？

　　《建设工程工程量清单计价规范》GB 50500—2013 附录 A 为物价变化合同价款调整方法。该规范在编制之时，就市场价格变化调整及工程计价调整的思路与文字表述，都有意识地与《标准施工招标文件》保持一致。附录 A 内容如下：

　　"A.1　价格指数调整价格差额

　　A.1.1　价格调整公式。因人工、材料和设备、施工机械台班等价格波动影响合同价格时，根据招标人提供的本规范附录 L.3 的表 −22，并由投标人在投标函附录中的价格指数和权重表约定的数据，应按下式计算差额并调整合同价格：

$$\Delta P = P_0 \left[A + \left(B_1 \times \frac{F_{t1}}{F_{01}} + B_2 \times \frac{F_{t2}}{F_{02}} + B_3 \times \frac{F_{t3}}{F_{03}} + \cdots + B_n \times \frac{F_{tn}}{F_{0n}} \right) - 1 \right]$$

式中：　　　ΔP——需调整的价格差额；

　　　　　　P_0——约定的付款证书中承包人应得到的已完成工程量的金额；此项金额应不包括价格调整、不计质量保证金的扣留和支付、预付款的支付和扣回；约定的变更及其他金额已按现行价格计价的，也不计在内；

　　　　　　A——定值权重（即不调部分的权重）；

B_1；B_2；B_3；$\cdots$；B_n——各可调因子的变值权重（即可调部分的权重）为各可调因子在投标函投标总报价中所占的比例；

F_{t1}；F_{t2}；F_{t3}；$\cdots$；F_{tn}——各可调因子的现行价格指数，约定的付款证书相关周期最后一天的前 42 天的各可调因子的价格指数；

F_{01}；F_{02}；F_{03}；$\cdots$；F_{0n}——各可调因子的基本价格指数，指基准日期的各可调因子的价格指数。

以上价格调整公式中的各可调因子、定值和变值权重，以及基本价格指数及其来源在投标函附录价格指数和权重表中约定。价格指数应首先采用有关部门提供的价格指数，缺乏上述价格指数时，可采用有关部门提供的价格代替。

A.1.2　暂时确定调整差额。在计算调整差额时得不到现行价格指数的，可暂用上一次价格指数计算，并在以后的付款中再按实际价格指数进行调整。

A.1.3　权重的调整。约定的变更导致原定合同中的权重不合理时，由监理人与承包人和发包人协商后进行调整。

A.1.4　承包人工期延误后的价格调整。由于承包人原因未在约定的工期内竣工的，则对原约定竣工日期后继续施工的工程，在使用第 A.1.1 目价格调整公式时，应采用原约定竣工日期与实际竣工日期的两个价格指数中较低的一个作为现行价格指数。

A.1.5　若可调因子包括了人工在内，则不适用本规范第 3.4.2 条 2 款的规定。

我们看到，除 A.1.5 条之外，其他各条的表述与标准施工招标文件计价调整高度一致。从工程量清单计价规范的调价思路与计算公式我们可以得知，国家标准、标准施工招标文件、示范文本有关建设工程计价调整的方式是完全一致的。这表明国家行业主管部门、各相关政府机关、市场对建设工程计价调价具有高度的认同性。故选择该价格调整公式，在我们国家目前的建设工程市场具有普遍的公平性。合同中即使不做计价调整的约定，也不能排除该计算公式以交易习惯的方式被法庭采纳适用。

因为市场风险具有不可预见性，因此，建设单位在编制建设工程合同文本之时，只需在官方文本的专用条款对计价调整方式做出明确的选择，不仅可以减少纷争，保护承包人的合法权益，同时，也是保护自己合法权益的有效之举。

21. 建设工程如何实现总价固定？

《建设工程施工合同（示范文本）》GF—2017—0201 对建设工程计价给出三种选项：第一种固定单价；第二种固定总价；第三种成本加酬金。固定单价就是我们说的综合单价。成本加酬金是建立在施工单位实际消耗的物化劳动基础之上所确定的计价方式，是一种非承包性质的建设工程施工方式，目前只是突发性的或者技术含量较高，具有探索性的建设工程类项目才会使用这种模式。固定总价模式就是我们这篇文章所要讨论的重点。

固定总价模式从官方对这种计价模式的设置角度上看，其适用的范围为工期短、施工技术难度较低的建设工程项目。但是，由于这种计价模式采取的是固定总价的形式，俗称"一口价""闭口价"。这种计价模式对于业主方控制投资成本有着直观的吸引力。因此，为大多数的业主方所钟爱。

我们说市场是买卖双方决定交易价和量的机制。尽管交易是由买卖双方来决定的，但是买卖双方在决定这一交易之时，其交易的标的物，必须具有真实性。这种真实性，一方面体现在买卖双方非虚构的基础之上；另一方面体现在标的物在交易时点的确定性上。以标的物的真实性为基础产生与之交换的对价。

工程承包合同承包人中标的这一时点，意味着发包人和承包人在这一时间节点上利益达成了平衡。发包人愿意付出合同约定的对价，取得承包人完成建设工程合同约定的工作成果。在承包人中标的这一时间节点可以说承包人所承包的施工合同中的所有的施工内容所对应的对价是固定的，在这一意义下，我们可以说发包人和承包人签订的合同是固定总价合同。

随着时间的推移，建设工程施工合同不断向前进展。在工程实施过程中，就会出现许多与中标之时双方所认定的社会、经济、施工、材料不同的状况。这种状况的出现，客观上改变了中标时双方约定的合同条件。对这一改变的条件，发包人和承包人即存在着一个选项，是接受改变还是拒绝改变。接受改变，意味着要改变中标时的合同条件，合同内容进行了修改，对价也应当予以修改；双方均拒绝改变，只要项目中标条件与项目实施的具体情况存在着实体上的差异风险，风险得不到有效化解，不断地积累，终究会出现项目整体失控的局面。在施工项目中，承包人与发包人面对着变化的环境，不能达成新的一致，最终导致合同解除，在建设工程市场屡见不鲜。

双方能够根据项目的具体情况做出调整，达成新的共识，意味着中标时的合同条件发生了改变。因此，中标时的固定总价也就不成为最终结算时的总价。之所有会出现这种现象，不是因为建设工程合同不属于买卖双方决定交易价和量的交易，而是因为建设工程合同与一般的经济类合同的差别在于建设工程合同在双方达成交易之时，标的物并不具有确定性，是处在一种不确定的状态之中。这种状态的不确定性，有可能是由社会因素造成，有可能是甲方因素造成，也有可能是政府原因造成。因此，建设工程施工合同最终提供的工作成果与合同中标之时所确定的工作成果出现差异，也就具有了客观性。

业主方基于对建筑工程成本控制的需要，追求建设工程结算金额在签约之时就要进行固定。要实现这一点，必须做到在中标之时，合同条件与竣工验收时的合同条件没有发生足以导致双方利益失衡的变化。对于业主方，首先要做到的就是减少或者消灭设计变更。基于建设工程施工合同发包人提供对价的固定性，发包人交给承包人所从事的建设工程施工内容也同样应当具有固定性，这样才能形成对价的平衡。业主在招标投标之时，所使用的招标图纸是施工图，在项目的整个实施过程中，对施工图没有做出任何的改变，在这种情形下，施工单位所完成的施工内容是没有发生变化的，其工作所对应的对价也应该是固定不变的，从这个意义上讲，可以形成固定总价不变。但是，这个固定总价不变，仅仅是技术上的固定总价不变；政府因素、社会因素导致的建设工程施工条件与中标时合同条件不一致的，仍然会导致合同结算款的调整。

建设工程施工合同属于双务合同。合同的总价格能不能固定，不是基于双方的合同约定，而是基于合同履行期间，建筑工程施工项目实际所遇到的施工条件与中标时合同条件是否发生变化，发生了变化的，就应当调整结算价；没有发生变化的，结算价不予调整。因此，建设工程合同固定总价是否成立，不是基于合同约定，而是基于没有发生变化或者说发生的变化不足以影响对合同对价的调整。

22. 如何认识质量与计价的关系？

每一个企业都希望生命之树常青，保持企业生命之树常青的前提，是企业的产品质量必须合格；企业为社会提供的每一种产品，都希望产品的生命力足够强，要保持产品生命力旺盛的前提条件，是产品的质量合格；每一个企业都希望实现利润最大化，实现利润最大化的前提条件，是产品的质量合格。质量是企业的生命，在建设工程行业显得尤为突出。《建筑法》《司法解释》《司法解释（二）》《民法典》《司法解释（一）》等一系列的法律、法规，阐述的都是同样的理念。

施工单位如果具有质量权，即具有计价权。所谓计价权是有约定依约定；无约定，依法定。《司法解释（一）》赋予施工单位的计价权是，招标人和中标人另行签订的建设工程施工合同约定的工程范围、建设工期、工程质量、工程价款等实质性内容，与中标合同不一致，只要有一方当事人请求按照中标合同确定权利义务的，人民法院都应予以支持。当事人签订的建设工程施工合同与招标文件、投标文件、中标通知书载明的工程范围、建设工期、工程质量、工程价款不一致，只要有一方当事人请求将招标文件、投标文件、中标通知书作为结算工程价款依据的，人民法院也应予以支持。

如果施工单位具有质量权，即具有计量权。《司法解释（一）》赋予施工单位的计量权是，当事人对工程量有争议的，按照施工过程中形成的签证等书面文件确认。承包人能够证明发包人同意其施工，但未能提供签证文件证明工程量发生的，可以按照当事人提供的其他证据确认实际发生的工程量。只要双方约定，发包人收到竣工结算文件后，在约定期限内不予答复，视为认可竣工结算文件的，按照约定处理。承包人请求按照竣工结算文件结算工程价款的，人民法院将予以支持。

如果施工单位具有质量权，即具有计息权。计息权是施工单位的法定权利，业主方延迟支付工程款，应当按照合同的约定，支付延期付款的利息。

如果施工单位具有质量权，即具有合同解除权。合同解除权来自两方面：一方面是任意解除权，发包方和承包方在建设工程施工合同中约定了解除合同的条件，一旦条件成就，享有解除权的一方就有权利解除合同；另一方面是法定解除权，在合同中没有约定解除条款的情形下，当事人可以依据《民法典》第五百六十三条解除合同。法定解除权有五种情形：①因不可抗力致使不能实现合同目的；②在履行期限届满前，当事人一方明确表示或者以自己的行为表明不履行主要债务；③当事人一方迟延履行主要债务，经催告后在合理期限内仍未履行；④当事人一方迟延履行债务或者有其他违约行为致使不能实现合同目的；⑤法律规定的其他情形。

　　施工单位拥有质量权，即拥有诉权。《民法典》第七百九十三条规定："建设工程施工合同无效，但是建设工程经验收合格的，可以参照合同关于工程价款的约定折价补偿承包人。"这意味着建设工程只要质量合格，即使合同无效，承包人也可以依据无效的合同向发包人主张工程款。该条款给予了建设工程质量在建设工程合同中至高无上的地位。从立法上，确定了建设工程质量是建设工程活动的核心。法律赋予了实际施工人可以突破合同的相对性原则，向发包人主张权利。《司法解释（一）》第四十三条规定，实际施工人以转包人、违法分包人为被告起诉的，人民法院应当依法受理。实际施工人以发包人为被告主张权利的，人民法院应当追加转包人或者违法分包人为本案第三人，在查明发包人欠付转包人或者违法分包人建设工程价款的数额后，判决发包人在欠付建设工程价款范围内对实际施工人承担责任。

　　从以上的介绍我们可以了解到建设工程质量是施工单位获得工程款的前提，失去了质量，施工单位便失去了一切。这是施工单位必须守住的底线。

23. 如何认定建设工程优先受偿权范围？

　　1999 年 10 月 1 日实施的原《合同法》根据我们国家特有的市场经济状况，在建设工程施工领域，创设优先受偿权。原《合同法》第二百八十六条规定，发包人未按照约定支付价款的，承包人可以催告发包人在合理期限内支付价款。发包人逾期不支付的，除按照建设工程的性质不宜折价、拍卖的以外，承包人可以与发包人协议将该工程折价，也可以申请人民法院将该工程依法拍卖。建设工程的价款就该工程折价或者拍卖的价款优先受偿。优先受偿权的创设在建设工程施工领域前无来者，因此引起了理论和司法实践界广泛的讨论与争议。

　　具体的建设工程施工优先受偿权的性质，对于施工企业而言，没有实质性的价值。我们的权利来自法律与合同。法律赋予了施工企业优先受偿权，施工企业所关注的不是优先受偿权的性质，而是优先受偿权的范围。施工企业既然享有优先受偿权，该权利就应当包括建设工程施工过程中所形成的对发包人的所有的权利。但是，原《合同法》第二百八十六条优先受偿权的立法目的是为了保护承包人能够及时、有效地完成工程款的结算，进而保障进城务工人员的工资能够得到兑付。我们知道，法律面前人人平等。发包人拖欠施工单位的工程款属于债权，拖欠材料供应商的款项同样属于债权，债权应当平等，即所有的债权应当获得同比例清偿。本着人权高于物权、物权高于债权的法律原则，以保障进城务工人员工资为出发点设置优先受偿权，具有合法性的理论基础。既然是保障进城务工人员工资而设立优先受偿权，则优先受偿权的范围应当仅限于进城务工人员的工资。在原《合同法》实施初期，持有此类观点的司法实践人员不在少数。由于法律只规定了优先受偿权，没有规定优先受偿权的范围。因此，在司法实践中，个案的裁判结果不一的状况较为突出。为了统一司法裁判、统一对优先受偿权的理解与适用案例，最高人民法院 2002 年发布了《最高人民法院关于建设工程价款优先受偿权问题的批复》（法释〔2002〕16 号）明确规定建设工程价款包括承包人为建设工程应当支付的工作人员报酬、材料款等实际支出的费用，不包括承包人因发包人违约所造成的损失。由于最高人民法院是司法机关，并非建设工程造价机关。因此，批复中工程价款的内容仅提及工作人员报酬、材料款等，是否包括措施费，是否包括机械台班费用，一时又引发争议，各地理解和执行仍然不一。

2021 年实施的《民法典》第八百零七条完全吸纳了原《合同法》第二百八十六条，保障了建设工程优先受偿权的稳定性、合法性。《司法解释（一）》第三十五条重申建设工程优先受偿权，规定，与发包人订立建设工程施工合同的承包人，依据《民法典》第八百零七条的规定请求其承建工程的价款就工程折价或者拍卖的价款优先受偿的，人民法院应予支持。

《司法解释（一）》对批复中关于工程价款包含的内容进行了修订，第四十条规定，承包人建设工程价款优先受偿的范围依照国务院有关行政主管部门关于建设工程价款范围的规定确定。承包人就逾期支付建设工程价款的利息、违约金、损害赔偿金等主张优先受偿的，人民法院不予支持。没有对优先受偿权的范围作出具体规定，而是设置指引性规范，具体范围参照国务院有关行政部门的规定。国务院有关行政部门就是住房和城乡建设部，有关规定就是《建筑工程施工发包与承包计价管理办法》（住房和城乡建设部令第 16 号），第八条规定，最高投标限价应当依据工程量清单、工程计价有关规定和市场价格信息等编制。招标人设有最高投标限价的，应当在招标时公布最高投标限价的总价，以及各单位工程的分部分项工程费、措施项目费、其他项目费、规费和税金。该规定将建设工程优先受偿权的范围与建设工程造价的范围完全对接。从根本上消除了对建设工程优先受偿权范围的争议。

24. 签证计价风险如何管控?

签证是建设工程施工现场的施工条件与合同签约之时的条件发生变化的书面证据。可以由发包人向承包人发出，也可以由承包人向发包人发出。收到签证的一方，有可能对签证给予确认，也有可能拒绝确认，但确认与否都不能改变签证发生的事实。签证一旦经过签认，发出签证一方的行为称之为要约，给予签认的一方行为称之为承诺。一份具有法律效力的签证，就是由要约与承诺构成的。其固定了发包人与承包人对签证具体事项的共识，是当事人之间的法律。

签证的签署人员应当在合同中得到发包人或者承包人的明确授权。对于非法定签署人员的代签，事后应当及时得到法定签署人员的确认或补签。在建设工程施工现场，签证主要分为四类：量价齐签、签量不签价、签价不签量、量价均不签。

量价齐签意味着在一份签证当中，签证事项中的工程量和价格都清楚地载明于签证文件之上，由双方的合法代表进行签署。这种签证单在建设工程施工现场屡见不鲜，最充分的理由就是这种方式简单、高效，有利于减少纠纷，一了百了。量价齐签固然简单、高效，但是这简单、高效的背后，意味着量价齐签的签证单不具有调整性。因此，无论对于发包人而言还是对于承包人而言，都蕴含着巨大的道德风险。在建设工程实践中，因为量价齐签的签证单导致父子反目、兄弟反目、发小反目的事件总是不断地充斥于耳。本着人性不可挑战的原则，量价齐全的签证方式应当在施工合同的授权中明确禁止。

签价不签量意味着在签证单中，只体现所使用材料的价格，不体现材料的用量，材料的用量按照实际使用的数量计算。对于工程隐蔽部位，承包人在工程覆盖隐蔽之前应当通知发包人或监理人进行检验，经双方签字后覆盖。承包人覆盖工程隐蔽部位后，发包人或监理人对质量有疑问的，可要求承包人对已覆盖的部位进行钻孔探测或揭开重新检查，承包人应遵照执行，并在检查后重新覆盖恢复原状。经检查证明工程质量符合合同要求的，由发包人承担由此增加的费用和（或）延误的工期，并支付承包人合理的利润；经检查证明工程质量不符合合同要求的，由此增加的费用和（或）延误的工期由承包人承担。承包人未通知监理人到场检查，私自将工程隐蔽部位覆盖的，监理人有权指示承包人钻孔探测或揭开检查，无论工程隐蔽部位质量是否合格，由此增加的费用和（或）延误的工期均由承包人承担。

签量不签价意味着在签证单中，只签认现场使用的材料数量，不体现材料的价格，材料的价格，按照合同约定的计价方式计价。可供合同约定的计价方式如下：

（1）已标价工程量清单或预算书有相同项目的，按照相同项目单价认定；

（2）已标价工程量清单或预算书中无相同项目，但有类似项目的，参照类似项目的单价认定；

（3）变更导致实际完成的变更工程量与已标价工程量清单或预算书中列明的该项目工程量的变化幅度超过15%的，或已标价工程量清单或预算书中无相同项目及类似项目单价的，按照合理的成本与利润构成的原则，由合同当事人商定变更工作的单价。

量价均不签即构成争议，由双方按照合同约定的争议解决方式执行。量价均不签并不意味着该签证事项不具有计价性。最终能否计价，取决于签证发出方的索赔能力。

第 **10** 章

索赔风险管控

1. 如何将市场的理念植入索赔？

在建设工程领域招标控制价的机制下，投标人的竞争实质上演变为了价格竞争。投标人为了在激烈的竞争中胜出，往往不惜采用饮鸩止渴的方式取得建设工程的中标。在这种招标投标思路的引导下，投标人中标之后，首先想解决的问题，就是要化解饮鸩止渴中的"鸩"之毒性。在建设工程实践中，化解"鸩"之毒性最有效的方式之一就是索赔。这便是索赔在建设工程领域的价值。

《建设工程工程量清单计价规范》GB 50500-2013 给出的索赔概念是，在工程合同履行过程中，合同当事人一方因非己方的原因而遭受损失，按合同约定或法律法规规定，应由对方承担责任，从而向对方提出补偿的要求。观察清单计价规范给出的索赔概念，我们可以发现：此索赔是建立在遭受损失的基础之上。而遭受损失之赔偿，依据我们国家《民法典》合同编，合同履行过程中所遭受的损失赔偿原则是建立在填平原则基础之上。即意味着，第一，损失必须是实际发生；第二，赔偿额与所遭受的损失价值相当。在这种定义之下的索赔，我们看到其仅仅是对所遭受损失的弥补，不可能因为索赔获得额外的价值。这样索赔就不可能成为饮鸩止渴之中化解"鸩"之毒性的解药。

为了实现索赔能对饮鸩止渴中之"鸩"毒性的化解功能，我们就有必要对索赔的概念进行市场化调整。我们给出调整之后索赔的概念为：在工程合同履行过程中，承包人自认承担了发包人应当承担的风险而遭受了损失，向发包人主张权利、确认补偿的活动。该索赔定义与清单计价规范给出的索赔定义差异在于，该索赔定义是建立在承包人"自认"产生损失的基础之上，而不是建立在实际发生的损失基础之上。市场经济条件下，市场是买卖双方决定交易价和量的机制。每一次索赔即意味着一次交易。漫天要价，坐地还钱，符合市场经济的基本原理。所谓建立在乙方自认的基础之上，其实质是承包人遭受了一个单位的损失，就向发包人申报三个单位的损失；遭受了三个单位的损失，主张七个单位的损失；遭受七个单位的损失，则主张十个单位的损失。所谓"漫天要价，坐地还钱"，一旦发包人给予签证，就意味着要约与承诺的构成，形成承包人的实体权利。承包人所遭受的是一个单位的损失，得到的是三个单位的赔偿，超出的两个单位的赔偿即可作为承包人低价中标的补偿。

当然，发包人在对承包人提交的索赔申请进行审核的过程中，有权利对承包人提交的索赔中的不实之处给予剔除。这是对发包人的建筑工程管理能力和专业水准的考验，发包人的管理水平高，承包人提交的索赔中的不实之处就会被发包人剔除；发包人管理人员的专业水平低，就对承包人所提交的索赔中的虚实不能做出有效判断，剔除不了索赔申请中的不实之处，发包人便应当承担风险识别不能的损失。发包人现场管理人员之所以不能够有效地识别承包人提交的索赔申请中的不实之处，是因为发包人的管理人员的专业水准不足。进一步深究，是因为发包人所聘请的现场管理人员的工资待遇偏低。发包人以节省管理费用为由聘请廉价的现场管理人员，预见不到会遭到承包人的索赔。节省下来的费用，转换成了承包人索赔的风险，这本质上也体现了市场经济规律的作用。

有人会认为建立在自认基础之上的索赔，很像我们现实生活中的碰瓷，遇到一个主就拼命地"杀"过去。值得庆幸的是，2017 年 FIDIC 合同条件银皮书进行了修订，其中对索赔的概念也进行了调整，调整后的索赔的概念就是建立在承包人"自认"的基础之上。因此，将索赔定义在自认的基础之上并非"碰瓷"，而是与国际接轨了。

2. 索赔的理论依据是什么？

索赔是投标饮鸩止渴解药之一。我们有必要对索赔的理论基础做一观察，如图 10-1 所示。

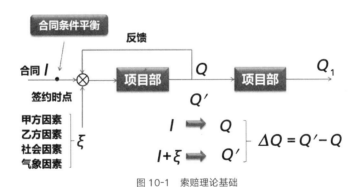

图 10-1　索赔理论基础

施工企业项目部作为建设工程施工合同的现场执行主体，按照合同履行义务。在理想状态下，执行合同中的 I 指令，所出现的工作结果为 Q。图中表示 $I \rightarrow Q$。但是，在我们的现实工作之中，理想状态是不存在的。现实生活中所从事的每项民事法律活动，都会受到社会方方面面条件的干扰。无论干扰的因素有多么繁多、多么复杂，我们都说发包人与承包人在签订合同之时，即在签约合同的时点上，双方的利益，即合同条件达到了平衡状态。

在合同实际履行过程中，项目部除了按照合同指令来执行之外，还会接收到来自外部的干扰指令，此时的项目部所接收到的指令，就是 $I+\xi$。项目部按照 $I+\xi$ 的指令去执行，所得到的工作成果为 Q'。Q' 的工作结果出现以后，项目部立即发现其所期待的工作结果是 Q，不是 Q'。Q' 与 Q 之间存在 ΔQ 的差异。发现存在差异之后，项目部立即将差异反馈到项目部的决策机构，决策机构通过分析 ΔQ 产生的原因，发现是因为出现了 ξ 造成的。因此，项目部立即着手消除 ξ，在项目部集中精力消除 ξ 之时，甲方代表出面进行干预。甲方代表向项目部提出，甲方的指令必须执行。我们图中 ξ 是由甲方因素、乙方因素、社会因素、气象因素等构成的。由于甲方的监督，项目部知道甲方的指令必须执行。因此，我们发觉在整个建设工程施工过程中，只要甲方的指令 ξ 存在，ΔQ 就必定存在。ΔQ 是建筑工程施工的实际结果与预期结果的偏差。ΔQ 就是基于甲方的因素而形成的。因此，甲方应当对 ΔQ 工作结果负责，这便是索赔。

只要甲方发出与合同约定 l 不一样的指令，即意味着 ξ 产生，索赔具有了主张的事实基础。在此基础之上，社会因素、气象因素导致的 ξ 的产生，也是发包人的责任，据此，承包人可以向发包人提出索赔。既然甲方因素、社会因素、气象因素产生的 ξ 都由发包人承担，因此，难以避免的，承包人会将因为其自身因素造成的工作结果偏离，也打包在 ξ 中，向发包人主张索赔。当索赔实现之后，意味着发包人和承包人对该工作环节的结果要求发生了变更，由 Q 变更为了 Q'。Q' 取代了 Q，成为下一个工作环节的指令，期待出现的工作结果为 Q_1。由此周而复始地循环下去。

通过以上观察我们可以发现，索赔之所以会产生，是因为 ΔQ 真实存在。ΔQ 的存在是基于 ξ 的存在，ξ 的存在是因为甲方发出的指令存在。因此，在建设工程施工合同中，只要甲方发号施令，其指令与合同约定内容相冲突，即意味着索赔的产生。因此，索赔不是基于承包人的愿望而产生的，恰恰相反是基于甲方变更合同内容而产生的。《民法典》第七百八十八条告诉我们，建设工程合同是承包人进行工程建设、发包人支付工程价款的合同。承包人完成了 ΔQ 的工作内容，发包人支付工程价款索赔额，完全符合法律对建设工程合同的定义。因此，我们说索赔是承包人向发包人主张工作成果变量 ΔQ，具有当然的合法性。

3. 如何认识索赔?

索赔是建筑工程施工过程中的一项经济活动，依据不同的要素，索赔可以做出不同种类的划分。按照索赔的收益来源进行划分，我们可以把索赔分为三类：第一，经济索赔；第二，方案索赔；第三，工期索赔。经济索赔又可以分为计价索赔和计量索赔。

计价索赔指的是在合同签订之后，基于合同中所约定的计价基准日建设工程施工项目所对应的市场价格发生了较为明显的波动，足以影响合同当事双方的利益平衡，由承包人向发包人提出的价格调整主张。市场是买卖双方决定交易价和量的机制。合同中的价与量是建设工程施工项目通过招标投标方式确定之后形成的。依据要约与承诺的合同法律理论，合同双方都应当遵守合同，合同价格不得改变。但是，由于我们国家整个的经济体制改革仍处在由计划经济向市场经济的转变过程中，当前的市场经济发育并没有完全达到一个成熟的市场经济状态，在这种经济状态下的看不见的手，不能完全发挥其对市场价格的调整、指导作用。因此，市场尚需要政府这只看得见的手时常对市场失灵之处进行弥补。基于这么一种社会现实，财政部、建设部 2004 年联合发布了《建设工程价款结算管理办法》（财建〔2004〕369 号），明确规定了建筑工程施工过程中出现价格大幅的波动，承包人可以向发包人主张工程价款调整。由于该文件的法律阶位较低，不能对所有的建筑工程的市场参与主体产生约束力，其约束的主体主要是使用财政资金建设工程项目的地方政府。因此，对于地方政府投资建设的工程项目，通过招标投标之后，材料、人工单价的波动明显高于投标报价基准日对应的取费价格，对合同计价的调整具有政策依据。各地方政府财政应当给予价格调整。

对于市场项目，由于市场是买卖双方决定交易价和量的机制。369 号文对政府项目具有约束力。因此，对于合同双方都属于市场主体的建设工程项目，没有约束力。由于我们国家现行的法律、行政法规对建设工程施工合同价格的波动是否能够给予调整，没有明确的规定。基于我们的权利来自法律与合同，故对于市场项目的建设工程施工合同价格的调整，完全取决于发包人和承包人在合同中的约定。这是建设工程政府项目与市场项目一个显著的差别。

为了应对承包人之索赔，无论是政府项目还是市场项目，都希望通过合同价格的固定，来减少、杜绝承包人的价格索赔，以对建筑工程项目投资进行有效控制。但是，这一种约定违背了《建设工程工程量清单计价规范》GB 50500-2013 中第 3.4.1 条规定，因此依法无效。在我们国家现有的法律体系下，发包人希望通过合同条款的约定，将价格波动的风险全部分配给承包人，没有法律依据。

计量索赔在工程索赔中具有特殊性，其特殊性体现在权利和义务的不对称上。我们日常意义上所称的建设工程施工合同，其法律的本质是建设工程施工承包合同，是建立在施工承包法律关系基础之上的。所谓施工承包，指的是承包人在承包合同约定的成本范围之内，完成发包人所交付的施工任务。因此，承包的特征是承包人提交承包工作成果，承包人消耗的成本包干结余归己，超额自担，即自负盈亏。因此，承包人在提交的工作成果质量合格的前提下，所消耗的物化劳动，没有达到合同所约定的消耗量，发包人也不能够扣减。承包人实际未发生的成本，该部分成本的结余，归承包人所有。反之，发包人追加工作内容，所追加的工作内容都应当按照承包人实际完成的工作量给予索赔。

方案索赔指的是承包人提出的索赔并不是直接体现在工程的单价和工程量之上，

而是通过提出施工组织设计或者说是施工方案的变更，达到实现自身经济更有效率的索赔方式。这种索赔方式，比计价索赔、计量索赔具有更强的隐蔽性，往往令承包人难以察觉。因此，具有更强的技术性和技巧性。

工期索赔是指因建设工程工期变化引发的索赔。其索赔的计量又由两方面构成：一是工期延误引发的索赔；二是赶工所产生的赶工费用。

4. 如何化解市场价格大幅波动风险？

计价索赔是我们当今市场经济环境下建筑工程结算不可回避的价格调整现象。它的产生是基于市场的属性。在市场经济条件下，价格是由风险决定的，风险越大，价格也越高。市场经济的风险是由看不见的手决定的。作为市场经济的每一个参与主体，都不可能对未来市场发生的风险的变化做到精确的预见。因此，价格的变化也不具有预见性。这种不可预见性，对市场经济的参与主体来讲，蕴含着巨大的风险。为了能够借助市场机制的竞争性提高产出经济效益，同时又能够有效地减少市场风险，或者说将市场风险限定在一个可以接受的范围之内。此时，对计价风险进行管控就成为市场经济活动的主题。

业主方基于对投资造价的控制，其最乐意选择的控制造价的方式就是固定总价或者固定单价。单价固定下来之后，则市场价格波动排除在合同结算范围之外。但是，我们国家《建设工程工程量清单计价规范》GB 50500-2013 中第 3.4.1 条明确规定了在合同中不得使用无限风险的表述方式，即建设工程合同的风险分配既不能完全分配给发包人，也不能够完全分包给承包人。这一强制性国家标准为固定价格不予调整设置了障碍。因此，在建筑工程合同编制过程中，业主方希望对工程造价的变化不予调整，不是在合同中将此意思进行约定；恰恰相反，必须在合同中约定合同综合单价可以调整，并且约定宽泛的调整范围，以达到实际不调整的目的。

通过一个案例来说明这一问题。

某工程项目业主要求按照清单计价方式投标。业主提供工程量清单，工程量据实结算。单价变化超过 10% 时，超过部分给予调整。清单中一项大理石地板铺设，1～3楼地面及大厅楼梯采用印度红大理石材料，产品规格 800mm×800mm，面积 2250m²。以当地《建设工程造价信息价》为取费依据。信息价载明：该材料价格为 380 元/m²。

施工单位感觉到该材料的价格在当地近期一直处在价格上涨的通道中，在其采购、施工时点，上涨属于大概率事件。这意味着施工单位必须承担该材料涨幅 10% 以内的风险。对一般的施工单位而言，材料价格波动在 5% 以内的风险，一般都能够接受；5%以上的价格波动风险，无论在心理上，还是在实际经济能力的承受上，施工单位都难以接受。可是，施工单位又想夺得这一标，为此，做了一个测算。

按照信息价 380 元 $/m^2$ 为计价基数，涨幅达 10%。

则有：$380 \times (1+10\%)=418$（元）

每平方米亏损金额为：$418-380=38$（元）

这为施工单位难以接受。施工单位以每平方米 380 元为基数测算 5% 的波动幅度：

则有：$380 \times (1+5\%)=399$（元）

每平方米亏损金额为：$399-380=19$（元）

即如果施工单位承担 5% 的风险，那么每平方米将亏损 19 元，尽管仍是亏损，但是作为市场经济的参与主体，施工单位对 5% 的风险还是具有化解能力的。为了能够中标，施工单位在投标报价之时，没有选择按照招标公告所要求的以当地的建设工程造价信息价中的 380 元为取费依据，而是选择以 399 元下浮 10% 的 362.7 元，作为投标报价。这样一旦中标，要约与承诺构成合同，投标文件为要约、中标通知书为承诺。要约报价为 362.7 元 $/m^2$，10% 的幅度依法应当以 362.7 元 $/m^2$ 为基数。实际上只承担以 380 元为基数的 5% 的价格上涨风险。如果投标报价基准的调整被招标人发现，要求给予纠正或者作为废标处理，施工单位也就放弃这一风险过大的项目竞标。

施工单位按此策略投标，结果中标。大理石价格亦如施工单位所料，不断地上涨。待施工单位采购时价格已经涨至 407 元 $/m^2$。

若按照招标公告规定的基准价 380 元 $/m^2$ 报价，

则有：$(407-388) \div 388=7.1\%$，$7.1\%<10\%$，不予调价。

施工单位亏损：$(407-388) \times 2250 = 42750$（元）

实际调整投标报价基准，施工单位亏损：

$(407-362.5) \div 362.5 = 12.2\%$，$12.2\%>10\%$，给予调价。

则施工单位实际减少亏损：

$(407-399) \times 2250 = 18000$（元）

这个案例让我们观察到，建设工程计价索赔，并非只发生在签约之后的合同履行过程中，所谓全过程的风险管控，意味着在项目投标之时，就应当埋下未来计价索赔的伏笔。

5. 如何实现计量索赔?

如果说计价索赔是基于看不见的手对市场的操控，那么计量索赔则完全是取决于合同双方的真实意思的表示。计量索赔是源于建设工程项目在实施过程中工程量发生了变化。所谓工程量发生了变化，是基于工程变量的存在，法律的语言表示即为标的存在。工程量没有变化则标的不存在，工程索赔缺乏事实基础。因此，我们说工程索赔漫天要价，坐地还钱。有一说三、有三说七、有七说十。尽管在主张索赔之时，索赔额存在着水分，但是这些所有的水分，都是建立在一、三、七事实存在的基础之上。本质上属于交易过程中的讨价还价。计量索赔的面很广、点很多。我们通过一个案例，来观察工程量索赔。

投资商张三是一位商人，2013 年已在全国各地总共投资建设了九个商业地产项目。作为一位外来的投资者，其对 W 县当地的人文环境和投资环境相对陌生，因此他对承包商的要求也相对简单：谁能提交 1500 万元的担保金，建设工程项目由谁来承包建设。对于一个三线省的四线县，能拿出 1500 万元保证金的承包人，可谓凤毛麟角。当地有一位称之为李七的包工头向投资人张三缴纳了 1500 万元保证金，顺利地拿到了工程承包项目。

李七承包工程之后，工程质量、进度、造价都严格按照合同约定推进，眼看工程就要竣工验收。未料到张三在江苏的一个项目资金链断裂，从而引发连锁反应，波及到李七的项目，施工也陷入了停顿状态。事发时，整个工程已完成了 95%。由此引发诉讼。

双方争议的焦点在于工程量签证单，李七主张签证单载明实际完成的工程造价为 9885 余万元，张三认为签证单上代表签名是复印件，不能作为确定工程量的依据。双方各不相让，只有进行司法鉴定。鉴定结论为，该工程量确认单甲方代表签名处留下的笔迹为亲笔书写。

双方确认完成的总工程量金额为 9885 余万元，已经确认，纠纷本应当结束。其实不然，双方在交换证据之时，张三的代理律师向法庭提交了其超额付款的证据。其向法庭提交的 70 余份付款凭据中，合计支付给李七金额达 1.4 亿余元。面对双方确认已完成的工程量金额 9885 余万元，显然，张三超付。超付一旦确认，不是李七向张三主张工程欠款，而是李七要向张三返还超付余款。

为了化解这一风险，李七律师将构成 1.4 亿元的 70 多份付款凭据，逐一清理，与李七的财务进行逐笔对账。最终将这 1.4 亿元分为了七类款项。分别是：第一，工程款；第二，过账款；第三，代收代付款，第四，返还保证金；第五，抢工奖励金；第六，支付工程款利息；第七，案外人往来款。李七律师将 1.4 亿余元减去第一项到第七项金额等于 20223239.56 元，而李七向法庭提出的诉讼请求金额为 20223239.84 元。李七律师以 1.4 亿余元为基数再重新计算一遍，所得金额为 20223239.28 元；再计算一遍为 20223239.56 元。最终选择 20223239.56 元。

金额计算出来之后，李七律师对计算出来的结果同样也大为震惊，震惊之处在于一个只有小学文化程度、年逾 60 岁的一个包工头，能将项目资金管理得如此井井有条。通过对双方诉讼资料的分析发现，之所以计算出的金额有如此之高的吻合度，一个基础性的工作就是这 1.4 亿元与李七有收付关系的资金，每一笔收付资金的银行流水账单中"用途"一栏，没有一张空白的。因为没有空白的，李七律师才能够将 1.4 亿元区分为七类款项。试想，如果其中有一笔款项的用途是空白的，被告在法庭上坚持认定该笔款项属于工程款，双方没有另外的签证，这笔款项不是工程款也成为了工程款。

经过司法鉴定确认的工作量确认单的总金额为 9885 余万元，减去双方已经确认的已支付工程款，所形成的欠付工程款金额 20222339.84 元，张三律师团队再想推翻，已不能得到经法庭采纳的证据的支持。

6. 如何识别方案索赔?

如果说计价索赔和计量索赔是业主和施工单位之间麦芒对针尖的博弈，那么方案索赔就是业主和施工单位之间智慧的较量。我们通过一个案例，对方案索赔做一观察。

浙商 1、2、3、4、5、6、7、8、9，九位浙商抱团，在一个沿海三线城市 D 投资建设七星级酒店。1 ~ 7 投资人投资副楼、8 与 9 投资人投资主楼。央企 A 公司中标。合同约定：垫资到 ±0.000 之后，每月按工程进度付款。

央企中标之后，按照合同的约定准时开工。施工现场管理井井有条，现场施工有条不紊地进行。各方业主满心欢喜。

施工不到一个月，业主方收到施工单位的情况报告，提出由于施工现场作业场地的狭小，不便于施工队伍的展开，故要求将主楼和副楼的地下室分别开挖。由原施工组织设计中的同时开挖，改变为先挖主楼，后挖副楼。待主楼施工达到三楼裙楼封顶之时，再进行副楼土方开挖。为了使双方能友好合作，业主方欣然同意。

主楼如期做到 ±0.000，很快三楼裙楼封顶，主楼业主按照合同将工程款足额支付给施工单位。施工单位并没有开挖副楼基础，副楼业主也没有催促。这样，施工单位基本上按照一个月三层的速度进行标准层的建设。每完成三层，工程款都依约如期支付。施工的形象进度达到 20 多层的时候，一天主楼业主对施工单位表示，由于民营企业资金周转率都比较高，这一期的工程款可能会延期一周左右，请施工单位给予理解和支持，工地现场不要停工。施工单位考虑到双方合作一直都很好，工程款支付晚几天也不是问题，故满口答应。施工完成三层，达到付款节点，施工单位继续施工。一周左右工程款如期到账。又过了两个月，主楼业主又找到施工单位称，这次工程款可能要稍微晚半个月左右，希望施工单位给予理解。施工单位虽有疑虑，但是基于双方融洽的关系，以及主楼业主前一次的信诺，也就硬着头皮答应了。遗憾的是，这次半个月过后，主楼业主没有能够按照承诺支付工程款。施工单位咬牙把工程干到月底，主楼业主仍然不能够付出工程款，施工单位只好停工。

主楼停工之后，副楼自然没有动静。在主楼停工大半年之后，副楼业主 1 突然找到律师团队，提出希望能够与施工单位解除合同的要求。好在这个项目在谈判阶段，律师就介入了项目的服务。因此，准确判断出施工单位要求变更施工方案，将基础部分的主楼、副楼同时开挖变更为先挖主楼、后挖副楼，不是因为现场的施工条件满足不了施工组织设计中的施工要求，也不是其施工专业技术水平不够，而是因为施工单位先挖主楼，后挖副楼，其主楼施工到正负零之后，主楼业主将向其支付工程款。施工单位可以拿着此笔工程款去开挖副楼基础，以此增加资金的周转，提高项目的收益率。由此判断，施工单位提交的情况报告，并不是施工现场真的出现了谈判时所没能预见到的特殊情况，而是基于方案索赔。

基于这种判断，律师团队制定了施工合同解除方案。先向施工单位发出副楼基础开挖的复工通知。施工单位收到业主发出的复工通知后，回复了一份措辞严厉的回函，痛斥主楼业主不守信誉，长期拖欠工程款。律师团队收到施工单位的复函之后，不温不火。过了一个月又向施工单位发出了一份复工通知书。此次，施工单位的回复中恢复了理性，但还是拒绝复工，并罗列了一大串现场不具备复工的条件。又过了一个月，律师团队向施工单位发出了解除合同通知书。

施工单位收到解除合同通知书之后，要求副楼业主赔偿解除合同所造成的损失3800余万元。施工单位收到应诉通知之后提出了反诉，要求业主赔偿因合同解除所遭受的实际损失总计2700余万元。

我们国家的法律规定，合同一方当事人收到解除合同通知之日起，必须在三个月内向法院或者仲裁机构提出确认解除合同通知效力的诉讼或仲裁，逾期不提出的，解除合同通知书发生法律效力。副楼业主1的律师之所以选择发出解除合同通知书，并在对方收到三个月之后再提起诉讼，是因为三个月期限届满，解除合同通知书依法已经发生法律效力。此时，合同解除已经成为既成事实，再有的争议，只能是合同解除之后，后果的处置。而这一合同解除的行为是建立在施工单位违背补充协议，拒绝复工的事实基础之上，无法撼动。副楼业主1律师之所以认真接待施工单位谈判代表，是因为要将时间拖过三个月，三个月期限已满，施工单位无力回天。

有如此之方案、如此之证据、如此之法律，案件最后的走向不言自明。最后，诉讼双方在法院的主持下达成了调解，副楼业主同意赔偿施工单位1050万元。此金额看似巨大，施工单位对副楼基础开挖施工不足一个月，怎么要赔偿如此巨大的金额。殊不知，这1100万元的赔偿款中，包含700万元的工程保证金，该保证金副楼业主已经使用了三年。调解书签订之后，副楼业主1大喜，圆满地解除了建设工程施工合同。

此案例包含了两个方案索赔。第一个方案索赔，是施工单位以情况报告的形式出现；第二个方案索赔，是副楼业主以恢复施工通知书形式出现。这两个方案索赔的类型相同，都是醉翁之意不在酒。如果说第一个方案索赔是基于施工单位的专业水平和经营能力而实现，第二个方案索赔则是源于副楼业主1律师团队的商业洞察力。可以说，当副楼业主1律师团队洞察到施工单位的情况报告不是基于技术而是基于方案索赔之时，就注定施工单位在诉讼中失败的结局。

7. 如何适应工期索赔新规定?

工期索赔的产生判断起来标准相对较为单一，施工单位竣工日期超过合同约定的竣工日期即为工期延误。具体竣工验收日期早于合同约定的竣工日期，为提前竣工。无论是延期竣工还是提前竣工，都是引发工期索赔的直接原因。由于工期索赔内容和形式都较为单一，管中窥豹、略见一斑。所以，我们通过一个案例来观察工期索赔。

浙商章三 2003 年到上海投资办厂，人生地不熟，因此去找与其对口的工业园区管委会表达自己投资建厂的意向。在园区的指导和关心下，顺利通过招拍挂摘得土地。章三不懂建设工程，因此，选择了固定总价的承包方式，即俗称闭口价或一口价。总价 2000 万元包干，完成其土地上的厂房、办公楼、食堂、宿舍以及配电房的建设。谁能做得下来，项目就交给谁承包。

园区推荐的三家施工单位中的一家李四，在园区承包建筑工程项目近十年，完成了八九个工程项目，爽快地答应 2000 万元按照图纸施工。俗话说天有不测风云。李四带领的施工队刚打几根桩，就遇到了暗浜。李四在园区干了近十年，八九个项目。从来没有遇到过暗浜，此一项，李四增加支出人民币 80 万元。在厂房封顶的当天，当地有风俗需要在封顶的主梁上挂上红彩绸。于是，一位工人爬上顶梁，挂上红彩绸。下来的时候，不料脚底一滑，从楼顶坠落。待到救护车赶到，已经没有生命特征。为了处理工伤死亡事故，施工单位前前后后又砸进 100 万元。李四亏损较大，无奈退场。

章三项目投入使用后，李四找章三结算工程款。李四要求章三给予适当补偿，章三则坚持按照合同约定结算。一次偶然的场合获悉 2005 年 1 月 1 日《司法解释》第二十一条之规定，以备案的中标合同作为结算工程价款的依据。李四如获至宝，直接向法院起诉。要求补偿 200 万元。

章三律师建议对李四工期延误提起反诉以减少损失，得到了章三的支持。章三律师到当地的招标投标办公室档案室将双方备案的中标合同调出并调出招标文件和中标通知书。当律师从工作人员手中接过中标通知书时，发现此工程采取的招标投标方式是直接发包的方式，而《招标投标法》规定的招标投标方式是公开招标和邀请招标，不包括直接发包。因此，直接发包不在《招标投标法》调整范围之内，也就不受《司法解释》第二十一条的约束。这样该案就可以不按照备案的中标合同进行结算。

最终法院判决下来，支持李四 200 余万元工程款的诉讼请求，对 200 万元的补偿款不予支持。对章三的反复请求，酌情支持 100 万元。二审维持原判。

通过对该案的观察，我们可以发现章三所出的 2000 万元的闭口价本身就比较低，判决结果对李四暗浜损失和工伤损失不予支持，并判决李四赔偿章三 100 万元的工期延误赔偿金。我们可以判断，李四在这个项目中，一定处在亏损状态。这类案件在当时并不是一个偶然性的案件，各地类似案件统计、整理上报管理层，上层很快就会发现施工单位辛辛苦苦完成建设工程施工项目，最终亏损。最终的亏损还是会转递到农民工头上。因此，对此类案件采取了谨慎裁判的策略。另，此类案件一经出现，大型建设工程施工企业的法务部门立即研究案例，寻找对策。依据原《合同法》第一百一十三条违约赔偿填平原则，施工单位称在签订合同之时，并不知道业主方工程竣工交付之后，要将厂房出租给他人，故厂房出租给他人产生的租金损失，不在施工单位签订合同时能够预见到的业主的损失范围之内，依法不予赔偿。该等观点在后续获得法院的支持属于大概率事件。因此，之后业主方以延期交付工程造成房屋租金损失，要求施工单位赔偿的几乎都没得到支持。但是，施工单位因工期延误交付给业主方造成的损失，是一种客观存在的损失，为了平衡业主与施工单位，也是为了抑制施工单位工期延误的现象，最高人民法院2019年2月1日实施的《司法解释（二）》第六条第二款规定："当事人约定承包人未在约定期限内提出工期顺延申请视为工期不顺延的，按照约定处理，但发包人在约定期限后统一工期顺延或者承包人提出合理抗辩的除外。"这是对工期延误的索赔提出了新的法律规定。因此，在建设工程施工合同交底之时，施工单位必须要了解合同中约定的工期延误的索赔规则。按照司法解释原则编制的合同文本条款，在合同约定的工期延误申报期限内，必须向业主方提交工期延误变更签证单。施工单位在合同约定的期限内不提交工期延误签证单，则视为施工单位放弃权利。当竣工验收之时，业主方向施工单位发起工期延误反索赔，施工单位再提工期延误都是由业主方的因素造成的，时效已过，即使施工单位能够提供详细有证明力的证据，也不能够得到法庭的支持。因此，施工单位一定要改变过去对工期延误索赔的概念，与新的工期索赔法律规定对接。

2021年1月1日实施的最高人民法院《司法解释（一）》将《司法解释（二）》中的第六条吸纳进第十条；2021年1月1日实施的《民法典》将原《合同法》第一百一十三条吸纳进第五百八十四条。

8. 按形成方式划分索赔有何益处？

索赔从不同的角度去研究，可以做出不同的分类。本篇我们以索赔形成的方式，将其分为突发索赔和预案索赔进行观察。

突发索赔是指索赔事件发生之时，发包人和承包人没有事先预见到的事件，其直接的表现形式，是施工现场所出现的情形，不在施工组织设计的范围之内。这种情形的出现，用闭环管控的理论来表述，就是出现了 ξ。突发性事件发生之后，施工单位所需要做的，就是立即启动应急方案，化解施工现场出现的突发事件，使之对工程建设的危害降到最低程度。

大多数的施工单位都是这么想，也都会这么做。当然，如果施工现场出现的突发事件是由于施工单位的原因产生的，施工单位全力以赴地消除突发事件对工程项目施工的不利影响，乃分内之事。对于业主单位的原因导致的现场突发事件的产生的处理，就应当有所不同。施工单位常常会遇到这样的情形，业主方甲方代表在现场指手画脚，强令施工单位进行施工，出现问题之后，施工单位提请甲方代表进行索赔签证，甲方代表常常又以各种理由进行推脱，使施工单位陷入进退两难的境地。因此，施工单位在应对突发性事件之时，首先必须做出明确的判断，突发事件的产生是由于业主方还是由于自己导致的。由于业主方原因导致的现场突发事件的产生，除了立即启动应急响应机制之外，同时还应当启动工程索赔机制。在突发事件的处置过程中，必须清楚地记录事件发生的 When、Where、Who、What、Why 等基本信息，随之向业主单位发出索赔。事件在不断地发展，索赔报告不断地跟进，直至将整个 ξ 化解，使项目回到施工组织设计范围之内。

　　预案索赔顾名思义，是承包人事先预设的索赔事件，一旦条件成就，即形成索赔，其最典型的方式是不平衡报价。施工单位在投标之时，即将不平衡报价方案巧妙地布置在投标文件中，一旦中标，预案索赔即告成立。业主单位发现，木已成舟。不平衡报价是将预案索赔以合同的形式载入了建设工程施工合同之中。但是，更多的预案索赔是发生在合同履行过程中。施工单位发现索赔的机会，向业主单位提出索赔预案。多数情况下，业主单位能够做出较为准确的判断。因此，业主单位对施工单位所提出的索赔预案，通常是可能接受，也可能不接受；施工单位也应当保留两手予以应对。这两手即为"拉"与"杀"。所谓"拉"是施工单位应当尽其所能地引导、规劝、压迫业主单位接受施工单位的索赔方案。在许多情形下，业主单位也意识到了索赔的存在，坦言拒绝施工单位的索赔方案，声称有自己的索赔方案或者说由自己的专业的咨询机构来处理索赔事务。在这种情形下，施工单位也只能采取"杀"的策略。

　　除了万达、万科、碧桂园这些建设工程领域领头企业之外，施工单位的专业技术水准通常高于业主单位的专业技术水平。在此种情形下，施工单位应当发挥自己的专业优势，指出业主单位实施方案中的弱点、短板、瑕疵，各个击破。在这一与业主单位进行博弈的过程中，专业起到决定性的作用。俗话说得好，"天下武功，唯快不破"。施工单位的专业水准高于业主单位的专业水准，在与业主单位进行索赔的对杀中便能够取得优势，使业主单位动摇对自己方案的信心，从而选择施工单位实施方案，转入预案索赔轨道。

　　有的业主单位自知自身的专业技术水准不足以与施工单位匹敌，故聘请专业的咨询机构应对施工单位的索赔。客观地说，在一般情形下，专业咨询机构的专业人士的水准通常高于一般的施工企业的专业技术人员。施工单位在技术上不能形成对专业咨询机构的比较优势。因此，施工单位在向业主单位索赔的过程中，还是依靠技术则缺乏胜算。施工单位在专业技术方面相对咨询机构不具有比较优势，并不意味着施工单位就不能在索赔博弈中胜出。施工单位的专业技术水准与咨询机构相比不具有比较优势，意味着施工单位人员的单位小时的工资收入相对于咨询单位专业人士要低，在单位时间的劳动成本的消耗上，施工单位具有比较优势。因此，施工单位可以对咨询机构采取疲劳战术。所谓疲劳战术，是施工单位人员的单位成本的消耗低于咨询机构专业人士的单位成本消耗，故施工单位的专业人员时时刻刻去找咨询机构的专业人士，消耗他们的时间成本。咨询机构的单位成本的消耗高于施工单位的单位成本消耗，因此，咨询机构与施工单位打不起消耗战，经不起纠缠。为了早日摆脱施工单位对其劳动时间的消耗，咨询机构通常会选择更多地接受施工单位的要求，以减少施工单位的纠缠。这正是施工单位期望达到的效果。

9. 有效的不平衡报价依据是什么?

预案索赔顾名思义是建筑工程的一方当事人依据自己的专业水平和工作经验，人为事先设置的，使对方增加支出、自身增加收益的工作方案。属于方案索赔中的一种，在建设工程施工项目中，最典型的方案索赔就是不平衡报价，前面我们已经介绍过不平衡报价的编制和方案索赔，在此篇中，我们着重介绍不平衡报价的博弈。下面通过一个案例来观察。

项目发生在 2017 年的深圳。香港有位投资商拟在深圳投资建设一家酒店，总投资 2.5 亿元。欲寻找国内既有经济实力又有专业能力的施工单位承建项目。经过多方接触与考察，对潜在投标人央企 Y 颇有兴趣。央企 Y 对中标该项目也有着浓厚的兴趣。故选派项目经理，组建项目班子代表 Y 公司去投标。项目经理 M 对招标文件进行了一番研究后发现，项目的控标价设置偏低，按 Y 公司目前的生产经营成本测算难以实现盈利，故建议领导放弃此项目。领导认为此项目是 Y 公司进入深圳的第一个项目，为了打开深圳的建筑市场，项目微利、薄利或者稍微亏损，都是可以接受的，故决定要求 M 进行投标。

项目经理放弃投标的建议被公司领导否决之后，便全力以赴地研究招标文件，寻找项目一旦中标而免于亏损的出路。经过一番研究，项目经理 M 发现，该项目招标工程量清单中 A 材料的用量明显偏低。其判断港商对国内的建筑市场行情、运作不熟悉，才出现如此纰漏。为了使项目的未来结算能够不亏、保平，项目经理 M 选择了不平衡报价。在清单报价中拉高了 A 材料的单价；为了不突破控标价，将其他材料的价格普遍压低，以给拔高 A 材料的单价腾出空间。如此一番技术操作，整个报价得以控制在控标价之下，Y 公司顺利中标。项目经理 M 带着施工队伍进场施工。

尽管项目的控标价偏低，但是由于采用了不平衡报价的方法，项目经理 M 对项目最终结算的盈利性充满信心。就在项目正常推进，准备采购 A 材料进行施工的前夕，业主港商向项目部发出了变更通知，要求将材料 A 变更为材料 B。A 材料不是一般的材料，是项目经理 M 进行了不平衡报价的材料。如果接受材料 A 变更为材料 B，其承包的建筑工程项目必定严重亏损。为此，其明确地回复业主方，拒绝接受 A 材料的变更，将按照合同约定执行。结果就是收到了业主的停工通知书。港商强调施工单位必须无条件按照业主方的指令施工。项目经理 M 则坚持合同是以要约与承诺的方式成立的，业主发出的变更通知书是要约，我承诺合同成立；我不承诺，业主发的签证单就是一纸空文。

我们知道，我们的权利来自法律与合同。合同没有约定，我们的权利可以源于法律的规定。《民法典》合同篇第十八章建设工程合同八百零八条规定：“本章没有规定的，适用承揽合同的有关规定。”《民法典》第十七章承揽合同第七百七十七条规定：“定作人中途变更承揽工作的要求，造成承揽人损失的，应当赔偿损失。”我们看到法律授予了定作人变更承揽工作的权利，并没有授予承揽人拒绝变更承揽工作的权利。由此我们可以看到，在建设工程合同中，施工单位必须无条件执行发包人的指令。《民法典》中的七百七十七条和八百零八条完全吸收了原《合同法》中的第二百五十八条和二百八十七条的规定。

2019 年 2 月 1 日最高人民法院出台的《司法解释（二）》实施。第十条规定：“当事人签订建设工程施工合同与招标文件、投标文件、中标通知书载明的工程范围、建设工期、工程质量、工程价款不一致，一方当事人请求将招标文件、投标文件、中标通知书作为结算工程价款的依据的，人民法院予以支持。”该条款是法律对建设工程投标人采取不平衡报价强有力的支持，使不平衡报价具有了法律的支撑。

2021 年 1 月 1 日实施的《司法解释（一）》二十二条完全吸收了《司法解释（二）》第十条条款。保障了法律适用的延续性。

10. 如何应对突发索赔？

每一个建设项目的投资人都希望自己所投资的项目能够完全达到预期的目标，甚至比预期目标还要好。投资人对待自己的投资项目，就像家长对待自己的孩子一样，每个家长都望子成龙、望女成凤。这与投资人对待项目的心态是完全一致的。

在这种心态的作用下，建设工程项目的所有投资人，基本上都不会做甩手掌柜了。相反，他们会把自己的全部精力倾注在项目的建设当中。因此，将最先进的技术、最优质的材料、最全面的功能、最地标的外观如何揉进项目中，是投资者内在的心理需求。在这种内心需求的驱动下，投资人经常出入工地，经常对工地上的施工作业发号施令。

我们经常能够看到的情形是，投资人一亲临施工现场，甲方代表、项目经理、监理等一行人员前呼后拥，陪伴左右，惟命是从。

投资人对现场的情况总是颇为不满。指着一扇餐厅包厢门说，像这种餐厅包厢的大门，采用方框形不好，应当将门框设计改成椭圆形，更有艺术色彩。未来消费的顾客不但能品尝到美食，还能享受到文化。施工单位听到没有，将方框门都改成椭圆形的门。说完之后扬长而去。

送走投资人之后，甲方代表找到项目经理，听到我们老板的指令了没有？赶紧干，把现在的方框门全部改成椭圆形的门。设计变更我去与设计单位沟通，你这边先干。过两天我们老板再来工地巡视的时候，就要让他看到工作成效，看到我们的执行力。有甲方代表这一席话，项目经理当然立即执行。马上组织人员将已经做成的方框门敲掉，改成椭圆门。

过了两天，甲方代表找到了项目经理，问道："上次说的餐厅包厢门改造的事情，你们动工没有？"

项目经理答道："动工了，不信，你去现场看看。"

甲方代表道："刚才我跟老板在一起开会，老板说了，不是把每一个餐厅包厢门改成椭圆形的门，而是把进入包厢区的那个大门，改成椭圆形的。没敲的，不要再敲了；敲掉的恢复原状。把餐厅大厅进入包厢区的那个方框门改成椭圆的就行。"

听了甲方代表的一番指示，项目经理立即指挥施工人员按照甲方代表的最新指示执行。将敲掉的门框重新恢复，将餐厅大厅进入包厢区的那个方框门改成了椭圆形。一切安好。

竣工结算之时，项目经理找到甲方代表称："竣工结算报告我看过了。上次我跟你做的方框门改椭圆门的工作量，你没有给我算进去啊。"

甲方代表回道："怎么可能，你给我干的活，结算怎么会不给你算进去。"

说完，甲方代表翻开竣工图说道，你看看竣工图上都有，怎么会没有算给你。

项目经理答道："不是这个门，是每个包厢的小门。你们老板当时巡查的时候说要把包厢方框门改成椭圆形的。后面你也专门给我下了指令。过了两三天之后，你又通知我做过的恢复原样，没做的就不做了。只需要将包厢区入口处的方框门改成椭圆门。"

甲方代表一听，若有所思的称道："哦，这事我想起来了，真有这事。这块结算没有放进去。不过你看，这结算初稿都出来了，当时又没有签证，你要我现在去说，我怎么说？补个手续，也为时太晚。反正钱也不多，我记得是大概过了两三天再通知你的。要不这事就这样算了。"

作为施工单位应当怎么应对？这只是建设工程施工过程中的沧海一粟。东一粟、西一粟，在投资人看来只是一点点，不足挂齿。但是，对于施工利润本身就非常薄的承包人来讲，这都是实实在在的成本支出，如此点点滴滴就形成了施工现场点点滴滴的纠纷，积少成多最终引发冲突。

化解这种风险较为有效的方式，是施工单位在接到甲方代表变更包厢门的口头指令之后，立即执行甲方的指令本身没错。包厢门的恢复过程中，不能够一口气将所有的包厢门都一股脑地恢复成原状，而应当在恢复的作业面上留个敞口，即留一个施工尾巴，证明曾经发生过的施工作业。甲方代表什么时候签署项目经理提交的变更单，施工单位什么时候将这个敞口封掉。以此实现交易的完整性，减少未来可能发生的潜在纠纷。

11. 如何保障签证的效力？

索赔按照索赔内容的真实性可以分为实体索赔和程序索赔。实体索赔是完全建立在实事求是的基础上的索赔，即发生了一个单位的损失，就向对方提出一个单位的索赔。程序索赔指的是索赔签证的法律手续是完整的，但是索赔的文件载明的内容与实际发生的索赔事实存在偏差。通俗说就是漫天要价，坐地还钱。有1索赔3，有3索赔7，有7索赔10。对方给予的签证，即形成了索赔的法律事实。需要注意的是，这里用的词是法律事实，法律事实与客观事实有着本质性的不同。客观事实是实际发生的事实，法律事实是通过证据还原的客观事实，它可能是客观事实，也可能与客观事实存在差异。差异的大小，取决于证据对客观事实的还原程度。

实体索赔在建设工程实践中一般不容易发生纠纷。索赔签证所载明的内容与施工单位所实际完成的工作内容一致。固化的建设工程实体，通过测量的方式可以进行计算，双方都没有有效地拓展利益的空间。

程序索赔则不同。程序索赔更多的是建立在实物工程量难以测量的索赔签证之中。施工方向业主方发出索赔签证，业主方一旦签署，则构成要约与承诺，形成双方的合同，成为计价的法律依据。

在签证的过程中，时常会出现施工单位向甲方代表提交签证之时，甲方代表刚好到外地出差，而双方的合同中明确约定，只有甲方代表才有权利签署乙方递交的签证文件，其他人员的签署一概无效。在这种情形下，施工单位应当如何应对？不签，施工现场人多事杂，一晃就过去了。等到想起来，可能已时过境迁；签，甲方代表又不在现场，找其他人代签合同又有明确约定，没有法律效力。这时，比较有效的应对方式，是通过与甲方代表通话，要求甲方代表委托其在现场的代理人代为签署，待甲方代表归来后再进行确认签署。尽管合同中明确约定，其他人无权代表甲方代表签署乙方提交的签证文件。但是，对乙方而言，有总比没有好。

在建设工程施工过程中所形成的各类签证中，通常可以将签证分为合格签证与瑕疵签证。所谓合格签证，就是在签证单上签字的双方具有合同约定的权利，双方一经签署具有法律效力。瑕疵签证指的是尽管双方已经签署，但是因为存在瑕疵，其法律效力尚处在一种不确定的状态之中，需要进一步确认。前面所述的甲方代表委托其他人所签署的签证单就属于有瑕疵的签证单。

合格的签证单在法律上属于直接证据，法庭可以直接采纳作出实体判决，从而形成当事人的实体权利，是我们权利的来源之一。瑕疵签证单，在法庭上会被认定为间接证据。我们知道，间接证据孤证不能作为定案的依据。间接证据要发生法律效力必须有多个间接证据形成证据链。当然要形成完整的证据链，对于举证方而言，也是一项巨大的考验。好在民事诉讼中，法庭对间接证据的证明力度并非要求达到100%。法律上有个词叫作高度的盖然性，只要在法庭上举证占有相对的优势，法庭就会采纳优势方证据所证明的过去发生的客观事实。因此，在建筑工程项目风险管控过程中，项目经理所应有的索赔概念不仅仅是甲方代表的签字，还应当包括未签证的间接证据。将手中的间接证据不断完善，使其达到高度的概然性，以实现索赔的目的。

12. 如何识别索赔相对人？

俗话说得好：冤有头，债有主。施工单位在执行了业主方所发出的变更指令之后，获得索赔是天经地义之事。但是，在我们国家的建筑工程施工承包过程中，存在着层层分包、层层转包的情形，因此各承包人对自己的索赔相对人，必须要有明确的判断。否则，即使存在索赔的事实，也难以实现索赔的目的。我们通过一个案例来观察索赔主体甄别的重要性。

说到建设工程，就不能回避业主方。我们这个项目是房地产开发项目，业主方为开发商。开发商通过招标投标方式将项目发包给总包方，总包方将其中的一部分工程发包给分包方，分包方将工程一部分留给自己干，剩余的部分分为两部分：一部分分包给再分包1；一部分分包给再分包2。各方法律关系见图10-2。

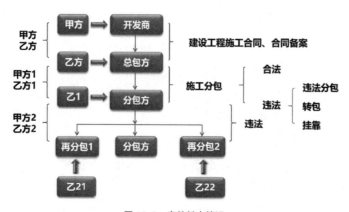

图10-2　案件基本情况

为了便于表述项目的各参与方，我们将开发商称为甲方，施工总承包方称为乙方，分包方为乙1，再分包1为乙21，再分包2为乙22。这样甲乙双方形成建设工程施工承包合同关系，甲方1与乙方1形成建设工程分包合同关系，甲方2与乙方2案形成建设工程再分包合同关系。此项目签约之时是2012年底，诉讼之时，已是2017年。按照当时的法律甲乙双方签订的是建设工程施工合同，双方签订的建设施工中标合同应当提交当地建设行政主管部门进行备案。根据最高人民法院2005年1月1号实施的《最高人民法院关于审理建设工程施工合同纠纷案件适用法律问题的解释》第二十一条规定："当事人就同一建设工程另行订立的建设工程施工合同与经过备案的中标合同实质性内容不一致的，应当以备案的中标合同作为结算工程价款的依据。"

甲方1和乙方1之间形成建设工程分包合同，分包合同分为合法分包和违法分包。甲方2与乙方2形成的是建设工程再分包关系。法律禁止建设工程再分包，因此，无论分包方乙2所处的法律地位是合法还是非法，只要其一旦再分包，则其与再分包商所签订的合同均属无效。

从图10-2中我们可以发现乙21处在再分包的位置。我们说法律保护的是当事人合法的权利。但是，由于我们国家建设工程市场的复杂性和特殊性，2005年1月1号实施的《最高人民法院关于建设工程施工合同纠纷案件适用法律问题的解释》（简称《司法解释》）第二十六条规定："实际施工人以转包人、违法分包人为被告起诉的，人民法院应当依法受理。实际施工人以发包人为被告主张权利的，人民法院应当追加转包人或者违法分包人为本案第三人。发包人只在欠付工程价款范围内对实际施工人承担责任。"《司法解释》二十六条表述得非常清楚，只要是对建设工程投入了物化劳动的实际施工人，无论是否有合同，也无论合同是否有效，实际施工人都有权利向法院提请诉讼。

此项目尽管经过层层分包，但是工程还是按期保质地完成。开发商住宅楼如期交付给小业主，商铺也如期开张。商铺开张三年过后，商铺前车水马龙，人山人海。但是，工程款还没有结清。这时，实际施工人乙21沉不住气，其工程款、索赔额尚有2400万元没有结清，于是决定通过法律的手段维护自己的合法权利。2400万元工程款，对于每一家施工单位都不是一笔小数字，对于实际施工人的包工头乙21更是如此。为了慎重起见，乙21聘请了大律师为其助阵。

大律师与小律师的区别是：小律师只按照委托人的意图办理法律事务，大律师不仅按照委托人的意图办理法律事务，而且还会为委托人出谋划策，追求案件诉讼结果的利益最大化。乙21所请的大律师也是这样。乙21的大律师通过分析案情给乙21建议：乙方将工程转包给乙1，按照分包的行业惯例，会收取乙1两个点的管理费，乙1将工程分包给乙21，也收了两个点的管理费。《司法解释》二十六条规定，实际施工人可以将发包人列入被告。我们依据《司法解释》将甲、乙、乙1一起列为被告，要求按照甲乙双方签订的中标的备案合同进行结算，这样就可以省去中间4个点的管理费。

实际施工人就是一个包工头，文化水平有限，听大律师这么一分析，觉得有道理，心中暗喜。便决定启动诉讼程序。

乙方与乙方1之间签订的分包合同约定，乙方按照甲方付款的时间节点和付款金额向乙方1支付工程款。由于甲方延期支付工程款导致乙方向乙方1延期支付工程款，乙方1放弃对乙方违约责任的追究。合同还约定，乙方与乙方1之间的结算金额，不得超过甲方与乙方就乙方1对外分包工程的结算金额。因此，在诉讼中乙方比较轻松，而乙方1的压力相对较大。

一开庭，乙方1认为自己聘请的律师顶不过乙21律师的凌厉攻势，故中途更换律师。乙1新律师介入诉讼案件之后，马上发现乙21将开发商、总包方、分包方列为被告具有法律依据，但是主张按照备案的中标合同作为结算的依据，缺乏法律依据，违背了合同的相对性。所谓合同的相对性是指合同所形成的权利义务仅仅对合同当事人具有约束力，对合同之外的民事主体没有约束力。正是本书我们一直强调的合同是当事人之间的法律。甲乙双方签订的备案的中标合同仅仅对合同的当事人甲方、乙方具有约束力，对乙21没有约束力。尽管乙21实际确实参与了系争工程的建设，乙21的权利来源于其与乙1签订的合同，乙1如果没有能力向乙21支付所欠付的工程款，乙1应承担支付责任，甲方在欠付乙方工程款的范围内承担支付责任。但是，乙1律师的意见在法庭上没有得到法官的重视，同样也没有得到其他各方律师的重视。案件后续三次开庭，均没有实质性进展，时间长达两年之久。

由于案件审理严重超逾审限，成为当地的老大难案件。当地法院不得不更换主审法官，由庭长担任该案的审判长。再次开庭之后，乙1律师向法庭重新陈述了合同相对性的观点。重申乙21主张按照甲乙双方签订的备案的中标合同结算工程款突破了合同的相对性，没有法律依据。此次，乙1律师的代理意见得到了主审法官的重视。法官停顿了一下，向包工头及两位代理律师问道：原告，你们要不要变更诉讼请求？代理律师回答：不要。法官道：法庭可以给你们五分钟商量，商量之后再做回答。需不需要？代理律师回复：需要。法官应声敲下法槌说道：休庭五分钟。五分钟之后，继续开庭。法官问原告：原告，你们商量的结果如何？答：我们坚持自己的诉讼请求。法官道：请向本庭再陈述一遍你们的诉讼请求。乙21的律师陈述后，法官道：书记员记录在案。

不足一个月，案件判决下来，驳回原告的诉讼请求。

13. 如何应对价格调差？

计价索赔包含不平衡报价索赔和价格调差索赔。由于建设工程项目施工周期长，使用的材料品种众多，我国建筑市场发育尚不成熟，因此在项目实施过程中采购材料时的价格与招标投标期间所确定的报价基准日价格不可避免地存在着市场波动。这种波动的发生，在发包人和承包人签订合同之时，双方都有清晰的认识。因此，在合同中通常会约定材料价格波动的一个区间，或是约定材料价格的波动不给予调整，以便解决市场材料价格波动的难题。似乎合同中已经有了明确的约定，发包人和承包人之间就材料价格波动的问题达成了一致意见，形成了当事人之间的法律，应该不再会有纠纷发生。但是，在现实的建筑工程施工项目计价过程中，即使发包人和承包人之间对价格的波动是否给予调整有了明确的约定，仍然是建设工程纠纷产生的高发区。

《民法典》第八条规定，民事主体从事民事活动，不得违反法律，不得违背公序良俗。对合同价格的调整的规范性文件，有以下四份：

①《建设工程价款结算暂行办法》（财建〔2004〕369 号）；

②《建设工程施工发包与承包计价管理办法》（建设部令第 16 号）；

③《建设工程工程量清单计价规范》GB 50500—2013；

④《司法解释》。

《国家标准法》第十四条规定，强制性标准，必须执行。依据《国家标准法》，我们知道，国家标准中的强制性标准属于法律，推荐性标准不属于法律。《建设工程工程量清单计价规范》GB 50500-2013 第 3.4.1 条规定，建设工程发承包，必须在招标文件、合同中明确计价中的风险内容及其范围，不得采用无限风险、所有风险或类似语句规定计价中的风险内容及范围。

由此可见，无限风险即闭口价被打开。打开之后，施工单位还要计价。由于业主单位一门心思欲将施工单位签死。因此，尽管闭口价被打开，发生的签证却没有计价依据，施工单位仍然不能得到实体利益。要化解这一风险，还要请出《民法典》的合同编。

《民法典》合同编第五百一十一条第（二）项规定："价格或报酬不明确的，按照订立合同时履行地的市场价格履行；依法应当执行政府定价或政府指导价的，按照规定履行。"依据本条款材料价格可以按照合同签订时的市场价格计价。对于调差，合同编第五百一十条规定："合同生效后，当事人就质量、价款或报酬、履行地点等内容没有约定或约定不明的，可以补充协议；不能达成补充协议的，按照合同有关条款或交易习惯确定。"实践中，双方已经不可能再形成补充协议，因此只能按照交易习惯。

何为交易习惯？这就遇到一个新的问题。所谓交易习惯，是指在长期的交易过程中形成的约定俗成，为交易各方所愿意接受的标准。对于业内的交易者，彼此之间都很容易理解、接受、遵循交易习惯。但是，对于外行或者说刚入行业的交易参与者，其对交易习惯的举证将会遇到障碍。

我们说民事主体的权力来自法律与合同。合同中没有约定，那么我们的权利来源只有法律。法律是全国人民代表大会和全国人民代表大会常务委员会通过的，经国家主席签署发布的规范性文件。行政法规是经国务院常务会讨论通过，由国务院总理签署发布的规范性文件。在我们国家现有的司法体制下，将立法法之法律与行政法规统称为法律。国务院各部门以及各省级人民政府出台的规范性文件称之为规章。规章不是法律，对民事活动的主体没有强制的约束力。但是，规章是国务院各部门以及各省级人民政府制定和出台的规范性文件，其编制文件的基础是基于我们党的"从群众中来，到群众中去"的原则。所谓"从群众中来"就是听取群众的声音，从群众日常生产、工作、学习过程中所形成的惯例加以提炼与规范，形成文件后出台。因此我们说，政府的规章文件作为当地交易习惯适用。

由此，我们看到建设工程项目固定总价无论在法律上还是在商业上，都不具备将风险完全锁定在承包人名下的条件。这为施工单位进行价格调差索赔，提供坚实的法律与经济支撑。

14. 清单项目缺漏错项如何应对?

建设工程的复杂性，不仅仅体现在其施工作业所涉及的专业广泛、难度普遍、人员众多上，还体现在它的计价体系的多元化上。在建筑工程领域，房屋与城市基础设施建设、公路工程、铁路工程、水利水电工程的计价定额彼此独立，自成体系。这为企业的跨界经营、结算构成了计价技术壁垒。本篇我们就房屋与城市基础设施建设方面，以工程量清单计价方式进行报价，对招标清单中出现缺、漏、错项的责任的归宿进行观察。

建设工程招标投标，首先要做的就是编制招标文件。具有招标投标文件编制能力的企业，可以自行编制招标文件。实力不济的企业，可以委托招标投标代理机构编制招标文件。编制招标文件是招标代理机构的主营业务，招标代理机构通过竞争的方式取得招标文件的编制代理权，由于招标文件具有格式化的性质，同一领域的项目在目前情形下，通常也都有清单编制软件。因此，投标竞争实质上就演化成了价格竞争。我们说在市场经济条件下，价格是由风险所决定的。价格越低，意味着购买方承担的风险越大。业主单位以较低的价格购买招标文件编制服务，意味着招标代理机构所提供的招标文件的质量就不可避免地存在瑕疵，即缺、漏、错项。为了减少、避免这种瑕疵对招标投标工作的实质性影响，招标公告通常设有特别说明条款。要求投标人发现招标工程量清单中存在缺、漏、错项应当在招标文件规定的期限内向招标人提出，逾期不提出缺、漏、错项内容的，则视为该项目已经包含在投标人投标工程量清单中标价的其他清单项目之中。

市场经济告诉我们，市场是买卖双方决定交易价和量的机制。这种机制是建立在整个市场具有良好的信誉体系之上。我们国家的市场经济尚在不断地发育、成熟、完善过程中，整个市场的信誉机制尚不健全。因此，业主单位在寻找施工单位之时，不可避免地要对施工单位的市场信誉进行了解、调查和考证。这便是我们通常所说的前期调查。

业主单位总是希望通过竞争的方式选择质优价廉的施工单位。因此，在项目前期总是尽力地、尽可能多地去接触施工单位。比如接触十家单位，往返路程加谈判，一个单位三天。这样一轮下来就得 30 天，其他的事情都不用干。为了了解的更加清楚，两轮三轮下来，往往业主单位不堪重负。

业主单位招标文件发出之后，给予的投标单位的投标时间往往非常有限，这么做的原因，一是考验施工单位的专业技术水准；二是为了防止投标单位之间进行围标，拉高投标底价。业主单位一旦发现施工单位之间进行串通围标，其结果不仅仅是招标投标的流标，更重要的是前期谈判所投入的时间精力都付之东流，其必须重新寻找潜在投标人进行新一轮的投标。这是每一个业主单位都不想陷入的境地。防止施工单位之间进行串通围标最切实有效的方法，除了在招标投标之前做好招标文件的保密工作之外，就是压缩投标时间。压缩投标时间与发现招标清单中存在瑕疵提出异议以及对异议的答复所必须设置的时间，本身就是一对矛盾。因此，在招标文件中载明的文件瑕疵提出以及答复期限，更多的是应付检查、流于形式。

投标人中标之后，在合同履行过程中，发现工作量清单中存在缺、漏、错项，向业主单位提出，并要求索赔。这时，我们最常听到的业主单位与施工单位的标准对答是：

业主单位：施工单位，你们是几级施工资质？

施工单位：招标公告中要求投标单位具有一级房建施工资质，我们是一级资质的施工企业。

业主单位：招标公告中明确要求施工单位发现招标工程量清单中存在缺、漏、错项应当在规定的时间里提出，你们提过吗？招标文件中也明确规定，在规定的时间内不提出的视同该部分报价已经包含在其他项目报价之中。你们在招标投标阶段规定的时间内，未对缺、漏、错项提出异议，按照招标公告的规定，缺、漏、错项产生的费用都应该由你们施工单位承担。你们作为一家一级资质的施工企业，在招标投标阶段完全有能力发现招标文件中的瑕疵，在招标阶段不提，却在施工阶段提出，视为你们在招标投标过程中已经放弃了自己的权利。

对于业主单位的观点，许多施工单位莫衷一是。接受又不甘心；不接受又没有更加充分的理由去反驳业主单位。

我们说，业主单位以较低的价格购买招标代理机构提供的服务，招标代理机构提供的招标文件中的招标工程量清单中存在的缺、漏、错项的概率自然也高于一般价格水平的招标工程量清单。若按照业主单位的思路，每一个投标人都应当在投标过程中向业主单位提出招标文件中的瑕疵，这时业主单位就存在两个选项：第一，瑕疵很小，不处理也不会影响未来合同的履行；第二，按照投标人的意见修改招标文件，将招标文件修改成为一份具有市场平均水平的招标文件。经过这一轮修订之后，我们可以发现招标人以低于市场平均价格的支出，在各投标人的帮助下，获得了一份具有市场平均价格水平的招标文件。如果这种交易方式能够获得市场的认同、获得法律的支持，那么未来业主单位所支付招标文件编制的对价会越来越低，招标文件编制的水平会越来越差，而市场上实际使用的招标文件的质量并不会下降。之所以会出现这一种状况，是因为投标人付出的修改招标文件的劳动没有得到回报。这种情形的产生，是业主单位利用其在市场中的优势地位，无偿获取了投标人对招标文件的服务成果，违背了市场经济公平交易的原则。

为了从根本上改变、消除这种不公平的交易模式，国家标准《建设工程工程量清单计价规范》GB 50500—2013 第 4.1.2 条规定："招标工程量清单必须作为招标文件组成部分，其准确性和完整性应由招标人负责。"该条款是强制性条款，属于法律。我们说，在民事活动中"约定不得违背法定"。因此，无论是在合同中还是在招标文件中约定的内容，违背法律的规定都不具有法律效力。

15. 如何化解施工图与清单项目的冲突？

我们说市场是买卖双方决定交易价和量的机制，在建设工程领域体现得尤为明显。工程量清单综合单价报价所决定的就是建筑工程施工各子项目交易中的对价，而量即为建设工程施工应当完成的工程量。建设工程施工项目的价体现在工程量清单子目报价之中，建设工程的工程量则体现在工程的施工图中。

在市场经济条件下，每一家建设单位在决定投资一个建设工程项目时，都是期待投资建设的建设工程项目能够尽早完工、尽快投入使用、尽早产生效益。这是由市场经济的机制所决定。要尽早完工、尽快投入使用、尽快产生效益，提早开工就是建设单位的首项选择。对于施工单位而言，其职能是按图施工。因此，提早开工的前提必须是建设单位向施工单位交付施工图纸。设计工作具有刚性的设计期限，这样，建设单位自然倾向于边设计边施工的运作方式。施工图一出，施工单位便开始进行施工，这可以最大限度地实现项目早日竣工、早日产生效益。施工图一出，施工单位就可以进入施工操作。这意味着施工图尚未出图之时，施工单位就应当已经选择完毕。这又意味着在选择施工单位之时，尚没有施工图。为了尽可能确定所建设项目的工程量，建设单位在选择施工单位时，只能将初步设计图纸作为项目招标的依据。招标投标行为是要约与承诺，施工单位一旦中标，就必须依法按照中标合同和招标投标文件签订建设工程施工合同，而初步设计图纸与施工图图纸客观上存在着差异性。而对项目施工图与招标图纸在施工过程中所表现的差异进行化解的方式就是索赔。

我们说，合同是当事人之间的法律。招标投标是按照初步设计的图纸进行的，理论上讲，合同的实施也应当严格地按照招标图纸进行施工。但是，建设工程合同是特殊的承揽合同，《民法典》第八百零八条规定："本章没有规定的，按照承揽合同的有关规定。"按照《民法典》合同编第十七章承揽合同第七百七十七条规定："定作人中途变更承揽工作的要求，造成承揽人损失的，应当赔偿损失。"据此，施工单位应当无条件按照建设单位签发的施工图进行施工。

工程设计图纸与施工图纸差异风险化解的方式，我们已经了解。问题是，如果建设工程施工合同的初步设计图与施工图所表述的建筑的同一个部位，均存在不清楚之处，应当如何应对？应对的方式同样也不能背离市场经济规则。我们说市场是买卖双方决定交易价和量的机制。清单所表示的是交易之价，而交易之量表现在施工图中。如果施工图纸对施工内容表述不清晰，则意味着该施工子目下的工程量清单价格所对应的施工标的边界不清，即交易量存在不确定性。因此，不能够构成交易。要构成交易的前提是要将交易标的之量进行固化。这固化的具体成果，就是能够实现合同目的的施工图。施工图出来之后，要完成施工图所载明的工作内容，必须按工程量清单与之相对应的子项目"项目特征"项下的内容进行施工作业。施工单位按照项目特征项下所列内容进行作业时，其施工程序和施工工艺都应当满足合同约定的施工规范。明确后的施工图所载明的施工内容与清单计价中所对应的子项目"项目特征"的施工内容不一致时，项目特征项下缺少的部分应当以索赔的方式进行补足；不予施工的部分，作为施工单位的承包收益，不予扣除。

在施工图不清楚的情形下，施工单位按照自身对项目的理解进行施工，一旦建设单位不予认可，则由此发生的一切费用将由施工单位承担，工期不予顺延。建设单位不能及时提供符合技术规范的施工图，施工单位因为无图施工而产生的停工、窝工费以及工期拖延之损失，都可以作为索赔向建设单位主张。

16. 单方计价风险如何管控？

我国建筑工程市场比较混乱，这种混乱产生的重要原因之一，就是建设工程计价体系的混乱。由于我们国家尚处在由计划经济向市场经济转变的过程中，在建设工程领域，造价同样是由计划经济的计价体系转向市场经济的计价体系。计划经济的计价体系是成本加上酬金，而市场经济的计价方式是买卖双方决定交易价和量的机制，即工程量清单综合单价报价方式。在工程量清单计价方式中，大多数的建设单位都希望早日开工、早日竣工、早日收回投资成本。但是，也不乏一些建设单位，其更关注的是建设工程的成本控制。为了对建设工程的成本进行有效控制，其往往在施工图完全出齐之后，再进行建设工程招标投标。施工单位在建设工程施工过程中的职责是照图施工。当建设单位的建筑工程施工图纸完全出齐之后，该建设工程的工程量已经完全确定，清单综合单价计价形成的依据是要约与承诺的方式。清单项目的单价与工程量相乘，就构成清单项目的价格。所有的价格相加就构成建筑工程的总造价。在这种情形下形成的招标投标总造价，如果建设单位对施工项目不进行变更，则招标投标的价格即为工程的结算价。这是清单计价下的固定总价模式。这种固定总价的模式固然能够有效控制建设工程项目的总造价，但是由于其实现控制的前提是施工图完全出齐。因此，不满足建设单位对于建设工程效率的需求，在建设工程施工市场上，不成为主流。

我们的权利来自法律和合同。在没有法律的情形下，在民事活动中应当做到合规以保证我们的权利能够得到法律的支持。由于市场是买卖双方决定价与量的机制，因此，在建设工程市场中的计价方式，非规范性的计价方式大量存在。也为建设工程纠纷的产生埋下了隐患，其中较为普遍适用的就是建设工程计价单方造价模式。

所谓单方造价，是指发包人和承包人依据各自对市场的了解状况，协商一致确定的建设工程项目每平方米之造价。根据"法无禁止皆可为"的民事活动原则，国家的法律没有禁止建设工程单方造价的规定，建设工程施工合同以单方造价的模式确定工程造价依法有效。一份有效的合同，并非意味着在履行过程中就没有纠纷。

功能单一的建筑物以单方造价计价，自然不存在什么问题。但是，一个建筑是单独的住宅还是商铺与住宅的联合体；是低层还是高层，还是超高层，都直接影响着单方造价。因此，一个综合项目单方造价合同其计价产生纠纷的可能性就会大于一个单一项目，商业用房、住宅部分的单方造价显然是不同的。由于单方造价是一个非标准的计价方式，因此，没有社会力量对这种报价模式进行研究、模拟、总结、提升。对于采取这种模式计价的建设工程施工合同的发包人和承包人，对项目可能产生的各种风险因素，都应当在合同中进行明确约定。一旦在合同中存在约定不明之处，即为双方产生争议的高发区。

由于选择的是单方造价模式。这种计价模式没有法律支撑的基础，因此工程量并非当然的据实结算，所选择的单方造价并非当然地属于"无限风险"。建设工程量据实结算以及不得做出"无限风险"的约定，是基于工程量清单计价方式。当事人权利的出处，来自国家标准《建设工程工程量清单计价规范》GB 50500-2013 中的强制性标准。单方造价模式下，建设工程设计变更是否包含在单方造价范围之内，不能简单、机械地援引工作量清单计价规范，而应当在合同中作出专门约定。我们的权利来自法律和合同，单方造价计价方式是一种非规范性的计价方式。因此，这种计价方式直到目前为止，尚未得到法律与政策的支持。当事人双方之间的权利完全来自合同。单方造价合同约定的双方权利义务的分配不同，会使同样的单方造价计价模式最终结果南辕北辙。

17. 哪些工程资料能够构成索赔证据？

"低价中标，高价结算"是施工单位在当下的建筑工程市场生存和发展的看家本事。实现"低价中标、高价结算"最有效的方式，就是工程索赔。施工单位进行索赔，并非为索赔而索赔，而是应当师出有名，有的放矢，以提高索赔的有效性。索赔之所以会发生，是因为在合同履行过程中改变了合同签订时双方利益平衡的合同条件。因此，只要签约时的合同条件发生了变化，就为索赔创造了机会，由于业主单位的原因引发了合同签约条件的变化，则构成施工单位索赔；由于施工单位的原因导致合同签约之时合同条件发生了变化，则构成业主单位的索赔；当不可归责于业主单位和施工单位的原因导致的合同签约条件的变化，此时的索赔在于责任的归咎。因此，当出现责任不明的索赔情形时，通过事件发生所形成的证据来证明责任的归属，就显得尤为重要。在建筑工程施工过程中，对以下资料的收集与固定有利于确定索赔的责任：

（1）招标文件、工程合同、发包人认可的施工组织设计、工程图纸、技术规范；

（2）工程各项有关的设计交底记录、变更图纸、变更施工指令；

（3）工程各项经发包人或合同中约定的发包人现场代表或监理工程师签认的签证；

（4）工程各项往来信件、指令、信函、通知、答复；

（5）工程各项会议纪要；

（6）施工计划及现场实施情况记录；

（7）施工日报及工长工作日志、备忘录；

（8）工程送电、送水、道路开通、封闭的日期及数量记录；

（9）工程停电、停水和干扰事件影响的日期以及恢复施工的日期；

（10）工程预付款、进度款拨付的数额及日期记录；

（11）工程图纸、图纸变更、交底记录的送达份数及日期记录；

（12）工程有关施工部位的照片及录像等；

（13）工程现场气候记录，有关天气的温度、风力、雨雪等；

（14）工程验收报告及各类技术鉴定报告等；

（15）工程材料采购、订货、运输、进场、验收、使用等方面的凭据；

（16）国家和省级或行业建设主管部门有关影响工程造价、工期的文件、规定等。

以上资料的收集与固定构成建设工程索赔的证据。

从证据的证明力度来看，证据可以分为直接证据和间接证据。索赔的直接证据就是甲乙双方已经签署的签证单。间接证据指的是不能单独直接还原待证事实，必须与其他证据联系起来才能还原待证事实的证据。因此，单一的间接证据为孤证，不能作为证明待证事实的依据，必须要有其他的间接证据联合起来形成逻辑上的关系，从而形成对待证事实的证明。对证明同一待证事实存在内在逻辑关系的间接证据形成的证据体系，我们称之为证据链。

建设工程施工过程中，单一的看似缺乏证明力的文件、单据，当与其他的间接证据发生逻辑上的联系之后，就有可能形成证据链，从而达到能够得到法律支持的证据条件。有些间接证据形成的证据链，可以完全还原待证事实，从而起到直接证据的作用。在现实中更多的情形是，即使构成了证据链，也不足以 100% 还原待证事实。

法律有一个专有名词称之为"高度的盖然性"，指的是根据事物发展的高度概率进行判断的一种认识方法。根据当事人双方"谁主张、谁举证"的原则，只要一方当事人的举证之证明力达到了高度的盖然性，即使证明力达不到 100%，也可能得到法庭的支持。对于建设工程索赔，施工单位所提供的证据甚至未到高度的盖然性，只要举证得当，施工单位的索赔主张也能够得到法官的支持。

2005 年 1 月 1 日实施的《司法解释》第十九条规定："当事人对工程量有争议的，按照施工合同中形成的签证等书面文件确认。承包人能够证明发包人同意其施工，但未能提供签证文件证明工程量发生的，可以按照当事人提供的其他证据确认实际发生的工程量。" 2021 年 1 月 1 日实施的《司法解释（一）》第二十条将上述十九条完全吸收，保障了司法解释的延续性。为施工单位之索赔提供了坚实的法律支撑。

18. 无签证单的变更如何实现索赔？

索赔是建设工程施工合同履行过程中发包人与承包之间最容易形成争议纠纷的焦点，其直接关系合同当事人双方的实体权利。因此，在索赔纠纷化解的过程中，证据起到至关重要的作用。在建设工程施工过程中，承包人通常是以发包人为核心，更多的承包人现场管理能力有限，疲于应付发包人的各种需求，常常会出现承包人按照发包人的要求完成了相关工程内容的作业之后，发包人就是不给施工单位签证，或者施工单位获得签订之后，由于自身管理不当，签证单遗失，抑或是承包人缺乏签证意识，直到工程竣工结算之时，才发现部分已经完成的变更没有留下签证的证据。诸如此类的情形，会从根本上动摇承包人主张索赔的证据基础。在这种情形下，承包人如何实现索赔，是对施工单位索赔能力的考验。我们通过一个案例来观察化解这一类风险的基本思路。

承包人承接了一幢 30 层综合楼建设工程施工项目。项目施工包括商业、酒店和写字楼，其中第 30 层为行政酒廊。施工图载明行政酒廊的吧台上方有一排筒灯，共五只。在施工过程中，甲方代表临时通知承包人将酒廊吧台上方的五只筒灯变更为八只筒灯。接到甲方代表的口头指令之后，项目经理一方面准备变更签证申请资料，一方面安排施工班组调整施工方案。项目经理将变更申请签证提交给甲方代表之时，不巧，甲方代表被外派出差。现场人多事杂，一来二往，项目经理将此事遗忘到脑后。甲方代表出差回来之后，也再未提及筒灯变更之事，工程也就火急火燎地向前推进。

工程进入结算，项目经理发现：行政酒廊吧台上方的筒灯是按照五只进行结算，于是找到甲方代表。甲方代表告知自己刚刚辞职，建议项目经理去找新任的甲方代表老王进行沟通。

项目经理找到老王，将筒灯变更的来龙去脉向老王介绍了一番。最后还特别告知老王，可以找前任甲方代表进行确认。老王听后也很爽快，向项目经理问道："有变更有签证吗？"

项目经理答道："没有。因为改的急，后面又赶工期，所以忘了。"

老王打开竣工图，翻到行政酒廊装修部分，发现竣工图上的行政酒廊吧台上方的筒灯数量与施工图中的行政酒廊吧台上方的筒灯数量一样，都是五只。这是老王板下脸对项目经理说："竣工图是谁提交的？"

项目经理答道："是我们提交的。"

老王向项目经理招招手说："你过来看看竣工图，上面就是五只筒灯。"

项目经理答道："我知道竣工图上是五只筒灯。是因为筒灯在竣工图上太小，画不上去了，所以我们就没有画。但是，施工现场我是做了八只筒灯的。"

甲方代表提高嗓门说："项目经理，你们施工单位就应当照图施工。现在施工图上面是五只筒灯，竣工图上仍然是五只筒灯。筒灯变更的签证单你也不能提供。你凭什么讲图纸中的筒灯进行了变更？我凭什么按照八只筒灯结算工程款？我告诉你，这事你不提、我不提，这样过去也就算了。如果你要这么较真的话，我就要你照图纸恢复原样，并且赔偿由此给我方造成的损失。"

项目经理一听，心中大惊，无言以对。看到项目都已经竣工验收了，若再将吧台上方的吊顶拆掉，恢复成图纸上的五只筒灯，不仅八只筒灯的变更不能够得到补偿，而且还要承担恢复原样的成本。故也就不敢声张，默默地承担筒灯由五只变更为八只的成本。

诸如类似的情形，在当今的工程施工过程中屡屡上演，令施工单位苦不堪言。发包人之所以敢如此之强硬，就是抓住了承包人已经完成了工程变更施工，却无法提供变更签证的把柄。

承包人的绝地反击是：尽管没有筒灯的变更签证单，也没有施工图纸，但是我们在进行施工的过程中，甲方代表、工程监理是否对我们改变施工图纸进行施工的行为进行过制止。在项目进行竣工验收之时，发包人是否对我们已经完成施工的酒廊上方筒灯数量与图纸不符提出整改的意见？发包人在承包人施工过程中不提出整改意见，在工程整体竣工验收之时，仍然没有提出整改意见。这意味着发包人与承包人以自己的行为改变了施工图纸中筒灯的数量。我们的权利来源于法律与合同。合同的形式有书面形式、口头形式和双方的行为。筒灯的变更，就是双方以实际的行为改变了合同约定。因此，依法有效。

19. 如何做好建设工程签证管理？

索赔是甲方代表与项目经理在建设工程施工现场专业技术与管理能力的博弈，同时也是发包人与承包人智慧的角逐，尤其考验发包人的综合管理能力。发包人给予甲方代表的授权太小，甲方代表在施工现场就不能建立对项目管理的权威，为项目经理所不齿，无法对项目进行有效管控；给甲方代表授权过大，甲方代表就会成为施工现场的主宰，发包人对现场管控就容易被甲方代表架空，最终收拾残局的还将是发包人。根据甲方对甲方代表授权的大小，可以将建筑工程施工项目的签证分为量价齐签、签价不签量、签量不签价、量价均不签四种形式。

量价齐签，意味着在签证单上将所发生的工程量和工程量所对应的单价同时签署。这种签证形式，从表面上来看，可以从根本上杜绝发包人和承包人就签证日后再起争议。但是，量价均签完全符合要约与承诺合同成立的要件，一旦签署，即为发包人和承包人之间的合同，直接构成项目结算的依据。即使发包人或者承包人希望对此变更签证进行修正，也失去了修正的法律空间。因此，这种签证形式对发包人和承包人蕴藏的风险巨大。这种风险不仅仅来自甲方代表与项目经理在签证过程当中对签证事项认知的偏差，更重要的是来自道德风险。我们说道德风险的产生是基于国家利益、集体利益与个人利益发生冲突之时，当事人作出个人利益优先的选择方式。当今的建筑工程施工项目标的额巨大，少则几千万，多则几亿、几十亿的项目比比皆是。这些巨额资金的项目，如果发包人授予甲方代表量价齐签的权利，甲方代表在巨额利益的引诱下，一旦与项目经理串通放水，发包人将蒙受巨大的损失而无法察觉。在建筑工程项目建设中，因发包人授权不当导致发小反目、兄弟反目、父子反目的情形屡见不鲜。因此，在建设工程项目管理中，无论是发包人还是承包人对甲方代表或者项目经理的授权禁止量价齐签，应当成为首选。

签价不签量是建设工程施工过程中签证的一种普遍形式。在签证单上只有所使用材料的价格，并没有确定使用的材料数量。这种情形下，工程实际消耗的材料数量，按照施工现场实际测量数量进行计算。有效地避免双方对材料使用量的争议，有利于推进项目顺利进行。这种签证形式主要用于工程使用的材料数量具有不确定性的签证中。

签量不签价即为在签证单上签署所使用材料的数量，对材料的价格不予签署。这种情形下的签证单通常是使用在对材料的价格调整有明确约定的施工合同中。已经有签证材料价格的，按照合同中的价格执行；合同中没有约定材料价格的，按照合同中相近的材料价格计价；合同中没有相近材料价格的，按照合同中约定的其他计价方式执行；合同中没有约定其他计价方式的，按照工程所在地施工当期的信息价和地方政府相关造价部门所发布的材料价格计价。在此种情形下，发承包双方对工程材料的价格都具有一定的预见性，有利于减少纠纷。

量价均不签即属于未获得签证的索赔申请。从前面的讨论中，我们可以知道通过间接证据或者行为构成的合同的方式，能够化解量价均不签的索赔风险。此处不再赘述。

第**11**章

建设工程
结算风险管控

1. 我国的工程结算体制是如何变迁的?

我国的建筑工程结算经历了一个由定额制向清单制转变的过程，这个过程至今仍然没有结束。

建筑工程定额，是计划经济的产物，是指在正常生产条件下为完成单位合格建筑产品所消耗的人工、材料、机械设备台班和管理费用的数量标准。是确定建筑产品价格和计算工料消耗数量的基础，是基本建设投资和建筑企业造价管理的重要依据。建筑工程定额按其适用范围分为全国定额、地方定额和行业定额。

在计划经济体制下，经国家主管部门批准颁发的建筑工程定额，在其适用范围内具有权威性，有关单位都须遵守执行。这是因为定额是国家制定，业主是国家所属单位，施工单位是国家经营的企业，整个的项目建设资金，是国家从左口袋转入右口袋。因此，定额的高低准否不会损害国家利益。按照通俗的说法，就是"肉都烂在锅里"。

我们定额的编制也是沿袭苏联计划体制的定额编制方式。按照国家有关建筑产品标准、设计规范和竣工验收规范、质量评定标准、安全操作规程编制，并参考行业地方标准以及有代表性的工程设计、施工资料和其他资料。为了保障建筑物使用的安全性，建筑物的载荷必须满足地质条件最为恶劣地区安全性指标。我们国家地大物博，各地区经济发展水平差异巨大，各地域地质条件迥然不同，定额编制低于此指标，则建筑物具有先天的结构强度不足的危险性；高于此指标，在地质条件尚好的地区势必形成载荷的浪费。对于编制的人员而言，在选择设计强度系数时，因为面向全国，为了免于编制之责，编制人员当然会倾向于选择强度系数较高的区间，为建筑物的安全留下较大的空间。较大安全空间的预留，意味着建设成本的增加。

如果说定额制在建筑工程结算中存在的缺陷较为隐蔽的话，在建设工程施工过程中，其弊端则暴露无遗。对于一个具体的业主单位，其很快就会发现，建设一个项目，建得越慢、工期拖得时间越长，则获得上级部门拨付的资金就越多，自己单位的小气候就越滋润。于是乎，全国上下，建筑工程工期越拖越长，以至于相关上级部门不堪重负，整个国家对建设工程投资失控。这便是建筑行业市场化之前，各地长期存在"钓鱼工程"的根本原因所在。

为了从根本上杜绝"钓鱼工程"，提高国有资金投资效率、加快社会主义建设，国家进行经济体制改革。将原先的"国营企业"改变为"国有企业"，将企业改制成市场主体，实行"自主经营、自负盈亏"，打破了"大锅饭"，使得建筑工程项目施工不再是国家从左口袋的钱转到右口袋。企业改制为独立核算的市场主体，在经济上与国家"分灶吃饭"。

企业进入市场，竞争不可避免地展开。无论如何竞争，建筑工程的预结算，最终还是必须依据国家编制的定额进行。定额决定了建筑产品人、材、机的消耗量，同时也决定了人、材、机的价格。我们说市场是买卖双方确定交易价和量的机制，而建筑市场的价与量都是国家定额决定的，这种机制使得市场主体无法体现出自身的竞争优势。事已至此，对定额的改革便势在必行。

2003 年 2 月 17 日，建设部以第 119 号公告发布了国家标准《建设工程工程量清单计价规范》GB 50500—2003，2008 年 7 月 9 日，住房和城乡建设部以第 63 号公告发布了《建设工程工程量清单计价规范》GB 50500—2008，2012 年 12 月 25 日住房和城乡建设部以第 1567 号公告发布了《建设工程工程量清单计价规范》GB 50500—2013。国家对《建设工程工程量清单计价规范》不断地修改、完善、推广，为建设工程市场化结算提供了政策与技术支撑。

2. 建设工程结算文件如何有效确定？

2005 年 1 月 1 日，最高人民法院公布实施的《司法解释》一举终结了建设工程领域工程结算依据混乱的局面，使终日各执一词的纷争，归于平静。

然而，好景不长。尽管《司法解释》明确规定了已备案的中标合同作为结算的依据，但是该条款解决的只是形式，并非本质。中标的合同进行备案，是为了满足政府行政管理的需要，并非双方当事人真实意思的表示。政府为了维护施工单位的利益，对中标的备案合同双方当事人有关计价规定的约定进行强制干预。因此，业主单位和施工人一旦发生纠纷，所出现的情形通常是一方要求以备案的中标合同作为结算的依据；另一方则不同意以备案的合同作为结算的依据。基于《司法解释》的明文规定，在司法实践中，一般都是以中标的备案合同作为结算工程价款的依据。

由于中标的备案合同是政府通过行政权力对民事合同中的弱者——施工单位的权益进行强制性调整、保护。因此，以"白"合同作为结算依据的判决一经产生，对业主单位就产生巨大的震动。业主单位与施工单位新一轮关于结算依据的博弈随即展开。我们近距离观察一下诉讼中业主单位和施工单位关于建设工程结算依据纠纷的法庭抗辩。假设施工单位要求以"白"合同作为结算的依据，业主单位要求以"黑"合同作为结算的依据。

施工单位代理人在法庭上振振有词，要求建设工程结算按照中标的备案合同进行结算。

法官要求业主单位进行答辩。

业主单位答道，我们注意到《司法解释》第二十一条的规定。但是，我们认为适用这一条款是有前提条件的。

法官听后一愣，追问道，有什么前提条件？

业主代理人答道，第二十一条适用的前提条件是当事人双方所签订的建设工程施工合同都是合法有效的。因为，所签订的所有的合同都是合法有效的，在进行工程结算之时，各份合法有效的合同之间产生冲突，从而引发纠纷。在不知以哪一份合同作为结算工程价款依据之时，再选择中标的备案合同作为结算的依据。这才是《司法解释》第二十一条的旨义。但是，在本案中，发包人和投标人在招标投标之前，就对合同的内容进行了实质性的谈判。这种实质性谈判的行为构成发包人与承包人之间的招标投标串通，中标依法无效。根据《司法解释》第一条第一款第三项的规定，建设工程中标无效的，合同无效。因为中标无效，因此所签订的施工合同均为无效。法律面前人人平等。无效合同依法自始无效。凭什么一份在政府部门备过案的无效合同的效力，就比其他没有备过案的无效合同的效力要高？法律依据何在？

如此一来，《司法解释》第二十一条的合法性受到挑战。实践中，在 2010 年之后，盲目、机械地将中标的备案合同作为结算工程价款的依据之判决大幅减少。在司法实践中，各地法官根据法律的正义性和公平性的原则以及《司法解释》第二十一条的立法意图，逐步将合法有效的合同若发生冲突则按照中标的备案合同作为结算的依据；对于无效的合同，则是按照实际履行的合同进行结算。

由此可以观察到，《司法解释》第二十一条存在立法上的瑕疵。我们国家的法治化的进程本身就处在一个不断发展、完善的过程中。有错就改是法治化的应有之义。2019 年 2 月 1 日，最高人民法院颁布实施的《司法解释（二）》第一条第一款规定："招标人和中标人另行签订的建设工程施工合同约定的工程范围、建设工期、工程质量、工程价款等实质性内容，与中标合同不一致，一方当事人请求按照中标合同确定权利义务的，人民法院应予支持。"第十条规定："当事人签订的建设工程施工合同与招标文件、投标文件、中标通知书载明的工程范围、建设工期、工程质量、工程价款不一致，一方当事人请求将招标文件、投标文件、中标通知书作为结算工程价款的依据的，人民法院应予支持。"第十一条规定："当事人就同一建设工程订立的数份建设工程施工合同均无效，但建设工程质量合格，一方当事人请求参照实际履行的合同结算工程价款的，人民法院应予支持。实际履行的合同难以确定，当事人请求参照最后签订的合同结算建设工程价款的，人民法院应予支持。"以上三条开启了建筑工程施工合同结算的新时代。

2021 年 1 月 1 日，最高人民法院颁布实施的《司法解释（一）》将上述第一条、第十条、第十一条完全吸纳于第二条、第二十二条、第二十四条。

3. 施工单位取得结算权的前提条件是什么？

建筑工程结算权的出现，昭示着市场经济主体民事权利意识的觉醒。在计划经济时代，建筑工程没有结算权的概念，国家的投资、国家的企业、国家的工人结合在一起建设国家的项目。干多少活，国家就付多少钱。质量不好，整改之后再干，不影响企业的收益，也不影响劳动者的薪酬。工期延误国家也保障施工单位和劳动者的收益。这种生产关系是建立在劳动者是国家的主人的法律基础之上。我们国家《宪法》规定，中华人民共和国是工人阶级领导的以工农联盟为基础的人民民主专政的国家。建筑单位的工人属于产业工人，是名副其实的工人阶级，在国家处于领导地位，其付出劳动就应当获得报酬。这在计划经济时代是不容挑战的社会共识。

实行市场经济之后，工人阶级仍然是国家的领导阶级，这一点没有发生丝毫的变化。所变化的是这领导指的是政治上的领导，经济上进行改革，实行市场经济，就要按照经济规律办事。

按照经济规律办事，投资者所关注的是投资产出，施工单位所关注的是工程款的回笼，劳动者所关注的是劳动报酬。我们国家的改革首先实行市场化的领域就是建设工程领域。其特点就是包工头带着进城务工人员进城承揽建筑工程。包工头虽然也属于自然人，但是他在建筑工程施工生产链之中，是一个独特的组织环节。包工头也是将追求利益最大化作为自己承包工程的宗旨。因此，包工头会向产业链的上游发包人追讨工程款，对其产业链的下游施工人员会克扣工程款。这种产业链导致即使包工头产业链的上游足额地支付了工程款，也无法保证包工头会向其下游的进城务工人员足额支付工程款。因此，大量拖欠进城务工人员工资的现象普遍存在。进城务工人员在户籍管理体制下属于农民，但是，其从事的实际工作，属于产业工人的范畴，在本质上也属于产业工人。在其薪酬被无端克扣的情形下，大量的进城务工人员就会自然地团结起来与包工头进行抗争，一旦包工头卷款而逃，不知下落，进城务工人员便会要求政府作主，解决其薪酬问题。建筑工程薪酬款与工程款交织在一起，使纠纷的解决更为困难。

改革开放初期，建筑工程项目的投资资金绝大多数是国有资金。一方是国家的财产；另一方是国家的主人，双方的利益发生冲突，要求主人的公仆——政府进行解决。这是对当政者执政能力的考验。经过长期的实践摸索以及对投资人、包工头、进城务工人员利益冲突化解的经验积累，全社会基本形成共识：国家的投资成果必须要得到保证；作为国家领导者的工人阶级，包括进城务工人员付出的劳动所获得的薪酬必须得到保证。国家投资成果得到保证的标志是所投资项目经验收合格。因此，无论是施工单位还是包工头，要想获得投资单位支付的工程款，其承建的建筑工程施工项目质量必须达到合格。施工单位或包工头承建的建筑工程项目经验收合格，则有权利获得合同约定的工程款项。

施工单位工程款取得的前提是建筑工程质量合格，这一原则在 2005 年实施的《司法解释》第二条得以确认。2021 年颁布的《民法典》将其吸纳入第七百九十三条。我们可以预计未来二十年，这一原则不会发生改变。

4. 建设工程合同有效如何结算?

建设工程施工合同工程款结算以工程质量合格为前提条件, 抓住了建筑工程发承包双方之间法律关系的本质, 为发承包双方利益平衡找到支点, 使错综复杂的建设工程施工合同工程款结算有了分水岭, 对有效化解发承包双方之间的工程决算的纠纷建立了共识。但是, 另一方面由于法律确定了建设工程施工合同工程质量合格为工程款结算的条件, 则对于合同本身是否有效, 在发承包双方当事人心中的权重相应下降。因此, 在建设工程领域形成了建设工程施工合同有效无效不影响合同最终结算的客观事实。由此, 无效合同更加泛滥, 反过来又促进了建筑工程施工领域的混乱。

为了建立良好的建设工程市场营商环境, 改变建设工程施工合同在实践中"无效按有效处理"的恶性循环状态, 国家将建设工程施工合同结算分为两类: 一类为有效合同的结算, 一类为无效合同的结算。以此来引导、鼓励发承包双方选择按照合同有效的方式进行工程款结算。

2019 年 2 月 1 日, 实施的《司法解释(二)》第一条规定: "招标人和中标人另行签订的建设工程施工合同约定的工程范围、建设工期、工程质量、工程价款等实质性内容, 与中标合同不一致, 一方当事人请求按照中标合同确定权利义务的, 人民法院应予支持。"《司法解释(二)》第一条是对《司法解释》第二十一条的修正, 取消了二十一条"中标的备案合同"的表述, 采用的是"中标合同"。这意味着建设工程施工合同结算"以中标的备案合同作为结算工程价款的依据"时代已经结束。本着《司法解释(二)》第一条对《司法解释》第二十一条立法瑕疵的补证, 结合《司法解释(二)》全文, "中标合同"应当指的是有效的合同。无效合同的结算方式, 在其他条款中予以了规定。

《司法解释(二)》第十条规定: "当事人签订的建设工程施工合同与招标文件、投标文件、中标通知书载明的工程范围、建设工期、工程质量、工程价款不一致, 一方当事人请求将招标文件、投标文件、中标通知书作为结算工程价款的依据的, 人民法院应予支持。"该条款的规定, 针对的是《招标投标法》第四十六条发包人与承包人"应当按照招标文件和中标人的投标文件订立书面合同"。如果发包人与承包人签订的中标合同, 其内容与招标投标文件的实质性内容不一致, 一旦发生纠纷, 实质性内容部分, 还是应当以招标投标文件载明的内容为准。值得注意的是,《司法解释(二)》并没有否定中标合同的效力, 只是明确了各类法律性文件皆有效的情形下, 发生冲突时效力阶位的排序。

我们说建筑工程全过程风险管控, 其本质性的风险管控就是对建设工程的造价进行管控。对建设工程项目结算权的取得, 与过去一样仍然是必须保证建设工程项目质量合格。但是, 对建设工程结算的计价, 则发生了实质性的变化。合同有效和无效,采取的是两种不同的结算路径。据此，对建设工程的发包人和承包人都提出了更高的要求。要求双方当事人在招标投标阶段，乃至项目前期策划阶段，就应当对未来项目建设工程施工合同的结算，采取何种路径进行安排，并且在项目的全生命周期内，都必须按照预先安排的结算方式对整个项目的推进进行管控。在项目前期策划之时，没有对项目未来的竣工结算进行通盘考虑，待到项目进入最后结算之时，再发现结算路径对自己不利，届时再想干预为时已晚。这便是对建设工程施工项目全过程风险管理价值所在。

《司法解释（二）》第一条与第十条，完全被吸纳于 2021 年 1 月 1 日实施的《司法解释（一）》第二条与第二十二条。

5. 建设工程施工合同无效如何结算？

建筑工程市场竞争混乱。在错综复杂的利益博弈之中，官方面对客观现实将建设工程质量合格确定为解决所有矛盾冲突的基本点。在此基本点上，再将建设工程结算分为施工合同有效结算与施工合同无效结算，以期引导建设工程参与各主体逐步走向规范化、合法化的轨道。

建设工程施工合同无效，在当下的建设工程市场，仍然是一种较为普遍的现象。我们国家法律规定，合同无效，自始无效。一方当事人因合同取得的财产，应当给予返还；不能返还或者没有必要返还的，应当折价补偿。建设工程施工合同履行所形成的财产，具有不能返还性，依法只能折价补偿。如何折价便成为发包人和承包人纷争的焦点。

在这种情形下，如何进行工程结算一直都存在着两种不同的声音。

市场结算说。市场结算说认为合同无效自始无效，是合同法律体系的基石。在此基础上，合同因为无效，没有法律约束力。因此，工程结算就不应当按照无效的合同进行结算。在工程结算无据可依的情形下，只能按照实际完成的工程量和市场当时的价格进行工程结算。工程结算的盈亏，由合同当事人各自承担，以此维护合同法律体系的权威性，让合同当事人明确预见到合同无效的风险，故而选择合同有效，保护自身的合法权益。然而，由于我们国家现行的投资预算都是建立在定额基础之上，定额又是计划经济时代延续下来的计价方式，严重脱离当前市场的价格。通过招标投标方式签订的建设工程施工合同的价格，因为存在着市场竞争，其合同价格普遍较定额预算下的造价偏低。合同无效按照市场价格结算，无效合同主体总有一方能够依据无效的合同，获得合同之外的利益。此举会鼓励更多的建设工程参与主体追求合同无效，与建立良好的营商环境相悖。

依约结算说。建设工程施工合同虽说无效，但是发包人与承包人在合同中所确定的计价方式是当事人双方真实意思的表示。在民事法律行为中，当事人意思自治是最高的民事法律原则。因此，建设工程施工合同当事人双方的合意应当给予尊重。即使合同无效，折价补偿一方的损失，也应当按照无效合同中所约定的计价方式进行建设工程折价补偿之结算。以这种方式结算工程款，当事人双方都不可能因合同无效而获得额外的利益。合同虽然无效，但合同的商业风险仍然锁定在合同当事人之间，符合民事活动责任自负的基本原则。该模式的负面因素是，实际造成无效的合同按有效合同进行处理，虽说维护了当事人双方的意思自治，却破坏了合同的合法性。一份有效合同的签署当事人所支付的成本一定大于无效合同的成本，合同无效按有效处理，最终会鼓励、培养、引导建设工程合同当事人轻合同、重实际的价值取向。

以上两种观点各有千秋。在权衡了国内建筑工程市场的具体情况和利益得失之后，官方选择了依约结算说。即合同无效，可以参照实际履行的合同关于工程价款的约定结算工程价款。选择这种模式，我们认为还是建立在民事活动以平衡当事人各方的利益为最高宗旨的法律基础之上。实践中，当双方有多份无效合同时，则按照实际履行的无效合同进行结算；当无法判断究竟哪一份合同是实际履行的合同时，则以双方最后签署的一份合同作为工程款结算的依据。

这里我们观察到，合同无效并非简单按照实际履行的合同进行结算，当存在多份无效合同且无法判断哪一份合同是实际履行之合同，此时，则又改变了结算方式。不是按照实际履行的合同结算，而是按照最后签订的那份合同结算。

6. 如何判断建设工程施工合同是否有效？

建设工程施工合同结算分别按照合同有效与合同无效两种路径进行。因此，合同效力的认定，对合同双方选择以何种路径进行结算有着直接的关系。我们说我们的权利来自法律与合同。合同的效力并非基于合同当事人双方的约定，而是基于法律的规定。在我们国家现行的法律体系中，对建设工程施工合同效力的规定，主要来自《民法典》《司法解释（一）》《招标投标法》和《建筑法》。我们下面逐一仔细观察。

（1）《民法典》关于建设工程合同无效的规定如下：

1）行为人与相对人以虚假的意思表示实施的民事法律行为无效。

2）违反法律、行政法规的强制性规定的民事法律行为无效。但是，该强制性规定不导致该民事法律行为无效的除外。

3）违背公序良俗的民事法律行为无效。

4）行为人与相对人恶意串通，损害他人合法权益的民事法律行为无效。

5）合同中的下列免责条款无效：因故意或者重大过失造成对方财产损失的。

6）总承包人或者勘察、设计、施工承包人经发包人同意，可以将自己承包的部分工作交由第三人完成。第三人就其完成的工作成果与总承包人或者勘察、设计、施工承包人向发包人承担连带责任。承包人不得将其承包的全部建设工程转包给第三人或者将其承包的全部建设工程肢解以后以分包的名义分别转包给第三人。

7）禁止承包人将工程分包给不具备相应资质条件的单位。禁止分包单位将其承包的工程再分包。建设工程主体结构的施工必须由承包人自行完成。

《民法典》给出了法律规范效力性强制性规范的概念。在建设工程实操层面，最直接、明了、可靠的理解就是法律规范中明确载明"无效"的字样。至于没有明确载明"无效"字样的强制性规范，违背之后的效力，有待于个案分析。

（2）《司法解释（一）》将《民法典》与《招标投标法》《建筑法》等法律中一些强制性规范认定为效力性强制性规范，从而统一对建设工程施工合同效力的认定。其第一条规定，建设工程施工合同具有下列情形之一的，认定无效：

1）承包人未取得建筑业企业资质或者超越资质等级的；

2）没有资质的实际施工人借用有资质的建筑施工企业名义的；

3）建设工程必须进行招标而未招标或者中标无效的。

（3）《招标投标法》规定，在招标投标过程中，直接导致中标无效的情形如下：

1）依法必须进行招标的项目的招标投标活动，违反《招标投标法》和《招标投标法实施条例》的规定，对中标结果造成实质性影响，且不能采取补救措施予以纠正的，中标无效。

2）招标代理机构违反法律规定，泄露应当保密的与招标投标活动有关的情况和资料的，或者与招标人、投标人串通损害国家利益、社会公共利益或者他人合法权益，影响中标结果的，中标无效。

3）依法必须进行招标的项目的招标人向他人透露已获取招标文件的潜在投标人的名称、数量或者可能影响公平竞争的有关招标投标的其他情况的，或者泄露标底影响中标结果的，中标无效。

4）投标人相互串通投标或者与招标人串通投标的，投标人以向招标人或者评标委员会成员行贿的手段谋取中标的，中标无效。

5）投标人以他人名义投标或者以其他方式弄虚作假，骗取中标的，中标无效。

6）依法必须进行招标的项目，招标人违反本法规定，与投标人就投标价格、投标方案等实质性内容进行谈判影响中标结果的，中标无效。

7）招标人在评标委员会依法推荐的中标候选人以外确定中标人的，依法必须进行招标的项目在所有投标被评标委员会否决后自行确定中标人的，中标无效。

8）中标人将中标项目转让给他人的，将中标项目肢解后分别转让给他人的，将中标项目的部分主体、关键性工作分包给他人的，或者分包人再次分包的，转让、分包无效。

制定严格的建设工程施工合同无效的规范，本意是促使建设工程当事人避开陷阱，规范运作。然而，现实中正是由于有如此严格之规范，使得发包人与承包人稍有疏忽合同就被认定为无效，而使得无效合同普遍存在。这种状况还将持续相当一段时间。

7. 合同无效过错方应当承担哪些责任?

依法生效的合同就是当事人之间的法律，对合同当事人具有约束力。也正是因为合同对当事人具有约束力，因此合同当事人各方都能够依据合同预见到自身在合同履行过程中以及合同履行结束之后的民事法律行为后果。以此作出对此民事法律行为作为或不作为的决定。合同被认定无效，无效合同对当事人各方没有约束力。因此，合同载明的双方权利义务以及履行合同之后所期待的后果，均得不到实现的保障。

在我们现行的法律制度下，建筑工程质量经验收合格，一方当事人请求参照实际履行的合同结算工程价款，能够得到法院的支持。我们说我们的权利来自法律与合同，合同已经被认定为无效。因此，权利的来源只有法律这唯一的途径。《民法典》第七百九十三条规定，建设工程施工合同无效，但是建设工程经验收合格的，可以参照合同关于工程价款的约定折价补偿承包人。《司法解释（一）》，对《民法典》"参照合同"作了进一步的解释，第二十四条规定，当事人就同一建设工程订立的数份建设工程施工合同均无效，但建设工程质量合格，一方当事人请求参照实际履行的合同关于工程价款的约定折价补偿承包人的，人民法院应予支持。《民法典》与《司法解释（一）》赋予了承包人依据无效的建设工程施工合同取得工程款结算的权利。无效合同工程款的结算具有了法律依据，但是无效合同的当事人在认为合同有效的情形下，履行合同过程中出现的违背合同约定的违约行为，此责任应如何承担？就成了工程款结算明确之后，突显在发包人和承包人之间的亟待解决的问题。

《民法典》第一百五十七条规定，民事法律行为无效被撤销或者确定不发生效力后，行为人因该行为取得的财产应当予以返还；不能返还或者没有必要返还的，应当折价补偿。有过错的一方应当赔偿对方由此所受到的损失；各方都有过错的，应当各自承担相应的责任。法律另有规定的，依照其规定。该条款中所称有过错的一方，指的是导致合同无效的有过错的一方而非指在履行无效合同过程中的违约方。我们说我们的权利来自法律与合同。合同已经无效，法律又没有规定。因此，无效合同的违约责任应当如何承担？仍然需要由法律进行规范。

《司法解释（一）》第六条规定，建设工程施工合同无效，一方当事人请求对方赔偿损失的，应当就对方过错、损失大小、过错与损失之间的因果关系承担举证责任。损失大小无法确定，一方当事人请求参照合同约定的质量标准、建设工期、工程价款支付时间等内容确定损失大小的，人民法院可以结合双方过错程度、过错与损失之间的因果关系等因素作出裁判。《司法解释（一）》对《民法典》一百五十七条合同无效过错方责任承担的规定，进行了针对建筑工程施工合同特点的进一步的解释。合同无效，一方当事人主张合同相对人进行赔偿的原则，仍然是"谁主张，谁举证"的司法原则。在损失的大小难以举证的情形下，因为合同无效自始没有约束力。因此，当事人双方所从事的民事行为，处在无约状态。既然无约也就无违约之说。违约责任对于无效合同而言，没有成立的法理基础。为了使无效合同在履行过程中，当事人双方仍然能够恪守最基本的民事活动的诚实信用的原则，《司法解释（一）》第六条对无效合同的质量标准、建设工期、工程价款支付时间等建设工程施工过程中较为容易发生争议的热点，从司法解释的层面上给予法律上的完善。即尽管合同无效，但是施工单位所承包的建设工程施工项目施工质量没有达到无效合同所约定的质量标准，施工单位仍然应当承担赔偿责任；尽管合同无效，但是由于施工单位的原因造成工期延误，建设单位要求施工单位就工期延误进行赔偿，法律也给予支持；因为合同无效，合同中所约定的工程款延期支付的违约责任，也相应无效，但是施工单位要求建设单位就工程价款延期支付请求赔偿的，人民法院将会给予支持。

8. 固定总价合同解除工程款如何结算？

建设工程领域是我国市场经济最为活跃的行业，因此建设工程施工合同计价结算的方式形式多样，各不相同。为了规范建设工程结算，减少当事人之间的利益纷争，官方将建设工程的计价结算方式分为三种类型：第一种单价固定，这种计算方式主要用于在签订合同之时工程量尚不能明确的施工项目；第二种固定总价，这种计价方式主要是用于在签订合同之时建设工程的施工图已经过审批，按施工图所编制的施工预算已经完成；第三种成本加酬金，这种方式是承袭计划经济的定额计价方式，在当前的建设工程市场已经不属于主流的计价方式。

建设工程固定总价合同，在建筑工程领域经常可以看到。许多建筑工程业主单位都倾向于选择固定总价合同，其初衷是希望对工程造价进行有效控制。固定总价，顾名思义为完成合同约定的建设工程之总价格，在工程结算之时不予调整。但是，这一对固定总价的理解，只是基于建设工程施工合同参与者个体对固定总价的理解，与法律对建设工程固定总价的定义并不相同。

工程施工合同是承包人进行工程建设，发包人支付价款的合同。发包人支付的工程价款在法律上有一个专门的名词，称之为对价。如何理解对价，当然是建设工程对应之价才能称之为对价。因此，要对价固定，建设工程必须处在固定的状态之下。固定总价确定时，建设工程项目通常还没有开工，没有办法对建设工程进行固定，因此对价也就无从固定。在这种情形下，建设工程合同选择固定总价所能固定的只能是施工图，并且此时施工图是经过政府相关部门指定的施工图审核单位审核。经过审核后的施工图是施工单位进行工程建设的依据。依据经过审核的施工图所编制的施工图预算，在此基础上形成的对价，才能够得以固定。因此，我们说固定总价是有前提的。施工图未经过审批，固定总价对应的标的物尚处在不确定的状态中，造价也不可能进行固定。在此情形下选择固定总价结算方式，缺乏事实基础，不能得到法律的支持。

固定总价的表现形式有多种多样性，有选择固定总价，也有选择每平方米的造价等，都属于固定总价的表述方式。固定总价方式成立的前提条件，就是在签约之时建设工程的施工图必须通过审批。

固定总价合同成立之后，双方当事人按照合同履行完毕各自的权利与义务，按照合同约定的固定总价结算工程款，应当说双方不会有异议。容易发生争议的是，固定总价合同履行过程中发生了设计变更，固定总价还固不固定？一种观点认为，既然是固定总价，为实现建设工程项目的基本功能、基本用途所发生的变更，都包含在固定总价之中。这才是固定总价的价值。另一种观点为，所谓固定总价所固定的，是与之相对应的建设工程的施工图载明的工程量。设计变更引发施工图变更，固定总价应当随施工图进行调整。有了对价的法律概念，对两种观点的取舍，就能够作出准确的选择。

固定总价合同在履行过程中解除，合同失去了以固定总价结算工程款价款的前提条件，在此种情形之下，应当如何结算？一种观点认为，固定总价所对应的是建设工程对应的所有施工内容，现在建设工程施工合同在履行过程中解除，固定总价所对应的工程量不存在，因此固定总价也不存在，应该按照市场价格对实际完成的工程量进行结算。另一种观点认为，建设工程的造价是由工程量和价构成的。固定总价是建设工程施工项目的价格，工程量没有完成，不应当影响建设工程造价的计价方式。合同解除仅仅是导致合同约定的工程量的变化，不应当影响工程结算的计价方式。通常情况下，固定总价之价格一般会低于按照施工图预算所确定的工程造价。因此，固定总价合同解除，工程款结算通常是将已完成的工程量乘以固定总价与施工图造价的比值，作为固定总价合同解除之工程结算款。

9. 如何认定示范文本通用条款在建设工程结算中的效力？

建设工程施工合同工程款结算是发包方和承包方双方利益的集中体现，也是双方工程项目管理的核心。建设工程施工合同的编制也是围绕着这一核心展开。住房和城乡建设部与国家工商总局联合发布的《建设工程施工合同（示范文本）》GF—2017—0201 中第十四条对建设工程的竣工结算进行了明确约定。

《建设工程施工合同（示范文本）》来自 FIDIC 合同条件。合同文件由协议书、通用条款和专业条款构成。协议书是对工程的基本条件进行了框定；通用条款针对建设工程施工过程中普遍存在的问题进行约定；专用条款是对通用条款的细化、补充和修改。在 FIDIC 合同条件下，合同文件的效力排序为协议书、专用条款、通用条款。通用条款的效力虽然排序最后，但是在专用条款都没有约定的情形下，通用条款的内容对合同双方仍然具有法律约束力。

在我们国家的法律体系下，有一个专业名词，称之为格式条款。所谓格式条款指的是合同一方对不特定的签约主体反复使用的合同条款。建设工程招标投标，发包人编制招标文件，招标文件中的合同文本各条款构成合同格式条款。要使格式条款发生法律效力，法律规定必须对合同中的格式条款作出特别提醒。诸如：将字体加黑、采用斜体字或者在条款下方加横杠等等，才能够成为对合同双方具有约束力的条款。

《建设工程施工合同（示范文本）》14.2 条第 1 项第（2）款约定：发包人在收到承包人提交竣工结算申请书后 28 天内未完成审批且未提出异议的，视为发包人认可承包人提交的竣工结算申请单，并自发包人收到承包人提交的竣工结算申请单后第 29 天起视为已签发竣工付款证书。该条款看似对发包人的义务作了明确规定，但因为是在通用条款中约定，在当事人双方发生诉讼时，法院会以该合同条款为格式条款为由，不予认同该条款的效力。要让该条款对双方具有约束，必须对该条款在通用条款中作出特别的警示。为了减少对通用合同的修改，实践中通常的做法是将通用条款的内容直接摘录到专用条款中。

在建设工程施工合同编制过程中，我们也经常能够发现，许多合同编制单位为了简化，将通用条款的内容摘录到专用条款中，通常在合同文本中，将通用条款省略，仅以"合同通用条款采用建设工程示范文本通用条款"一笔带过。接下来便是专用条款合同文本。殊不知合同条款是否属于格式条款，并不在于其是否是通用条款。对不同的潜在签约人反复使用的没有通用条款的专用条款合同文本，其条款适用的对象，仍然是不确定的签约者。因此，尽管其合同文本的名称为专用条款，但是该专用条款的法律本质仍然属于格式条款。合同编制过程中必须高度注意。

在结算过程中，施工单位提交竣工结算资料。建设单位为了有效控制施工单位提交的竣工结算资料，通常会在合同文本中加上制约条款，如：本项目的竣工结算由甲方委托某某某咨询机构进行审核，审核的费用由甲方负责承担。但是，核减额的 ×%，作为甲方给予咨询机构的奖励。该奖励部分的金额由乙方承担。甲方从乙方的工程款中直接扣除。

许多施工单位基于该条款的存在，不敢将施工过程中建设单位没有签署的签证单提报给建设单位，在竣工结算之时，也不敢再次提报以争取自己的权利。对于化解这一类风险，施工单位可以将自己认为应当获得结算的签证单一并向建设单位提报。建设单位最终审核下来的金额，不能达到施工单位所期待的结算金额，施工单位可以拒绝签署竣工结算报告。如此，竣工结算报告对施工单位没有约束力。建设单位扣除施工单位核减奖励金，也没有法律依据。

10. 工程结算的法律意义是什么?

建设工程结算指的是发承包双方根据合同约定,对工程在实施中、终止时、已完工后进行的合同价款计算、调整和确认,包括期中结算、终止结算和竣工结算。

期中结算。又称为中间结算,包括月度、季度、年度结算和形象进度结算。发承包双方任何一次的期中结算,对之前任何一期期中结算都有权利依据正当的理由进行更正或修改。期中结算并不意味着发承包双方对双方所作出的结算接受、同意或者满意。只是作为工程进度考核的指标及工程进度款支付依据。

终止结算。是指合同在履行过程中终止后的结算,而非终止进行中的结算。通常出现在合同解除后工程结算的情形。发承包双方必须对已完成的工作界面作出清晰、准确的界定。双方确认的已经完成的经验收合格的工程量,将作为结算工程款的计价基础。当对工程量发生争议时,根据法律"谁主张,谁举证"的原则。承包人要向发包人主张工程款,必须要首先证明自己已经完成的工作量。对终止结算工程量计算的依据,就是施工单位离场时,双方已经确认的施工界面。因此,施工单位不能够对自己的施工界面提供有效的证据,其对工程款的主张、被支持度处在不确定状态之中。对于发包人而言,不能清晰地界定合同解除后的施工界面,新的承包人进场之后,施工界面不能与先期的承包人施工界面做到无缝对接,发包人存在着就同一工程量支付两份工程款的风险。因此,对终止结算工作界面证据的掌握,对发包人同等重要。

竣工结算。是指工程竣工验收合格之后,发承包双方依据合同约定办理的工程结算。竣工结算包括单位工程竣工结算、单项工程竣工结算和建设项目竣工结算。单项工程竣工结算由单位工程竣工结算组成,建设项目竣工结算由单项工程竣工结算组成。

《建设工程施工合同(示范文本)》第14条竣工结算14.1条竣工结算申请约定如下:

除专用合同条款另有约定外,承包人应在工程竣工验收合格后28天内向发包人和监理人提交竣工结算申请单,并提交完整的结算资料,有关竣工结算申请单的资料清单和份数等要求由合同当事人在专用合同条款中约定。

除专用合同条款另有约定外,竣工结算申请单应包括以下内容:

(1)竣工结算合同价格;

(2)发包人已支付承包人的款项;

(3)应扣留的质量保证金,已缴纳履约保证金的或提供其他工程质量担保方式的除外;

(4)发包人应支付承包人的合同价款。

以上条款说明,建设工程竣工结算,发生在建设工程竣工验收之后,竣工验收之前的结算,都归于期中结算。建设工程竣工验收之后,承包人应当自行编制竣工结算报告，向发包人申请工程结算。工程结算申请报告应当包括承包人进行工程结算的"完整的结算资料"，资料出现缺失，本着民事活动"权利可以放弃、义务必须履行"的原则，视为承包人对自身权利的放弃。

示范文本将合同价格定义为签约合同价和合同价格。签约合同价指的是发包人和承包人在合同协议书中确定的总金额，包括安全文明施工费、暂估价及暂列金额等。合同价格指的是发包人用于支付承包人按照合同约定完成承包范围内全部工作的金额，包括合同履行过程中按合同约定发生的价格变化。第 14.1 条第 1 项第（1）款使用的是"合同价格"一词，意味着包含承包人完成工程施工项目所应获得的全部工程款，包括承包人认为应当计入的工程款而发包人不予认同的款项。

发包人与承包人签署竣工结算书之后，承包人所提出的已完成的全部工程价值获得了发包人的认可，构成要约与承诺。之后，任何一方再提出竣工结算书中存在缺、漏、错项主张调整，都不能得到法律的支持。

11. 建设工程结算默认条款效力如何认定？

建设工程项目结算是发包人与承包人就建设工程在双方确认的工期内，达到了合同约定的质量标准，发包人同意支付给承包人的对价，是当事人双方所达成的新的合意。最通常的表现形式是双方签署竣工决算报告。双方以要约与承诺的方式达成合意，法律上称之为明示。即双方都充分了解对方的真实意思。

与明示相对应的另一种意思表达方式为默示。所谓默示是合意一方接收到相对方意思表示之后给予的沉默反应，即没有给予明确的回应。因此，法律规定默示只是在有法律规定，当事人约定或者符合当事人之间的交易习惯之时，才可以视为意思表示。

建设工程施工领域自引入市场经济之后，即成为国内市场经济竞争最为激烈的领域。在长期激烈的市场竞争中，承包人对所承建的建设工程进行垫资逐渐成为市场经济竞争中胜出的利器。承包人大量、长期的垫资，所对应的就是考验发包人的工程款支付能力。发包人为了吸引承包人长期、大量的垫资，通常在合同谈判期间，会向承包人立下承诺，在工程竣工验收合格之后多少日内完成工程结算。在当下市场，承包人发现尽管在合同中约定了在工程竣工验收合格之后多少日内发包人支付工程结算款，但实际上，发包人连在合同规定的结算期内完成工程结算都做不到。更有甚者，有的发包人将拖延工程款结算作为一种经营手段，故意拖延工程款结算时间，以压占承包人的流动资金。这使得承包人建设成本居高不下，始终在盈亏线上挣扎。为了改变这种不利的状况，尤其是改变政府项目压占承包人垫资款，2004 年财政部、建设部联合发布《建设工程价款结算暂行办法》（财建〔2004〕369 号），第十六条规定，发包人收到竣工结算报告及完整的结算资料后，在该办法规定或合同约定期限内，对结算报告及资料没有提出意见，则视同认可。

《建设工程价款结算暂行办法》（财建〔2004〕369号）其法律阶位属于政府规章，既不属于法律，也不属于行政法规。因此，在建设工程实践中，对合同的当事人双方没有强制约束力。其所表达的仅仅是官方的价值取向。为了使369号文中有关工程结算方式的条款具有法律效力，《司法解释》第二十条规定，当事人约定，发包人收到竣工结算文件后，在约定期限内不予答复，视为认可竣工结算文件的，按照约定处理。承包人请求按照竣工结算文件结算工程价款的，人民法院应予支持。以此给予了发包人在收到竣工结算文件之后在约定的期限内不予理睬的法律责任。为了配合《司法解释》的规定，2013年对《建设工程施工合同（示范文本）》GF—1999—0201进行了修正，修订后为《建设工程施工合同（示范文本）》GF—2013—0201，其中第14.2条竣工结算审核第2款规定，发包人在收到承包人提交竣工结算申请书后28天内未完成审批且未提出异议的，视为发包人认可承包人提交的竣工结算申请单，并自发包人收到承包人提交的竣工结算申请单后第29天起视为已签发竣工付款证书。

在《建设工程施工合同（示范文本）》GF—1999—0201文本中，通用条款中没有关于发包人收到竣工结算文件的默示约定，因此，当事人双方要作默示约定，只有在专用条款中约定。《建设工程施工合同（示范文本）》GF—2013—0201将默示条款编入通用条款之中，一般的使用者认为通用条款中已经约定，专用条款中无须再行约定。殊不知却落入了格式条款的困境，反而限制了默示条款的效力发生。《建设工程施工合同（示范文本）》GF—2017—0201将2013版第14.2条完全吸纳进新版的第14.2条。

12. 如何判断结算书的法律效力？

工程结算书的名称有多样性，规范的名称为工程竣工结算书，有的称之为工程竣工结算单，有的称为工程竣工决算报告，也有的称之为承诺书等。无论叫什么名称，其所表达的真实意思，都是发包人和承包人就建设工程项目的工程结算款达成了一致。一份具有法律效力的工程结算文件，应当是书面形式，以确保建设工程结算的固定性。

工程结算书形成之后，其生效的形式为发包人与承包人在结算书中签字盖章。但是，在建设工程实践中，由于竣工结算工作都是由一线的专业人员核算、审核，最终结算金额出来之后，双方的结算负责人在结算书上签名，通常都会留有但书：对核实的金额无异议，但经领导批准后生效。对这样签署的一份竣工结算书，法律上认定为效力待定。尽管工程的结算金额双方在业务层面已经达成了共识，但是签署人员并没有得到特别的授权。因此，经办人员所签署的建设工程决算书尚不具备法律效力。通常情况下，建设工程决算书发生法律效力的标志是双方加盖法人章，或者由双方法定代表人亲笔签署。项目经理与甲方代表分别代表双方在竣工结算书上签字，是否发生法律效力，取决于建设工程施工合同对双方的授权。

对建设工程决算书生效的条件，施工单位在审查建设工程施工合同文本之时，应当特别注意。有的发包人所编制的建设工程施工合同文本中含有：本项目的竣工结算由发包人委托具有资质的工程造价机构进行审核，审核的结果为本工程的最终竣工结算结果。此类条款在合同中的出现，其本质是剥夺了施工单位的竣工结算权。施工单位在投标前审核合同之时，发现此类条款绝对不能马虎，务必与发包人沟通，进行修改或者放弃投标。否则，一旦中标，该条款即为合同的组成部分。依据《司法解释（一）》第三十条规定，当事人在诉讼前共同委托有关机构、人员对建设工程造价出具咨询意见，诉讼中一方当事人不认可该咨询意见申请鉴定的，人民法院应予准许，但双方当事人明确表示受该咨询意见约束的除外。此种情形属于该条款的但书条件，发包人想重新夺回工程决算权，可以说是无力回天。

工程施工合同进入结算阶段，施工单位按照合同的约定将竣工结算资料完整地提交给发包人，发包人会编制竣工结算书。竣工结算书草案出来之后，通常会交由承包人进行沟通。为了有效地与发包人就工程结算内容进行沟通，提高结算效率、实现专业对接，建议承包人针对发包人提供的结算草案，按照下列模式提出草案修改意见。

(1) 结算书第几章第几节第几项与竣工图不符。结算书载明造价为 ×× 元，竣工图造价为多少元，差异为多少元，建议调整。

(2) 结算书第几章第几节第几项与承包人提供的索赔签证单不符。结算书载明的造价为多少元，按索赔签证单造价多少元，差额为多少元，建议调整。

(3) 发包人未签证的索赔签证单，在期中结算时已经提交过，发包人没有接受。本次再行提交，单据多少页，总金额多少元。

(4) 统计错误：

因工程量差异引发分歧，承包人应当依据《司法解释（一）》第二十条规定：当事人对工程量有争议的，按照施工过程中形成的签证等书面文件确认。承包人能够证明发包人同意其施工，但未能提供签证文件证明工程量发生的，可以按照当事人提供的其他证据确认实际发生的工程量。承包人只要能够证明所发生的工程量经发包人同意施工，即可获得工程款结算权。

因计价发生分歧，承包人应当依据《建设工程工程量清单计价规范》GB 50500—2013 第 3.4.1 条的规定：建设工程发承包，必须在招标文件、合同中明确计价中的风险内容及其范围，不得采用无限风险、所有风险或类似语句规定计价中的风险内容及范围。发包人企图通过一纸合同将工程价款签死，把市场风险都转移给承包人，都是对该条款的违背，没有法律效力。

13. 如何做好建设工程竣工验收工作?

建设工程竣工验收是承包人承包建设工程施工工作成果的检验,是交付合格的工作成果,取得工程结算款的前提。工程竣工验收的程序,不同的建设工程项目,不同的发包人与承包人,竣工验收程序都会有所不同。我们说我们的权利来自法律与合同,法律对建设工程竣工验收程序没有具体明确的规定,因此,建设工程竣工验收程序基本上是按照合同约定进行。《建设工程施工合同(示范文本)》GF-2017-0201 第13.2.2 条对竣工验收程序约定如下:

"13.2.2 竣工验收程序

除专用合同条款另有约定外,承包人申请竣工验收的,应当按照以下程序进行:

(1) 承包人向监理人报送竣工验收申请报告,监理人应在收到竣工验收申请报告后 14 天内完成审查并报送发包人。监理人审查后认为尚不具备验收条件的,应通知承包人在竣工验收前承包人还需完成的工作内容,承包人应在完成监理人通知的全部工作内容后,再次提交竣工验收申请报告。

(2) 监理人审查后认为已具备竣工验收条件的,应将竣工验收申请报告提交发包人,发包人应在收到经监理人审核的竣工验收申请报告后 28 天内审批完毕并组织监理人、承包人、设计人等相关单位完成竣工验收。

(3) 竣工验收合格的,发包人应在验收合格后 14 天内向承包人签发工程接收证书。发包人无正当理由逾期不颁发工程接收证书的,自验收合格后第 15 天起视为已颁发工程接收证书。

(4) 竣工验收不合格的,监理人应按照验收意见发出指示,要求承包人对不合格工程返工、修复或采取其他补救措施,由此增加的费用和(或)延误的工期由承包人承担。承包人在完成不合格工程的返工、修复或采取其他补救措施后,应重新提交竣工验收申请报告,并按本项约定的程序重新进行验收。

(5) 工程未经验收或验收不合格,发包人擅自使用的,应在转移占有工程后 7 天内向承包人颁发工程接收证书;发包人无正当理由逾期不颁发工程接收证书的,自转移占有后第 15 天起视为已颁发工程接收证书。"

工程竣工验收的程序,实践中一般应当按照以下步骤进行:

(1) 工程完工后,施工单位向建设单位提交工程竣工报告,申请工程竣工验收。实行监理的工程,工程竣工报告须经总监理工程师签署意见。

(2) 建设单位收到工程竣工报告后,对符合竣工验收要求的工程,组织勘察、设计、施工、监理等单位组成验收组,制定验收方案。对于重大工程和技术复杂工程,根据需要可邀请有关专家参加验收组。

(3) 建设单位应当在工程竣工验收 7 个工作日前将验收的时间、地点及验收组名单书面通知负责监督该工程的工程质量监督机构。

（4）建设单位组织工程竣工验收。

1）建设、勘察、设计、施工、监理单位分别汇报工程合同履约情况和在工程建设各个环节执行法律、法规和工程建设强制性标准的情况；

2）审阅建设、勘察、设计、施工、监理单位的工程档案资料；

3）实地查验工程质量；

4）对工程勘察、设计、施工、设备安装质量和各管理环节等方面作出全面评价，形成经验收组人员签署的工程竣工验收意见。

参与工程竣工验收的建设、勘察、设计、施工、监理等各方不能形成一致意见时，应当协商提出解决的方法，待意见一致后，重新组织工程竣工验收。

认为对示范为本中有关工程竣工验收内容需要进一步细化的当事人，可以在专用条款中将实践中的做法编制到专用条款之中。

从以上建设工程竣工验收条件及程序我们可以发现，建设工程竣工验收是基于承包人的申请——要约，发包人的组织验收通过——承诺。竣工验收通过，意味着发包人对承包人完成的建设工程实体状态的认同与接受。竣工验收通过之后，发包人即失去了对建设工程品质和数量提出异议的权利。其再行提出工程品质异议，则转入保修阶段；再行提出工程数量的异议，也只能据"实"结算。

14. 竣工验收应当具备哪些条件？

建设工程竣工验收是承包人接受发包人对其承包施工的建设工程项目工作成果的检验。建设工程发包人与承包人之间的交易与一般的商业交易有所不同，发包人与承包人在签订合同之时，双方合同所约定的标的物尚不存在，是双方通过合同来约定的一项未来的工作成果。因此，发包人与承包人之间的交易，不是"现货"交易而是"期货"交易。该期待之货包括未来完成的建设工程以及保障交易标的物在交付之后仍然能够进行有效的维修、维护的工程技术资料。

《建设工程质量管理条例》第十七条规定，建设单位应当严格按照国家有关档案管理的规定，及时收集、整理建设项目各环节的文件资料，建立、健全项目档案，并在建设工程竣工验收后，及时向建设行政主管部门或者其他有关部门移交建设项目档案。建设单位为了能够完成转移建设行政主管部门或者其他有关部门要求其移交建设工程档案的风险，通常要求施工单位按照当地有关行政主管部门建设工程档案移交的要求准备竣工验收资料。为了保证建设工程的按期竣工，减少竣工验收过程中的反复，建设单位通常会在合同中约定，要求施工单位一次性通过竣工验收。若不能够做到一次性通过竣工验收，施工单位将面临承担巨额违约赔偿金的困境。这给施工单位竣工验收提出了更高的要求。

《建设工程施工合同（示范文本）》GF—2017—0201 通用条款给出了建设工程竣工验收条件如下：

"13.2.1 竣工验收条件

工程具备以下条件的，承包人可以申请竣工验收：

（1）除发包人同意的甩项工作和缺陷修补工作外，合同范围内的全部工程以及有关工作，包括合同要求的试验、试运行以及检验均已完成，并符合合同要求；

（2）已按合同约定编制了甩项工作和缺陷修补工作清单以及相应的施工计划；

（3）已按合同约定的内容和份数备齐竣工资料。"

因为是通用条款，故约定较为原则。在专用条款中，建议按照以下条款进行充实、完善。

（1）完成工程设计和合同约定的各项内容。

（2）施工单位在工程完工后对工程质量进行了检查，确认工程质量符合有关法律、法规和工程建设强制性标准，符合设计文件及合同要求，并提出工程竣工报告。工程竣工报告应经项目经理和施工单位有关负责人审核签字。

（3）对于委托监理的工程项目，监理单位对工程进行了质量评估，具有完整的监理资料，并提出工程质量评估报告。工程质量评估报告应经总监理工程师和监理单位有关负责人审核签字。

（4）勘察、设计单位对勘察、设计文件及施工过程中由设计单位签署的设计变更通知书进行了检查，并提出质量检查报告。质量检查报告应经该项目勘察、设计负责人和勘察、设计单位有关负责人审核签字。

（5）有完整的技术档案和施工管理资料。

（6）有工程使用的主要建筑材料、建筑构配件和设备的进场试验报告，以及工程质量检测和功能性试验资料。

（7）有施工单位签署的工程质量保修书。

（8）对于住宅工程，进行分户验收并验收合格，建设单位按户出具《住宅工程质量分户验收表》。

（9）建设主管部门及工程质量监督机构责令整改的问题全部整改完毕。

（10）法律、法规规定的其他条件。

以上条款还应当结合项目所在地的政府建设工程档案管理相关部门对建设工程档案管理的相关要求进行调整，以明确发包人与承包人工程资料准备与核实的明细，减少工程竣工验收时不必要的法律风险。

15. 建设工程竣工结算文件有哪些?

建设工程通过竣工验收意味着发承包人的标的物由"期货"转变为了"现货",双方可以对交易标的物的对价进行结算。建设工程的建设施工是一项技术含量比较高的工作,建设工程结算同样是技术含量比较高的工作,必须要具有造价工程师资质的工程造价人员进行建设工程竣工结算书的编制、审核与解释。

建设工程竣工结算通常情况下是由承包人向发包人提交竣工结算申请,并提交由承包人所编制的竣工结算书及相关资料。发包人依据承包人提交的竣工结算资料委托第三方的工程造价咨询机构对建设工程造价进行编制与审核。竣工结算编制与审核的依据如下:

(1) 建设工程施工合同;

(2) 发承包双方实施过程中已确认的工程量及其结算的合同价款;

(3) 发承包双方实施过程中已确认调整后追加(减)的合同价款;

(4) 建设工程设计文件及相关资料;

(5) 投标文件;

(6) 其他依据。

市场是买卖双方决定交易价和量的机制。因此,建设工程市场的价与量如何计算属于民事权利自治的范畴,法律不会强行干涉,完全由市场机制所决定。在市场经济条件下,单一个体的交易具有偶然性和不确定性,具有较大的交易风险。为了有效降低市场风险,官方也在不断地分析、了解、掌控建设工程市场经济规律,对建设工程结算工程价与量的计取也不断地给出相应的规范性意见。现行对建设工程结算最具有指导性的文件如下:

(1) 《司法解释(一)》;

(2) 《建设工程价款结算暂行办法》(财建〔2004〕369 号);

(3) 《建筑工程施工发包与承包计价管理办法》(住房和城乡建设部令第 16 号);

(4) 《建设工程工程量清单计价规范》GB 50500—2013。

《司法解释(一)》由最高人民法院发布,《建设工程价款结算暂行办法》由财政部与住房和城乡建设部联合发布,《建筑工程施工发包与承包计价管理办法》由住房和城乡建设部发布,《建设工程工程量清单计价规范》也是由住房和城乡建设部发布。我们说法律是由全国人民代表大会和全国人民代表大会常务委员会通过,国家主席以主席令形式颁布的文件;行政法规是国务院常委会通过,国务院总理以国务院令的形式发布的文件,在现行法律体制下,这两种文件通称为法律。依据此定义,以上四份与建设工程结算相关的规范性文件都不是法律。尽管都不是法律,但是这四份文件对建设工程结算的影响力完全不同。

《司法解释（一）》尽管是最高人民法院发布，其法律阶位处在部门规章的层级。但是，在司法实践中，司法解释可以作为人民法院判决案件的依据。这一功能赋予了司法解释法律的真实地位。因此，在编制结算文件时，司法解释所规定的内容，必须在结算文件中体现。否则，其效力会遭到否定。

《建设工程价款结算暂行办法》是由财政部及住房和城乡建设部联合发布的规范性文件。该文件的收文单位中包含"各中央管理企业"。因此，建筑领域的央企承接政府项目，可以适用此文件。

《建筑工程施工发包与承包计价管理办法》由住房和城乡建设部发布，属于政府规章，不具有法律强制力。工程结算不得直接依据该文件结算。

《建设工程工程量清单计价规范》是由住房和城乡建设部发布，虽也为规章，但还是国家标准。故规范中的强制性标准属于法律，推荐性标准可以作为交易习惯。

对于造价工程师，由于职业行业的局限性，其在编制工程结算书时，更多的会依据合同与政府相关文件，司法解释常常被忽视。这对发包人和承包人来讲，都必须引起高度重视。

16. 如何做好施工过程中的结算资料证据固定？

建设工程发包人与承包人之间在工程施工的全生命周期内所形成的矛盾冲突，最终都将在工程竣工结算时爆发。为了有效地避免冲突的爆发，在建设工程施工过程中，对每一环节所存在的风险进行化解，就显得尤为必要。

分部分项工程和措施项目中的单价项目，应依据发承包双方确认的工程量与已标价工程量清单的综合单价计算。发生调整的，清单项目中的项目特征说明的内容减少的，综合单价不予调整；内容增加的，综合单价应给予调整。清单项目被取消的，取消相应工程造价，在结算中予以扣减；新增清单项目内容的，结算应予增加。

措施费项目依据合同约定的项目和金额计算。措施项目费分为可竞争项与不可竞争项，安全文明施工费为不可竞争项，可竞争措施费可以进行包干。已标价工程量清单的内容和金额发生了变化，措施应当作出相应的调整。包括不可竞争的措施费，调整后的措施费，仍然属于不可竞争的项目。

计日工的费用计价应当按照合同约定的单价计算，用工数量应当按照双方确认的人工数量计算。采用计日工计价的任何一项变更工作，在该变更实施过程中，承包人应按合同约定向发包人提交相关资料，包括：工作的名称、内容和数量；投入该工作的所有人员的姓名、工种和耗用工时；投入该工作的材料名称、类别和数量；投入该工作的施工设备型号、台数和耗用台时。

暂估价中的材料和工程设备，依法必须招标的，应由双方以招标的方式选择供应商、确定价格，并以此为依据取代暂估价，调整合同价款；不属于必须招标投标的，由承包人按照合同约定采购，经发包人确认单价后取代暂估价，调整合同价格。暂估价中的专业工程，不属于依法必须招标的，应当按照工程变更的相关规定办理；属于依法必须招标的，应当由发承包双方依法组织招标，选择专业分包人。对于专业工程的招标，承包人若参与投标的，发包人作为专业工程的招标人；承包人不参与投标的，由承包人作为专业工程的发包人。最终以专业工程发包中标价为依据，取代专业工程暂估价，调整合同价款。

总承包服务费应依据已标价工程量清单计算；发生调整的，以双方确认的金额计算。

索赔费用应依据发承包双方确认的索赔事项和金额计算。

现场签证应依据发承包双方签证资料确认的金额计算。

暂列金额减去合同价款调整（包括索赔、现场签证）金额计算，如有余额归发包人所有；超额部分，由发包人弥补。

建设工程合同是承包人进行工程建设，发包人支付价款的合同。发包人所支付的价款对应的是承包人进行的工程建设。只要工程建设的内容与造价发生了变化，与之对应的价款支付也应当给予调整。这是由建设工程合同法律给出的定义所决定的。

建设工程施工合同中有一个术语为基准日。建设工程所有的变化都是较之基准日变化的。合同在履行过程中与基准日的情形发生改变，无论是承包人还是发包人，都应当立即记录、收集情形发生变化的相关资料，由双方签字确认并给予固定。

所谓情形发生改变指的是相对于基准日增加或减少合同中任何工作，或追加额外的工作；取消合同中任何工作，但转由他人实施的除外；改变合同中的任何标准或其他特征；改变工程基线、标高、位置、尺寸；改变工程的时间安排和实施顺序。

在工程实践中，还存在着大量的承包人提出索赔发包人不予认同的资料，在我们国家现行的法律制度下，并非所有的发包人不予签署的变更签证单，必定不能够结算到工程款。《司法解释（一）》第二十条规定：“当事人对工程量有争议的，按照施工过程中形成的签证等书面文件确认。承包人能够证明发包人同意其施工，但未能提供签证文件证明工程量发生的，按照当事人提供的其他证据确认实际发生的工程量。”施工过程中形成的往来文件，究竟哪些能够证明发包人同意施工，哪些不能证明，这是一个专业的法律问题，需要具有建设工程专业背景的资深律师才能判断。对于发包人与施工人而言，所需要做好的，就是保留好施工过程中形成的资料文件，以备来日结算。

17. 如何认定建筑工程垫资行为及利息的合法性？

我国建设工程市场竞争的激烈性已经超出了工程质量和技术的范畴，进入了金融领域。施工项目进入金融领域竞争最直接的表现就是承包人对项目进行垫资。这种竞争方式在建设工程施工领域愈演愈烈。尽管国家明令禁止对政府项目进行垫资，但是，对于社会项目垫资仍然是竞争最有效的手段。

垫资在本质上是一种资金融通的商业行为。我们国家的金融属于商业银行专营业务。所谓商业银行是指依照《商业银行法》和《公司法》设立的吸收公众存款、发放贷款、办理结算等业务的企业法人。《商业银行法》规定，商业银行可以经营吸收公众存款，发放短期、中期和长期贷款等业务。经批准设立的商业银行，由国务院银行业监督管理机构颁发经营许可证，并凭该许可证向工商行政管理部门办理登记，领取营业执照。经批准设立的商业银行分支机构，由国务院银行业监督管理机构颁发经营许可证，并凭该许可证向工商行政管理部门办理登记，领取营业执照。未经国务院银行业监督管理机构批准，擅自设立商业银行，或者非法、变相吸收公众存款，构成犯罪的，依法追究刑事责任；并由国务院银行业监督管理机构予以取缔。

所垫的资金如果是垫资企业的自有资金，垫资就是一种商业行为；如果所垫资金不是企业自有资金，而是企业募集的资金，就涉嫌非法集资。

2022年发布的《最高人民法院关于审理非法集资刑事案件具体应用法律若干问题的解释》（法释〔2022〕5号）第一条规定："违反国家金融管理法律规定，向社会公众（包括单位和个人）吸收资金的行为，同时具备下列四个条件的，除刑法另有规定的以外，应当认定为刑法第一百七十六条规定的'非法吸收公众存款或者变相吸收公众存款'：

（一）未经有关部门批准或者借用合法经营的形式吸收资金；

（二）通过媒体、推介会、传单、收集短信等途径向社会公开宣传；

（三）承诺在一定期限内以货币、实务、股权等方式还本付息或者给付回报；

（四）向社会不特定公众即不特定对象吸收资金。

未向社会公开宣传，在亲友或者单位内部对特定对象吸收资金的，不属于非法吸收或者变相吸收公众存款。"

2019年1月30日，《最高人民法院　最高人民检察院　公安部关于办理非法集资刑事案件若干问题的意见》第一条[关于非法集资的"非法性"认定依据问题]规定："人民法院、人民检察院、公安机关认定非法集资的'非法性'，应当以国家金融管理法律法规作为依据。对于国家金融管理法律法规仅作原则性规定的，可以根据法律规定的精神并参考中国人民银行、中国银行保险监督管理委员会、中国证券监督管理委员会等行政主管部门依照国家金融管理法律法规制定的部门规章或者国家有关金融管理的规定、办法、实施细则等规范性文件的规定予以认定。"

2020年8月20日，《最高人民法院关于审理民间借贷案件适用法律若干问题的规定》将民间借贷定义为自然人、法人和非法人组织之间进行资金融通的行为。规定了民间借贷合同无效的六种情形：

（1）套取金融机构贷款转贷的；

（2）以向其他营利法人借贷、向本单位职工集资，或者以向公众非法吸收存款等方式取得的资金转贷的；

（3）未依法取得放贷资格的出借人，以营利为目的向社会不特定对象提供借款的；

（4）出借人事先知道或者应当知道借款人借款用于违法犯罪活动仍然提供借款的；

（5）违反法律、行政法规强制性规定的；

（6）违背公序良俗的。

我们说我们的权利来自法律与合同，法律保护我们的合法权益。垫资的行为只有符合民间借贷的规定，垫资利息才能得到法律的保护。

2021 年 1 月 1 日实施的《司法解释（一）》，对于有关建设工程施工垫资利息计算规定：当事人对垫资和垫资利息有约定，承包人请求按照约定返还垫资及其利息的，人民法院应予支持，但是约定的利息计算标准高于垫资时的同类贷款利率或者同期贷款市场报价利率的部分除外。当事人对垫资没有约定的，按照工程欠款处理。当事人对垫资利息没有约定，承包人请求支付利息的，人民法院不予支持。当事人对欠付工程价款利息计付标准有约定的，按照约定处理。没有约定的，按照同期同类贷款利率或者同期贷款市场报价利率计息。利息从应付工程价款之日开始计付。当事人对付款时间没有约定或者约定不明的，下列时间视为应付款时间：建设工程已实际交付的，为交付之日；建设工程没有交付的，为提交竣工结算文件之日；建设工程未交付，工程价款也未结算的，为当事人起诉之日。

18. 如何认定政府审计建设工程的范围？

我们国家的市场经济是由过去的计划经济转型而来。在计划经济体制下，全社会所有的投资都是政府的投资。进入市场经济之后，政府投资仍然属于主力军，而建设项目的施工单位则转变为了市场主体，独立核算、自负盈亏的企业。为了对政府的投资资金进行有效监督，《审计法》应运而生。

1995 年 1 月 1 日实施的《审计法》第二十三条规定："审计机关对政府投资和以政府投资为主的建设项目的预算执行情况和决算，进行审计监督。"为审计机关对政府投资项目进行审计提供了法律依据。但是，如何对政府投资类项目进行审计，《审计法》并没有明确规定。

1996 年 4 月 5 日，审计署、国家计划委员会、财政部、国家经贸委、建设部、国家工商行政管理局联合颁布了《建设项目审计处理暂行规定》（审投发〔1996〕105 号）规定如下：

"第十三条 施工单位应按照国家有关规定和标准签订工程承包合同，在施工中，施工单位违反合同规定，造成国家建设资金的损失浪费、施工质量达不到国家规定标准的，应根据国家有关规定承担赔偿责任；并根据情况，给予通报批评；情节严重的，应建议主管部门降低其资质等级，直至依法吊销营业执照。

第十四条 工程价款结算中多计少计的工程款应予调整；建设单位已签证多付工程款的，应予以收缴。施工单位偷工减料、虚报冒领工程款金额较大、情节严重的，除按违纪金额处以 20% 以下的罚款外，对质量低劣的工程项目，应由有关部门查明责任并由施工单位限期修复，费用由责任方承担。"

我们可以观察到，第十三条规定的"施工单位应按照国家有关规定和标准签订工程承包合同"，国家有关规定在当时的计价体系下指的是定额。我们知道，定额价远高于建设工程实际造价与市场价，因此，审计介入工程造价的监督。第十四条中"工程结算中多计少计的工程款应予调整"是建立在建设单位与施工单位之间建设工程施工关系的法律基础之上，换言之，计价方式为成本加酬金。我们国家的《建筑法》是 1997 年实施，《招标投标法》是 2000 年实施，因此，可以说《建设项目审计处理暂行规定》是建立在计划经济基础之上的规范。

19. 如何认定建设工程中的"实际履行"？

实际履行在建设工程领域通常是指没有合同的情形下推定双方真实意思的方式，包括两种方式：一则为合同无效的情形，另一则为合同有效，但合同履行过程中增加了没有合同的工程量。

《民法典》第七百八十九条规定："建设工程合同应当采用书面形式。"此处使用的词为"应当"，表明该规范属于强制性规范，违背会导致民事行为的违法。好在该规范属于管理性强制性规范，违反该规范尽管违法，但不会导致民事活动无效。《民法典》第四百九十条第二款规定："法律、行政法规规定或者当事人约定合同应当采用书面形式订立，当事人未采用书面形式但是一方已经履行主要义务，对方接受时，该合同成立。"因此，对于建设工程施工合同，当事人双方没有签订合同，不会影响合同的成立与效力。

在我国的法律体系下，合同无效，自始无效。合同生效的，当事人就质量、价款或者报酬、履行地点等内容没有约定或者约定不明确的，可以协议补充；不能达成补充协议的，按照合同相关条款或者交易习惯确定。当事人就有关合同内容约定不明确，也难以找到交易习惯的，对于质量按照强制性国家标准履行；没有强制性国家标准的，按照推荐性国家标准履行；没有推荐性国家标准的，按照行业标准履行；没有国家标准、行业标准的，按照通常标准或者符合合同目的的特定标准履行。所谓按照符合合同目的的特定标准履行，指的是此时的建设工程合同履行就要回归到承揽合同的履行方式，承揽人提出施工图纸，经定作人认同后执行。对于价款或者报酬不明确，按照订立合同时履行地的市场价格履行。对此处的"市场价格"要有一个清晰的认识，此"市场价格"并非市场交易之价格，而是以市场交易价为基准价，结合合同已有价款与市场价格的比值所对应的价格。因此，即使合同无效，无效合同的价格也直接决定着未来项目的决算金额高低。

合同中没有约定的质量标准和计价获得了解决，下一步我们来观察计量。没有合同、没有图纸，对工程量的争议难以避免。《建筑法》第三十二条规定："建筑工程监理应当依照法律、行政法规及有关的技术标准、设计文件和建筑工程承包合同，对承包单位在施工质量、建设工期和建设资金使用等方面，代表建设单位实施监督。工程监理人员认为工程施工不符合工程设计要求、施工技术标准和合同约定的，有权要求建筑施工企业改正。"法律授予了施工单位代表发包人对施工项目的质量、工期、资金使用进行监督，对承包人违背发包人意思的行为进行纠正。

《建设工程质量管理条例》第三十八条规定："监理工程师应当按照工程监理规范的要求，采取旁站、巡视和平行检验等形式，对建设工程实施监理。"《建设工程监理规范》GB/T 50319—2013规定，项目监理机构应根据工程特点和施工单位报送的施工组织设计，确定旁站的关键部位、关键工序，安排监理人员进行旁站，并应及时记录旁站情况。应当巡视施工单位是否按工程设计文件、工程建设标准和批准的施工组织设计、（专项）施工方案施工。应根据工程特点、专业要求，以及建设工程监理合同约定，对工程材料、施工质量进行平行检验。

我们的权利来自法律与合同，在没有合同的情形下，只有依靠法律。法律明确规定监理工程师必须采取旁站、巡视和平行检验等形式监督承包人按照发包人要求进行施工。因此，只要在施工现场，监理工程师没有发出整改通知的施工内容，都属于"实际履行"的内容，依法都享有结算工程价款的权利。

20. 建设工程结算各主体责任如何承担？

建设工程活动参与主体众多，身份各异。在工程结算中，各主体的法律地位，并非由各主体一厢情愿地认为，最终还是要由法律决定。

《民法典》第七百八十八条规定："建设工程合同是承包人进行工程建设，发包人支付价款的合同。"据此，建设工程合同的主体是发包人和承包人。鉴于法律表述的精练性，承包人包括建设工程总承包人和建设工程施工承包人。

《建筑法》第二十九条对建筑工程参与主体有如下规定：

"建筑工程总承包单位可以将承包工程中的部分工程发包给具有相应资质条件的分包单位；但是，除总承包合同中约定的分包外，必须经建设单位认可。施工总承包的，建筑工程主体结构的施工必须由总承包单位自行完成。

建筑工程总承包单位按照总承包合同的约定对建设单位负责；分包单位按照分包合同的约定对总承包单位负责。总承包单位和分包单位就分包工程对建设单位承担连带责任。

禁止总承包单位将工程分包给不具备相应资质条件的单位。禁止分包单位将其承包的工程再分包。"

如果违背这一条款，以下行为属于违法分包：

（1）总承包单位将建设工程分包给不具备相应资质条件的单位的；

（2）建设工程总承包合同中未有约定，又未经建设单位认可，承包单位将其承包的部分建设工程交由其他单位完成的；

（3）施工总承包单位将建设工程主体结构的施工分包给其他单位的；

（4）分包单位将其承包的建设工程再分包的。

值得注意的是，《建筑法》第二十九条第二款规定了总承包单位与分包单位对建设单位承担连带责任。《建筑法》并没有规定总承包单位与违法分包单位之间承担连带责任。

《建筑法》第二十八条规定："禁止承包单位将其承包的全部建筑工程转包给他人，禁止承包单位将其承包的全部建筑工程肢解以后以分包的名义分别转包给他人。"所谓肢解发包，是发包方将应当由一个承包单位完成的建设工程分解成若干部分发包给不同的承包单位的行为。所谓转包，是指承包单位承包建设工程后，不履行合同约定的责任和义务，将其承包的全部建设工程转给他人或者将其承包的全部建设工程肢解以后以分包的名义分别转给其他单位承包的行为。

《建筑法》明令禁止将工程转包以及肢解转包，但同样没有规定工程转包双方的法律责任承担方式。

转包、肢解转包、违法分包各方之间责任法律承担方式没有规定，并不意味着建设工程实践中就不会产生这种责任分担。在我们国家的法律体系中，责任分担方式只有两种，按份承担或连带责任。法律规定连带的责任只有法律规定和当事人约定才能成立。法律没有规定，转包、肢解转包、违法分包的发包方在合同中都会约定与承揽方不承担连带责任。如此一来，转包、肢解转包、违法分包便失去了向发包人承担连带责任的法律基础，由此促使此等违法行为更加肆无忌惮。

法律的问题终究还是需要法律解决。《民法典》第七百九十一条规定：

"发包人可以与总承包人订立建设工程合同，也可以分别与勘察人、设计人、施工人订立勘察、设计、施工承包合同。发包人不得将应当由一个承包人完成的建设工程支解成若干部分发包给数个承包人。

总承包人或者勘察、设计、施工承包人经发包人同意，可以将自己承包的部分工作交由第三人完成。第三人就其完成的工作成果与总承包人或者勘察、设计、施工承包人向发包人承担连带责任。承包人不得将其承包的全部建设工程转包给第三人或者将其承包的全部建设工程肢解以后以分包的名义分别转包给第三人。

禁止承包人将工程分包给不具备相应资质条件的单位。禁止分包单位将其承包的工程再分包。建设工程主体结构的施工必须由承包人自行完成。"

第一款对肢解工程发包进行了否定，第三款对违法分包进行了否定，第二款"可以将自己承包的部分工作交由第三人完成"。这里使用了"交由"一词，"交由"一词回避了总承包人将工程交付给承接人实施的合法性问题，即无论是分包、转包、违法分包还是再分包，总承包人都"可以将自己承包的部分工作交由第三人完成"，重点是"向发包人承担连带责任"。由此，解决了违法承揽工程合同双方向发包人承担连带责任无法律依据的状态。

如果说分包、转包、违法分包、再分包都是建立在建设工程承包法律关系之上，尚便于统一规范的话，挂靠则属于另一种建设工程结算的责任主体，需要另外规范。

《建筑法》第二十六条第二款规定："禁止建筑施工企业超越本企业资质等级许可的业务范围或者以任何形式用其他建筑施工企业的名义承揽工程。禁止建筑施工企业以任何形式允许其他单位或者个人使用本企业的资质证书、营业执照，以本企业的名义承揽工程。"

1997 年通过的《建筑法》，立法者们就已经认识到社会中流行的"挂靠"承揽工程的方式与建设工程承包是不同的法律关系，故在法律条款中将其表述为"用……名义""使用……名义"。挂靠这种法律关系我们在前文中也进行过论述，得出的结论是其法律性质为资质证书、营业执照租赁关系。同样，《建筑法》只对这种行为予以否定，并没有规定实施此种行为，挂靠人与被挂靠人之间应承担什么样的民事责任。

2019 年实施的《司法解释（二）》第四条规定："缺乏资质的单位或者个人借用有资质的建筑施工企业名义签订建设工程施工合同，发包人请求出借方与借用方对建设工程质量不合格等因出借资质造成的损失承担连带赔偿责任的，人民法院应予支持。"以司法解释的形式，确定了挂靠人与被挂靠人之间连带责任关系。《司法解释（二）》第四条完全被吸纳于 2021 年实施的《司法解释（一）》第七条。

我们国家的立法体系是建立在保护当事人合法权益的基础之上。这种立法体系昭示天下，引导社会活动的参与主体按照法律法规从事民事活动。但是生产力是最活跃的因素，并不会因为上层建筑的法律明文禁止而销声匿迹。

《建筑法》保护建设工程各参与主体的合法权益，其保护的前提是各参与主体必须是合法主体。这是我们立法的价值取向。但是，我国的社会现实是，长期以来建设工程施工领域是吸纳进城务工人员最多的、市场竞争最为充分的领域。进城务工人员流动性大、技术水平低，作为市场中的个体，基本不具有市场竞争力。因此，进城务工人员在市场竞争的导向下，都会自发地集聚在包工头身边，在包工头的组织下从事建设工程施工活动。包工头在我们国家的法律体系下属于非法主体，但此非法主体所从事的建筑工程活动以及所完成的建筑工程建设成果并不当然的非法。从维护进城务工人员切身利益的角度出发，最高人民法院将进城务工人员的组织者包工头赋予了"实际施工人"的概念。

建设工程施工的终端分为两个群体：一则为施工人，一则为实际施工人。施工人是具有合法身份的施工主体，实际施工人是非法身份的施工主体。施工主体不同于施工工人与施工班组，施工工人与施工班组和实际施工人之间形成的是劳务关系，他们从实际施工人处领取劳动报酬。实际施工人对所承包的工程项目承担人工风险以及主材和施工机械至少一项风险，不承担主材和施工机械风险的包工头不属于实际施工人，而是属于劳务分包人，不享有司法解释赋予的实际施工人的权利。

21. 如何甄别建设工程结算主体?

建设工程施工合同有效，合同当事人双方依据合同约定办理结算，在程序上应当不会成为问题。建设工程合同主体非法，无效合同主体的利益如何保护，这在我们国家的立法体系中是一个空白。如果立法对无效合同非法合同主体的权利进行保护，这有悖法律是保护合同当事人合法权益的立法原则。将非法主体之行为仍然列入法律保护的范畴之内，不利于倡导、鼓励民事活动当事人遵纪守法的立法价值取向。然而，建设工程施工合同主体非法，是一个特殊的合同无效的范畴，在我国当下的建设工程市场经济环境下，尚不能将其行为一概给予否定，而应当分门别类地平衡当事人之间的利益。

对于挂靠的建设工程合同的结算，发包人与被挂靠人所签订的合同名称也为建设工程承包合同，但是因为被挂靠人对合同约定的工程项目没有人、材、机的实际投入，仅仅是收取挂靠人的管理费。因此，发包人和被挂靠人之间的法律关系，依法不构成建设工程承包关系。对被挂靠人以承包人的身份要求按照签订的建设工程施工合同向发包人主张建设工程价款的，不会得到法律的支持。与此相反，被挂靠人因为挂靠人在实际施工过程中给发包人造成的实际损失，则应当承担连带赔偿责任。此处我们发现一个悖论：被挂靠人向发包人主张工程款得不到法律支持；挂靠人给发包人造成的损失，被挂靠人则应当承担连带赔偿责任。我们当下的法律就是通过这种悖论的设计，来否定被挂靠人将自己的资质和营业执照出借给挂靠人的行为。

建设工程施工项目转包人，将自己承包的所有工程全部交由第三人进行施工，因此，其在整个建设工程施工过程中同样没有人、材、机的实际投入，发包人与转包人之间所形成的法律关系也不是建设工程承包关系。转包人依据签订的建设工程承包合同向发包人主张工程价款的，也不能够得到法律的支持。转包人将工程的主体结构以分包的名义转包给第三人进行施工。此种情形下，转包人只能够依据合同向发包人主张自己实际施工的工程范围内的工程款；对于主体工程的部分，由于其实施的是转包，因此，无权就转包部分的工程款向发包人主张权利。

建设工程施工合同无效，按照实际履行进行结算。这个实际履行不仅是指建设工程实施过程所形成的客观的建筑物实体，而且还指为完成建设工程所实际投入的人、材、机。在建设工程施工合同无效法律关系中，建设工程施工的主体其自身属于合法主体，可以根据《民法典》七百九十三条之规定，参照合同关于工程价款的约定主张工程结算；对非法的主体，通过获得实际施工人的合法身份，取得向债务人主张工程结算的权利。

2005 年实施的《司法解释》第二十六条规定："实际施工人以转包人、违法分包人为被告起诉的，人民法院应当依法受理。实际施工人以发包人为被告主张权利的，人民法院可以追加转包人或者违法分包人为本案当事人。发包人只在欠付工程价款范围内对实际施工人承担责任。"明确规定了非法主体实际施工人可以向违法主体转包人、违法分包人主张权利，甚至可以突破合同的相对性向发包人主张权利。最大限度地维护了实际施工人结算工程价款的权利。美中不足之处在于"实际施工人以发包人为被告主张权利的"追加转包人或违法分包人之前所用一词为"可以"，意为人民法院可以追加也可以不追加。在司法实践中，如果法院不追加，则无法查清发包人是否欠付工程款，实际施工人的实体权利还是无法落实。

2019 年实施的《司法解释（二）》第四十三条规定："实际施工人以转包人、违法分包人为被告起诉的，人民法院应当依法受理。实际施工人以发包人为被告主张权利的，人民法院应当追加转包人或者违法分包人为本案第三人，在查明发包人欠付转包人或者违法分包人建设工程价款的数额后，判决发包人在欠付建设工程价款范围内对实际施工人承担责任。"此处，将"可以"改为"应当"，并进行了更加严谨的表述，使实际施工人的权利得到了有效保障。2021 年实施的《司法解释（一）》将《司法解释（二）》第四十三条完全吸纳。

建设工程施工合同无效，法律保障的只是实际施工人的权利，在建设工程层层转分包链中，没有对工程项目实际投入人、材、机的参与者，无论其所签订的合同名称是什么，都不能取得建设工程结算价款的权利。

22. 如何管控工程造价司法鉴定风险？

2005 年 1 月 1 日实施的《司法解释》第十九条规定："当事人对工程量有争议的，按照施工过程中形成的签证等书面文件确认。承包人能够证明发包人同意其施工，但未能提供签证文件证明工程量发生的，可以按照当事人提供的其他证据确认实际发生的工程量。"该条款赋予了承包人在没有得到发包人书面认可施工的情形下，就完成的工程量向发包人主张工程款的权利。但是，由于没有获得发包人的书面认可，当事人提供的其他证据所证明的工程量造价金额存在差异，在此种情形下，司法鉴定就成为解决分歧的唯一方式。

对于成熟的发包人与承包人，在诉讼中通过司法鉴定确定工程造价，轻车熟路，一般不会出现什么意外。对于实际施工人或者是进入建设工程领域的新手发包人，在诉讼过程中，对司法鉴定结果对案件判决走向的影响力往往认识不足。

2019 年 2 月 1 日实施的《司法解释（二）》第十四条规定："当事人对工程造价、质量、修复费用等专门性问题有争议，人民法院认为需要鉴定的，应当向负有举证责任的当事人释明。当事人经释明未申请鉴定，虽申请鉴定但未支付鉴定费用或者拒不提供鉴定材料的，应当承担举证不能得后果。一审诉讼中负有举证责任的当事人未申请鉴定，虽申请鉴定但未支付鉴定费用或者拒不提供相关材料，二审诉讼中申请鉴定，人民法院认为确有必要的，应当依据民事诉讼法第一百七十条的第一款第三项的规定处理。"

该条款规定，经法庭释明之后，当事人未申请鉴定、不支付鉴定费或拒不提供鉴定材料，应当承担举证不能的后果，体现了"权利可以放弃，义务必须履行"的法律原则，也是法院一直坚守的原则。但是，又规定一审放弃司法鉴定权利的当事人，在二审还有救济机会。如此规定破坏了"权利可以放弃，义务必须履行"的法律原则，但是从另一个角度可以说，法律更注意当事人的实体权利。由此可见法律对建设工程结算的重视。

2019 年 10 月 14 日经修订通过的《最高人民法院关于民事诉讼证据的若干规定》（法释〔2019〕19 号）第三十一条规定：当事人申请鉴定，应当在人民法院指定期间内提出，并预交鉴定费用。逾期不提出申请或者不预交鉴定费用的，视为放弃申请。对需要鉴定的待证事实负有举证责任的当事人，在人民法院指定期间内无正当理由不提出鉴定申请或者不预交鉴定费用，或者拒不提供相关材料，致使待证事实无法查明的，应当承担举证不能的法律后果。《最高人民法院关于民事诉讼证据的若干规定》又回归了"权利可以放弃，义务必须履行"的法律原则。

2021 年 1 月 1 日实施的《司法解释（一）》将《司法解释（二）》第十四条的内容完全吸纳于第三十二条。又改变了"权利可以放弃，义务必须履行"的法律原则。

《司法解释（一）》与《最高人民法院关于民事诉讼证据的若干规定》同属于最高人民法院颁布的司法解释，两部司法解释的法律阶位是一样的。《最高人民法院关于民事诉讼证据的若干规定》所调整的是最高人民法院管辖的各类案件的司法鉴定规则；《司法解释（一）》所调整的仅仅是建设工程施工合同纠纷鉴定的规则。本着特别法优于一般法的司法规则，《司法解释（一）》在司法鉴定的规范上，其效力优于《最高人民法院关于民事诉讼证据的若干规定》。对此，我们在适用法律的过程中必须予以注意。

23. 如何做好建设工程结算诉讼工作？

我们说风险分为市场风险、专业风险、道德风险和法律风险。市场、专业、道德风险不能得到有效化解，最终都会转化为法律风险，通过法律的手段进行解决。

法律代表着公正与正义，"以事实为依据，以法律为准绳"是法律裁判的基本原则。这些都是深深根植在我们心灵深处的理念。法律代表着公正与正义固然不假。但是，"以事实为依据，以法律为准绳"在司法实践中遇到挑战。事实分为客观事实和法律事实。客观事实是实际发生的事件，法律事实是通过证据恢复的客观事实。进入了诉讼阶段的事实都是法律事实。客观事实已经成为过往，法官只能根据双方当事人在法庭上提供的证据恢复的客观事实进行认定。不同的证据对客观事实复原的真实程度是不一样的，所以法院据此所作出的裁判结果也是不一样的。因此，我们说在法庭上并不是"以事实为依据，以法律为准绳"，而是"以证据为依据，以法律为准绳"。

当建设工程结算纠纷进入诉讼阶段，诉讼双方当事人都会存在各自的诉讼目标。各自的诉讼目标，即为各自在心中所构建的建设工程当时的客观事实。这种客观事实必须在法庭上通过证据进行复原。双方所提供的证据通常会构成两个并不完全相同的客观事实。法官并不是诉讼双方当事人工程项目的参与者，只能依据当事人双方在法庭上提供的证据对当时的客观事实进行判断。因此，在诉讼中要获得法官的支持，必须向法庭证明己方所提供的证据所复原当时的客观事实更具有真实性。

不少诉讼中的当事人认为在法庭上复原过往的客观事实，就是将自己手中所掌握的所有能够复原当时客观事实的各种资料都提交给法庭，交由法庭给予公正的判决。殊不知，这种不加选择地向法庭提交证据的方式，往往将一些不利于自己诉讼目标的证据也随之提供，直接影响自己诉讼目标的实现。法庭的公正性并非体现在当事人双方漫无目标地向法庭提交与案件事实相关的各种证据，而是在于依据法庭的规则解决双方的纷争。法庭的基本规则是"谁主张、谁举证"。举证方围绕自身的诉讼请求进行举证，在法庭的指挥下，完成对客观事实的复原，从而形成判决。即为法庭之公正。

许多诉讼当事人天真地认为："谁主张、谁举证"，只要自己将证据和盘提交给法庭，就能得到法庭公平的裁判。抱着这种思想的当事人，是否有自己的诉讼目标？如果连自己的诉讼目标都没有，那么在法庭判决下来的时候，对其来讲都可以称之为公平的结果。如果对自己的诉讼目标有预期的结果，则如何组织资源去实现这一目标，即成为其工作中不可或缺的一个部分。建设工程施工、结算本身就是技术含量比较高的行业，再加上法律专业，使建设工程诉讼成为专业综合度极高的一项工作。建设工程纠纷案件官司不打则已，一打诉讼标金额即数以千万计。如此巨大的利益争夺，试想，一方请的律师是 5 万元代理费，一方请的律师是 50 万元代理费。这两位律师在制定诉讼方案、收集证据、编排证据、法庭调查、法庭辩论、法律适用上的能力会一样吗？在法庭上为当事人争取合法利益的能力和结果会是一样吗？你寄托于法庭的公正裁判，这个公正裁判是基于"谁主张、谁举证"的基础之上，法官居中裁判。法庭的公正性体现在法官给予当事人双方平等的表达自己诉讼观点的权利。在法庭双方律师唇枪舌剑、针锋相对的抗辩当中，法官是对专业水平偏弱的一方给予扶持公正，还是居中裁判更加公正？这一想，就明白了。

第 **12** 章

工程款回笼
风险管控

1. 公共资源应当如何配置?

我们说建设项目分三类,非经营性项目、准经营性项目和经营性项目。其分别对应的为公共产品项目、准公共产品项目和非公共产品项目,纯公益性项目、准公益性项目和非公益性项目。为了方便我们用词的表述与现行的法律法规相对接,此篇我们选择公益性项目一词进行表述。

我们知道,公益性项目所对应的是公共产品项目,其基本特征是具有天然的垄断性。因此,它不属于"看不见的手"调整的范围,而是属于政府这只"看得见的手"进行调整的范围。政府对公益性项目调整的手段自然是行政手段,依据就是《行政许可法》。

《行政许可法》第二条规定:"本法所称行政许可,是指行政机关根据公民、法人或者其他组织的申请,经依法审查,准予其从事特定活动的行为。"该条款只是对行政许可作了概念性的规定,至于哪些行为属于需要获得行政许可的特定活动,第十二条作了具体规范。

"第十二条 下列事项可以设定行政许可:

(一)直接涉及国家安全、公共安全、经济宏观调控、生态环境保护以及直接关系人身健康、生命财产安全等特定活动,需要按照法定条件予以批准的事项;

(二)有限自然资源开发利用、公共资源配置以及直接关系公共利益的特定行业的市场准入等,需要赋予特定权利的事项;

(三)提供公众服务并且直接关系公共利益的职业、行业,需要确定具备特殊信誉、特殊条件或者特殊技能等资格、资质的事项;

(四)直接关系公共安全、人身健康、生命财产安全的重要设备、设施、产品、物品,需要按照技术标准、技术规范,通过检验、检测、检疫等方式进行审定的事项;

(五)企业或者其他组织的设立等,需要确定主体资格的事项;

(六)法律、行政法规规定可以设定行政许可的其他事项。"

以上第(二)项"公共资源配置"即为公共产品供给,属于我们说的公益性项目,可以设置行政许可。此类行政许可应当如何设置呢?

《行政许可法》第五十三条规定:"实施本法第十二条第二项所列事项的行政许可的,行政机关应当通过招标、拍卖等公平竞争的方式作出决定。但是,法律、行政法规另有规定的,依照其规定。行政机关通过招标、拍卖等方式作出行政许可决定的具体程序,依照有关法律、行政法规的规定。行政机关按照招标、拍卖程序确定中标人、买受人后,应当作出准予行政许可的决定,并依法向中标人、买受人颁发行政许可证件。行政机关违反本条规定,不采用招标、拍卖方式,或者违反招标、拍卖程序,损害申请人合法权益的,申请人可以依法申请行政复议或者提起行政诉讼。"

该条款规定，公共资源配置的行政许可，要通过招标、拍卖的行为实施，政府颁发行政许可不按照招标、拍卖的方式实施，相关受害人可以提请行政诉讼。这里我们需要注意的是，《行政许可法》该条款规定的行政诉讼，是基于政府违反行政许可批准的程序；对于政府违反行政许可的内容，法律并没有授予受害人提请行政诉讼的权利。

2. 公益性项目合同性质如何认定？

我们知道，在民事法律体系内由《招标投标法》《民法典》等规范民事主体的社会经济活动。政府作为一个行政主体，不受民事法律体系的调整，因此，作为行政主体的政府进行招标、拍卖程序应当受到行政法体系的《政府采购法》调整。《政府采购法》相关规定如下：

"第七十一条　采购人、采购代理机构有下列情形之一的，责令限期改正，给予警告，可以并处罚款，对直接负责的主管人员和其他直接责任人员，由其行政主管部门或者有关机关给予处分，并予通报：

（一）应当采用公开招标方式而擅自采用其他方式采购的；

（二）擅自提高采购标准的；

（三）以不合理的条件对供应商实行差别待遇或者歧视待遇的；

（四）在招标采购过程中与投标人进行协商谈判的；

（五）中标、成交通知书发出后不与中标、成交供应商签订采购合同的；

（六）拒绝有关部门依法实施监督检查的。

第七十二条　采购人、采购代理机构及其工作人员有下列情形之一，构成犯罪的，依法追究刑事责任；尚不构成犯罪的，处以罚款，有违法所得的，并处没收违法所得，属于国家机关工作人员的，依法给予行政处分：

（一）与供应商或者采购代理机构恶意串通的；

（二）在采购过程中接受贿赂或者获取其他不正当利益的；

（三）在有关部门依法实施的监督检查中提供虚假情况的；

（四）开标前泄露标底的。

第七十七条　供应商有下列情形之一的，处以采购金额千分之五以上千分之十以下的罚款，列入不良行为记录名单，在一至三年内禁止参加政府采购活动，有违法所得的，并处没收违法所得，情节严重的，由工商行政管理机关吊销营业执照；构成犯罪的，依法追究刑事责任：

（一）提供虚假材料谋取中标、成交的；

（二）采取不正当手段诋毁、排挤其他供应商的；

（三）与采购人、其他供应商或者采购代理机构恶意串通的；

（四）向采购人、采购代理机构行贿或者提供其他不正当利益的；

（五）在招标采购过程中与采购人进行协商谈判的；

（六）拒绝有关部门监督检查或者提供虚假情况的。

供应商有前款第（一）至（五）项情形之一的，中标、成交无效。

第七十九条 政府采购当事人有本法第七十一条、第七十二条、第七十七条违法行为之一，给他人造成损失的，并应依照有关民事法律规定承担民事责任。"

从第七十九条我们可以观察到，政府在招标、拍卖过程中违背《政府采购法》所引发的诉讼不是行政诉讼，而是民事诉讼。说明《政府采购法》将政府采购行为定义为民事行为。招标、拍卖的行为在民事法律行为中属于要约与承诺的过程，这是形成民事合同的过程。行政主体的政府之行政许可协议是通过民事的方式形成。以民事方式形成的政府许可协议在履行之时，政府是作为民事主体还是行政主体，《行政许可法》第四十三条规定："政府采购合同适用合同法。采购人和供应商之间的权利和义务，应当按照平等、自愿的原则以合同方式约定。"这里，我们可以得出结论，政府在公共资源配置中，无论是程序上还是未来合同履行上，其身份都是民事主体。据此，公益性项目合同性质应当属于民事合同。

原《合同法》于2021年1月1日废止。同日，《民法典》实施。原《合同法》中的内容，尽悉吸纳于《民法典》之中。

3. 公益性项目合同性质冲突是如何产生的？

公益性项目合同性质属于民事合同，我们已经找到了坚实的法律依据。合同在谈判过程、履行过程中都属于民事活动。但是，在我们国家现有的法律体系下，政府作为民事合同的一方，一旦进入诉讼阶段，其弊端便显现无疑。

是民事活动不可避免地就会发生纠纷，发生纠纷就会进行诉讼。公益性合同社会资本与政府发生诉讼，社会资本胜诉，需要去执行政府的财产时，才猛然发现，作为民事主体的政府名下是没有财产的，其财产都在作为行政主体的政府名下。

我们国家的《预算法》规定，政府的全部收入和支出都应当纳入预算。预算包括一般公共预算、政府性基金预算、国有资本经营预算、社会保险基金预算。一般公共预算支出按照其经济性质分类，包括工资福利支出、商品和服务支出、资本性支出和其他支出。社会资本需要政府支出的公益性项目工程款属于政府一般公共预算中的商品和服务支出。

《预算法》第十三条规定："经人民代表大会批准的预算，非经法定程序，不得调整。各级政府、各部门、各单位的支出必须以经批准的预算为依据，未列入预算的不得支出。"该条款属于禁止性规范，并且没有但书条款。表明这是一条任何条件下均不能违背的条款。社会资本拿着生效的民事判决书要求政府履行之时，显然该等判决款项没有列入预算。政府不履行能够得到《预算法》的支持。要履行也只有等到来年列入预算；来年没有列入预算，仍然无法履行。

既然政府名下的全部支出都已经列入预算，不能支付判决款。那么，拿着生效的判决执行政府尚未列入预算的国库资金是否可行？《预算法》第五十九条第四款规定："各级国库库款的支配权属于本级政府财政部门。除法律、行政法规另有规定外，未经本级政府财政部门同意，任何部门、单位和个人都无权冻结、动用国库库款或者以其他方式支配已入国库的库款。"我国现行的法律、法规没有规定民事判决书可以直接执行民事主体政府的国库库款。

据此，政府作为民事主体在诉讼中败诉，胜诉方社会资本拿到的判决书就成为一纸空文。这严重冲击人民法院判决的权威性。为了使法院的判决具有可执行力，《行政诉讼法》第十二条将特许经营协议纳入行政诉讼受案范围，由此，将特许经营协议的性质定性为行政合同。

将特许经营性协议定义为行为合同之后，社会资本认为政府在合同履行过程中给其造成了损害，可以依据《国家赔偿法》向政府提出国家赔偿。该法第九条规定："赔偿请求人要求赔偿，应当先向赔偿义务机关提出，也可以在申请行政复议或者提起行政诉讼时一并提出。"这里需要注意的是，特许经营协议定义为行政合同之后，社会资本认为政府在项目实施过程中给其造成了损害，并不能直接提起行政诉讼，而是有一个前置程序，即必须先向赔偿义务机关提出国家赔偿申请，待其回复之后，不满意再行提起行政诉讼。

《行政许可法》和《政府采购法》是实体法，《行政诉讼法》是程序法。程序法将实体法对特许经营协议的性质由民事改变为行政，这在立法技术上存在瑕疵。此一改变，尽管解决了政府作为民事活动的参与者败诉执行的问题，但是，又会引发其他的风险。

4. 如何区分政府的权力与权利？

我们说风险分为市场风险、专业风险、道德风险和法律风险。当市场风险、专业风险、道德风险不能化解的时候，最终都将转化为法律风险。按照程序法公益性项目合同属于行政合同的定性，在司法诉讼中，公益性项目合同纠纷就归属行政诉讼，政府对相对人的赔偿就依据《国家赔偿法》。《国家赔偿法》第三十七条规定："赔偿请求人凭生效的判决书、复议决定书、赔偿决定书或者调解书，向赔偿义务机关申请支付赔偿金。赔偿义务机关应当自收到支付赔偿金申请之日起七日内，依照预算管理权限向有关的财政部门提出支付申请。财政部门应当自收到支付申请之日起十五日内支付赔偿金。"

如果财政部门收到支付申请之后，以当年国家赔偿金预算额度已经使用完毕为由，按照《预算法》未列入预算的不得支出之规定拒绝支付国家赔偿金，应当如何应对？此时，申请人会受到损害，国家信誉也同样会受到损害。为此，《国家赔偿费用管理条例》第十条规定："财政部门应当自受理申请之日起 15 日内，按照预算和财政国库管理的有关规定支付国家赔偿费用。"条例规定得非常明确，财政部门收到申请之后，首先应当按照预算支付国家赔偿申请，应当从国库中直接支付，从而维护国家信誉。如果财政部门以种种理由推诿、搪塞申请人，拖延支付国家赔偿金，该条例第十三条规定，不依法支付国家赔偿费用的，将根据《财政违法行为处罚处分条例》的规定，对财政部门及其工作人员进行处理、处分。

由此，我们可以看到，将公益性项目合同定性为行政合同，社会资本胜诉之后，执行政府之财产，可以得到法律的有效保护。

公益性项目属于公共资源的配置，依据《行政许可法》应当得到政府的行政许可。因此，政府对公共资源的配置行为是一种依据《行政许可法》履行行政职权的行为。对于建设工程公益性项目，政府颁发行政许可的行为是行政行为，颁发行政许可之后，政府按照政府与社会资本签订行政许可协议履行合同中的权利的行为，属于行政行为还是民事行为，就值得进一步观察。

我们说，我们的权利来源于法律与合同，政府在公益性项目中的权利同样来自法律与合同。只不过政府权利来源的法律与我们民事主体有所不同，我们权利来源的法律指的是民法；政府的权利来源于民法，政府的权力来源于行政法。民法不可能赋予政府行政权力。依据行政许可签订的行政许可协议，是政府与社会资本通过要约与承诺的方式形成合同，因此，此合同赋予当事人的只能是权利而不可能是权力。权力只能够通过行政法授予。由此，我们说在特许经营权授予、协议谈判、履行过程中，政府依据民法与合同所实施的行为是民事行为，应当受到民法调整；政府依据行政法所实施的行为是行政行为，应当受到行政法调整。《行政诉讼法》第十二条第一款第十一项将行政机关不依法履行、未按照约定履行特许经营协议也列入行政诉讼的范围，立法基础存在瑕疵。

5. 将特许经营协议定义为行政协议的风险在哪里？

《行政诉讼法》第二条规定："公民、法人或者其他组织认为行政机关和行政机关工作人员的行政行为侵犯其合法权益，有权依照本法向人民法院提起诉讼。"此条款的用词为"行政行为"，何为行政行为？依据行政法的授权而获得的行为权力。我们国家目前尚没有行政法，但并不意味着没有行政职能。《行政诉讼法》通过明列受理案件的范围，界定行政行为。

"第十二条　人民法院受理公民、法人或者其他组织提起的下列诉讼：

（一）对行政拘留、暂扣或者吊销许可证和执照、责令停产停业、没收违法所得、没收非法财物、罚款、警告等行政处罚不服的；

（二）对限制人身自由或者对财产的查封、扣押、冻结等行政强制措施和行政强制执行不服的；

（三）申请行政许可，行政机关拒绝或者在法定期限内不予答复，或者对行政机关作出的有关行政许可的其他决定不服的；

（四）对行政机关作出的关于确认土地、矿藏、水流、森林、山岭、草原、荒地、滩涂、海域等自然资源的所有权或者使用权的决定不服的；

（五）对征收、征用决定及其补偿决定不服的；

（六）申请行政机关履行保护人身权、财产权等合法权益的法定职责，行政机关拒绝履行或者不予答复的；

（七）认为行政机关侵犯其经营自主权或者农村土地承包经营权、农村土地经营权的；

（八）认为行政机关滥用行政权力排除或者限制竞争的；

（九）认为行政机关违法集资、摊派费用或者违法要求履行其他义务的；

（十）认为行政机关没有依法支付抚恤金、最低生活保障待遇或者社会保险待遇的；

（十一）认为行政机关不依法履行、未按照约定履行或者违法变更、解除政府特许经营协议、土地房屋征收补偿协议等协议的；

（十二）认为行政机关侵犯其他人身权、财产权等合法权益的。

除前款规定外，人民法院受理法律、法规规定可以提起诉讼的其他行政案件。"

从以上十二项我们可以发现，只有第十一项行政机关的行政依据来源于协议，突破了行政权力来源于行政法授权的基础。

无独有偶，《国家赔偿法》第二条规定："国家机关和国家机关工作人员行使职权，有本法规定的侵犯公民、法人和其他组织合法权益的情形，造成损害的，受害人有依照本法取得国家赔偿的权利。"该条款使用的词是"行使职权"。该法第四条规定如下：

"第四条　行政机关及其工作人员在行使行政职权时有下列侵犯财产权情形之一的，受害人有取得赔偿的权利：

（一）违法实施罚款、吊销许可证和执照、责令停产停业、没收财物等行政处罚的；

（二）违法对财产采取查封、扣押、冻结等行政强制措施的；

（三）违法征收、征用财产的；

（四）造成财产损害的其他违法行为。"

该条款使用的词更为清晰："行使行政职权"，明确地排除了依约行为。特许经营协议要获得国家赔偿所能依据的也只能是第（四）项。需要注意的是第（四）项规定的是"其他违法行为"而非"违约行为"。《行政诉讼法》第十二条第一款第十一项所规定的不是"违法"行为而是"违约"行为。因此，特许经营协议争议通过行政诉讼裁判之后，按照《国家赔偿法》赔偿，本身也存在法律瑕疵。

6. 如何化解特许经营协议民事性与行政性的冲突?

将特许经营协议纠纷纳入行政诉讼的管辖，但是，我们国家没有行政协议法，《民法典》中的合同编调整的是平等主体的合同当事人之间的纠纷，对主体地位不平等的行政协议政府与社会资本之间的行政协议关系，没有调整权。我们国家的《行政诉讼法》在安排整个行政诉讼程序上，是按照政府机关及其工作人员的"行政行为"对相对人造成了损害而设定，对依据协议给相对人造成损害的情形以及解决争议的程序没有规定。为了使现行的《行政诉讼法》能够解决行政协议的纠纷，2019 年颁布《最高人民法院关于审理行政协议案件若干问题的规定》（法释〔2019〕17 号）。

其中，第一条规定："行政机关为了实现行政管理或者公共服务目标，与公民、法人或者其他组织协商订立的具有行政法上权利义务内容的协议，属于行政诉讼法第十二条第一款第十一项规定的行政协议。"该条款开宗明义地给行政协议进行了定义。我们知道，《行政诉讼法》是建立在行政机关及其工作人员"行政行为"的基础之上；《国家赔偿法》是建立在行政机关及其工作人员"行政职权行为"基础之上，而上述规定是建立在"行政法上"的基础之上。我们国家目前尚没有行政法，何来"行政法上"？如果将"行政法上"解释为"行政法意义上"，从文义上解释尚且能通，但是，从法律上解释即存在障碍。行政行为应当依法行政，行政诉讼更应当依法裁判，上述规定是行政诉讼中具有裁判指导性的文件，怎么能不依据相关单行行政法律，而依据"行政法意义上"的理解进行裁判？这本身就有悖行政法法理。

《最高人民法院关于审理行政协议案件若干问题的规定》第二条规定如下：

"第二条　公民、法人或者其他组织就下列行政协议提起行政诉讼的，人民法院应当依法受理：

（一）政府特许经营协议；

（二）土地、房屋等征收征用补偿协议；

（三）矿业权等国有自然资源使用权出让协议；

（四）政府投资的保障性住房的租赁、买卖等协议；

（五）符合本规定第一条规定的政府与社会资本合作协议；

（六）其他行政协议。"

　　建设工程业内人士很快就能发现，第二条所规定的属于行政协议范围的六项中，没有土地出让协议。土地所有权属于国家，国家将土地使用权通过出让的方式转移给竞拍者。其中的第（三）项将矿业权等国有自然资源使用权出让协议列为行政协议；土地使用权出让协议排除在外，则属于民事协议。出让主体均为国家，竞拍者均为社会资本，被分别安排在不同的法律体系之中，也不知法律起草者立足的立法原理何在？

　　《最高人民法院关于审理行政协议案件若干问题的规定》中还有以下规定，人民法院可以适用民事法律规范确认行政协议无效。当事人依据民事法律规范的规定行使履行抗辩权的，人民法院应予支持。人民法院审理行政协议案件，可以依法进行调解。人民法院审理行政协议案件，应当适用《行政诉讼法》的规定；《行政诉讼法》没有规定的，参照适用《民事诉讼法》的规定。从这些规定中我们可以看到，《最高人民法院关于审理行政协议案件若干问题的规定》并不是给予行政协议的审理提供一套量身定做的审理机制，而是一股脑地参照民事案件审理机制，乃至协议有效性认定的实体性问题，也参照民事规则。据此我们说特许经营协议按照行政诉讼审理，仅仅是有其形而无其实。

　　通过以上观察，我们看到法院系将特许经营协议定义为行政协议，缺乏法理基础，只是为了解决生效判决无法执行的权宜之计。政府在特许经营协议中的地位就是一个民事主体，即使进入行政诉讼阶段，对案件实际审理也还是参照民事诉讼的规定进行。

7. 如何确定公益性项目工程款回笼路径？

　　公益性项目有广义与狭义之分，广义的公益性项目包括纯公益性项目和准公益性项目。狭义的公益性项目指的是纯公益性项目。本篇我们所讨论的是狭义的公益性项目，准公益性项目在下一篇中讨论。

　　在当前政府的官方文件中所称的公益性项目，一般是指广义的公益性项目，官方将需要财政预算安排资金的项目，皆定义为公益性项目。纯公益性项目其开发建设的所有资金均来自财政预算；准公益性项目的开发建设资金，一部分来源于政府财政预算。因此，纯公益性项目的工程款回笼路径与准公益性项目工程款的回笼路径不同。

　　我们在公益性项目合同性质中讨论过，公益性项目合同具有民事性与行政性的共同特点。其行政性的特点集中表现在通过行政诉讼的方式解决纠纷，进而执行政府的赔偿款项能够得到法律的保障。不仅仅是在履行判决的过程中公益性项目合同性质能体现出其行政性，在工程款支付过程中，同样能体现出建设工程项目合同的行政性。

　　公益性项目的公益性是基于公共资源的配置，我们国家传统的公共资源的配置实施是通过事业单位来实现的。2011 年 3 月 23 日，《中共中央　国务院关于分类推进事业单位改革的指导意见》指出，事业单位按照社会功能划分为承担行政职能、从事生产经营活动和从事公益服务三个类别。对承担行政职能的，逐步将其行政职能划归行政机构或转为行政机构；对从事生产经营活动的，逐步将其转为企业；对从事公益服务的，继续将其保留在事业单位序列，强化其公益属性。

对于承担社会公益性建设的政府平台公司，其为社会提供的是公益性产品，但在事业单位体系内，其被归类为从事生产经营活动的类别，未来的发展方向是转为企业，进入市场。但在转为企业之前，以公司名义存在的实为事业单位的政府平台公司，其从事公益性建设的所有资金均来自政府财政预算。没有列入预算或者超过预算的建设项目，尽管项目自身具有公益性，建设单位亦为政府事业单位，但因为违反《预算法》项目也属于违法建筑。我们国家法律保护的是公民的合法权益，建设单位违反《预算法》建设，其建设资金无法得到保障；施工单位在公益性建设项目建设资金来源没有落实的情形下进行施工，所建造的建筑物同样不能形成施工单位的合法权益，相应的工程款便无法得到保障。

《民法典》规定，建设工程合同是承包人进行工程建设、发包人支付工程款的合同。《民法典》属于民法体系，公益性建设项目诉讼被最高人民法院列入行政诉讼的管辖范畴。在民法体系下，合同当事人双方的纠纷司法裁判不可能使用行政法体系中的《预算法》，但是行政法体系下的行政诉讼，则可以适用行政法系的单行法《预算法》。因此，施工单位承接政府的建设项目，不能盲目地沿袭传统承接民事项目的思路从事工程承揽，而必须加入行政法体系的概念，才能有效化解建设工程施工过程中工程款回笼的风险。

从商业角度上区分，项目建成后其自身不能产生现金流的项目属于公益性项目；从工程款的来源上区分，建设工程项目的工程款全额来自政府财政预算的项目属于公益性项目。项目自身不能产生现金流，又要对工程建设款项进行支付，此款项只能来自政府。在这里，公益性项目与工程款回笼逻辑上得到了统一。

8. 中标合同之外的免费附加工程如何结算？

公益性项目属于政府投资项目，政府投资项目依据法律规定必须通过招标投标的方式选择施工单位。招标文件中的控标价受制于政府投资概算。投资概算是由设计单位按照建设工程初步设计图纸，依据国家有关概算计算的规则确定的投资控制总额。项目概算计算规则是工程图纸载明的工程量套用相关定额。在前面的文章中我们讨论过，当前建设工程的定额计价体系是延续我们国家计划经济体制下使用的定额。由于定额制不是经过市场竞争形成的，因此，定额造价普遍都高于市场价是一个不争的事实。现实中，按照定额计算出来的项目投资概算，通常远远高于项目建设成本加社会平均利润。

　　施工单位承接政府项目能够获得高于社会产业平均利润率。因此，对政府投资的公益性项目，所有的建设工程施工单位都趋之若鹜。市场经济告诉我们，投资的边际效用是相等的。在建设工程领域也不例外。承建政府投资的公益性项目的利润率明显高于社会产业平均利润率。在边际效用的作用下，政府常常会要求已经中标的施工单位在完成中标的施工项目之后，附带再免费为其建设其他公益性项目。作为市场主体的施工单位，在满足自身投资边际效用的前提下，通常也都能够接受政府的相关条件。会产生纠纷的是，政府作为公益性项目投资的民事主体，其也存在着追求投资效益最大化的驱动力。因此，在施工单位已经中标的公益性项目建设中，政府会不断地加大施工单位承担合同之外的建设项目的体量，由此导致施工单位的利润摊薄，甚至出现亏损，从而引发纠纷。

　　由于公益性项目招标投标项目范围、内容、控标价必须经过地方投资管理部门的批准，因此在招标投标文件中，通常都不会体现要求中标单位中标之后完成的附加建设任务。中标之后再由政府部门与施工单位另行签订附加的建设工程内容的协议。由此，又形成了新的一种形式的阴阳合同。为了规范政府投资行为，保障概算的准确性，维护施工单位的合法权益，《司法解释（一）》第二条规定："招标人和中标人另行签订的建设工程施工合同约定的工程范围、建设工期、工程质量、工程价款等实质性内容，与中标合同不一致，一方当事人请求按照中标合同确定权利义务的，人民法院应予支持。招标人和中标人在中标合同之外就明显高于市场价格购买承建房产、无偿建设住房配套设施、让利、向建设单位捐赠财物等另行签订合同，变相降低工程价款，一方当事人以该合同背离中标合同实质性内容为由请求确认无效的，人民法院应予支持。"据此，发包人利用其有利的市场优势地位，在招标投标范围之外增加承包人的义务，承包人具有依法救济的渠道。

9. 政府项目工程款不能按期支付如何化解？

　　公益性项目的工程款由《政府投资条例》和《预算法》以法律的形式给予保障，对于承接政府公益性项目的承包人而言，按约收取工程款应当不会成为问题。但是，在工程实践当中，所发生的事情往往是当事人事先难以预料的。我们不妨观察一个案例。

　　一个市政道路建设项目，因为是市政道路，所以不可能产生现金流，属于典型的公益性项目。项目总投资 5 亿元，工期三年。施工单位某央企通过公开招标投标中标。按照合同约定如期进场施工。

　　开工之后，政府方对施工单位的施工质量和施工进度甚是满意。工程款也按照合同约定如期支付，双方合作顺畅。按照合同约定施工的第三年年初，政府方应当向施工单位支付工程进度款约 8000 万元。施工单位计划收取了这一笔工程款之后，进城务工人员也能够拿到薪酬，安心回家过年。因此，在工程款支付期限届满之时，央企领导前往项目实施机构领取工程款。实施机构的领导非常客气地接待了央企领导。双方寒暄之后，央企领导说明来意。

实施机构领导谨慎地问道："您来我们这里之前，没有关注我们当地的新闻吗？"

央企领导答道："年底都在结算工程款，没有关注当地的新闻。"

实施机构领导顿了一顿，接着说："上周我们当地的几个乡镇发生了 50 年不遇的雪灾。为了抗雪救灾，贵单位的工程款市里临时拿去救灾了。您们大央企，资金实力雄厚，也不缺这点钱。所以，此期工程款不能按照合同如期支付。稍微缓一缓，啥时候市里把资金补上，我这边立刻给您支付。"

央企领导心中暗暗叫苦，政府资金专款专用，凭什么拿我的工程款去救灾。径直找到市里主管领导，市领导确认了挪用工程款的事实。并承诺待省政府的救灾款下达之后，首先解决工程款问题。

施工企业工地上也有数以千计的进城务工人员，春节前不能拿到薪酬回家过年，施工企业将承担进城务工人员骚动的风险。这种情形工程款不能够按期支付的过错完全在政府方。

另外一种情形是公益性项目的工程款不能够如期支付，政府与社会资本都存在着过错。我们称之为混合过错。我们同样通过一个案例来观察。

一个市政供水管网项目，也属于公益性项目。政府投资概算为 1 亿元。

地方政府为了少花钱、多办事，最大限度地改善当地的饮用水供水管网。工程内容安排为 20km 长供水管道。管道的技术指标在招标文件中也有明确规定。经过测算，1 亿元投资概算不可能实现 20km 长的供水管道建设任务。施工单位为了能够中标此项目，依据过往的经验，认定此项目是一个政府投资的公益性项目，最终的结算款项将由政府承担。因此，在明知投资总额不足的情况下，人为地按照市场材料价的一半投标，取得了中标。

施工单位是一家大型民营施工企业。工程保质按期完成之后，顺利移交给政府。同时，施工单位向政府提交了结算金额达 1.7 亿元的结算报告。令其没有想到的是，没有一个政府部门敢接收这份工程竣工结算报告。经过长期协商，未果。最终，实施机构告知施工单位直接向法院提请诉讼，政府按照法院的判决支付工程款。

此项目招标投标之时，施工单位人为大幅降低材料价格，从其提交的结算报告的计算金额判断，投标价格低于成本价，招标投标依法无效。招标投标无效导致合同无效。建设工程经验收合格，施工单位可以参照合同关于工程价款的约定主张工程款。参照合同关于工程价款的约定，还是市场材料价的一半，施工单位的实际损失仍然得不到弥补。《司法解释（一）》第六条规定："建设工程施工合同无效，一方当事人请求对方赔偿损失的，应当就对方过错、损失大小、过错与损失之间的因果关系承担举证责任。损失大小无法确定，一方当事人请求参照合同约定的质量标准、建设工期、工程价款支付时间等内容确定损失大小的，人民法院可以结合双方过错程度、过错与损失之间的因果关系等因素作出裁判。"施工单位损失大小的最终确定权在法院手中。施工单位完全失去对工程结算的掌控权。

通过以上观察，我们可以发现，公益性项目工程款不能如期支付责任完全在政府一方时，较为有效的解决方法是向上级财政部门投诉本级政府不按照预算支付工程款，寻求上级财政部门救济。对于混合过错的情形，通过诉讼仍然是下策。任何诱导、配合地方政府违反《预算法》的行为，都会遭到司法机关的否定。

10. 如何识别政府项目工程款来源的合法性？

2015年1月1号实施的《预算法》是对1995年1月1日实施的原《预算法》的修订。法律修订不同于修正，修正是将一部具体的单行法中的法律条款进行调整，以适应不断发展的社会需求；修订是对原法律推倒重来，重新编制，立法的基本原则都将发生变化。1995年《预算法》确定了预算的强制性，但是对预算的范围并没有作出刚性的规定，因此政府在开支上就显得越来越任性。为了有效控制政府负债，"把权力关进笼子里"，落实依法治国的纲略。不仅确定了预算的强制性，而且还规定了政府预算的范围边界：政府全部的收入和支出都应当纳入预算。

我们知道长期以来，基层应对上级的方法都是"上有政策、下有对策"。为了防止《预算法》落实过程中也出现类似情形，《预算法》明文规定，政府的预算包括一般公共预算、政府性基金预算、国有资本金预算、社会保险基金预算。政府的预算只分为这四部分，没有第五部分。在项目的前期跟踪过程中，某些地方政府为了吸引资金进行地方建设，官员若有其事地向社会资本承诺，只要社会资本到本地区投资建设公益性项目，为了表示政府对社会资本投资的支持，政府可以通过第五条路径为社会资本安排投资回报资金。乍一听，是地方政府为招商引资提供优惠的政策；细一想，这是一种公然违背《预算法》的行为。对于地方政府官员的这一类承诺，社会资本绝然不能信从，必须信仰《预算法》的力量。

为了科学处理各预算之间的有效对接，《预算法》规定一般公共预算、政府性基金预算、国有资本金预算、社会保险基金预算各自应当保持完整、独立。政府性基金预算、国有资本金预算、社会保险基金预算应当与一般公共预算相衔接。政府投资年度计划应当和本级预算相衔接。为了便于预算的执行与监督，《预算法》规定，经本级人民代表大会或者本级人民代表大会常务委员会批准的预算、预算调整、决算、预算执行情况的报告及报表，应当在批准后二十日内由本级政府财政部门向社会公开，经本级政府财政部门批复的部门预算、决算及报表，应当在批复后二十日内由各部门向社会公开。如此，社会资本对于自己承接的政府项目能够非常清楚明了地知道是否进入了预算，自己未来的工程款是否能够得到保障。

政府预算、执行、决算的编制权在本级人民政府，因此，承接地方政府的重点项目，施工单位必须与具有预算编制权的地方政府主官，即书记、县长、常务副县长直接对接。本级政府将编制完成的预算、决算草案报本级人民代表大会批准。本级政府有权监督本级各部门和下级政府的预算执行；改变或者撤销本级各部门和下级政府关于预算、决算的不适当的决定、命令。

本级财政部门负责具体编制本级预算、决算草案；具体组织本级总预算的执行；提出本级预算预备费动用方案；具体编制本级预算的调整方案；定期向本级政府和上一级政府财政部门报告本级总预算的执行情况。各级预算执行具体工作由本级政府财政部门负责。各部门、各单位是本部门、本单位的预算执行主体，负责本部门、本单位的预算执行，并对执行结果负责。财政职责为加强对预算执行的分析；发现问题时应当及时建议本级政府采取措施予以解决。在预算执行过程中，财政部门并没有纠正本级政府部门及下级政府预算执行的违法违规权力，该权力在地方政府。但是，财政部门经审核后发现本级各部门决算草案有不符合法律、行政法规规定的，有权予以纠正。

由此，施工单位遇到实施机构不能够按预算付款之事，找本级的财政部门是不能从根本上解决问题的，财政部门只能向本级政府转告施工单位的诉求。直接有效的方法还是找到地方政府主官，因为主官有权力撤销本级各部门不按照《预算法》执行的决定和命令，使施工单位能够及时拿到工程款。

11. 政府体系是如何管控工程款支付风险的？

《预算法》是第一部对政府收支直接进行规范的法律。因此，《预算法》实施之后，地方各级政府或多或少地表现出不适应的症状，也在情理之中。《预算法》规定，政府全部的收入和支出都应当列入预算。从行政法约束政府的行政权力的角度出发理解条款的表述，应该说意思表达已经清楚了。但是，从权力不愿意受约束的角度去理解，则可以堂而皇之地表示：《预算法》规定的是政府全部的收入与支出应当纳入预算，这里的政府指的是中央、省、市、县、乡五级政府，不含政府各部门以及各部门下属的各单位。为了更准确地适用《预算法》，2020年国务院颁布了《预算法实施条例》以促进《预算法》的落实。

《预算法实施条例》明确，各部门预算应当反映一般公共预算、政府性基金预算、国有资本经营预算安排给本部门及其所属各单位的所有预算资金。以法律的行使否定了《预算法》只对五级政府实施预算管理的错误理解。并且指出各部门预算收入包括本级财政安排给本部门及其所属各单位的预算拨款收入和其他收入。各部门预算支出为与部门预算收入相对应的支出，包括基本支出和项目支出。基本支出是指各部门、各单位为保障其机构正常运转、完成日常工作任务所发生的支出，包括人员经费和公用经费；项目支出是指各部门、各单位为完成其特定的工作任务和事业发展目标所发生的支出。各部门及其所属各单位的本级预算拨款收入和其相对应的支出，应当在部门预算中单独反映。作为公益性项目的实施机构，属于政府部门或者部门下属的单位，对公益性项目的支出，也将会体现在政府的预算之中。

为了保证预算的可执行性，以及地方政府违法编制预算或者超过当地财政能力编制预算，条例规定，县级以上地方各级政府各部门应当根据本级政府的要求和本级政府财政部门的部署，结合本部门的具体情况，组织编制本部门及其所属各单位的预算草案，按照规定报本级政府财政部门审核。县级以上地方各级政府财政部门审核本级各部门的预算草案，具体编制本级预算草案，汇编本级总预算草案，经本级政府审定后，按照规定期限报上一级政府财政部门。

本级政府财政部门编制的预算草案，经本级人民政府审核之后，并非像《预算法》规定的那样，交本级人民代表大会审批，条例增加了前置程序。在本级政府审核预算之后，本级财政部门应当将预算报上级财政部门审核。财政部门发现下级预算草案不符合上级政府或者本级政府编制预算要求的，应当及时向本级政府报告，由本级政府予以纠正；本级财政部门审核本级各部门的预算草案时，发现不符合编制预算要求的，有权予以纠正。

对于公益性项目，财政部门实行项目库管理。此项目库是财政部门的项目库而非发展改革委的项目库。发展改革委的项目库体现的是项目立项程序的合规性；财政项目库体现的是工程款支付的合规性。财政部门具有对项目支出的管理权以及对项目预算支出的绩效评审权。财政部门在项目预算执行管理中的职责是，根据年度支出预算和用款计划，合理调度、拨付预算资金，监督各部门、各单位预算资金使用管理情况。

财政资金通常按照规定的预算级次和程序拨付，即根据用款单位的申请，按照用款单位的预算级次、审定的用款计划和财政部门规定的预算资金拨付程序拨付资金；也可以按照进度拨付，即根据用款单位的实际用款进度拨付资金。

12. 如何确定公益性项目工程款在政府预算中的科目？

预算支出经济分类科目是预算管理的基础，是预算编制、执行、决算、公开和会计核算的重要工具。《预算法》颁布之后，为了落实《预算法》建立实施全面规范、公开透明的预算制度，2017 年出台了《财政部关于支出经济分类科目改革方案》（财预〔2017〕98号）。对财政支出经济分类科目实施改革，将支出经济分为政府预算支出经济分类和部门预算支出经济分类两套科目，科目之间保持对应关系，实现政府预算与部门预算相衔接。

政府预算支出经济分类按照《预算法》的要求设置类、款两级。类级科目15个，款级科目60个。

与我们公益性项目回款相关的为《财政部关于支出经济分类科目改革方案》第3类机关资本性支出（一）类。其反应机关和参公事业单位资本性支出。下设7款：房屋建筑物构建、基础设施建设、公务用车购置、土地征迁补偿和安置支出、设备购置、大型修缮、其他资本性支出。切块由发展改革部门安排的基本建设支出中机关和参公事业单位资本性支出不在此科目反映。第4类机关资本性支出（二）类，其反应切块由发展改革部门安排的基本建设支出中机关和参公事业单位基本性支出。下设6款：房屋建筑物构建、基础设施建设、公务用车购置、设备购置、大型修缮、其他资本性支出。

部门预算支出经济分类按照《预算法》的要求设置类、款两级。类级科目10个，款级科目96个。

与我们公益性项目回款相关的属于第5、6类。第5类为资本性支出（基本建设）类，其反应切块由发展改革部门安排的基本建设支出，对企业补助支出不在此科目反映。下设12款：房屋建筑构建、办公设备购置、专用设备购置、基础设施建设、大型修缮、信息网络及软件购置更新、物资储备、公务用车购置、其他交通工具购置、文物和陈列品购置、无形资产购置、其他基本建设支出。第6类为资本性支出类，反映各单位安排的资本性支出。切块由发展改革部门安排的基本建设支出不在此科目反映。下设16款：房屋建筑构建、办公设备购置、专用设备购置、基础设施建设、大型修缮、信息网络及软件购置更新、物资储备、土地补偿、安置补助、地上附着物和青苗补偿、拆迁补偿、公务用车购置、其他交通工具购置、文物和陈列品购置、无形资产购置、其他资本性支出。

预算执行环节，支付指令按照政府预算支出经济分类填制。财政总预算会计按支付指令中记录的政府预算经济分类科目记账。执行中如需要对政府预算"类"及科目调剂的，应当报财政部门批准，部门（单位）不得自行办理。需要对政府预算款及科目调剂的，由各部门（单位）按照财政部门规定办理。

政府部门预算支出中涉及的房屋建筑物构建和基础设施建设具有同等的含义。房屋建筑物构建指机关和参公事业单位用于购买、自行建造办公用房、仓库、职工生活用房、教学科研用房、学生宿舍等建筑物（含附属设施，如电梯、通信、线路、水气管道等）支出。基础设施建设指机关和参公事业单位用于农田设施、道路、铁路、桥梁、水坝和机场、车站、码头等公共基础设施建设方面的支出。

依据《财政部关于支出经济分类科目改革方案》的指引，施工单位能够较清晰地找到所承接的公益性项目实施机构预算安排的出处及支付路径。预算安排款项接受单位为政府部门，则施工单位向相应的政府部门收取工程款，预算安排款项接受单位为项目公司，则施工单位向项目公司收取工程款。

13. 如何确认准公益性项目工程款支付主体责任？

建设工程项目从社会属性上划分可以分为纯公益性项目、准公益性项目和非公益性项目。纯公益性项目由政府直接投资，项目所有的工程款项由政府从其预算中列支；非公益性项目属于社会投资的项目，其工程款的支付由社会投资人承担；准公益性项目相对来讲比较复杂，一方面来自项目的公益性，政府具有支付的责任；另一方面来自其市场性，其具有一定的现金流，为社会资本的介入提供了可能性。

我们国家的经济建设在中华人民共和国成立之初是照搬苏联计划经济的模式，高度的计划经济形成了社会生产、生活中的所有的投资行为皆由政府通过计划的方式实施。改革开放之后，实行政企分开，市场的活动由市场来决定，政府从市场中退出。准经营性项目为社会所提供的是准公共产品，因此，不在经济改革的范畴之内。仍然由政府直接投资，为社会提供公共产品。

由于城市经济体制改革的成功，城市经济高速的发展对劳动力的需求迅速增加，城市劳动生产的高效率使得在城市工作的劳动者的工作报酬远高于在农村务农的劳动者的工作报酬。直接拉动了大量的农村劳动力向城市聚集，城市人口迅速增加，城市的面积也不断向周边扩展，城市对公共产品的需求也愈来愈大，政府的财政收入尚不足以支撑高速发展的城市化进程，由此引进社会资本从事准经营性项目的建设，帮助政府为社会提供公共产品应运而生。

在我们国家当前的社会经济条件下，准公益性项目的投资方式有两类：一类是政府传统的计划经济的投资方式，投资准公益性项目为社会提供准公共产品；另一类是投资人为社会资本的投资方式，由于准经营性项目的商业性决定了项目为社会提供准公共产品所产生的现金流不足以覆盖社会资本的投资成本；同时，由于准公益性项目为社会提供的产品具有公共性，因此对于现金流收入与投资成本之间所形成的差额，由政府通过财政收入给予弥补，业内称之为可行性缺口补助。通过政府可行性缺口补助，准经营性项目转变为经营性项目，项目得以商业运营。

地方政府为社会提供公共产品财政能力不足，入不敷出，与我们国家的城镇化进程相伴相生。地方政府极尽所能地为社会提供公共产品所采用的商业模式，也不断地改变、更新。最初使用的是 BT 模式。所谓 BT 模式其商业结构为建设移交，即由社会资本完成公益性项目的建设，经竣工验收通过之后，再移交给地方政府。地方政府以未来 3 ～ 5 年的财政收入向社会资本支付工程款及资金成本。BT 模式是社会资本先代政府投资向社会提供公共产品，分期由政府向社会资本付费。BT 模式因为是社会资本先期代政府建设，建设完成之后移交给政府，这种关系法律上称之为委托代理关系。委托代理关系的法律意义是受托人在委托人授权范围之内所从事的民事法律行为的后果由委托人承担。据此，BT 项目的风险由政府承担。

BT 模式对于没有现金流的纯公益现象使用得较为普遍。有一定现金流的项目更多的使用的是 BOT 模式。BOT 模式指的是建设、运营、移交。与 BT 不同之处在于多了一个运营。运营的资产并非属于运营者而是属于政府，此运营也是代政府运营。因此 BOT 是 BT+O，是代建加代运营，也是建立在委托代理的法律关系之上。此种模式项目所产生的风险依法均由政府承担。

在过去 30 年，各地方政府 BT、BOT 模式的大规模使用，使得地方政府的负债迅速增加，盲目的负债对整个国家的金融体系的风险管控构成威胁。因此，2014 年 9 月 21 日，颁布了《国务院关于加强地方政府性债务管理的意见》（国发〔2014〕43 号），严厉禁止地方政府违法举债。2015 年《预算法》的实施，以法律的形式禁止地方政府违法举债。地方政府只能通过发行政府债券的形式举债。"建好了再移交"的 BT、BOT 模式为中央政府和《预算法》所禁止。中央政府以强有力的手段堵截了地方政府盲目举债的途径，同时，也为地方政府开启了通过 PPP 模式为社会提供公共产品的路径。

PPP 模式适用于有一定收益的公益性事业项目，就是准公益性项目。PPP 模式的推出，从本质上来讲是为了防止地方政府负债，因此，PPP 模式的推广不会增加地方政府的负债。在 PPP 模式的策划、设计、实施和结算过程中，如果形成了地方政府实质性的负债，乃至隐性债务，都不是中央政府所推广的 PPP，是地方政府和社会资本对 PPP 项目曲解所形成的商业模式。施工单位在承接 PPP 项目的建设工程施工业务之时，施工单位的领导应当非常清醒地认识到工程款的支付应当是由社会资本或者特殊目的公司承担。对 PPP 项目的实施过程，施工单位已经完成的工程量向地方政府进行工程款结算，该等 PPP 项目的交易结构存在着设计上的瑕疵，可以肯定地判定为伪 PPP 项目，施工单位工程款的回笼存在法律风险。

14. 如何理解 PPP 项目的投资思路?

准公益性项目的投资主体有两类：一为政府；二为社会资本。政府投资的准公益性项目的方式与流程和投资公益性项目完全相同。社会资本投资准公益性项目是我们本篇观察的重点。

市场经济条件下，社会资本投资准公益性项目从投资的角度来看，与投资其他的项目的操作思路和手法完全一致，都包括募、投、管、退。

所谓募是指募集资金，准经营性项目的资本金投资方不得募集，必须是各投资方的自有资金。在当前的政策下，项目资本金占投资总额的 20%，剩余的 80% 可以由社会资本进行募集或者通过金融机构贷款解决。项目募集资金的主体可以是项目投资的社会资本方，也可以是项目投资各方所成立的一个特殊目的公司。特殊目的公司一经成立，就取代了项目社会资本的地位。施工单位参与项目资金募集，其初衷是为了能够承接准经营性项目的建设工程施工业务。在参与资金募集的过程中，施工单位可以是融资主体、实际控制人，也可以作为项目的参与者参与项目的资金募集活动。准经营性项目向社会提供的是准公共产品，属于公共资源的配置。因此，依据《行政许可法》，从事该类项目的投资必须获得行政许可。依据《招标投标法实施条例》第九条第一款第（三）项之规定，已通过招标方式选定的特许经营项目投资人依法能够自行建设、生产或者提供的，可以不进行招标投标。据此，施工单位作为项目的投资者之一，承接该建设工程施工业务，不需要通过招标投标的方式，可以依据其项目投资人的身份，直接承接准经营性项目的施工业务。

施工单位参与准经营性项目的投资，其投资的动机一般是为了获得项目的承建权，追求的是建设工程的施工利润。因此，施工单位在准经营性项目中的投资额度的高低，不是施工单位参与投资的首要考虑因素。施工单位参与投资的额度少，其被其他施工单位取代的风险就大；施工单位参与项目投资的额度高，获得项目的承揽权可靠性就愈大。这考验着施工单位投资的风险承受能力。有些施工单位尤其是实力强大的施工单位，在准经营性项目的实施过程中，由其上级集团公司组织本集团中的不同企业，分工负责组成项目投建运团队。在此投资结构下，集团公司下属的融资公司负责项目的融资，集团下属的施工企业负责工程的施工。此时，施工单位所收到的工程款乃是集团下属的融资公司对外融资款与各单位自筹的资本金。尽管施工单位按期将工程款如期收回，但是作为项目的组织者施工单位的上级集团公司，并没有免除其融资所形成的负债。从集团层面上看，施工单位所形成的利润只能说是账面利润，只有融资公司将融资款还清之后，集团公司平衡融资、建设、运营所形成的盈利，才是集团公司的盈利。此项目最终的风险承担者，已经不是施工单位，而是集团公司。这一点集团公司、融资公司和施工单位必须有清楚的认识。

准公益性项目是为社会提供公共产品，并不是每一个准公益性项目都具有投资价值。准公益性项目产生的现金流由两部分组成：一是市场；二是政府的可行性缺口补助，两者缺一不可。哪一部分的现金流不足，都会导致社会资本的投资亏损。市场现金流的大小取决于社会资本对项目商业性的判断，是社会资本所应当面临的市场风险。政府的现金流最低使用量采购，由两个方面构成：一个是政府采购之"量"，该"量"值是项目的盈亏平衡点所对应之准公共产品之产品所决定；另一个是政府对该"量"的支付能力，这是由地方政府的财政承受能力决定。财政部规定准经营性项目政府的财政支付能力不得超过当年一般公共财政支出的 5%，超过的部分将会被认定为增加政府的负债，不会被纳入政府的财政预算。

所谓管指的是项目管理。这里的项目管理并不仅仅是指施工单位的施工管理，而是指特殊目的公司对投资准经营性项目全生命周期的管理。对项目的投资管理之核心是保障项目的投资回报率能够实现，管理项目的现金流是项目管理的中心。而施工项目管理的核心是保证建设工程施工保质、按期完成。对于施工单位作为投资项目牵头人的准经营性（PPP）项目，施工单位承接项目之后，沿袭以往的施工管理经验，思维与眼光仍局限在建设工程施工项目管理之上，缺乏项目投资的思维与管理能力，对上不能与政府的相关部门进行有效沟通，对下不能对各参建单位做到有效协调，最终导致项目越做越被动，各方矛盾越做越深，陷入僵局。

项目管理并非社会资本一家之事。准公益性项目使用的是 PPP 模式，在这一合作模式下，SPV 公司仅仅是合作中的社会资本的一方。所有的商业风险都由社会资本承担，并不意味着 SPV 公司在项目实施过程中能够包打天下。作为社会资本的 SPV 公司，要使 PPP 项目有效推进，必须要与政府成立一个 PPP 项目管理平台。该管理平台由地方政府的主官担任。管理平台的参与单位应当包括地方政府的发展改革委、财政部门、城建部门、规划管理部门、土地管理部门、贷款银行、审计部门、项目公司、咨询机构等。在项目推进过程中遇到项目公司不能逾越的问题，由平台中的各方群策群力、共同协商解决方案，方能保障 PPP 项目的推进。

PPP 项目是采取市场运作的方式实施的。政府不承担投资者和项目公司的偿债责任。作为社会资本投资的项目，能够盈利并且基本能够有效退出就是社会资本进行投资的前提。PPP 项目投资退出绝对不是简单地通过地方政府买单退出，而是依据投资的专业技术通过市场运作的方式退出。投资者不能有效地退出所产生的亏损属于项目的投资风险，由投资者自行承担。政府在社会资本未能有效退出中存在过错的，应当按过错给社会资本造成的损失承担责任。

15. SPV 公司有何特性？

PPP 项目的运作主体，国务院文件中将其称为特殊目的公司（以下称之为"SPV 公司"）。既然是公司，就应符合我们国家《公司法》的规定。SPV 公司的股东由项目的参与主体协商确定。政府可以在 SPV 公司中入股，也可以不入股。政府在 SPV 公司中是否入股，不影响 SPV 公司与政府进行 PPP 合作。政府在 SPV 公司中入股，由政府指定地方政府的平台公司或其他的企业作为持股代表。在 SPV 公司作为股东的行政主体政府，尽管是公司中的一个股东，但是政府股东身份的取得，是基于民事法律体系中的《公司法》。因此，政府在 SPV 公司中的行为是民事行为。政府只能在 SPV 公司的股东会上依据《公司法》行使股东的权利。

　　SPV 公司的股东对缴纳的注册资金都应当来自股东的自有资金，对项目资本金的注入同样应当是自有资金。政府在 SPV 公司中持股比例不得超过 50%，同时，政府方不能成为 SPV 公司的实际控制人。这两种情形一旦被认定，SPV 公司的负债将通过财务报表并入政府的财务报表之中，造成地方政府的负债增加。在项目实施过程中，资本金由社会资本注入，融资由社会资本从金融机构获得，资本金的使用固然由社会资本调度，从金融机构融得之资金，资金的使用监管由金融机构内部的监管机构实施。实施机构也应当适时监控。

　　PPP 项目的运作主体 SPV 公司既然称之为特殊目的公司，特殊目的公司较一般的公司就有特殊之处，主要体现在以下三个方面。

　　第一，名下没有资产。PPP 项目是为社会提供准公共产品。社会资本投资建设的生产公共产品的设备、设施、厂房等等均在政府的名下。准经营性项目选择 PPP 模式运作，就是为了改变准经营性项目的投资模式。传统的投资模式是"谁投资，谁所有"。PPP 模式与传统的投资模式不同，社会资本投资所形成的固定资产、为社会提供的公共产品的产权并不属于投资人社会资本，而是属于政府。社会资本投资所形成的投资回报之对价，是项目未来一定期间内的公共产品的收益权。因此，PPP 项目在实施过程中所产生的一些附属产品、所形成的收入原则上应当归项目资产的所有者政府方。社会资本投资回报收益只有一条路径，就是项目收益权形成的现金流。

　　第二，现金流单一。PPP 项目主体之所以称之为特殊目的公司，其特殊的指向是单一的现金流。高速公路 PPP 项目现金流的来源是过路费收入，垃圾发电 PPP 项目的现金流是电费收入，供水 PPP 项目现金流为水费收入。除了单一的现金流之外，特殊目的公司没有其他的经营收入。该现金流是项目公共产品销售产生的现金收入，其衍生产品销售所形成的现金流原则上不在此列。当一个 PPP 项目具有两个以上的不同来源的现金流时，应当将此 PPP 项目依据现金流单一的原则拆分为两个独立的 PPP 项目分别运作，有利于项目的规范化管理。清晰单一的现金流将会使项目融资更加便利、可靠性更高。

　　第三，不破产。由于 SPV 公司名下没有资产，因此即使破产，其也没有财产用于破产清偿债务。SPV 公司所拥有的唯一的具有商业价值的资产，就是项目的收益权。一旦 SPV 公司破产之后，债权人将直接接管 SPV 公司的收益权，以实现对自身债权的保护。

　　SPV 公司在尚未进入运营阶段即陷入停滞状态。SPV 公司不能因其所投资建设的标的物的产权属于政府而向政府主张对价补偿。社会资本只能依据 PPP 合同约定，将项目未来的收益权进行转让，从而获得投资回报。收益权转让所形成的对价不足以覆盖已经发生的成本，所形成的亏损由社会资本承担。

16. 刺桐大桥项目给予我们什么启示？

政府与社会资本合作在国家层面上，最早是在 2014 年 9 月 21 日《国务院关于加强地方政府性债务管理的意见》（国发〔2014〕43 号）中提出。2014 年 9 月 23 日，出台《财政部关于推广运用政府和社会资本合作模式有关问题的通知》（财金〔2014〕76 号），指出推广 PPP 是为了落实十八届三中全会关于"允许社会资本通过特许经营等方式参与城市基础设施投资和运营"精神。我们不妨观察国内第一个社会资本参与基础设施投资建设的项目——刺桐大桥项目给予我们的启示。

刺桐大桥在福建省的泉州市。泉州是著名的侨乡，国家改革开放的前沿阵地。在改革开放之初，大量华侨进出此地，促进泉州经济迅速发展，地方干部的思想和眼光也相对较为开放。泉州境内有一条江名为晋江，晋江穿城而过，晋江上有一座大桥晋江大桥。改革开放促进当地的经济繁荣，晋江大桥很快就出现了拥堵，严重影响了当地社会经济的发展。为了打通发展的瓶颈，地方政府准备在晋江上再建一座桥，取名刺桐大桥。但是，改革开放之初我们国家的地方政府财力捉襟见肘，地方政府没有足够的资金建设新的大桥。为此，便把眼光放到了外商，了解到国际上基础设施建设中有一种叫作 BOT 的模式，比较符合本地的具体情况。所谓 BOT 模式就是私人资本投资建设大桥，通过车辆过桥费的收入，回报投资人。泉州市政府与外商进行了广泛洽谈，没有能够找到愿意以 BOT 模式为泉州建造大桥的投资商。

就在泉州市政府进退两难之际，当地的一位企业家找到政府，称其愿意作为投资人以 BOT 的模式建设刺桐大桥。在 20 世纪 90 年代初期能够了解 BOT 模式的投资人本身就很有限，地方政府在没有更好的选择的情形下，答应了民营企业家建设刺桐大桥的要求。

得到了政府的准许之后，民营企业家倍感荣幸。主动向政府表示，我们民营企业家之所以能够得到发展，都是因为党和政府的政策好。我们作为先富起来的民营企业家，应当为家乡的发展多做贡献。我这个民营企业家实力有限，如果我实力强一点的话，我就为家乡捐建刺桐大桥。只是刺桐大桥的投资金额太大，我的企业现在的实力还捐不起这座大桥。地方政府听后表示，政府已经决定刺桐大桥采用 BOT 模式建造，你的好意政府领了，不需要你捐建，你只要好好把这个桥建好，就是对当地经济发展最大的贡献。民营企业家回答道，尽管我捐不起刺桐大桥，但是我愿意将目前设计中的大桥由双向四车道改为双向六车道，超出部分的投资由我来捐献。大桥由四车道改为六车道，BOT 收费的期限一天不延长，汽车的过桥费一分不增加，以表达我爱党、爱政府、爱家乡之情。地方政府也为民营企业家的家国情怀所感动。为了表达政府对民营企业家崇高境界的支持，地方政府决定，在刺桐大桥运营的 30 年内，过桥费收入均归民营资本所有。地方政府仍然按照本 6 ∶ 4 的比例承担 40% 的资本金出资。双方握手言欢，签订协议。

　　1997 年 1 月 1 日通车。双方均按照合同的约定履行自己的义务，相安无事。本以为刺桐大桥项目就会这样按照双方肝胆相照、相互体谅、相互支持的状态下签订的 BOT 合同一直履行下去。可是，双方谁也没有预料到我们国家的汽车工业在 21 世纪初会发生突飞猛进的发展，更让人无法预计的是我们国家家庭汽车保有量会呈几何级数增长。很快，刺桐大桥也发生了严重拥堵。

　　为此，地方政府准备再建一座大桥。民营企业家对政府的作为提出异议：在刺桐大桥旁再建一座大桥，就与刺桐大桥形成了竞争关系，我建桥的贷款需要靠过桥费的收入偿还的。政府告知，刺桐大桥已经严重拥堵，保障市民的通行畅通是政府的责任，不能因为跟你签订了合同，便视市民的交通困难而不顾；再说，双方签订的协议中并没有规定政府未来不得在市区再建大桥。

　　由此，双方发生争议。民营企业家抱怨政府所建的新桥与其直接形成竞争关系，影响其收益，政府过河拆桥。地方政府称：项目总投资 2.5 亿元，资本金 8000 万元。社会资本实际出资 4800 万元，政府实际出资 3200 万元。大桥融资是政府出面担保。过去三年过桥费年收入 8000 万元，政府一分钱都没有分，你民营资本的投资早已收回来了。为什么我政府不能够再建桥服务于市民。双方你来我往，唇枪舌剑。由过去的肝胆相照变为冤家对头。

　　如果双方在签订协议之时就规定刺桐大桥上游五公里、下游五公里不得建设新大桥，或者说大桥每年通行车辆超过 1000 万辆，超过部分的过桥费收入政府与社会资本分成；一年的车流量达不到 1000 万辆，由地方政府将过桥费补足到 1000 万辆，这便是"补缺削峰"。若对项目的融资政府不予担保，这改良过的 BOT 方式就是 PPP 模式。

17. 什么是确定交易方式的核心?

　　1998 年我们国家申办奥运成功，北京市政府就着手策划与奥运工程配套的北京地铁四号线。当时的北京市主管建设领域的领导，面对国家改革开放大好形势，决定引进国际先进的运作模式建设北京地铁四号线，很快对标了 BOT 方式，决定采取 BOT 方式建设北京地铁四号线。

　　北京市政府划定了两条底线：第一，北京地铁四号线 BOT 的投资人必须是境外的投资人，希望境外投资人能将先进的投资理念及运作方式带进国内，提升国内的基础设施的投资水平；第二，由于是境外投资人，北京市政府不提供融资担保。基于这两条红线，北京市政府寻找投资人。经过多方的考察、洽谈，都没有找到对项目有投资意向的投资人。

　　由于是奥运项目，时间不等人。在没有找到合适的投资人的情形下，北京市政府决定自行建设。2003 年项目立项，年底开工。项目尽管已经开工，但是北京市政府并没有放弃引进先进的投资模式从事北京地铁四号线建设的初心，仍然不断地在寻找 BOT 项目的投资人。功夫不负苦心人。香港地铁公司（以下简称"港铁"）对以 BOT 模式投资建设北京地铁四号线表现出了兴趣。我国香港地区是一个完全市场经济的社会，因此，港铁参与谈判的相关人员市场意识较强，很快就将谈判的焦点聚焦在单位距离人均票价上。港铁认为北京地铁四号线作为北京的南北交通动脉，固然是一个具有良好商业前景的项目。但是，如果北京市政府在不远的将来再建设一条与北京地铁四号线平行的地铁，或者说北京市政府在北京地铁四号线方向的地面上投放更多的地面公共交通，或者说北京市的城市规划进行调整导致北京地铁四号线通过的区域人口疏散。这些都会导致未来北京地铁四号线客流量减少，票款收入降低，影响项目的投资效益。为此，双方花重金聘请了国际上知名的客流预测机构对北京地铁四号线未来的客流量进行测算，尽管有权威机构出具的测算数据，但是港铁仍担心客流量不足给项目投资造成损失。北京市政府更加强调的则是北京市的人口处在高速增长阶段，巨大的人口流量的增长，不仅能够达到权威机构所预测的流量，超过预测部分的客流量形成的票款收入如何分配？这是北京市政府所关心的问题。双方经过充分的协商和论证，最终形成一致意见，以权威机构出具的客流量为基数，当实际的客流量低于预测客流量时，由北京市政府将低于预测客流量的部分票款补贴给港铁；当实际客流量高于预测客流量之时，超出的客流量形成的票款收入，由北京市政府与港铁按照 7：3 的比例进行分配。

鉴于项目已经开始建设。为了采用 BOT 模式，北京市政府将北京市地铁四号线项目拆分为两个部分：一个是已经进入施工阶段的地铁洞体的部分，由北京市政府所属的北京京投公司负责建设；另一个是设备的安装、调试、运营部分采取 BOT 模式，由港铁作为投资人。

北京市政府与港铁密切合作，顺利完成了北京地铁四号线在奥运会开幕前通车的建设任务。

北京地铁四号线项目在策划之时，选择的是 BOT 方式。在实施过程中，由于港铁与北京市政府对地铁客流量风险责任分配的均衡，形成了"当实际的客流量低于预测客流量时，由北京市政府将低于预测客流量的部分票款补贴给港铁；当实际客流量高于预测客流量之时，超出的客流量形成的票款收入，由北京市政府与港铁按照 7：3 的比例进行分配"的商业模式。我们知道，BOT 方式是建立在委托代理的法律关系之下，受托人的收入由劳动报酬构成。而实际上，港铁的收入是与北京市政府按照项目经营状况进行分成。拿的不是固定的劳动报酬而是收益分成，这种结伴经营的本质就是合作模式不是委托模式。北京地铁四号线寻找投资人的前提就是政府不提供融资担保。因此说，北京地铁四号线不是 BOT 方式，而是 PPP 模式。

18. 如何构建 PPP 项目交易结构?

PPP 模式是一种投资模式。所谓投资就是放弃当前的消费,以期未来有更多财富消费的行为。投资的特性决定了项目投资商业的主导性。在这种商业驱动力的作用下,投资人希望用最少的资金投入,获得最满意的回报,寻找咨询机构搭建良好的交易结构就成为投资人当然的选择。

PPP 项目的商业性和合规性统一的咨询服务只有专业跨度最大、经验积累丰厚、具有良好的专业背景及长期的工作实践的资深专家所能够驾驭。在我们当下的建设工程市场,非经营性项目和经营性项目的商业性与合规性之冲突相对较少、激烈程度也有限,PPP 项目因为涉及社会资本的商业性与政府的合规性之间的冲突,在协调项目的商业性与合规性方面显得尤为困难。

我们通过一个 PPP 项目,以施工单位为观察对象,对照图 12-1 所示的 PPP 项目商业结构,观察参与主体在整个项目中,如何实现商业性与合规性的统一。项目总投资 10 亿元,社会资本具有 2 亿元的资本金,其必须要通过在市场上融资 8 亿元,以完成这项 10 亿元的投资。

建设单位找到金主,所谓金主是指能够为项目提供资金的自然人、法人或者其他组织。金主放款的评价指标,是项目生产的现金流。一个项目良好的现金流,意味着这个项目的现金流应当由市场产生的现金流和政府支付的现金流量构成。现金流的构成满足了金主的要求之后,金主会要求施工单位寻找专业的测算机构对项目的现金流进行测算。对于所投资陌生行业的项目,金主通常都会要求保险公司对专业机构出具的现金流给予评估。金主会提出项目到保险公司投保的意见。保险公司能够接受该项目的投保,意味着该项目在保险公司的评估中具有商业性。当然,项目不会只在一家保险公司进行投保,通常会找几家保险公司组团投保或对所投保的项目进行再保险,以分散项目的投保风险。对一些比较优质的项目,保险公司往往会借助此项目发行一款金融产品,到市场上去销售。该金融产品在市场上能够顺利地销售,说明该项目的风险能够被市场所消化。

当保险公司接受金主的项目投保之后,项目的融资风险就由金主转移到了保险公司。保险公司为了将风险转移,会找到项目的运营商,要求运营商购买保险公司基

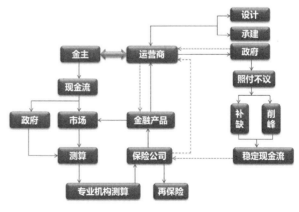

图 12-1   PPP 项目商业结构

于本项目发行的金融产品。运营公司能够接受保险公司的条件，可以从另一个侧面证实保险公司对项目商业性的判断。当然，运营商在购买金融产品之前，会征询项目的建设单位和设计单位的意见，要求建设单位和设计单位分担其所购买的金融产品的份额。如果运营商拒绝购买保险公司的金融产品，保险公司就会更换运营商。如果建设单位和设计单位拒绝为运营商分担金融产品份额，运营商就会更换承建单位或设计单位。这便是市场的选择。

运营商购买了金融产品之后，同样要转移风险。于是，他要将风险转移给政府。政府与社会资本合作，政府承担着最低使用量采购的风险，即照付不议。也就是我们说的补缺削峰。政府提供的补缺具有合规性，能给项目带来所期待的稳定现金流，保险公司收到稳定的现金流之后，可以用此支付金融产品的派息，减轻自身的商业风险。

我们观察到，这个项目的运作形成了健康、稳定的现金流回路。这种商业结构充分地体现了市场的竞争力。同时，政府补缺的支付能力也是项目现金流回路有效构成不可或缺的条件。在这个 PPP 项目中，有效地实现了商业风险的化解。

19. 如何解决 PPP 项目融资难问题？

PPP 项目融资是 PPP 项目能否实质性落地的决定性条件。PPP 项目融资实行的是项目贷款制度。项目贷款在我们国内当前并不是一个新型业务，早在 1996 年出台的《国务院关于固定资产投资项目试行资本金制度的通知》（国发〔1996〕35 号）规定，投资项目资本金，是指在投资项目总投资中，由投资者认缴的出资额，对投资项目来说是非债务性资金，项目法人不承担这部分资金的任何利息和债务；投资者可按其出资的比例依法享有所有者权益，也可转让其出资，但不得以任何方式撤回。项目资本金由投资人从其自有资金中出资认缴，注入项目之后，不能够计算利息，收益体现在项目完成后最终的利润中。在《预算法》实施之前，投资公益性项目贷款都由政府提供担保；市场项目的贷款以其在建工程抵押贷款。当政府不提供担保之后，公益性项目如何实现贷款就成了全新的课题。

PPP 项目公司名下没有财产，因此其不可能通过以自有资产抵押的方式获得银行的贷款。退一步说，即使 PPP 项目的资产登记在项目公司名下，也会因为该资产属于公益性资产，不具有流动性，被银行拒绝。因此，试图以在建工程抵押的方式获得 PPP 项目银行贷款，不具有商业性。在实践中，我们不乏看到某些大型的集团公司，以其集团自有的资产抵押给金融机构获得资金，提供给下属企业承接的 PPP 项目。由于 PPP 项目的周期长达 20 年之久，因此集团公司投入 PPP 项目的资金 20 年才能完成一次周转，如此运作方式势必使企业失去长期滚动发展、良性循环的基础。

PPP 项目的融资只能以 PPP 项目未来产生的现金流，即收益权进行质押，以获得金融机构的贷款。PPP 项目现金流来自两个路径：一是市场产生的现金流；二是政府的可行性缺口补助。金融机构放贷是以项目的现金流之优劣作为是否放贷的决定依据，因此，为了获得贷款，许多 PPP 项目包装现金流。殊不知金融机构是一个完全市场经济的主体，其放出的贷款届时不能够完全收回，损失的是真金白银。对 PPP 项目，其放贷评审不仅会对项目的现金流量大小、现金流的构成、现金流的健康性进行评估，更重要的还会对项目的商业性和合规性进行审查。项目的商业性体现在项目的交易结构之上；项目的合规性体现在《国务院关于加强地方政府性债务管理的意见》（国发〔2014〕43 号）文上。简单的包装现金流期待金融机构放款，对上是应景自作，对己是自欺欺人。

PPP 项目满足商业性和合规性的条件之后，也并非能够从金融机构获得足额贷款。PPP 项目到银行贷款，是一种完全的市场经济行为。交易的标的物是货币，银行能够发放多少贷款，是由金融市场的市场机制所决定的。金融机构都有内部的风控机制，PPP 项目的现金流达到银行的放贷门槛值时，银行将会给予项目放贷；达不到放贷的门槛值，对于银行来讲，项目的商业性不具有比较优势。

项目的现金流能够达到金融机构的放贷门槛值，说明项目自身条件优质，自然很好。但是，在我们的项目操作过程中，发现绝大多数的 PPP 项目的现金流不能达到金融机构的放贷门槛值，对这一类 PPP 项目如何融资？实施下去，银行不予贷款，属于自娱自乐的项目；放弃，天下又没有那么多的优质项目等待着社会资本承接。如何打破这一僵局，我们说市场经济是由一只"看不见的手"所操纵的，能够与这只"看不见的手"进行抗争的唯一力量就是专业技术。因此，在项目的现金流达不到金融机构的门槛值的情形下，还要获得金融机构的支持，就必须有新的融资技术，以突破"看不见的手"的束缚。

新的融资技术手段就是基金。通过成立项目投资基金，可以将项目的现金流放大 5 倍。也就是说，在目前的 PPP 融资市场，PPP 项目的现金流只要在金融机构融资门槛值的 20% 以上，就可以选择项目投资基金的方式解决融资问题。

还有一类项目，其自身的现金流低于银行放贷现金流量的 20%，对于这一类 PPP 项目，如果采用基金的方式融资则达不到融资门槛值。在此种情形下，要使项目融资成功，必须运用更加先进的融资技术资产证券化或 REITs。

通过以上观察我们发现，PPP 项目融资手段依据项目自身的现金流不同而不同。我们常常能够听到 PPP 项目融资难的呼声，仔细分辨便会发现，所谓融资难的项目都是参照银行项目贷的标准。在银行融资项目贷不具有比较优势，项目融资就必须寻找新的融资路径。新的路径来源于不断学习新的融资技术，当新的技术仍不能满足我们的融资需求时，创新就来到了我们的面前。

20. PPP 项目如何实现银行项目贷?

建设工程项目建设资金筹集包括两个方面:一为投资;二为融资。由投资者注入的资金称为资本金。资本金可以用货币出资,也可以用实物、工业产权、非专利技术、土地使用权作价出资。对作为资本金的实物、工业产权、非专利技术、土地使用权,必须经过有资格的资产评估机构依照法律、法规评估作价。以工业产权、非专利技术作价出资的比例不得超过投资项目资本金总额的 20%。投资者以货币方式认缴的资本金,必须为自有资金,主要有以下四方面来源:

(1)各级人民政府的财政预算内资金、国家批准的各种专项建设基金、经营性基本建设基金回收的本息、土地批租收入、国有企业产权转让收入、地方人民政府按国家有关规定收取的各种规费及其他预算外资金;

(2)国家授权的投资机构及企业法人的所有者权益(包括资本金、资本公积金、盈余公积金和未分配利润、股票上市收益资金等)、企业折旧资金以及投资者按照国家规定从资金市场上筹措的资金;

(3)社会个人合法所有的资金;

(4)国家规定的其他可以用作投资项目资本金的资金

对某些投资回报率稳定、收益可靠的基础设施、基础产业投资项目,以及经济效益好的竞争性投资项目,经国务院批准,可以试行通过发行可转换债券或组建股份制公司发行股票方式筹措资本金。投资项目的资本金通常一次认缴,根据批准的建设进度按比例逐年到位。

项目投资,在可行性研究报告中应当就资本金筹措情况作出详细说明,包括出资方、出资方式、资本金来源及数额、资本金认缴进度等有关内容。上报可行性研究报告时须附有各出资方承诺出资的文件,以实物、工业产权、非专利技术、土地使用权作价出资的,还须附有资产评估证明等有关材料。

商业银行贷款的投资项目,投资者应将资本金按分年应到位数量存入其主要贷款银行;主要使用国家开发银行贷款的投资项目,应将资本金存入国家开发银行指定的银行。投资项目资本金只能用于项目建设,不得挪作他用,也不得抽回。贷款银行承诺贷款后,将根据投资项目建设进度和资本金到位情况分年度发放贷款。

贷款银行都具有完善的固定资产贷款风险评价制度,会设置定量或定性的指标和标准,从借款人、项目发起人、项目合规性、项目技术和财务可行性、项目产品市场、项目融资方案、还款来源可靠性、担保、保险等角度进行贷款风险评价。自主决定是否贷款以及贷款的额度、利率与期限。借款人、项目发起人属于项目主体,项目技术和财务可行性、项目产品市场、项目融资方案、还款来源可靠性、担保、保险等属于项目的商业性内容,因此,PPP 项目要获得银行贷款,主体、合规性、商业性必须满足银行的要求。

贷款银行通常会要求借款人在合同中对与贷款相关的重要内容作出承诺，承诺内容包括：贷款项目及其借款事项符合法律法规的要求；及时向贷款人提供完整、真实、有效的材料；配合贷款人对贷款的相关检查；发生影响其偿债能力的重大不利事项及时通知贷款人；进行合并、分立、股权转让、对外投资、实质性增加债务融资等重大事项前征得贷款人同意等。承诺的项目中，合法合规性属于我们说的合规性范畴；真实性则是对项目可行性研究报告和实施方案的考验，违背承诺将会按照严重违约对待。

贷款合同中会明确约定，借款人出现未按约定用途使用贷款、未按约定方式支用贷款资金、未遵守承诺事项、申贷文件信息失真、突破约定的财务指标约束等情形时借款人应承担的违约责任和贷款人可采取的措施。可采取的措施中最常见的方式就是银行停贷或者提前要求借款人还贷。PPP 项目政府与社会资本合作二十年，在这二十年中，银行一旦发现借款人存在合规性障碍或者项目商业性缺失，即可采取停贷追偿的措施。对于 PPP 项目并非获得第一期贷款之后，后期的贷款就轻车熟路、大功告成。

银行对贷款的发放通称有两种方式：其一为银行受托支付，其二为借款人自主支付。所谓银行受托支付是指贷款银行根据借款人的提款申请和支付委托，将贷款资金支付给符合合同约定用途的借款人交易对手。所谓借款人自主支付是指贷款银行根据借款人的提款申请将贷款资金发放至借款人账户后，由借款人自主支付给符合合同约定用途的借款人交易对手。银行业内单笔金额超过项目总投资 5% 或超过 500 万元人民币的贷款资金支付，都会采用贷款银行受托支付方式。

21. PPP 项目如何通过基金融资？

基金是一个外来词，来自英文的 Fund，翻译成中文为基金，是资金集合的意思或者说是集合的一笔资金。我们国家只有一部有关基金的法律《证券投资基金法》。顾名思义，这是一部调整证券投资的法律，与 PPP 项目投资基金无关。我们知道，我们国家的金融行业实行的是严格的金融准入管制制度，没有金融许可从事金融业务涉嫌非法集资等刑事犯罪。

为了满足国内股权投资基金的发展需要，确定股权投资者的合法地位，2014 年，中国证券监督管理委员会（以下简称"中国证监会"）出台《私募投资基金监督管理暂行办法》规定："私募投资基金（以下简称私募基金），是指在中华人民共和国境内，以非公开方式向投资者募集资金设立的投资基金。私募基金财产的投资包括买卖股票、股权、债券、期货、期权、基金份额及投资合同约定的其他投资标的。"该办法确定了私募股权投资的合法地位，同时，明确私募股权的投资范围为投资合同约定的投资标的，放开了私募股权投资基金的投资范围。设立基金并投资 PPP 项目便具有了合规性。

《私募投资基金监督管理暂行办法》给予了私募股权的合规性，但由于是证监会颁布，其法律阶位较低，不足以对抗刑法。因此，《私募投资基金监督管理暂行办法》规定："中国证监会及其派出机构依照《证券投资基金法》、本办法和中国证监会的其他有关规定，对私募基金业务活动实施监督管理。设立私募基金管理机构和发行私募基金不设行政审批，允许各类发行主体在依法合规的基础上，向累计不超过法律规定数量的投资者发行私募基金。建立健全私募基金发行监管制度，切实强化事中事后监管，依法严厉打击以私募基金为名的各类非法集资活动。"一方面将私募股权投资基金纳入《证券投资基金法》的规范管理，又给予私募股权投资基金灵活的满足市场需求的空间。

私募股权投资基金尽管是股权投资基金，但是其设立、募集、管理、登记都应当按照《证券投资基金法》相关规定执行。《证券投资基金法》规定："在中华人民共和国境内，公开或者非公开募集资金设立证券投资基金（以下简称基金），由基金管理人管理，基金托管人托管，为基金份额持有人的利益，进行证券投资活动，适用本法。"同样适用于 PPP 投资基金。该法第十章非公开募集基金亦然。

PPP 项目基金的设立的组织形式有公司制和有限合伙制。公司制比较符合政府投资基金，本篇我们主要观察更适合市场机制的有限合伙制基金。

选择合伙制，普通合伙人要承担更大的市场风险，但是也意味着能够获得更大的收益。正是基于这一点，满足投资人对风险的偏好，私募股权投资基金选择合伙制。我们环顾四周可以发现，周围的人大多数并不像银行家一样偏好风险，更多的人对风险持排斥态度。为了能够充分调动风险排斥者的投资意愿，《合伙企业法》设立了有限合伙制度，满足风险排斥者承担有限风险的投资意愿。业内将愿意作为承担更多风险作为普通合伙人的投资者称为劣后级，将愿意承担有限风险的投资者称为优先级。基金的融资结构如图 12-2 所示。

依据国家的相关规定，私募股权基金的投资人数不得超过 200 人。图中 GP 表示承担连带责任的普通合伙人劣后级，L 代表有限合伙人优先级，L1、L2……代表不同的优先级投资人。有限合伙制给予了合伙人们最大的收益分配权。依据这一分配权，投资基金合同通常在约定优先级的投资者获得固定回报，由优先级分配后，剩余的收益或亏损由劣后级承担。由于劣后级承担亏损并且还要承担连带责任，所以，基金的管理权必须由劣后级掌控。在当下的基金市场，劣后与优先的配比为 1：4，即劣后级投资人能够通过投资基金的方式将自己持有的资金放大 5 倍用于投资。因此，我们说基金投资模式对资金具有放大作用。

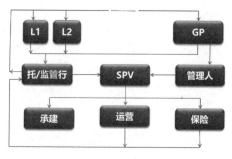

图 12-2　基金融资

基金募集完毕之后，所募集资金并非由劣后级随意使用，而是交由银行托管，并接受银行的监管。基金托管人在履行各自职责的过程中，违反法律规定或者基金合同约定，给基金财产或者基金份额持有人造成损害的，将依法承担赔偿责任。基金管理人也存在过错的，依法承担相应的责任。

22. PPP 项目如何借助资产证券化融资？

资产证券化是基础设施领域一种重要的融资方式。就是在金融系统，从事资产证券化业务也属于小众群体，更不用说为了承接 PPP 项目施工业务而进入 PPP 领域的建筑施工单位。

所谓资产证券化业务是指以基础资产所产生的现金流为偿付支持，通过结构化等方式进行信用增级，在此基础上发行资产支持证券的业务活动。证券公司、基金管理公司子公司通过设立特殊目的载体开展资产证券化业务。特殊目的载体，是指证券公司、基金管理公司子公司为开展资产证券化业务专门设立的资产支持专项计划或者中国证监会认可的其他特殊目的载体。因专项计划资产的管理、运用、处分或者其他情形而取得的财产，归入专项计划资产。因处理专项计划事务所支出的费用、对第三人所负债务，以专项计划资产承担。专项计划资产独立于原始权益人、管理人、托管人及其他业务参与人的固有财产。原始权益人、管理人、托管人及其他业务参与人因依法解散、被依法撤销或者宣告破产等原因进行清算的，专项计划资产不属于其清算财产。

图 12-3 中，运营商、承建商、金主、政府持股代表等出资成立 PPP 项目特殊目的公司——SPV 公司。其他愿意入股参与 PPP 项目的投资人均可以加入，政府可以入股 SPV 公司，也可以不入股。在金主主导的 PPP 项目中，金主在 SPV 公司中的资本金的出资一般要达到 80% 左右，一则表示金主对项目的支持，二则体现金主的实力。剩

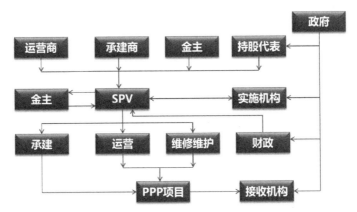

图 12-3　资产证券化交易结构图

余 20% 的股份，在各参与股东之间分配。施工单位参股的目的是承接项目的工程施工而无须通过招标投标程序，故施工单位入股 5% 左右即可。

资本金占项目总投资 20%，PPP 项目各投资人资本金落实之后，剩余的投资款，无需 SPV 各股东操心融资之事，由金主直接配资。这样 PPP 项目投资资金 100% 筹集完毕。

我们假设一个 PPP 项目，政府与社会资本合作期 20 年。项目总投资 10 亿元，则资本金 2 亿元，融资 8 亿元。资本金金主出 80%，1.6 亿元；剩余的 20%，0.4 亿元由各股东出资。施工单位出资 5%，1000 万元，即获得 10 亿元的工程承包业务。

施工工期 2 年，由于投资资金落实，施工单位工程款有保障，因此施工进展顺利。工程 2 年顺利通过竣工验收，按期交付运营单位运营，从而产生现金流。施工单位完成施工项目后，一般可获得的工程款为 95%，剩余的 5% 为质量保证金，在竣工验收通过后 2 年届满由发包人返还。也即在工程开工 4 年届满之时，施工单位获得全额工程款，从施工项目中全身而退。

施工单位从施工项目中全身而退之后，并不能离开项目。工程款是全额回款，但是还有投在项目中的 5% 资本金没有收回。施工单位广泛地承接项目，每个项目都压 1000 万元资金，对于施工单位来讲也是不堪重负之事，故施工单位希望能够退出投资，但是项目投资制度不允许项目投资人撤回投资，转让可以。此时，金主走到了前台发出要约，收购各投资人的投资额度，施工单位正好将其投入的 1000 万元资本金转让给金主，从 PPP 项目中完全退出。

作为专业的投资人金主，在项目投入运营之时，就时刻关注着项目现金流，其收购各股东股份之后，将稳定的现金流设计成一款资产证券化产品，在上海或深圳证券交易所上市。一旦上市，金主的所有投资顷刻收回。为了保证现金流的稳定以及预防不测，金主一般会在项目进展 5 年左右的时候，完成资产证券化的运作。此项目政府与社会资本期 20 年，金主的资金周转率为 20 年一周期。如果项目进展 5 年之时，金主通过资产证券化的方式将投资收回，则金主的资金周转率就提高了 4 倍。这就是资产证券化对金主的吸引力。

资产证券化是金融专业人士进行融资的一种金融工具。施工单位在承接 PPP 项目时，知道存在这种融资方式可以实现 PPP 项目的融资以及在这一模式下自己的角色位置即可。真正运作，还是必须依赖专业的金融团队。

23. PPP 项目如何运用 REITs 实现融资？

公募 REITs（Real Estate Investment Trusts）即公开募集基础设施证券投资基金，是国际上一种成熟的专门投资于不动产的金融产品，采用"公募基金＋基础设施资产支持证券"的产品结构，基金管理人与基础设施资产支持证券管理人存在实际控制关系或受同一控制人控制。此外，REITs 需同时符合下列特征：

（1）80% 以上基金资产投资于基础设施资产支持证券，并持有其全部份额；基金通过基础设施资产支持证券持有基础设施项目公司全部股权；

（2）基金通过资产支持证券和项目公司等特殊目的载体取得基础设施项目完全所有权或经营权利；

（3）基金管理人主动运营管理基础设施项目，以获取基础设施项目租金、收费等稳定现金流为主要目的；

（4）采取封闭式运作，收益分配比例不低于合并后基金年度可供分配金额的 90%。

2020 年，印发《中国证监会　国家发展改革委关于推进基础设施领域不动产投资信托基金（REITs）试点相关工作的通知》（证监发〔2020〕40 号）规定基础设施 REITs 试点项目应符合以下条件：

（1）项目权属清晰，已按规定履行项目投资管理，以及规划、环评和用地等相关手续，已通过竣工验收。PPP 项目应依法依规履行政府和社会资本管理相关规定，收入来源以使用者付费为主，未出现重大问题和合同纠纷。

（2）具有成熟的经营模式及市场化运营能力，已产生持续、稳定的收益及现金流，投资回报良好，并具有持续经营能力、较好的增长潜力。

（3）发起人（原始权益人）及基础设施运营企业信用稳健、内部控制制度健全，具有持续经营能力，最近 3 年无重大违法违规行为。基础设施运营企业还应当具有丰富的运营管理能力。

通知指出，中国证监会各派出机构、沪深证券交易所、中国证券业协会、中国证券投资基金业协会等有关单位要抓紧建立基础设施资产支持证券受理、审核、备案、信息披露和持续监管的工作机制，做好投资者教育和市场培育……从文中可以看出，REITs 如何审核，相关单位还在抓紧建立之中，因此，可以说 REITs 试行，还是一个"摸着石头过河"的过程。

令人难以理解的是，通知第四条指出："加强融资用途管理。发起人（原始权益人）通过转让基础设施取得资金的用途应符合国家产业政策，鼓励将回收资金用于新的基础设施和公用事业建设，重点支持补短板项目，形成投资良性循环。"REITs 发行收回的资金，是投资人投资回报所得，其用途居然要受到限制。政策要求将收回的资金用于新的基础设施和公用事业，作为社会资本的收回资金，政府如何保证社会资本投入新项目的收益？我们可以说，如此规定至少有悖市场化的原则。

2020 年，国家发展改革委印发《关于做好基础设施领域不动产投资信托基金（REITs）试点项目申报工作的通知》（发改办投资〔2020〕586 号），强调：鼓励将回收资金用于基础设施补短板建设。第一，回收资金的使用应符合国家产业政策，需明确具体用途和相应金额。第二，在符合国家政策及企业主营业务要求的条件下，回收资金可跨区域、跨行业使用。第三，鼓励将回收资金用于国家重大战略区域范围内的重大战略项目、新的基础设施和公用事业项目建设，鼓励将回收资金用于前期工作成熟的基础设施补短板项目和新型基础设施项目建设，形成良性投资循环。

同时指出，在省级发展改革委出具专项意见基础上，国家发展改革委将严格按照上述通知的要求，支持符合国家政策导向、社会效益良好、投资收益率稳定且运营管理水平较好的项目，开展基础设施 REITs 试点，将符合条件的项目推荐至中国证监会。

2021 年，国家发展改革委印发《关于进一步做好基础设施领域不动产投资信托基金（REITs）试点工作的通知》（发改投资〔2021〕958 号）提出，鼓励将回收资金用于基础设施补短板项目建设，具体应满足以下要求：第一，回收资金应明确具体用途，包括具体项目、使用方式和预计使用规模等。在符合国家政策及企业主营业务要求的条件下，回收资金可跨区域、跨行业使用。第二，90%（含）以上的净回收资金（指扣除用于偿还相关债务、缴纳税费、按规则参与战略配售等的资金后的回收资金）应当用于在建项目或前期工作成熟的新项目。第三，鼓励以资本金注入方式将回收资金用于项目建设。

在此文中，对回收资金用途的规定更加具有市场性。缺乏市场性的政策，更多地适用于政府的平台公司。对于以市场为导向的 REITs，得不到市场主体的支持和参与，势必起不到激发市场主体通过 REITs 模式推动基础设施和公共事业建设的作用。再好愿望的新政，与市场经济规律相悖，也得不到市场的有效回应。

24. 如何实现 PPP+ 政府专项债融资？

在推进 PPP 项目过程中，最常听到的一句话就是融资难。"兵来将挡，水来土掩"，破解融资难最有效的方式就是使用不同类型的融资工具。我们将银行项目贷融资现金流门槛值设置为 1，当项目的现金流 ≥ 1 时，选择银行融资；当 0.2 ≤ 项目现金流 ≤ 1 时，选择基金融资方式；当 0.05 ≤ 项目现金流 ≤ 0.2 时，选择资产证券化或 REITs 融资方式。对于现金流 ≤ 0.05 的项目，如何融资？我们在此篇中进行观察。

或许有人会说，现金流小于 0.05 的项目商业性太差，不具有投资价值。从投资的角度看，固然正确。但是从产品的公共性角度看，不能因为项目没有商业性而放弃向社会提供公共产品。此类项目缺乏商业性，一则是因项目自身的原因所致；另一个原因在于受 PPP 项目政府与社会资本合作期限最长 20 年所限，若增加合作期限，项目同样会具有商业性。

　　为了解决此类 PPP 项目的融资问题，中共中央办公厅、国务院办公厅 2019 年印发《关于做好地方政府专项债券发行及项目配套融资工作的通知》指出："积极的财政政策要加力提效，充分发挥专项债券作用，支持有一定收益但难以商业化合规融资的重大公益性项目（以下简称重大项目）。稳健的货币政策要松紧适度，配合做好专项债券发行及项目配套融资，引导金融机构加强金融服务，按商业化原则依法合规保障重大项目合理融资需求。"为现金流 ≤ 0.05，即"有一定收益但难以商业化合规融资的重大公益性项目"的融资，提供了政策依据。

　　如何实现融资？我们通过一个案例来观察。

　　一个具有一定收益但难以商业化合规融资的重大公益性项目，总投资 10 亿元，资本金 2 亿元，项目融资 8 亿元。由于项目难以商业化，故在政府与社会资本合作期内，项目现金流入总额为 8 亿元。银行只同意放贷 6 亿元。项目要具有商业性实现资金自平衡，存在 2 亿元资金缺口。此 2 亿元由政府发行政府专项债解决。此发行的 2 亿元是政府专项债，不是"唐僧肉"，按照市场化原则，有借就有还，因此，此 2 亿元政府债使用单位应当负责偿还政府。如此，项目可以实现资金自平衡，政府也不增加负债（图 12-4）。

　　为了防止使用单位将政府专项债当成"唐僧肉"，两办要求项目产生的收益优先偿还政府，若社会资本优先偿还银行，银行在收到社会资本偿还贷款之后，应当主动将收到的款项作为政府专项债的偿还款支付给政府。

　　项目总投资 10 亿元，资本金 2 亿元，银行贷款 6 亿元，政府专项债 2 亿元，这样项目投资资金落实，工程可以开工。我们假设项目按计划如期进展，顺利完成。在合作期结束之时，会出现什么情形？

　　社会资本按照规定将政府 2 亿元专项债还给政府，将银行的 6 亿元贷款还给银行，

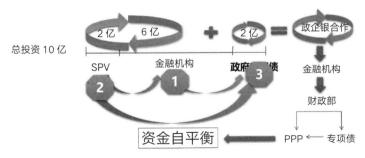

图 12-4　专项债＋融资方式

社会资本发现，项目总现金流收入就只有 8 亿元，我自己的 2 亿元资本金到哪里去了？一个项目合作期 20 年，辛辛苦苦不说，连本金都没有了。这种商业结构显然与市场经济机制相悖。问题出在哪里？出在政府专项债身上。政府的专项债不能作为"唐僧肉"固然正确。但是我们也要看到，项目结束之时，政府得到了价值 10 亿元的项目资产，足以冲抵政府专项债的本和利。如果政府的专项债优先偿还，则专项债并没有起到解决项目难以商业化的作用。所以，项目在实施过程中，还是市场化原则优先，产生的现金流首先偿还银行贷款，其次社会资本按照合同约定获得回报，剩下的现金流收入属于政府"削峰"的收益，政府的专项债的商业意义就是政府对项目"补缺"的一种具体形式。政府"补缺削峰"，社会资本获得合理收益，此处又体现出 PPP 的要义。

在我们国家市场化进程中，官方的各类文件发生冲突，或者本身出现瑕疵，是在所难免之事。重要的是执行人应当深刻体会文件的精神，将文件中存在的瑕疵、不足在实践中给予调整，使项目达到文件所期待的结果，这才是对官方文件的忠实执行。

25. 经营性项目如何通过洽商实现工程款回笼？

建设工程经营性项目工程款回笼相对来讲较为简单，主要有两种方式：一为洽商，二为诉讼。所谓洽商是双方通过友好协商的方式解决工程款的问题，诉讼方式则是通过仲裁或者法院裁判的方式解决纠纷。建设工程合同当事人是采取洽商式还是诉讼式解决工程款回笼，在于判断纠纷的产生是基于交易对手的认识还是意志，即善意还是恶意。所谓善意是指对方由于专业上、能力上的不足而对问题的认识产生歧义。这种情形下，需要通过专业上的引导、分析、比较，帮助对方消除歧义，赢得共识。此所谓友好协商。

为了使双方能够快速达成共识，我们可以将导致双方产生歧义的问题分为六个方面：包括主体、合同效力、范围、质量、工期、价款。

主体。俗话说，冤有头、债有主。施工单位主张工程款回笼的对象只能是其交易对手。交易对手只能是与其签订工程承包合同的发包人。这是由合同的相对性所决定的。施工单位在建设工程施工合同法律关系中是处在施工承包人的地位还是分包的地位？是转包人还是实际施工人？这些都直接决定着施工单位工程款回笼合法性的路径。

合同效力。工程款回笼的金额由双方签订的建设工程合同决定。当前的建筑工程结算体系分为有效合同结算和无效合同结算两种方式。合同有效，同一份合同文件中的条款发生冲突，按照协议书、专用条款、通用条款的效力阶位确定合同条款效力的大小；不同合同文本之间发生冲突，以中标的合同作为结算的依据；双方对中标的合同存在争议，则以招标文件、投标文件、中标通知书作为结算工程价款的依据。建设工程施工合同无效，参照合同中载明的价格及计价方式，结算工程价款；存在着多份建设工程施工合同之时，按照实际履行的合同结算工程款；双方不能确定哪一份合同是实际履行的合同的，则按照最后签订的合同作为工程款结算的依据。无论施工合同是否有效，施工单位只能够依据合同约定的价格以及计价方式主张工程款。施工单位明显以低于市场价的报价取得项目的中标，属于市场行为，将对自己的市场报价行为承担法律后果。

范围。建设工程的范围由当事人双方在合同中约定。合同中约定不明的，参照施工图纸；施工图纸表述不清的，参照工程量清单；施工图纸与工程量清单表述不一致的；以工程量清单为准；工程量清单项目出现错、缺、漏项之时，由发包人承担责任。合同中约定的工程范围与内容超过了招标投标文件中载明的内容与范围的，超过的部分不在招标投标报价范围之内，应当另行计价。

质量。质量合格是建设工程项目施工单位主张工程款的前提条件。建设工程项目施工单位已经完成的质量合格的部分，可以按照已经签订的合同中载明的计价方式进行结算。无论合同本身是否有效，施工的项目未通过竣工验收，对于质量不合格的部分，施工单位应当进行整改，使工程的质量达到合同约定的标准。否则，施工单位就该部分建设工程施工无权主张工程款。

工期。建设工程项目提前竣工，施工单位是否应当获得提前竣工的奖励金、奖励金的额度，取决于双方在合同中的约定。工期竣工延误，将根据造成工期延误产生的原因，由发承包双方各自承担相应的责任。工程变更是否导致工期的变化，取决于变更的内容是否会影响建设工程施工项目的关键线路，影响关键线路的，工期给予顺延；不影响关键线路的，工期不给予顺延。

价款。双方对价款的认识不清，直接导致工程款回笼存在障碍。价款包括计价、计量、索赔与结算。计价取决于双方在合同中的约定，合同中没有约定或者约定不明的，按照当地建筑工程造价管理部门规定的计价方式计价；工程量按照施工单位实际完成的符合合同约定的工程量计算。索赔是建设工程结算争议的高发区，考验的是双方工程资料管理的专业性与严谨性。工程款的结算绝不仅仅是造价工程师之事，造价工程师所解决的是现有的工程资料文件的工程款的计算，对于计入工程款的依据的合法合规性，得由专业律师才能进行准确的甄别。

施工单位与交易对手所发生的争议，若能够对号入座地进入以上六个方面，在各自的专业背景下进行洽谈，我们称之为友好协商；对于存在的分歧，都不能够按照以上六方面的划分进行分类洽谈，可以说，"来者不善"，诉讼不可避免。

图书在版编目（CIP）数据

建设工程全过程风险管控实务 / 易斌著 . —北京：
中国建筑工业出版社，2022.7
ISBN 978-7-112-27682-0

Ⅰ.①建… Ⅱ.①易… Ⅲ.①建筑工程—工程项目管理—风险管理—研究 Ⅳ.① TU712.1

中国版本图书馆CIP数据核字（2022）第138706号

本书提出化解建设工程风险的根本之策在于保障建设工程实施的商业性与合规性。商业性是使经济活动得以继续的前提，是市场经济规律在建设工程领域的显现；合规性是在中国特色社会主义市场经济中合法合规经营的底线。为了实现建设工程商业性与合规性的统一，本书运用工程管理学、运筹学、控制学、数学、法学、经济学、哲学、国学、心理学、社会学等学科，通过对261个问题的解答，以期帮助读者解建设工程风险管控之惑。

责任编辑：赵晓菲　朱晓瑜
责任校对：赵　菲

建设工程全过程风险管控实务
易斌　著
*
中国建筑工业出版社出版、发行（北京海淀三里河路9号）
各地新华书店、建筑书店经销
北京海视强森文化传媒有限公司制版
北京建筑工业印刷厂印刷
*
开本：787毫米×1092毫米　1/16　印张：26¼　字数：528千字
2022年9月第一版　　2022年9月第一次印刷
定价：**79.00**元
ISBN 978-7-112-27682-0
　　　（39639）